东南学术文库
SOUTHEAST UNIVERSITY ACADEMIC LIBRARY

重订中国南瓜史

Revision of Pumpkin's History in China

李昕升 · 著

东南大学出版社
· 南京 ·

图书在版编目(CIP)数据

重订中国南瓜史/李昕升著.—南京：东南大学出版社，2024.5

ISBN 978-7-5766-1073-4

Ⅰ.①重… Ⅱ.①李… Ⅲ.①南瓜—栽培技术—中国 Ⅳ.①S642.1

中国国家版本馆 CIP 数据核字(2023)第 250673 号

重订中国南瓜史
Chongding Zhongguo Nangua Shi

著　　者：李昕升
出版发行：东南大学出版社
社　　址：南京市四牌楼 2 号　邮编：210096　电话：025-83793330
网　　址：http://www.seupress.com
出 版 人：白云飞
经　　销：全国各地新华书店
排　　版：南京星光测绘科技有限公司
印　　刷：南京工大印务有限公司
开　　本：700mm×1000mm　1/16
印　　张：23.75
字　　数：466 千字
版　　次：2024 年 5 月第 1 版
印　　次：2024 年 5 月第 1 次印刷
书　　号：ISBN 978-7-5766-1073-4
定　　价：118.00 元

本社图书若有印装质量问题，请直接与营销部联系。电话：025-83791830
责任编辑：刘庆楚　责任校对：张万莹　责任印制：周荣虎　封面设计：企图书装

编委会名单

身处南雍　心接学衡

——《东南学术文库》序

每到三月梧桐萌芽，东南大学四牌楼校区都会雾起一层新绿。若是有停放在路边的车辆，不消多久就和路面一起着上了颜色。从校园穿行而过，鬓后鬟前也免不了会沾上这些细密嫩屑。掸下细看，是五瓣的青芽。一直走出南门，植物的清香才淡下来。回首望去，质朴白石门内掩映的大礼堂，正衬着初春的朦胧图景。

细数其史，张之洞初建三江师范学堂，始启教习传统。后定名中央，蔚为亚洲之冠，一时英杰荟萃。可惜书生处所，终难避时运。待旧邦新造，工学院声名鹊起，恢复旧称东南，终成就今日学府。但凡游人来宁，此处都是值得一赏的好风景。短短数百米，却是大学魅力的极致诠释。治学处环境静谧，草木楼阁无言，但又似轻缓倾吐方寸之地上的往事。驻足回味，南雍余韵未散，学衡旧音绕梁。大学之道，大师之道矣。高等学府的底蕴，不在对楼堂物件继受，更要仰赖学养文脉传承。昔日柳诒徵、梅光迪、吴宓、胡先骕、韩忠谟、钱端升、梅仲协、史尚宽诸先贤大儒的所思所虑、求真求是的人文社科精气神，时至今日依然是东南大学的宝贵财富，给予后人滋养，勉励吾辈精进。

由于历史原因，东南大学一度以工科见长。但人文之脉未断，问道之志不泯。时值国家大力建设世界一流高校的宝贵契机，东南大学作为国内顶尖学府之一，自然不会缺席。学校现已建成人文学院、马克思主义学院、艺术学院、经济管理学院、法学院、外国语学院、体育系等成建制人文社科院系，共涉及 6 大学科门类、5 个一级博士点学科、19 个一级硕士点学科。人文社科专任教师 800 余人，其中教授近百位，“长江学者”、国家“高级人才计划”哲学社会科学领军人才、全国文化名家、“马克思主义理论研究和建设工程”首席专家等人文社科领域内顶尖人才济济一堂。院系建设、人才储备以及研究平台等方面多年来的铢积锱累，为东南大学人文社科的进一步发展奠定了坚实基础。

在深厚人文社科历史积淀传承基础上，立足国际一流科研型综合性大学之定位，东南大学力筹“强精优”、蕴含“东大气质”的一流精品文科，鼎力推动人文社科科研工作，成果喜人。近年来，承担了近三百项国家级、省部级人文社科项目课题研究工作，涌现出一大批高质量的优秀成果，获得省部级以上科研奖励近百项。人文社科科研发展之迅猛，不仅在理工科优势高校中名列前茅，更大有赶超传统人文社科优势院校之势。

东南学人深知治学路艰，人文社科建设需戒骄戒躁，忌好大喜功，宜勤勉耕耘。不积跬步，无以至千里；不积小流，无以成江海。唯有以辞藻文章的点滴推敲，方可成就百世流芳的绝句。适时出版东南大学人文社科研究成果，既是积极服务社会公众之举，也是提升东南大学的知名度和影响力，为东南大学建设国际知名高水平一流大学贡献心力的表现。而通观当今图书出版之态势，全国每年出版新书逾四十万种，零散单册发行极易淹埋于茫茫书海中，因此更需积聚力量、整体策划、持之以恒，通过出版系列学术丛书之形式，集中向社会展示、宣传东南大学和东南大学人文社科的形象与实力。秉持记录、分享、反思、共进的人文社科学科建设理念，我们郑重推出这套《东南学术文库》，将近年来东南大学人文社科诸君的研究和思考，付之梨枣，以飨读者。

是为序。

《东南学术文库》编委会

2016 年 1 月

重订版序

昕升为重订新版“中国南瓜史”向我索序，我即刻答应了。这本属导师应为之事，因思明仙逝而由我来续成，我能理解昕升学侄的情意所在。

昕升乃思明高足，师徒联手共同推进了中国的南瓜历史研究，曾有多篇合著论文刊出。我曾说过，思明是当代农史学界的领军人物，是中国农史学者中少有的能与国际学术界对等地无障碍交流的专家学者之一。以他宏阔的视野与超群的能力，嘱交昕升研究南瓜历史，必有深意与所期焉。

一、南农（南京农业大学）作为中国农史学科的大本营，长期保持了高平台、大团队、多领域的优势与特色。在统筹参与全国性的重大农史联合攻关课题之外，于农业历史的各个领域都有力量兼顾与布设，人才与成果皆极一时之选。但是不可否认的是，随着代际之更替，农业历史文献整理、农业科技史、农业经济史、农田水利史、耕作制度史、畜牧兽医史、地区农业史乃至蔬菜史、养鸡史研究等优势与专长领域，逐渐淡出今人学术志趣。由此带来的农业史研究“泛化”倾向，漫漶了边界、冲淡了特色，弱化了农史研究在中外学界的地位与权重。思明对此是警惕的，他组织的红本本抄录工程，以及在硕博士培养中的多样性选题安排，很有力挽狂澜、兴灭继绝的意向与努力。

二、避开惯常，挑选一些关注度不高、资料相对欠缺、研究难度较大而且能运用某些传统手段与功夫的科研选题，交由学生去做，对青年学人有“蹲苗壮苗”之功。据昕升相告，南农早年的《中国农业史资料》《中国农业史资料续编》613 巨册 4 000 多万字，虽以抄录农作物资料齐全而著称，但并未涵盖南瓜。昕升遍览嘉靖以降各类文献，所翻阅的方志在 8 000 种以上。“最后形成的史料汇编仍有古籍类五万余字、地方志类十余万字，民国资料、现代资料更是数不胜数。”仅就资料收集整理工作而言，这是一个难得的补课过程。在遍读、鲸吞中既能择而用其可用，又于无形中开阔了视野、增长了见识、涵养了学殖，不知不觉地提升了学术能力与水平。昕升将一个小小的南瓜写成一部书（常建华语），被称为“一项农史研究的拓荒之作”（曾雄生语），以至于任何人研究南瓜都绕不过他（王思明语），并成长为比较优秀的青年农史工作者。这在很大程度上得力于当初看似拙笨的功夫的运用。

三、由南瓜史研究勾连出的其他学术探索与思考。南瓜种出南番，并非中土原产，作物史—美洲作物史—中国南瓜史这种层进的推理与研究，已经构成一个庞大的时空与学术体系。南瓜源自美洲，但就明清以来对中国社会经济发展产生过巨大影响的经济与高产作物而言，一般并不将南瓜纳入其中。正是南瓜似粮非粮、似蔬非蔬，甚至似农作物非农作物的特性，让它在农作物生产与百姓饮食的中间地带有了一席之地，这或是惯常的农史研究中尚未关照到的问题之一。在我与思明年轻的时代，南瓜一般不会种于大田与菜圃。它能够充分利用边际土地，场畔、崖边、墙角、树下、草丛中往往是它的去处，因此在传统中国一向被奉为救荒至宝。南瓜是典型的环境亲和型植物，农民对它的经管是广撒播少务作，大概只有一个种与收的过程而已，但它对人类的回报往往是非常丰厚的。由于其具有高产速收、抗逆性强、耐贮耐运、适口性佳、营养丰富等优势，故能不胫而走，遍及东西南北，成为广受欢迎的菜粮兼用作物。至于南瓜、番瓜、倭瓜、金瓜、饭瓜诸称谓，或言起源，或状形色功用，已是颇具特色的本土化话语表达。

四、期待的学术推进。昕升的书稿由一个作物的视角展开，既从历时性维度纵向梳理了南瓜在中国本土化动态的演化进程；又从共时性维度考察了南瓜本土化对中国社会经济科技文化系统结构的作用与影响。昕升的“推广本土化、技术本土化、文化本土化”三段论，是对域外作物传入中国的适应和调试乃至于形成有别于原生地品种的本土化过程比较精到的理论与学术归纳。昕升在学术界有“南瓜博士”之誉，应该是实至名归。

对于昕升调离南农，我是满怀不舍与内心凄然的。一个学问人，不管顺与不顺当以学术选择为第一，我与思明比较好地坚守了这一点。脱离了四大专门机构的农史研究，毕竟缺少了某种积淀、环境与氛围。昕升因为到了新的单位，以后可能不一定再从事南瓜史的研究，但是应该相信他在南农的历练与成长仍会发挥作用，使他取得更大更高层次的成就。

即此为序。

樊志民

2022 年 8 月 26 日

初版序

昕升博士将其书稿《中国南瓜史》电子版发来，嘱为其作序。我在倍感荣幸之余，又深感惶恐。前贤欧阳修有言："不畏先生嗔，却怕后生笑。"昕升博士，以而立之年，便完成了一项农史研究的拓荒之作，真是后生可畏。

中国的农史研究事业，自先贤草创，已近百年，其间风风雨雨，坎坎坷坷，至今薪火相传，后继有人。其中南京农业大学的中国农业遗产研究室一直走在全国的前列。先是有万国鼎教授启山林于前，后是有缪启愉、李长年诸家并起于后，今则有老友王思明教授继往开来。昕升博士是王思明教授的高足。王教授是国内农史研究者中为数不多的具有海归背景的学者，倚重其宽广的国际视野，他领导的团队对外来作物，特别是对花生、辣椒、陆地棉等，在中国的传播及其影响，做了大量富有创造性的研究，并取得"出人才出成果双丰收"。昕升博士及其《中国南瓜史》就是成果和人才的集中体现。

几年前就听说，王思明教授有个学生要对南瓜史进行研究，初闻者不免为之一笑，以为南瓜，就像它的味道一样，平淡无奇，没有什么值得研究的。的确，与米、麦、桑、麻、棉等主要农作物的历史相比，学界对于一些看似无关紧要的蔬菜作物的历史的研究本就相对欠缺，对于南瓜历史的研究更是如此，仅有的一些研究"散见于各处，专题研究较少，且研究不深、内容局限、不成系统，无论是南瓜栽培史、南瓜技术史还是南瓜文化史，均存在严重的研究不足"(见本书绪论)。由于前人的研究不多，这项研究的开展也就少了一些凭借，而多了一些难度。是谁初生牛犊不怕虎，敢于挑战这样一个有难度的题目？这个敢于突破的年轻人便是李昕升。他选择南瓜的历史作为博士论文选题，就如同当初第一个吃西红柿的人一样勇敢。

我想昕升博士选择南瓜作为研究对象,除了受到导师的影响之外,还可能跟他对于学术价值的认识有关。作物本身经济价值的大小,并不影响其作为研究对象的价值。“万物皆有理”,小道也有可观。宋儒朱熹有言:“虽草木亦有理存焉。一草一木,岂不可以格。如麻麦、稻粱,甚时种,甚时收,地之肥,地之硗,厚薄不同,此宜植某物,亦皆有理。”[1]从一些看似微不足道的作物上,同样可以看到古人对于作物、对于自身、对于土地、对于资源、对于环境、对于人与自然的良苦用心。它们是自然选择和人工选择的产物,更连接着人类的过去、现在与未来。但是我们的偏见实际上也影响了我们对农业历史的全面把握。

在学界,以南瓜为代表的蔬菜作物,其受重视程度虽不及粮食作物,但其作用却不能等闲视之。中国民间一直流传着“糠菜半年粮”的说法。研究中国经济史的美国学者珀金斯(Dwight H. Perkins)曾经指出:“过去和现在都大量消费的唯一的其他食物是蔬菜,在1955年中国城市居民平均每人吃了230斤蔬菜,差不多占所吃粮食的一半。”[2]我曾从中国人食物结构的演变,探讨蔬菜在中国人生活中的地位,发现中国人蔬菜的消费量并不像谷物类主食一样,随着动物性食品的增加而减少,却会因主食和肉食的不足而增加;蔬菜还直接影响了中国人的宗教信仰和道德修养,其在中国民众生活中的重要性于此可见一斑[3]。

南瓜就是中国人所食用的众多蔬菜作物中的一种。它来自遥远的美洲大陆,在最近的四五百年,北上南下,东突西进,左右逢源,迅速地深入中国的几乎每个角落。从乡村到城市,从田间地头到房前屋后,都不难发现它的身影。它影响了我们的生活,也在一定程度上影响了历史的进程。饥荒岁月,糠菜半年粮,饥民赖以存活无算。战争年代,红米饭、南瓜汤开启了中国革命农村包围城市武装夺取政权的模式。

南瓜的历史意义还不止于此。昕升的论文给我们提供了全方位的解读。不过在南瓜众多的品性和特质之中,给我印象最深的不是它的味道,而是它的低调。我曾经发表过一篇文章,论述从农业历史的角度看中国传统的土葬习俗。我以我自身的生活经验和观察作为证据之一,认为传统的土葬并不能

---

〔1〕(宋)朱熹:《朱子语类》卷十八。

〔2〕(美)德·希·珀金斯著,宋海文等译:《中国农业的发展:1368—1968年》,上海:上海译文出版社,1984年,第187页。

〔3〕曾雄生:《史学视野中的蔬菜与中国人的生活》,《古今农业》,2011年第3期。

简单定义为死人与活人争地，土葬有其特殊的生态和生产功能。这一功能至少部分是借助于南瓜这种外来作物来实现的。我的文章中有这样的一段：

在我过去生活的村子周围，走出十几步到几十步，周围都是坟墓，坟堆一个挨着一个，像连绵起伏的小山。村里的人也管坟头称为山，虽然距家门不远，但小孩们总是因为恐惧和害怕，不敢靠近那黄鼠狼和蛇经常出没的死人住的鬼地方。但在清明、农历七月十五（七月半，中元节）和冬至前后，还是要跟大人们一块儿上坟扫墓、培土、烧香等。坟上的草长得很茂盛，是放牛、打草的好地方，尽管孩提时的我们在牵着牛走近坟前时，多少有些诚惶诚恐。偶尔坟上的草也会被农民收割当作燃料、肥料甚至于饲料，有些农民也会在自家的坟头四周种上南瓜，将瓜蔓引向坟顶。[1]

因为有了南瓜这种作物，人们担心的“死人与活人争地”的土葬对农地的占用限缩至最小，使坟堆有了生态和生产功能，而南瓜也借助于坟头这种特殊的农地得以生长、结实。这不是我老家江西特有的现象。在华北的农村，“凡房基空地，田地边沿等处，都要种上些，以便自己吃着方便。平时只掐尖、对花、压蔓等等，没有其他重要工作，无碍农忙”[2]。也就是说，南瓜不与粮棉等大宗农作物争田争地，又无碍农忙，极大地提高了土地和劳力的利用率，增加食物供给，为养活数量众多的中国人口做出了巨大的贡献。

也正是因为如此，人们也在用自己的聪明才智提高南瓜的产量。在我的老家，每当人们发现南瓜只长苗不结果的时候，便会在南瓜苗靠近根部的位置划开塞进瓷片，我至今也不明白这种近乎巫术的办法，是基于什么样的生物学原理，以达到南瓜结果的目的。而且我以为这只是存在于我们当地的一种土办法。没想到，昕升在研究中发现，在《物理小识》中就有类似的记载。南瓜也有大学问。

《中国南瓜史》分析南瓜的起源、世界范围的传播、品种资源、名称考释，中国引种的时间、引种的路线、推广的过程、生产技术的发展、加工利用技术的发展，引种和本土化的动因、引种和本土化的影响等，全方位、动态地展现了南瓜在中国引种和本土化的历程。书中在采用历史地理学、历史文献学等传统史学方法的同时，还引入了地理信息系统（GIS）技术，尽可能地将历史时期南瓜种植分布情况地图化，以便更清晰、直观地呈现南瓜种植的时空演变。

---

〔1〕 曾雄生：《土葬习俗的农业历史观》，《江西师范大学学报（哲学社会科学版）》，2010年第43卷第5期。

〔2〕 齐如山：《华北的农村》，沈阳：辽宁教育出版社，2007年，第236－237页。

本书虽名为《中国南瓜史》，但对于南瓜在外国的历史也有所着墨，毕竟南瓜是从国外传入的，据此我们也可以了解南瓜的起源及传播，及其在世界文化历史中的角色，更便于帮助我们了解中国的南瓜的独特性，真可谓洋洋大观！

昕升博士的努力，使得中国南瓜成为继稻、粟等之后少数具有专史的农作物之一，在世界范围内也不多见。

《中国南瓜史》解决了我的许多疑惑。很小的时候，我的下饭菜中就有一道菜叫作北瓜。直到上学识字之后，方才知道，我们通常所说的北瓜，原来书上写作南瓜。同一种作物，却有着两个截然相反的名字，世界上还有比这更奇特的现象吗？这让我曾经为此百思不得其解。现在我可以从《中国南瓜史》中找到答案。书中提到南瓜在中国有98种不同的称谓，而且不光是我们南方人称南瓜为北瓜，北方人也称南瓜为北瓜。齐如山在《华北的农村》“北瓜”条目中说：“北瓜亦曰倭瓜，古人称之为南瓜，乡间则普通名曰北瓜。”[1]可是清代四川农学家张宗法在《三农纪》中载：“南人呼南瓜，北人呼北瓜。”[2]而光绪《南昌县志》也载：“倭瓜，俗呼北瓜，亦呼南瓜。”[3]近人俞德浚、蔡希陶编译，胡先骕校订，1882年瑞士植物历史学家第康道尔的《农艺植物考源》一书中，也将学名*Cucurbita moschata* Duchesne、英名Musk或Melo Pumpkin的植物译为北瓜[4]。可见南瓜、北瓜的称呼并没有南方北方之分。

好的研究不仅在于解决了一些问题，而更在于它提出了一些问题。就中国南瓜史而言，昕升的研究还只是一个好的开端，仍然还有不少待解的难题。南瓜的98种不同的称谓或许就代表了98条不同的传播途径，细致考察南瓜及其栽培、加工技术的传播途径以及南瓜对经济文化的影响，尚有待深入。再有，南瓜进入中国之前，中国具有悠久的瓜类作物栽培历史，也积累了丰富的经验，并且已形成了“种瓜法”这样一种标准的栽培模式，对其他的作物，比如茶树、西瓜、茄子等的栽培产生了影响。这些技术肯定会对明清时期传入的南瓜栽培产生影响，需要进行比对。我期待昕升博士的研究能够百尺竿头，更进一步。

子曰：“后生可畏，焉知来者之不如今也？”学术更是如此，学“如积薪耳，

---

〔1〕 齐如山：《华北的农村》，沈阳：辽宁教育出版社，2007年，第236页。

〔2〕 (清)张宗法著，邹介正等校释：《三农纪校释》，北京：农业出版社，1989年，第296页。

〔3〕 光绪三十三年(1907)《南昌县志》卷五十六《风土志》。

〔4〕 (瑞士)第康道尔著，俞德浚、蔡希陶编译，胡先骕校订：《农艺植物考源》，上海：商务印书馆，1940年，第133－134页。

后来者居上”。昕升引我为师，我则视其为同道。我们有过几次面谈的机会，但更多的是通过微博、微信等现代通信工具进行学术交流。他谦虚好学，勤奋努力，在农史研究方面已取得不俗的成绩，是年青一代农史学人中的佼佼者。我嘉赏其执着学术的勇气和勤奋，更赞叹其在学术上所取得的成绩。职是之故，率尔操觚，作数语，以附骥于此。

曾雄生

2016 年 4 月 2 日

目　录

绪　论

一、选题的依据和意义

中国现有栽培作物1 200余种，其中主要农作物600余种，本土原产的大概有300种，另有约300种从国外传入。宋代以前，我国引进的农作物大部分来自亚洲西部，少部分来自地中海、非洲和印度，基本上是通过丝绸之路传入的，蜀身毒道、海上丝绸之路偶有引种，引进的农作物多为蔬菜和果树。中唐以后，随着经济重心的南移，加之丝绸之路的不畅通，海上丝绸之路迅速发展，不断有新作物从海上传入。明清时期原产于美洲的作物的引种和推广占了相当大的比重，是这一时期作物引进的特点。

1492年哥伦布横渡大西洋抵达美洲，发现了新大陆，从此新大陆与旧大陆建立了经常的、牢固的、密切的联系。于是，美洲独有的农作物接连被欧洲探险者发现，并通过哥伦布及以后的商船被陆续引种到欧洲，继而传遍旧大陆。随着新旧大陆之间的频繁交流，美洲作物逐渐传播到世界各地，极大地改变了世界作物栽培的地域分布，丰富了全世界人们的物质、精神生活。我国间接从美洲引进了不少作物，粮食作物如玉米、番薯、马铃薯[1]，蔬菜作物（包括菜粮兼用）如南瓜、菜豆、笋瓜、西葫芦、木薯、辣椒、西红柿、佛手瓜、蕉芋，油料作物如花生、向日葵，嗜好作物如烟草、可可，工业原料作物如陆地

〔1〕 马铃薯传入我国后，首先在高寒山区成为当地农民的主要粮食，虽然在平原多作为蔬菜，就当时的历史条件来说马铃薯主要还是作为粮食，方志中也多记录为粮食作物。

棉,药用作物如西洋参,果类作物如番荔枝、番石榴、番木瓜、菠萝、油梨、腰果、蛋黄果、人心果等,共计近30种。

美洲作物的传入对我国的农业生产和人民生活产生了深远的影响。增加了农作物(尤其是粮食作物)的种类和产量,缓解了我国的人地矛盾、食物供给紧张问题;推动了商品经济的发展,使人们获得了更多的经济利益;拓展了土地利用的空间与时间,促进了资源优化配置,提高了农业集约化水平;为我国的植物油生产提供了重要的原料等。苏联植物学家、遗传学家瓦维洛夫(Vavilov)曾说:"很难想象如果没有像向日葵、玉米、马铃薯、烟草、陆地棉等这些不久前引自美洲的作物我们的生活会是怎样。"〔1〕

美洲作物如此重要,所以学术界对美洲作物史的研究很多,大多集中于玉米、番薯、马铃薯等粮食作物〔2〕以及烟草、花生、美棉等经济作物〔3〕,对蔬果作物的研究很少,但仍有较多对辣椒、西红柿等的专题研究和论述,对南瓜的研究却是寥寥无几。

我国源自本土的栽培蔬菜不多,从西汉开始不断从域外引进,虽然种类逐渐增加,但夏季蔬菜却相对较少,所以每到夏季,常出现"园枯"的现象。据《氾胜之书》和《四民月令》统计,我国汉代栽培的蔬菜只有21种,其中夏季蔬菜4种;北魏《齐民要术》的记载增加到35种,夏季蔬菜只占7种;清代《农学合编》共总结了57种栽培蔬菜,夏季蔬菜17种。明清时期形成了以茄果瓜豆为主的夏季蔬菜结构,弥补了夏季蔬菜品种单一的缺陷,丰富了人们的饮食结构,其中,南瓜在夏季蔬菜结构中扮演着重要角色。南瓜是葫芦科南瓜属一年生蔓生性草本植物,是人类最早栽培的古老作物之一。在我国因产地不同,叫法各异,"南瓜"是该栽培作物最广泛的称呼。南瓜是我国重要的蔬菜作物,为我国菜粮兼用的传统植物,在我国已有500余年的栽培历史。由于对气候、土壤等条件适应性较强,栽培容易,生长强健等因素,南瓜在我国可栽培面积很广,全国各地多有种植,产量颇丰,除了作为夏秋季节的重要瓜菜,还可用作杂粮和饲料。

---

〔1〕(苏)瓦维洛夫著,董玉琛译:《主要栽培植物的世界起源中心》,北京:农业出版社,1982年,第4页。

〔2〕具体研究情况可见曹玲:《明清美洲粮食作物传入中国研究综述》,《古今农业》,2004年第2期。

〔3〕具体研究情况可见李昕升,王思明:《近十年来美洲作物史研究综述(2004—2015)》,《中国社会经济史研究》,2016年第1期;李昕升,王荧:《近五年来美洲作物史研究评述(2016—2020)》,《中国社会经济史研究》,2022年第1期。

全世界的南瓜属植物，栽培南瓜及其野生近缘种共 27 个，栽培种有 5 个，即南瓜（*Cucurbita moschata* Duch.，中国南瓜）、笋瓜（*Cucurbita maxima* Duch. ex Lam.，印度南瓜）、西葫芦（*Cucurbita pepo* L.，美洲南瓜）、墨西哥南瓜（*Cucurbita mixta*）和黑子南瓜（*Cucurbita ficifolia*），引入我国的主要是前三个，是广义上的南瓜，栽培面积依次减少。本研究讨论的南瓜是狭义上的南瓜，也就是中国南瓜，我们日常生活、饮食习惯所称南瓜一般都是中国南瓜，而且古籍中的南瓜也均指中国南瓜。如涉及南瓜属的其他品种，笔者会专门指出，否则本研究中的"南瓜"均指中国南瓜。

美洲是南瓜最早的起源中心。通过考古发掘发现，南瓜属的几种作物原始起源地或者说初生起源中心均是美洲。南瓜原产于中南美洲热带地区，现在是世界上产量名列前茅的农作物之一，作为一种世界性作物广泛分布在世界各地，其产量远高于其他蔬菜作物。南瓜在引入我国后被普遍栽种，我国是目前南瓜最大的种植国和消费国，据联合国粮农组织（FAO）统计，2018 年我国南瓜总产量为 819 万吨，占当年全世界南瓜总产量的 22.8%；栽培面积约 44 万公顷，占当年全世界南瓜栽培总面积的 17.9%；南瓜栽培面积居世界第二（仅次于印度），总产量居世界第一。南瓜是当今我国乃至全世界最普遍、最常见、人们最喜食的蔬菜之一，有"世界性蔬菜"的美称。

"世界上最大的浆果"——南瓜，近年来被标榜为超级健康食物。美国学者史蒂文·普拉特（Steven Pratt）和凯蒂·马修斯（Kathy Matthews）所著的《超级食品：将改变你一生的 14 种食品》于 2004 年 2 月登上全美畅销书排行榜，他们在书中隆重推荐了 14 种超级食品，南瓜就是其中之一。[1]

南瓜是园艺学、生命科学等学科的重要研究对象，研究成果显著，但对南瓜史的研究很少。本研究以南瓜在中国的引种和本土化为纲，以南瓜在我国引种的时间、引种的路线、推广的过程、生产技术的变迁、加工利用技术的发展、引种和本土化的动因、社会经济文化影响等为研究重点，全方位、动态地展现南瓜在中国引种和本土化的完整脉络。这对于理清中国南瓜史具有重要的学术价值和现实意义，不仅可以弥补研究空白，而且对现代南瓜品种的引种、推广和改良具有一定的借鉴意义，将为现代南瓜产业的发展提供服务。

〔1〕 Pratt S G, Matthews K: SuperFoods Rx: Fourteen Foods That Will Change Your Life, William Morrow, 2004.

二、国内外研究动态

总体来说，国内外对南瓜的科学研究较多，集中在遗传育种、栽培技术、生态生理等农学、生命科学方面，但对南瓜史的研究较少，而对南瓜文化的研究正日渐兴起。至于专门研究南瓜史的人员较少，特别是国内少于国外，应当与南瓜在日常生活中的地位有关。今天南瓜在我国仅仅作为普通蔬菜作物，远没有改革开放以前南瓜作为菜粮兼用作物重要（二位老师的序言与第六章第二节、第七章第一节均可见），被今人所忽略；然而在历史长河中，除了特殊年景，南瓜确实也没有典型的粮食作物、经济作物重要（详见附录4）。这也是譬如南瓜等小众作物今日研究的尴尬处境，但这不代表它们没有研究意义，至少我们应对其历史上的本来价值做出客观的评价。

（一）国外研究概况

关注南瓜史的国外研究不多，散见于各类有关栽培作物起源考究的专著中，涉及南瓜在中国引种和本土化的研究则无。据已有的研究显示，国外学者以不同的文化和理论视角来解读南瓜史，给予国内学者独特启示。

瑞士植物历史学家第康道尔（A. De. Candolle，又译德堪多尔）的《农艺植物考源》早在1882年就考证了南瓜的起源，指出由于南瓜变种极多、世界各地均有栽培，所以来源问题颇费考虑，但他通过文献研究方法与实地考察驳斥了南瓜原产于亚洲南部的说法，并指出在美洲发现的疑似南瓜野生种，书中所述虽不能确定南瓜原产于美洲，但足以作为南瓜原产于美洲论的佐证。[1] E. L. Sturtevant 连载的系列文章 *The History of Garden Vegetables* 重点叙述了南瓜的名称演变过程，介绍了南瓜每一种名称（包括学名）的由来、含义、应用范围，并对南瓜在世界的发展传播史作了简要说明。[2] 瓦维洛夫在1935年把主要栽培植物的世界起源中心分为八个，通过考察确定南

---

〔1〕（瑞士）第康道尔著，俞德浚、蔡希陶编译，胡先骕校订：《农艺植物考源》，上海：商务印书馆，1940年，第133－134页。

〔2〕Sturtevant E L: The History of Garden Vegetables(continued), The American Society of Naturalist, 1890, 24(284).

瓜属于栽培植物的南美和中美起源中心。[1] 日本学者星川清亲在《栽培植物的起源与传播》一书中描绘了南瓜的世界传播路线，认为日本倭瓜（中国南瓜）的起源地大概是从墨西哥南部到中南美洲一带地区，约公元前3 000年，传入哥伦比亚、秘鲁，大约在7世纪传入北美洲，1570年与其他南瓜品种一起传入欧洲，天文十年（1541）由葡萄牙船从柬埔寨传入日本的丰后或长崎，取名倭瓜。[2] MacCallum 则在 *Pumpkin, Pumpkin!: Lore, History, Outlandish Facts and Good Eating* 一书中结合考古学新发现与人类学、民族学的方法，详细阐述了南瓜在美洲的起源、历史与文化，指出印第安人对南瓜的栽培和利用在当时已经达到了很先进的水平，南瓜作为美洲的主要粮食作物之一，已经渗透到印第安人生活的方方面面。[3] 英国学者 N. W. 西蒙兹编著的《作物进化》，先是介绍了南瓜的细胞分类学基础及植物学特性，认为南瓜具有理想的园艺特性，随后指出南瓜在前哥伦布时代就是美洲人的主要食物，南瓜栽培种是在长期的自然选择过程中得到的驯化种；又叙述了南瓜的近期发展情况和展望。[4] Andres 等同样在 *Diversity in Tropical Pumpkin (Cucurbita moschata): Cultivar Origin and History* 中赞同南瓜起源于南美洲的西北地区，而且在今天已经是热带、亚热带地区的重要出口作物。[5] Andres 等又在 *Diversity in Tropical Pumpkin (Cucurbita moschata): A Review of Infraspecific Classifications* 中介绍了南瓜的多样性与品种分类，虽然南瓜有无数不知名的地方品种形成于美洲热带地区，但根据果形、地理起源和其他特性可以将南瓜划分为多种种下分类，尤其是在同一区域的一级市场，如在美国南瓜品种有 butternut squash, winter crookneck squash,

---

[1] （苏）瓦维洛夫著，董玉琛译：《主要栽培植物的世界起源中心》，北京：农业出版社，1982年，第62－63页。

[2] （日）星川清亲著，段传德等译：《栽培植物的起源与传播》，郑州：河南科学技术出版社，1981年，第68－69页。

[3] MacCallum A C: Pumpkin, Pumpkin!: Lore, History, Outlandish Facts and Good Eating, Heather Foundation, 1986.

[4] （英）N. W. 西蒙兹著，赵伟钧等译：《作物进化》，北京：农业出版社，1987年，第135－145页。

[5] Andres T C, Lebeda A, Paris H S: Diversity in Tropical Pumpkin(*Cucurbita moschata*): Cultivar Origin and History, Progress in Cucurbit Genetics and Breeding Research, Proceedings of Cucurbitaceae 2004, the 8th EUCARPIA Meeting on Cucurbit Genetics and Breeding, Olomouc, Czech Republic, 12－17 July, 2004. Palacky University in Olomouc, 2004: 113－118.

cheese pumpkin 和 calabaza pumpkin。[1] Cindy Ott 的 *Pumpkin：The Curious History of an American Icon* 从南瓜的视角书写日常生活史，重新把握人、物关系，展示了美国人如何建构自然环境与农场传说的关系，以保持小农场和农村社区的活力，南瓜本身激发了美国人的信念和传统，反之，人们对其认同、价值、利用方式也发生了潜移默化的变化，该书成为美国南瓜史研究的集大成者和代表作。[2] Rosenberg 也简述了南瓜的发展传播史。[3]

南瓜文化作为一种节日（万圣节）文化，在欧美国家非常盛行，以此为研究对象的亦不在少数。Higgins 的著作 *The Pumpkin Book：Full of Halloween History，Poems，Songs，Art Projects，Games and Recipes for Parents and Teachers to Use with Young Children* 以南瓜为主线，全面介绍了万圣节的历史、文化。[4] *New York Amsterdam News* 将南瓜作为爱尔兰南瓜灯文化的起源。[5] Ott 通过 *Squashed Myths：The Cultural History of the Pumpkin in North America*，全面研究北美人与自然界无处不在的南瓜的关系，进一步研究了北美南瓜的历史与文化，认为南瓜不仅是食物，更是一种文化现象的标志，甚至同美国的国家认同观念相互关联。[6] Damerow 在 *The Perfect Pumpkin：Growing/Cooking/Carving* 一书中除了反映南瓜的栽培史外还重点叙述了南瓜的烹饪文化和雕刻文化。[7] O'Neill 则从南瓜与

---

〔1〕 Andres T C, Lebeda A, Paris H S: Diversity in Tropical Pumpkin(*Cucurbita moschata*): A Review of Infraspecific Classifications, Progress in Cucurbit Genetics and Breeding Research, Proceedings of Cucurbitaceae 2004, the 8th EUCARPIA Meeting on Cucurbit Genetics and Breeding, Olomouc, Czech Republic, 12 - 17 July, 2004. Palacky University in Olomouc, 2004: 107 - 112.

〔2〕 Ott: Pumpkin: The Curious History of an American Icon, University of Washington Press, 2013.

〔3〕 Rosenberg J P: Pumpkins That Make More Than Scary Faces, Christian Science Monitor, 1997, 89 (221): 10.

〔4〕 Higgins S O: The Pumpkin Book: Full of Halloween History, Poems, Songs, Art Projects, Games and Recipes for Parents and Teachers to Use with Young Children, Pumpkin Pr Pub House, 1983.

〔5〕 Jack-o-lantern History Starts with the Pumpkin, New York Amsterdam News, 1994, 85(44): 19.

〔6〕 Ott C: Squashed myths: The Cultural History of the Pumpkin in North America, University of Pennsylvania, 2002.

〔7〕 Damerow G: The Perfect Pumpkin: Growing/Cooking/Carving, Storey Publishing, 2012.

宗教的角度介绍了南瓜文化。[1]

此外，还有一些国外网站对南瓜史、南瓜文化进行了简单研究，如饮食网站 The Kitchen Project 中的 The History of Pumpkin[2]、伊利诺伊大学官方网站下的 Pumpkins and More[3]、南瓜农场网站 All About Pumpkins[4] 等。

（二）国内研究概况

中国是当今世界上最大的南瓜消费国和种植国，南瓜研究成果多为南瓜栽培、遗传、生理方面的专著与论文，而关于南瓜的引种和本土化方面的成果较少，也未能形成系统，与之相关的南瓜史和南瓜文化研究仅略有涉及。

已有对南瓜史的研究常分散于作物史的专题研究中，著作中无专门研究，期刊中只有寥寥几篇。

1. 南瓜历史研究

（1）涉及南瓜史研究著作

针对我国作物史的研究比较多，涉及南瓜史研究著作均是将其作为作物史研究的作物之一进行阐述。《中国农业百科全书・农业历史卷》中叶静渊撰写了“南瓜栽培史”条目，简要概括了我国的南瓜栽培史，提到了古籍中南瓜的别称、性状、栽培、利用。[5] 李璠总结了我国栽培的南瓜属种类，并认为我国有可能原产南瓜，根据是云南大理和剑川一带的一种“面条瓜”以及昆明附近的一种特产南瓜，可能是少数民族长期栽培和选育出的珍贵农家品种，只是缺少文字记载而已。[6] 胡道静认为 14 世纪初期南瓜已栽培于江南地区，《饮食须知》这部书中就载有南瓜的名字，并分析了元代北方未见南瓜记载的原因。[7] 夏纬瑛认为南瓜品型甚多，此种瓜无论长者、圆者、扁者以及色泽花纹都统称为南瓜；对北瓜的名称也进行了考释。[8] 彭世奖从南瓜的

---

[1] O'Neill T: Pagans and Pumpkins, Report / Newsmagazine (Alberta Edition), 1999, 26 (40): 62.

[2] http://www.kitchenproject.com/history/Pumpkin/index.htm#Basic.

[3] http://urbanext.illinois.edu/pumpkins/history.cfm.

[4] http://www.allaboutpumpkins.com/history.html.

[5] 中国农业百科全书总编辑委员会农业历史卷编辑委员会，中国农业百科全书编辑部：《中国农业百科全书・农业历史卷》，北京：农业出版社，1995 年，第 221 页。

[6] 李璠：《中国栽培植物发展史》，北京：科学出版社，1984 年，第 142－143 页。

[7] 胡道静：《农书・农史论集》，北京：农业出版社，1985 年，第 154 页。

[8] 夏纬瑛：《植物名释札记》，北京：农业出版社，1990 年，第 154、269 页。

起源与分布、栽培技术、加工利用三个方面对南瓜栽培史进行了概述。[1] 张平真对南瓜多样的称谓进行了考释,罗列了南瓜数种别称,也描述了这些别称的由来、释义。[2] 俞为洁提到了南瓜在哥伦布发现美洲之前就见于《饮食须知》的情况。[3]

(2) 涉及南瓜史研究论文

专门研究南瓜史的论文仅有三篇。赵传集《南瓜产地小考》仅有两千余字,作者认为南瓜的产地和起源是多源性的,我国南瓜既有本国所产,也有印度、美洲品种的引入,是南瓜起源中国说的论证。[4] 林德佩在《南瓜植物的起源和分类》一文中简要叙述了南瓜的起源历史,充分论述了南瓜的栽培起源中心就是中南美洲,分析了南瓜的分类及命名。[5] 张箭的《南瓜发展传播史初探》,研究了南瓜的起源、印第安人对它的栽培、南瓜传入欧洲以及南瓜传入我国,是国内第一篇较为系统研究南瓜世界传播史的论文。[6] 程杰的系列论文亦有关注,详见第一章第三节。

其他论文均只有部分内容涉及南瓜史的研究。闵宗殿将南瓜作为海上丝绸之路传入的重要农作物。[7] 王思明把南瓜作为重要的美洲作物加以介绍,指出其丰富我国蔬菜瓜果品种、改善瓜菜生产供应结构的重要作用。[8] 舒迎澜通过梳理大量农书、方志中关于南瓜的记载,叙述了南瓜栽培简史。[9] 杨海莹同样将南瓜作为明清时期域外引进的重要作物之一。[10]《与美国铁路华工命运相连的南瓜简史》一文叙述了生活中随处可见的南瓜,在19世纪中叶装载华工出国的轮船中扮演着"救命稻草"的角色。[11] 张世镕介

---

〔1〕 彭世奖:《中国作物栽培简史》,北京:中国农业出版社,2012年,第220-222页。

〔2〕 张平真:《中国蔬菜名称考释》,北京:北京燕山出版社,2006年,第154-158页。

〔3〕 俞为洁:《中国食料史》,上海:上海古籍出版社,2011年,第431页。

〔4〕 赵传集:《南瓜产地小考》,《农业考古》,1987年第2期。

〔5〕 林德佩:《南瓜植物的起源和分类》,《中国西瓜甜瓜》,2000年第1期。

〔6〕 张箭:《南瓜发展传播史初探》,《烟台大学学报(哲学社会科学版)》,2010年第23卷第1期。

〔7〕 闵宗殿:《海外农作物的传入和对我国农业生产的影响》,《古今农业》,1991年第1期。

〔8〕 王思明:《美洲原产作物的引种栽培及其对中国农业生产结构的影响》,《中国农史》,2004年第2期。

〔9〕 舒迎澜:《主要瓜类蔬菜栽培简史》,《中国农史》,1998年第3期。

〔10〕 杨海莹:《域外引种作物本土化研究》,西北农林科技大学,2007年。

〔11〕《与美国铁路华工命运相连的南瓜简史》,《出国与就业》,2008年第5期。

绍了南瓜名称的由来、烹饪法、药用价值等。[1] 丁晓蕾、王思明研究了美洲原产蔬菜在中国的传播和本土化发展，南瓜是主要介绍对象之一。[2] 崔思朋透过以南瓜为代表的外来作物，认为明清时期通过丝绸之路所塑造的以中国为中心的对外交流网络，与世界存在广泛联系。[3]

2. 南瓜文化研究

南瓜作为一种文化符号，其文化意义影响颇大，不少学者对其展开研究。刘宜生等人认为南瓜属作物中栽培种存在名称混乱的现象，正确认定南瓜属栽培种的中文命名，避免同名异物、同物异名的现象十分重要。[4] 邱斌以"南瓜"为例，对方言词语的附属意义与修辞的关系从三个方面来解释。[5] 余康发指出汉语方言中南瓜的称呼带有一定的附属意义，这些附属意义蕴含着多种文化信息。[6]

食雕是源远流长中华饮食的一部分，罗进军以图文并茂的形式介绍了南瓜雕文化。[7] 胡虹全面反映了南瓜灯的由来、传说、风俗，以及各国的具体风俗情况，中外的南瓜节尤其引人注目。[8] 周舟对我国毛南族南瓜节进行了介绍。[9]

蔡铁鹰、周岩壁结合《西游记》对南瓜的记载，进一步阐释了《西游记》研究。[10] 徐波因袭前人的观点，重申了南瓜全球化在中国的意义。[11]

---

〔1〕 张世镕：《蛮瓜 · 饭瓜 · 南瓜》，《食品与生活》，2005 年第 8 期。

〔2〕 丁晓蕾，王思明：《美洲原产蔬菜作物在中国的传播及其本土化发展》，《中国农史》，2013 年第 32 卷第 5 期。

〔3〕 崔思朋：《明清时期丝绸之路上的中国与世界——以外来作物在中国的传播为视角》，《求索》，2020 年第 3 期。

〔4〕 刘宜生，王长林，王迎杰：《关于统一南瓜属栽培种中文名称的建议》，《中国蔬菜》，2007 年第 5 期。

〔5〕 邱斌：《方言词语的修辞学价值——以"南瓜"为例》，《修辞学习》，2006 年第 1 期。

〔6〕 余康发：《方言词"南瓜"的文化色彩考察》，《江西科技师范学院学报》，2007 年第 5 期。

〔7〕 罗进军：《新南瓜雕速成》，沈阳：辽宁科学技术出版社，2007 年。

〔8〕 胡虹：《南瓜灯的传说：万圣节》，上海：上海文化出版社，2002 年。

〔9〕 周舟：《毛南族"南瓜节"》，《民族论坛》，2003 年第 6 期。

〔10〕 蔡铁鹰：《简说"南瓜"对百回本〈西游记〉文本定型的限定》，《淮阴师范学院学报(哲学社会科学版)》，2022 年第 3 期；周岩壁：《南瓜和椰酒：〈西游记〉的幽默感》，《寻根》，2017 年第 2 期。

〔11〕 徐波：《"花儿落了结个大倭瓜"——全球化如何影响着刘姥姥的生活》，《中华读书报》，2023 年 5 月 21 日。

（三）已有研究的不足

从国内外研究现状来看，涉及南瓜史的研究不多，大概分为以下几类：一是研究作物史或作物起源涉及南瓜栽培史；二是研究南瓜科技发展涉及南瓜技术史；三是研究南瓜文化涉及南瓜文化史。作物史作为农业史的重要研究领域，目前已涉及绝大多数的粮食作物和经济作物，但南瓜史的研究仍然只散见于各处，专题研究较少，且研究不深、内容局限、不成系统，无论是南瓜栽培史、南瓜技术史还是南瓜文化史，均存在严重的研究不足的问题。南瓜史研究的学术空白状况亟待填补，南瓜在中国的引种和本土化研究具有较高的创新价值。

三、研究方法和资料来源

（一）研究方法

本研究具体采用以下研究方法：

1. 文献学

本研究以文献学的研究方法为基本方法，即基本的归纳、比较、演绎、例证、推理。通过对明代以来，特别是清至民国时期全国有关地方志、笔记、档案、专著、报刊等历史文献资料进行一网打尽地毯式的整理和归类，尽可能准确地反映南瓜在中国的本土化历程。

2. 地理学

本研究所涉及的地理学的研究方法主要是地图与现代技术手段，也就是历史地理信息系统（H-GIS）的应用。历史地理信息系统可以将历史数据实现数字化和信息化，更直观地反映出历史地理的变迁，再现不同空间结构下地理空间的历史进程，以便于从中找寻历史时期地理空间的变化规律。本研究使用地理信息系统软件 Mapinfo 将明代以来全国南瓜的地理分布情况实现数据可视化、信息地图化，可以将南瓜在全国不同地区不同时期的引种和推广更直观、形象地展现出来。地理学中的 GIS 虽然已经在各学科中急速扩展，然而在作物史研究中还是比较罕见的。相关 GIS 地图详见本书初版，修订版由于一些原因，全部予以删除，略有遗憾。

(二) 资料来源

本研究的研究资料主要来源于以下几个方面：

1. 古籍。政书、类书、丛书、农书、医书、本草书、小说、笔记、别集等。

2. 地方志。全国官修通志、府志、县志、乡土志、乡土教科书、私修方志等。

3. 档案。清代档案、民国档案等。

4. 报刊。民国报刊、现代报刊等。

5. 专著。民国专著、现代专著。

6. 其他。近现代少数民族调查、田野调查、口述访谈、影像资料等。

注：笔者号称用志大户，对方志的整理和利用一向是笔者最得意之处，为了写就本书至少翻阅了 8 000 部方志，因为太多无法在参考文献中列举，索性只写一句话——"明清民国时期笔者所见全国各地方志"，理解的同行自然会懂，这也是本书号称资料扎实的核心竞争力。但是，由于完成博士论文时没有标注方志版本、页码的意识，导致出版前再想补足力不从心，方志所选版本基本为初印本，特此说明。

四、基本结构与研究重点

本研究共分为七个部分：

第一章介绍了南瓜的起源与传播。首先明晰了美洲是南瓜的起源中心，从考古资料、国内外文献资料出发，结合人类学、民族学、语言学等的研究方法，进一步肯定了南瓜原产于美洲的观点，同时驳斥了南瓜原产于亚洲南部的假说。然后介绍了南瓜在世界范围内的传播，哥伦布发现美洲之后，南瓜便由殖民者最先引种到了欧洲，之后又由欧洲人传遍了世界各地，重点说明了南瓜在欧亚的传播。之后介绍了南瓜在中国的引种，包括引种时间和引种路径，以《饮食须知》为切入点，在论证其记载内容合理的基础上，推测其成书的时间，最终结合方志记载，确定南瓜至迟在 16 世纪初期从东南海路引种到中国。

第二章考证南瓜的名实和整理南瓜的品种资源。针对历史上由于各种原因导致的南瓜名实混杂、称谓混乱，以及南瓜的同物异名和同名异物现象，从南瓜不同名称的音、形、义等角度出发，结合训诂、考据、民俗等，对南瓜的不同名称进行考释，理清其命名缘由等问题。“北瓜”在中国的使用似乎比较混乱，同名异物现象十分明显。“北瓜”既可指南瓜，也可指南瓜属的笋瓜和西葫芦，甚至可作为西瓜的特殊品种打瓜的代称，而且在各省的使用情况有一定差异。但是并非没有规律可循，就全国而言，以指代南瓜的情况最多，原因是多方面的。南瓜属作物包括南瓜、笋瓜和西葫芦，都起源于美洲且有着相似的性状。首先，通过历史文献与现代科学分类方法的比对，区分南瓜属作物，避免引起混淆，还简单介绍了笋瓜和西葫芦的栽培史并对其名称进行考释；其次，整理了南瓜的品种资源，以《中国蔬菜品种志》中的南瓜品种为研究基础，得出了南瓜品种资源地区分布情况，分析了这种分布情况的成因。

第三章是本研究篇幅最多的一章，主要研究南瓜在中国各地区的推广情况以及推广完成之后全国南瓜的生产情况。一开始提纲挈领地论述了南瓜在各省的引种路线，并简要介绍引种后在省内推广的情况、特点等，然后把全国划分为东北地区、西北地区、华北地区、长江中游地区、西南地区、东南地区六个大区，以全国各地地方志以及相关古籍为研究基础，分别从每个大区进行南瓜引种、推广的区域研究，可见南瓜从引种到快速推广再到形成稳定的栽培区域，通过 H-GIS 地图全面直观地展示南瓜在不同大区栽培区域的时空变迁，最后得出民国时期南瓜已经完成本土化推广的结论。

第四章是南瓜的生产技术发展情况。根据明清古籍（农书、方志等）对南瓜栽培技术的记载，将南瓜的栽培技术分门别类为播种育苗、定植、田间管理、病虫害防治和采收的一整套栽培技术体系。民国时期在此基础上增加了采用近代农学育种法的“选种育种”，通过整理总结方志、近代农学期刊以及民国蔬菜生产教科书等的内容，同样按照已经形成了的技术体系分别重点阐述南瓜生产技术。新中国成立之后，在传统南瓜生产技术基础上，又吸收了现代自然科学的先进技术，分成 1949—1978 年和 1979—2020 年两个阶段略加介绍。

第五章是南瓜的利用技术发展情况。分别从贮藏、食用、药用和饲用等角度诠释明清时期南瓜的利用技术，着重点在于反映南瓜的加工、利用，体现出的是南瓜的“个性”，形成了一整套的加工、利用技术体系。民国时期依然按照贮藏、食用、药用和饲用等主要利用方式解读南瓜的利用技术，民国时期加工、利用技术已经更加成熟。新中国成立之后南瓜的加工、利用划分为两个阶段，1949—1978 年对南瓜的利用以传统方式为主，创新不多，1979—2020 年对南瓜的利用则进入了一个里程碑式的阶段，南瓜产业迅速发展，加工、利用空前繁荣，1993年之后更是狂飙式发展，南瓜的多样产业化已是当今南瓜加工、利用的重点。

第六章分析了南瓜本土化动因。这些动因既有自然因素，也有社会因素，与其他美洲作物相比，南瓜的引种和本土化既有共性也有个性，但南瓜引种和本土化速度空前绝后，自有其独到之处。其中，动因的自然因素是生态适应性和生理适应性；动因的社会因素有救荒因素、移民因素、经济因素和对夏季蔬菜的强烈需求。这些因素中，自然生态因素是前提，救荒因素是根本，移民因素是加速器，经济因素是兴奋剂，对夏季蔬菜的强烈需求是社会发展的必然。

第七章讨论南瓜本土化影响。影响和意义既在古代也在当今，有的影响在某个历史时期是最重要的影响，在今天却失去了意义；有的影响则发挥了越来越重要的作用。救荒、备荒曾是南瓜的第一要义，南瓜在荒年救济了无数人口，在丰年也起到了备荒的作用，改革开放之后，南瓜的救荒影响越来越小；对农业生产的影响即从宏观的层面影响了农业系统，不但改变了蔬菜作物结构，而且完善了农业种植制度，影响极为深远；对经济的影响是目前南瓜生产与发展、生产技术和加工技术进步的主要动力，虽然历史上南瓜也对经济发展颇有建树，但远没有今天重大；文化层面南瓜的影响是潜移默化的，但却影响了社会生活的方方面面，南瓜民俗根深蒂固，南瓜文学数见不鲜，南瓜精神尽人皆知；南瓜作为中药材发挥了越来越大的作用，南瓜促进了传统医学发展，丰富了祖国医学的理论基础。

第八章介绍多姿多彩的南瓜文化。美洲作物南瓜在明代中期传入中国之后诞生了丰富的南瓜文化，与其他作物文化一道，是中国农耕文化的重要组成部分。中国南瓜文化大体上包括南瓜精神、南瓜民俗、南瓜观赏文化、南瓜名称文化、南瓜与民间文学、南瓜饮食文化六大部分，每一部分都包含了深刻的内涵，它们共同作用，最终形成了南瓜文化的中国本土化和丰富多彩的南瓜文化遗产。

第九章从环境史视角阐述南瓜的“天人合一”。美洲作物南瓜是“哥伦布大交换”中的急先锋，最早进入中国且推广速度最快，作为救荒作物影响日广，个中要义在于南瓜是典型的环境亲和型作物，高产速收、抗逆性强、耐贮耐运、无碍农忙、不与争地、适口性佳、营养丰富等。在环境史视野下观之，南瓜衍生了丰富的生态智慧，在“三才”理论体系下，南瓜展现了人与自然的和谐统一。从整体史观的角度考察南瓜的生命史，贯穿了地宜、物宜的生态思想，南瓜就是自然与社会二重属性的统一。

附录首先通过表格展示了“不同时期方志记载南瓜的次数”和“古籍记载南瓜一览表”。其次，介绍了如何利用方志物产以及作物史研究的问题、范式与困境。

五、创新和存在的问题

（一）创新之处

1. 研究内容创新：历史上南瓜作为菜粮兼用的重要作物，其救荒意义重大，但国内作物史专题研究中尚无全面、系统的南瓜史研究，对其进行研究可以填补国内学术空白，带动蔬菜史、果树史的研究，推动作物史研究视角从粮食作物向非典型粮食作物转变。

2. 研究观点创新：在《中国南瓜史》2017 年出版前只能偶见相关研究，在 2017 年后，由于本书的催生，见到了更多同仁的作品。本书既反映出有代表性的普遍经验，又呈现了不为人熟知的特殊面相，乃至扫除一些刻板、错误印象的障壁，这在新版当中进一步强化。比如认为历史时期南瓜在人民日常生活中的地位比今天要高得多，本书亦分区域进行了诠释。

3. 研究方法创新：本研究以文献学的研究方法为基础，辅以地理学等研究方法，特别是采用地理信息科学的方法，将历史数据通过地理信息系统软件实现数据可视化、信息地图化，直观、形象地展现南瓜在不同地区不同历史时期的分布情况，属于研究方法的创新，以全方位、动态地展现南瓜在中国的引种和本土化历程。（由于众所周知的原因，本书 GIS 矢量图已经全部删除，有兴趣的同仁可参见《中国南瓜史》2017 年版）

4. 研究视角创新：本书将以南瓜为代表的域外作物本土化历程概括为“三段论”：推广本土化、技术本土化和文化本土化；将南瓜这一“物”的历史置于对明代以降文献的梳理过程中来考察，通过给予其去边缘化的历史地位，以南瓜为中心进行时间、空间视角的整合，从科技史、文化史、生活史、经济史等的学术脉络中展开，来呈现南瓜在日常生活中的价值和意义，进而钩沉作物史发展的状貌。

（二）存在的问题

1. 本研究时段选自明代至当代，时间跨度较大，空间上以全国为研究范围，空间跨度也较大，需要宏观把握，经纬结合。而与南瓜相关的资料分散于各类古籍之中，数量十分庞大，全面搜集颇为耗费时间，因此，主观上，历史文献的搜集难免存在缺漏；客观上，历史文献的记载也必然存在缺失以及文献本身的佚失。总之，无法面面俱到、完美展现南瓜在中国的引种和本土化历程。此外，南瓜同其他域外作物一样，引种到我国是一个多次引种的复杂的长期的历史过程，要勾画出南瓜在我国具体的引种过程，需要对众多史料进行甄别。

2. 菜粮兼用作物南瓜不同于纯粹的粮食作物，土地人口供养能力的相关性低于粮食作物，在小农经济时代，南瓜的种植可能更多的是在园圃中完成，因此史料中对南瓜的记载不如主要粮食作物那么详细。而且，在量化资料的搜集和展示上，因大部分古籍对数据的疏于记录而大受限制，历史上南瓜量化的资料很零碎，而且常常只限于一个地方行政区的记载，这种状况造成了南瓜相关数据在空间上和分析上都不够理想，本研究只有偶尔才能对南瓜统计数据进行正式的计算。

第一章

南瓜的起源与传播

由于航海科技的不断发展，1492 年，哥伦布成功远航美洲，发现了新大陆，它使海外贸易的中心由地中海沿岸转移到大西洋沿岸，美洲与世界开始发生联系，美洲作物在世界范围内开始传播，南瓜即是其中最重要、最古老的作物之一。

南瓜，学名 *Cucurbita moschata* Duch.，是被子植物门双子叶植物纲葫芦科南瓜属一年生蔓生性草本植物，广泛分布在世界各地，主要分布在中国、印度及日本等亚洲国家，其他大洲相对较少，故有“中国南瓜”之称，在中国的常见别称有倭(窝)瓜、番瓜、金瓜、饭瓜、北瓜等。

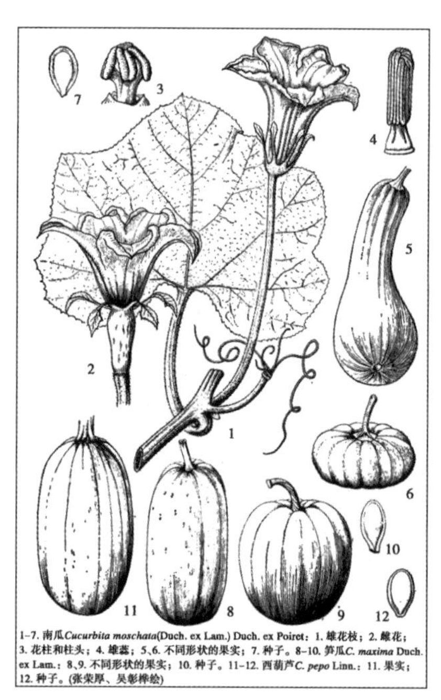

1–7. 南瓜*Cucurbita moschata*(Duch. ex Lam.) Duch. ex Poiret：1. 雄花枝；2. 雌花；3. 花柱和柱头；4. 雄蕊；5、6. 不同形状的果实；7. 种子。8–10. 笋瓜*C. maxima* Duch. ex Lam.：8、9. 不同形状的果实；10. 种子。11–12. 西葫芦*C. pepo* Linn.：11. 果实；12. 种子。(张荣厚、吴彰桦绘)

图 1－1　南瓜

南瓜根系发达；茎横断面菱形，蔓生、半蔓生或矮生，表面有粗刚毛或软毛；叶互生，大型，掌状，叶面有柔毛，叶柄有刚毛，叶片沿叶脉有或无白斑；花较大，鲜黄或黄色，桶状；果形、果色多样，果肉黏质或粉质，梗基座膨大呈喇叭形

(五角形);种子近椭圆形,灰白色至黄褐色,边缘薄;个别品种种子裸仁。[1](图1-1)

关于南瓜的起源中心及相关问题,在早期研究的学者中颇有争议。随着考古工作的大量展开,美洲遗址被不断地发掘,南瓜遗存被不断地发现,为研究南瓜的起源揭开了新的篇章。随着中外学者研究的深入,南瓜的美洲起源说,逐渐成为一种主流学说。至于南瓜在世界的传播,仍是一个有待探索的问题。

本书名为《中国南瓜史(修订版)》,似乎没有必要论及南瓜进入中国之前的故事,但因南瓜自带全球史属性,域外视角的介入更有助于我们理解南瓜的中国史。所以本章概述了南瓜的世界起源、传播、栽培、加工,不过囿于资料,很难展示南瓜的域外全景,只能简单勾勒。事实上,一来域外南瓜栽培与加工与中国相比还是相对"粗放"的,二来南瓜入华,仅仅是品种入华,并未携带相关技术经验,中国人在域外经验基础上的改良与创新也就无从谈起了。从这两点来看,中国与域外的详细比较与分析,并无必要。

第一节　南瓜在美洲的起源与传播

南瓜的起源地即为美洲,本研究中南瓜在世界范围内传播的关注点是欧洲和亚洲,欧洲是南瓜离开美洲后最先登陆的大洲,也是南瓜传遍旧大陆的跳板,欧洲人在新作物南瓜的传播方面厥功至伟;南瓜在亚洲的传播则奠定了亚洲世界第一南瓜生产大洲的地位,亚洲多国均盛产南瓜,且本研究的立足点也是亚洲的中国。非洲、大洋洲南瓜传播情况不详,学术界包括考古学界关注亦不多。

一、美洲是南瓜的起源中心

早在1882年,瑞士植物历史学家第康道尔的《农艺植物考源》一书中就考证了南瓜的起源,现将全文抄录如下:

北瓜[2],一名红南瓜,一名番瓜,学名 *Cucurbita moschata* Duchesne。

[1] 方智远,张武男:《中国蔬菜作物图鉴》,南京:江苏科学技术出版社,2011年,第127页。

[2] "北瓜",是南瓜别名之一,在近代中国尤其常用,根据所示学名和后续描写均可知《农艺植物考源》一书中的"北瓜"即为南瓜。该书中"南瓜"根据所示学名(*C. pepo*)则是指西葫芦。

英名 musk 或 melo pumpkin。据园艺指南(Bon Jardinier)之记载,北瓜之变种有三: de Provence、Pleine de naples 及 de Barbarie。此皆因地而名,然不足依此而推知其原产地也。此种植物体被柔毛,叶之分裂甚浅或不分裂,果柄五角形,基部略膨大,果实外被薄霜,果肉略带麝香气味,故易与南瓜分别。且其萼片先端常宽展为叶片状,亦一特点。热带地方多栽培之,但在温带地方则不及南瓜之普遍也。

科尼奥氏(Cogniawx)谓北瓜或系亚洲南部之特产,但氏并无确鉴之证据。作者曾遍访新旧大陆各地之植物志,但均无真正野生者之记载。较为近似者有下列诸地:(1) 在亚洲之旁加岛(Bangka),科尼奥氏曾见有一标本,密开尔氏(Michel)谓非栽培之物;(2) 在非洲之安哥拉(Angola)曾采得一标本,韦尔威赤氏(Welwitsch)谓系真野生者,但又谓或系外方所移入者;(3) 在美洲、巴西、圭亚那、尼卡拉瓜等地曾采有标本五号,据科尼奥氏之意并不能断定其为栽培者、野生者,或栽培后芜生者,上列诸说均非有肯定之辞也。拉姆非乌斯、布芦万(Blume)、克拉克诸氏在印度植物志中,什淮恩孚特氏(Schweinfurth)在非洲热带植物志中均记北瓜为栽培之物。中国之有北瓜亦系近代事,美洲各地植物志中记载者甚少。

北瓜无梵文名称,印度马来及中国之名称或失于繁冗,或由他名所转变,皆无可考,惟在亚洲南部较其他热带地方之分布确较为普遍也。马拉巴栽培植物志(Hortus Malabaricus)有一精美之北瓜图,据此可见十七世纪即有此物矣。塞林氏(Seringe)谓十六世纪达利沙姆氏(Dalechamp)之植物图解中亦有此物,然据作者所见该图并非与北瓜同为一物,故不可信。[1]

《农艺植物考源》的记载可归纳为以下几点:科尼奥(即上文中科尼奥氏)是最早提出南瓜起源于亚洲南部观点的学者之一,但并无确凿证据,或许科尼奥单纯以为南瓜在亚洲种植较多就得出了这样的观点,第康道尔遍览新旧大陆的植物志,也没有找到确凿的南瓜野生种的记载。民国《农业全书》说“南瓜,原为热带产,近时东亚诸国栽种较欧美为盛”[2],具体是亚、非、拉的

〔1〕(瑞士)第康道尔著,俞德浚、蔡希陶编译,胡先骕校订:《农艺植物考源》,上海:商务印书馆,1940年,第133-134页。

〔2〕赖昌编译:《农业全书》第2册,上海:新学会社,1929年,第90页。

哪个热带,第康道尔没有肯定的答案。

在当时考古水平的条件下,的确很难得出正确的结论,正如第康道尔无法根据标本判断是否野生;某些结论如"中国之有北瓜亦系近代事"是完全错误的;而且第康道尔仅仅采用文献研究的方法,自然志、民族志这样的文献本来就见仁见智,且他还是以二手资料为研究基础,必然难以考证出南瓜的真正起源。

南瓜(*C. moschata*)与西葫芦(*C. pepo*)同为南瓜属作物,有千丝万缕的联系,考古发掘与现代基因科学证明二者起源于同一大陆,而且第康道尔也言"南瓜之变种极多,果实各异其形,故知其为一极古时代之栽培作物……南瓜之多种变种在东西两半球温暖带地方均见有之,故其种之来源问题颇费考虑"[1],所以第康道尔很有可能将部分南瓜品种与西葫芦混淆;《农艺植物考源》的译者等将 Pumpkin 翻译为"南瓜",但第康道尔在 Pumpkin 后给出的学名却是 *Cucurbita pepo* Linn(西葫芦)。总之,对西葫芦的考源,同样等于是对南瓜起源的探究。

第康道尔对 *C. pepo* 的考源倒是取得了一定的成果,他遍查亚非两洲之植物志亦未见有 *C. pepo* 为野生植物之记载,自阿拉伯或自几内亚以至日本诸地 *C. pepo* 及其变种均系栽培之物,印度之植物志亦指明 *C. pepo* 除农田栽培者外,其他各地尚未发现,反观美洲之情形,多处发现的疑似南瓜野生种,虽不能反映 *C. pepo* 原产于美洲之说,但亦足援引为之辅证其说也。所以,第康道尔是倾向于南瓜起源于美洲的。

1936 年我国著名园艺学家吴耕民在《蔬菜园艺学》一书中正式提出了南瓜原产于亚洲南部的观点,1957 年编纂《中国蔬菜栽培学》时依然持这样的观点[2],同样在 1936 年颜纶泽提出了南瓜原产于亚洲南部的观点[3],1944 年日本学者柏仓真一也指出南瓜是"亚细亚南部之中国、马来半岛等处的原产",但三书并未考证,笔者认为有主观臆断之嫌,因为南瓜在亚洲普遍栽培且栽培较早。此外,"南瓜"单从字面意思来看似乎引种于南方少数民族地区或域外南方国家,万历六年(1578)李时珍在《本草纲目》中第一次提出"南瓜

---

[1] (瑞士)第康道尔著,俞德浚、蔡希陶编译,胡先骕校订:《农艺植物考源》,上海:商务印书馆,1940 年,第 131 - 133 页。

[2] 吴耕民:《中国蔬菜栽培学》,北京:科学出版社,1957 年,第 365 页。

[3] 颜纶泽:《蔬菜大全》,上海:商务印书馆,1936 年,第 457 页。

种出南番，转入闽、浙，今燕京诸处亦有之矣”[1]，加之国外有认为南瓜起源于亚洲南部的观点，因此，亚洲学者便顺理成章地认为南瓜起源于亚洲南部。实际上直到今天，在亚洲从未有南瓜的野生种被发现过，南瓜起源于亚洲南部之说完全不可靠。在改革开放之后，仍有一些学者认为南瓜起源于亚洲南部，但均未考证，笔者认为只是沿袭前人的观点而已。

事实证明，美洲是南瓜的起源中心。根据考古发掘资料及品种资源的分布，越来越多的资料显示南瓜起源于中、南美洲。苏联植物育种学家和遗传学家瓦维洛夫于 1923—1933 年间在苏联国内外组织了大量的考察，并概述对大量新品种和新物种的多样性详细比较研究的结果，确定了主要栽培植物的八个独立世界起源地；认为南瓜属于栽培植物的南美和中美起源中心。[2]明确提出了南瓜原产于美洲的说法，为以后的研究奠定了基础。

美国等国家也派出了多批探险科考队，赴中南美洲考察南瓜的野生近缘植物的起源与分布，得到南瓜起源于美洲的确凿证据。南瓜的初生起源中心是墨西哥和中南美洲。美国农业部葫芦科专家怀特克（Whitaker）在墨西哥东北部山区塔毛利帕斯州（Tamaulipas）的奥坎波（Ocampo）洞窟和秘鲁胡阿沙·普雷塔（Huaca Prieta）遗址的出土发掘中发现，南瓜残片在公元前 3 000 年就已存在；[3]南瓜的多样性中心，从墨西哥城南经过中美洲，延伸至哥伦比亚和委内瑞拉北部。[4] 从表 1 - 1 可见南瓜在美洲考古发掘的情况。

表 1 - 1　南瓜考古发掘一览表

发掘地点	追溯时间
胡阿沙·普雷塔遗址，奇卡马州，秘鲁	公元前 3000—公元 1000 年
奥坎波洞穴遗址，塔毛利帕斯州，墨西哥	公元前 1850—公元 1750 年
乌瓦夏克顿遗址（Uaxactun），佩腾州，危地马拉	公元 900 年

---

〔1〕 (明)李时珍著，张志斌等校注：《〈本草纲目〉校注》卷二十八《菜部》，沈阳：辽海出版社，2001 年，第 1029 页。

〔2〕 (苏)瓦维洛夫著，董玉琛译：《主要栽培植物的世界起源中心》，北京：农业出版社，1982 年，第 62 - 63 页。

〔3〕 Whitaker Thomas W, et al: Cucurbit Materials from Three Caves near Ocampo, Tamaulipas, American Antiquity, 1957, 22(4): 352 - 358.

〔4〕 林德佩：《南瓜植物的起源和分类》，《中国西瓜甜瓜》，2000 年第 1 期。

续表

发掘地点	追溯时间
普韦布洛岩石庇护所遗址(Pueblo Ⅱ Rockshelters),新墨西哥州,美国	公元 900—1050 年
蒙特苏马城堡遗址(Montezuma Castle),亚利桑那州,美国	公元 1100—1150 年
Kiet Siel 遗址,亚利桑那州,美国	公元 1100—1284 年
松树地区遗址,亚利桑那州,美国	公元 1250 年
科斯珀悬崖洞穴遗址(Cosper Cliff Cave),新墨西哥州,美国	公元 1275—1300 年
红色的弓悬崖住所(Red Bow Cliff Dwelling),松树地区遗址,亚利桑那州,美国	公元 1275—1400 年
钦查遗址(Chincha),秘鲁	公元 1300—1530 年
坎宁克里克遗址(Canyon Creek Ruin),亚利桑那州,美国	公元 1323—1347 年
通托遗址(Tonto Upper Ruin),亚利桑那州,美国	公元 1346 年
奥阿希水库遗址(Oahe Reservoir),南达科他州,美国	公元 1700—1750 年
加里森水库遗址(Garrison Reservoir),北达科他州,美国	公元 1825—1837 年
奥马哈印第安人遗址(Omaha Indians),内布拉斯加州,美国	现代
阿里卡拉人遗址(Arikara Indians),北达科他州,美国	现代
波尼印第安人遗址(Pawnee Indians),俄克拉何马州,美国	现代

资料来源:Hugh C. Cutler and Thomas W. Whitaker: History and Distribution of the Cultivated Cucurbits in the Americas, American Antiquity, Vol. 26, No. 4 (Apr. ,1961), pp. 469 - 485.

较早发现的野生南瓜种(wild *Cucurbita*)是在奥坎波洞窟,可以追溯到公元前 7000 年,但是真正可以作为 *Cucurbita moschata* 则是公元前 3000 年的秘鲁奇卡马河(Chicama)的胡阿沙·普雷塔发现的南瓜遗存。怀特克认为栽培南瓜应是伴随着陶器和村庄的出现而出现,是与玉米、陆地棉和菜豆一起栽培的,属于当时墨西哥 Mesa de Guaje 文化的一部分;南瓜引入美国西南部的时间大约是在公元 700 年,与陆地棉进入的时间大概一致,是第二个进入西南地区的栽培种(仅次于 *C. pepo*);在美国西南地带南瓜虽然不一定成了一种广泛传播的栽培作物,但是它可能在史前就沿着海湾传播到了美国东南地区。[1] 通过表1-1也可发现南瓜最早发现于中南美洲的秘鲁和墨西哥,然后才是危地马拉、新墨西哥州、亚利桑那州、南达科他州、北达科他州、内布拉斯加州和俄克拉何马州,基本上呈从秘鲁、墨西哥向周围扩散的一个过程,集中在从美国中部到秘鲁南部的地区。南瓜属的大部分野生种起源于墨西哥和危地马拉的南部地区,也就是南美洲的西北地区。

今天我们熟知的南瓜的英文名 pumpkin,源于希腊词汇 pepōn,是"大型甜瓜"的意思,法国人命名为 pompon,英国人再转变为 pumpion,莎士比亚在他的喜剧《温莎的风流娘儿们》中就提到了 pumpion,后来美国殖民地把 pumpion 进一步定型为 pumpkin。早期的南瓜并不是像今天我们听到"南瓜灯"这个词语时联想到的圆形的橙色的直立的样子,它们都是颈部弯曲的品种。在前哥伦布时代西欧的万圣节,人们通常把小蜡烛放在一根挖空的萝卜里,称作 Jack's lanterns,欧洲人移民到美国不久,即发现南瓜不论从货源还是雕刻来说都比萝卜更胜一筹,于是杰克南瓜灯(Jack-o'-lantern)开始流行。

大部分南瓜属野生种的果实颜色和形状吸引了原始人类的注意,可是他们的果皮坚硬,而且果肉特别苦,个头只有今天人工栽培的五分之一。但种子不苦、味美并富有营养,古代人类为了种子尝试野生南瓜属的果实时,发现了没有苦味的突变体,从此开始了长期选择,从而得到近代驯化种;在墨西哥和危地马拉有一个在育种和其他指标上与栽培类型有密切同源关系的南瓜属野生种的类群,这些种包括在一定程度上与栽培品种杂交亲和的 *C. lundelliana* 和 *C. martinezii*,它们长势旺盛、果实个小、皮硬、肉质粗糙、多纤维、味苦及多籽,或可成为南瓜是从这些小而苦的南瓜属衍生出来的复合体的佐证。[2] 于是,耕作在北美洲甫一出现,南瓜就成了目前已知的最早栽培物。[3]

最新研究发现南瓜"祖先种"不但超苦,还有坚硬的外壳,苦味来源于名为葫芦素(cucurbitacins)的防御性化学物质,只有极少数的大型哺乳动物能食用该类果实,因为它们庞大的身躯能代谢这种毒素,科学家在三万年前的

---

[1] Hugh C. Cutler and Thomas W. Whitaker: History and Distribution of the Cultivated Cucurbits in the Americas, American Antiquity, 1961, 26(4).

[2] (英)N. W. 西蒙兹著,赵伟钧等译:《作物进化》,北京:农业出版社,1987年,第142页。

[3] (美)尤金·N. 安德森著,马孆等译:《中国食物》,南京:江苏人民出版社,2003年,第9页。

乳齿象粪便中就发现了南瓜属植物的种子。如此，南瓜野生种存在的历史还将大大提前。因此南瓜主要依赖猛犸象这样的大型动物来破壳，并传播种子，当巨兽消失时，其数量一度严重下滑，将古老南瓜野生种与现代南瓜进行基因比对发现：最近的一万年历史中，野生南瓜属植物的规模正在不断收缩、碎片化。幸好，某些古老的采集狩猎者们逐渐学会了挑选技巧，专门收集微苦或者苦味尚能忍受的南瓜祖先，食用了这些南瓜的人又将其种子排出体外，偶然间就种出了可口的南瓜属植物。

图 1－2　三姐妹作物(1)

1492 年 9 月到 1493 年 1 月，哥伦布完成了第一次航行。其间，哥伦布就有可能发现了南瓜，他在 1492 年 10 月 16 日的航海日记中记载：“此岛地势平坦、土壤膏腴。吾获悉，全年都可种植和收获玉米以及其他作物。”[1](原文为：The island is verdant, level and fertile to a high degree; and I doubt not that grain is sowed and reaped the whole year round, as well as all other productions of the place.)这个“其他作物”很有可能就包括南瓜。

图 1－3　三姐妹作物(2)

印第安人一般在沿溪流地带把南瓜同菜豆、向日葵一起栽培，这种间作套种的方式持续了很长时间，直到后来玉米大面积栽培，后来居上，替代了向日葵，南瓜与菜豆、玉米形成了栽培传统(“Three Sisters” tradition)，南瓜与菜豆、玉米并称前哥伦布时代美洲的三姐妹作物。Three Sisters 是三者共生的一种状态，它们同时生长与茂盛，玉米为菜豆提供了天然的格子棚(natural trellis)；菜豆固定土壤中的氮元素以滋养玉米，豆藤有助于稳定玉米秸秆，尤其在有风的日子；南瓜为玉米的浅根提供庇护，并且还可以防止地面产

[1] (意)哥伦布著，孙家堃译：《哥伦布航海日记》，上海：上海外语教育出版社，1987 年，第 36 页。

生杂草，保持水分，三者形成的共生关系是一种典型的可持续的农业。[1]（图1-2，图1-3）16世纪欧洲旅行者的报告中也说，印第安人的农田中到处种植着南瓜、玉米和菜豆。[2] 三姐妹作物也被称为三大营养来源。[3]

确实，南瓜在欧洲探险家到达美洲很久之前就已经十分普遍，美洲原住民印第安人早已培育出栽培南瓜种，是他们的主要食品。目前已经完全证明，在欧洲人涌入美洲之前，印第安人（阿兹台克人、印加人和玛雅人）的早期文化是建立在玉米、菜豆和南瓜等综合食品基础之上的。

印第安人把南瓜条放在篝火上烤然后食用，南瓜条作为主要食物来源，帮助他们度过寒冷的冬天；印第安人吃南瓜的种子，南瓜种子也可以作为药材。印第安人更爱吃青南瓜或小南瓜，成熟后的老南瓜或大南瓜他们有时只吃瓜子或只留种子，而不吃果肉[4]；南瓜花可以加到炖菜里面，干南瓜可直接存储或磨成粉，南瓜壳被用来储存谷物、豆类或种子；切成条的干南瓜肉，甚至可以编织成以交易为目的的垫子；还可用南瓜制取饮料饮用。没有南瓜许多早期欧洲探险家就可能死于饥饿。[5] 英国殖民者吃了太多的南瓜，以至于波士顿港以被称为 Pumpkin shire 而闻名。

英国殖民者为了烹饪南瓜而设计了一种方法，把南瓜的一端切掉，把里面的种子去掉，用牛奶填充南瓜空腔，然后烘烤，直到牛奶被吸收——这是美国南瓜派的雏形。

1658年就出现了一张加有鸡蛋和黄油的英国南瓜派食谱。今天意义上的美国南瓜派首次出现在1796年出版的《美国烹饪》（Amelia Simmons 著的 *American Cookery*，是第一本真正意义上的美国烹饪书）上：南瓜1夸脱，煮熟沥干，3品脱奶油、9个打好的鸡蛋、糖、肉豆蔻皮、肉豆蔻核和生姜放进南瓜糊中……在烤盘中烤三刻钟。[6]

直到1621年，马萨诸塞州普利茅斯的早期移民——清教徒移民美洲，如

---

〔1〕 http://www.allaboutpumpkins.com/history.html.

〔2〕 MacCallum A C: Pumpkin, Pumpkin!: Lore, History, Outlandish Facts and Good Eating, Heather Foundation, 1986: 13.

〔3〕（美）艾尔弗雷德·W.克罗斯比著，郑明萱译：《哥伦布大交换：1492年以后的生物影响和文化冲击》，北京：中国环境出版社，2010年，第99页。

〔4〕 MacCallum A C: Pumpkin, Pumpkin!: Lore, History, Outlandish Facts and Good Eating, Heather Foundation, 1986: 12.

〔5〕 http://www.allaboutpumpkins.com/history.html.

〔6〕（美）任韶堂，王琳淳译：《食物语言学》，上海文艺出版社，2017年，第97-98页。

果没有南瓜，早期的移民将死于饥饿，这正是北美感恩节的由来。清教徒感谢印第安人提供南瓜的原因，一方面是小麦、玉米不是那么可靠，另一方面南瓜作为一种非常有营养的食物能够保证他们存活过许多个冬季。[1]（图 1-4）因此在那个时代就有诗文歌颂南瓜：

图 1-4　南瓜与第一次感恩节

For pottage and puddings and custards and pies
Our pumpkins and parsnips are common supplies,
We have pumpkins at morning and pumpkins at noon,
If it were not for pumpkins we should be undoon.
—Pilgrim verse, circa 1633

在秘鲁，曾发现南瓜形态的泥质陶器，表明南瓜在印第安人文化生活中起着十分重要的作用。印第安民族中的玛雅人首先开始种植可可，他们把可可同时作为食物和货币，玛雅人居住的墨西哥，无论是可可还是南瓜都广泛种植，拉丁语中，可可豆就是货币豆的意思，一个南瓜就可以卖 4 粒可可豆，

[1] http://www.kitchenproject.com/history/Pumpkin/index.htm#Basic.

一个成年的奴隶也不过100粒可可豆。印第安人的南瓜栽培技术也达到了一定的水平，他们会把朽木舂成细屑，放到树皮制的大盒子中，需要播种时，把南瓜种子撒到盒中，然后把盒子吊到火上加热潮湿的木屑，种子长成秧苗之后，再移栽到大田当中。[1]

二、南瓜在欧亚的传播

中世纪后期，海上贸易和航运的开展，对航海科技的发展起到了推动作用，伴随着航海科技的发展，原来只能在其居住范围附近活动的人类有了可以探索外部未知世界的能力。古希腊的航海者就曾到过欧洲和非洲海岸线进行探险，中国历史上也有"海上丝绸之路"，不过，最初的航海者只是紧依着海岸线进行航行。随着以指南针为主的导航仪器的发明与使用以及造船术、天文学等航海科技的发展，全球性的远航活动开始实现。

15世纪中后期至17世纪末期，也就是学术界所说的"地理大发现"时期，航海科技获得突飞猛进的发展，远洋航行成为可能，于是人们开辟了新航路、发现了新大陆，美洲作物开始向世界传播。

与中世纪落后的航海科技相比，进入15世纪，航海科技的发展主要体现在四个方面：造船术、航海仪器、天文学和制图术。新航路的开辟需要远洋航行，航海科技的发展起着至关重要的作用。地球表面71%都是海洋，航海在人类交通史上一直有着至关重要的作用。航海还具有速度快、路程远、花费少、载重大等优点，所以航海是地理大发现的首要方式。在地理大发现时代，欧洲各国一般都是通过航海来探察大陆、岛屿的海岸线，然后进行陆地探险。如果说15世纪欧洲的政治、经济、文化、宗教等多方面的因素，是地理大发现的根本原因或本质需求，那么航海科技的发展就是地理大发现的直接原因和现实条件。

1492年哥伦布横渡大西洋抵达美洲，由此开始了新大陆与旧大陆经常的、密切的、牢固的联系。美洲独有的重要农作物接连被欧洲探险者发现，并被陆续引进到欧洲再传遍旧大陆，南瓜就是哥伦布大交换（Columbian Exchange）的主要对象。

1493年9月至1496年6月，哥伦布率西班牙船队第二次到达美洲。从

---

[1] 张箭：《南瓜发展传播史初探》，《烟台大学学报（哲学社会科学版）》，2010年第23卷第1期。

此，美洲与西班牙之间的交通、各种人员物资信息的交流便成为经常性的。1494 年 2 月，迫于食品短缺、疾病流行等问题，哥伦布船队的 12 艘船和七八百人先行离开海地返回西班牙。哥伦布请这批先返回的人捎给阿·斯弗尔札(A Sforza)一包搜集到的美洲作物的各种种子。[1] 南瓜是当时美洲普遍栽培的主要作物，带回的种子里很可能就包括南瓜的种子，于是南瓜最初就以这样的形式从美洲引种到了欧洲。

哥伦布 1492 年发现新大陆之后掀起了欧洲向美洲殖民、探险、宗教传播的高潮，南瓜作为主要美洲作物从而走向欧洲。据统计，从 1492 年至 1515 年，至少有好几十支探险队、好几百艘欧洲船只涌向加勒比海，仅 1506 年一年，就有 23 艘西班牙船前往西印度群岛并有 12 艘船返回。[2]《本草纲目》载："(南瓜)经霜收置暖处，可留至春。"[3]南瓜置于干燥处，可在冰点以上妥善保存数月。所以南瓜可以经长期航海而不腐败，十分适合远洋航行，在哥伦布发现新航路之后陆续以果实或种子的形式引种到了欧洲。

欧洲探险者把南瓜种子带到欧洲后，南瓜最初被用来喂猪，而不是作为人类食物的来源[4]，只限于庭园、药圃、温室栽培，供饲料、观赏、研究、药用。由于欧洲气候凉爽，适宜南瓜生长，所以引种后迅速普及。如 19 世纪末期马其顿的典型村庄的景致一般无二——四周环绕着玉米田，园子里长满了南瓜一类毫不浪漫的蔬菜，塞尔维亚的一个村落少数蔬菜中也有南瓜的存在。[5]

16 世纪，欧洲人开始在东南亚建立殖民地，一些美洲和欧洲的农作物开始传入东南亚，并进一步引种到东亚、南亚，这时，正是我国的明清时期。大量原产美洲作物的传入，构成了明清时期中外交流的一个重要特点。

当然，确无记载表明，南瓜等美洲作物就是通过欧洲人之手经历万顷波涛来到亚洲，欧洲很长时间以来对这些美洲作物都缺乏记载和说明，遑论关于传入亚洲的记载，直到 1542 年德国人莱昂哈特·福克斯(Leonhart Fuchs)

---

〔1〕 张箭：《南瓜发展传播史初探》，烟台大学学报(哲学社会科学版)，2010 年第 23 卷第 1 期。

〔2〕 张箭：《南瓜发展传播史初探》，烟台大学学报(哲学社会科学版)，2010 年第 23 卷第 1 期。

〔3〕 (明)李时珍著，张志斌等校注：《〈本草纲目〉校注》卷二十八《菜部》，沈阳：辽海出版社，2001 年，第 1029 页。

〔4〕 http://www.allaboutpumpkins.com/history.html.

〔5〕 (美)艾尔弗雷德·W.克罗斯比著，郑明萱译：《哥伦布大交换：1492 年以后的生物影响和文化冲击》，北京：中国环境出版社，2010 年，第 106 页。

出版的《植物志》才出现第一批美洲作物的文字记载。但是这是最符合逻辑的判断，否则无法解释在新航路开辟后亚洲（特别是中国）骤然增多的美洲作物记载。那么还有一个问题，就是为什么这些作物在甫一传入欧洲，还没有站稳脚跟，往往还都是处在观赏园艺作物地位，就又迅速沿着新航路进入印度、东南亚、中国了？

笔者以为，美洲作物能够如此迅速地经欧洲人之手到达亚洲，一方面是欧洲的自然地理环境并不适合多数美洲作物的生长，易言之，即原初热带美洲作物到达欧洲后很可能“水土不服”，今天我们看到美洲作物在欧洲开花结果其实经历了一个漫长的自然选择与人工选择的适应性调试过程，所以既然在欧洲没有显著成效，欧洲人便把美洲作物拿去亚洲“碰碰运气”。一方面是因为美洲作物初显优势，不少美洲作物相比传统作物独具个性，如味道奇特、产量较高等，至少是欧洲人以往从未见过的，所以携带一二作为点缀或无不可；另一方面，更重要的是，一些美洲作物特别适合远洋航行，如南瓜耐贮，可作为储备食粮，辣椒刺激，可充当“海药”等，这些优势应该在它们早期从美洲抵达欧洲便已展现，所以有了携带的价值，才较早抵达亚洲。要之，外来作物初次漂洋过海是一种下意识的行为，伴有微弱的经济目的。

既然这些外来作物具有一定的价值，特别是新作物前所未有，为什么不能作为朝贡礼物，至少成为贸易交换的大宗呢？前文笔者特别指出“碰碰运气”，就是强调美洲作物的传入是一种偶然的行为。首先，中西交流已经不是一天两天，虽然在新航路开辟前总体还比较闭塞，但并非代表西方人对东方一无所知，尤其是《马可·波罗行纪》，它强化了欧洲人对无尽的香料和财富的渴望，这是欧洲皇室梦寐以求的宝物，他们开辟新航路的目的非常明确，他们也明白我者和他者需要的和短缺的，如中国需要白银、胡椒、火炮、仪器、玻璃、毛纺织物等，当然欧洲人更擅长作为第三方转手贸易，所以葡萄牙人1513年访华“满载着苏门答腊香料抵达珠江口外南头附近的屯门”[1]，1517年“船上满载胡椒……抵广东后，国使皮莱斯与随员登陆。……接待颇优，择安寓以舍之。葡人所载货物，皆转运上陆，妥为贮藏”[2]，均是做过充分的功课。其次，西方人并不知晓这些新作物乃美洲独有，欧洲没有，不代表亚洲也没有，特别是对于这种细节的知识，西方人不可能全知全能，即使到了20世纪

---

〔1〕 黄庆华：《中葡关系史（上册）》，合肥：黄山书社，2006年，第83页。

〔2〕 张星烺：《中西交通史料汇编》第一册，北京：中华书局，1977年，第354－355页。

关于很多外来作物如玉米、番薯、马铃薯等起源于中国的言论依然甚嚣尘上；同时，中国地大物博，关于茄子、蕹菜历来被认为起源于南亚、东南亚，如古人指出“自暹罗贡入中国，隋炀帝称为昆仑紫瓜”[1]“蕹菜本东夷古伦国，番舶以瓮盛之，又名瓮菜”[2]，其实二者皆是中国独立驯化，我们连自己国家的作物都搞不清，西方就更不知道了。所以西方人不大可能以新作物作为进贡与贸易的突破口，这并非理性，而且从当时的条件来看没有也不可能进行规模携带；此外，各种外来作物入华，本身就并非由西方人而是由华侨主导的，可见西方人没有把外来作物太当回事。

一个典型案例。番薯系美洲作物中较早抵达东南亚的，陈经纶在万历二十一年(1593)记载了其父陈振龙获取番薯事宜：

> 纶父振龙，历年贸易吕宋，久驻东夷，目睹彼地土产朱薯被野，生熟可茹，询之夷人，咸称薯有六益八利，功同五谷，乃伊国之宝，民生所赖，但此种禁入中国，未得栽培。纶父时思闽省隘山阨海，土瘠民贫，旸雨少愆，饥馑洊至，偶遭歉岁，待食嗷嗷。致廑宪辕，急切民瘼，多方设法，救济情殷。纶父目击朱薯可济民食，捐资阴买，并得岛夷传种法则带归闽地。[3]

文本可以反映，番薯肯定并不具有较高的经济价值，否则西方人早就以东南亚作为专业化产区批量输入番薯入华交易了，也就轮不到陈振龙扮演救世主的角色了。番薯传入中国的另外几条路线，如广东东莞陈益引自越南、广东电白林怀兰引自越南、台湾无名氏引自文莱等，也均是国人主导，均与西方人无涉。即使番薯由华人传入中国之后，西方人发现了经济价值再次以东南亚作为据点也是不晚的，因为番薯喜暖湿特性，在中国很多地区本来就不适合栽培，历史上东南亚洋米的输入就是明证，但是从未见番薯的跨国栽培(国内省级运输也是没有的)，可见贩运它的经济价值基本为零。

日本学者星川清亲认为：“日本倭瓜(中国南瓜)的起源地大概是从墨西哥南部到中南美洲一带地区。公元前3000年，传入哥伦比亚、秘鲁，从美国的科罗拉多州古代居民的遗迹中发现有南瓜的种子和果柄，似乎南瓜大约是

---

[1] 天启《封川县志》卷二《物产》。
[2] 《金薯传习录》卷上《附种蕹菜芥菜二则》，北京：农业出版社，1982年影印，第58页。
[3] 《金薯传习录》卷上，北京：农业出版社，1982年影印，第17页。

在7世纪传入北美洲。1570年与其他南瓜品种一起传入欧洲。1541年由葡萄牙船从柬埔寨传入日本的丰后或长崎,取名倭瓜。笋瓜起源于南美洲的秘鲁、玻利维亚、智利北部、阿根廷高原地带,尤其是科迪勒拉山脉的东坡为其起源中心。在哥伦布到达(1492年)之前,赤道线以北地区均没有南瓜的分布。在欧洲地区,由于气候凉爽,适宜南瓜生长,所以直到北欧都有种植。1863年最初由美国引入日本。此后,开拓使于明治初年又将其输入到北海道推广普及。墨西哥市南边高寒地区,是西葫芦的发源地。在古时,由墨西哥北部传入美国东部地区。16世纪传入英国,自欧洲东部引入亚洲。据说在秀吉、秀赖时代业已引入日本,著名的金丝瓜品种是日中甲午战争之后从华北传入的。"[1]

星川清亲的记载是比较准确的,中国学者在日本的记载也可以作为佐证,明亡后流亡日本的儒学大家朱之瑜,在《舜水先生文集·与源纲条五首》中的第二首记载:"九月二十日夜,蒙命儒臣野传赍奉瑶函到仆寓所宣传台命,并赐鳜鱼一尾、豕膏一壶、南瓜西瓜各两、圆松茸五枚……"[2]可见南瓜在16世纪中期的日本已经是极其常见的蔬菜了。

至于南瓜传入中国,古书中没有明确记载,可能是在16世纪上半叶。事实上,新作物的引种往往不止一次,可能被不同的人在不同的时间引入不同的地点。

自哥伦布后,1498年达·伽马率葡萄牙船队航达印度。葡萄牙在发现印度航路后仅仅15年,即1513年,就来到了中国。葡萄牙在1511年征服了马六甲以后,在1513年(正德八年)5月组织了一个以阿尔瓦雷斯(Alvares)为首的所谓的"官方旅行团",乘中国商船前来中国,一个月后,到达广东珠江口外的屯门,即伶仃岛。[3] 阿尔瓦雷斯在伶仃岛活动了半年多才于1514年初返回马六甲,半年多的活动使他深信,到中国做生意能获得两倍的利润。[4]

1513年的这次访问,"虽然这些冒险家此次未获准登陆,但他们却卖掉

---

〔1〕(日)星川清亲著,段传德等译:《栽培植物的起源与传播》,郑州:河南科学技术出版社,1981年,第68页。

〔2〕(明)朱之瑜:《舜水先生文集》卷十一,日本正德二年(1712)刻本。

〔3〕严中平:《老殖民主义史话选》,北京:北京出版社,1984年,第501页。

〔4〕(英)考太苏编译:《皮莱斯的远东概览 第二卷》,伦敦:赫克留亚特丛书,1944年,第284页。

了货物，获利甚丰”[1]，上述记载见于意大利人安德鲁·科萨利(Andrea Corsali)在公元1515年1月6日写的一封信中，是葡萄牙人对中国最初的访问。

1517年葡萄牙远征队在安德拉德(Andrade)的率领下到达广州[2]，“船上满载胡椒……抵广东后……葡人所载货物，皆转运上陆，妥为贮藏……总督又遣马斯卡伦阿斯(Mascarenhaso)率领数艘抵达福建”[3]。安德拉德在广州进行了几个月的贸易，获得了巨大利润，1518年初自己退到屯门，留下了皮莱斯(Peras)等人；马斯卡伦阿斯滞留在泉州大肆走私，他发现，在泉州也能像在广东一样发大财。[4] 与此同时，皮莱斯派人回马六甲报告关于葡萄牙人在中国受到很好的接待的消息。从此，葡萄牙远征队便满载商品和必需品一支又一支地闯来中国。即使后来葡萄牙人和其他洋人自广州被驱逐以后，在中国一些势力的支持下，大量非法的商业活动依然在偷偷摸摸地进行。对此，《明史》卷三百二十五《佛郎机传》载：“佛郎机，近满剌加。正德中，据满剌加地，逐其王。十三年(1518)遣使臣加必丹末等贡方物，请封，始知其名。诏给方物之直，遣还。”直到1554年，中葡通商正式恢复，葡萄牙人租居澳门，大批葡萄牙人来华从事各种活动。

通过上述记载可知，葡萄牙人从16世纪初开始便多次展开对华贸易，而且为了攫取高额利润，往往能交易的物品都用来交易，南瓜可长时间贮存，适合参加远洋航行，所以南瓜最初由美洲传播到欧洲后，可能又由葡萄牙人带来亚洲。

目前学术界普遍认可李时珍《本草纲目》的记载是南瓜传入中国后第一次较为完整的记述：“南瓜种出南番，转入闽、浙，今燕京诸处亦有之矣。二月下种，宜沙沃地。四月生苗，引蔓甚繁，一蔓可延十余丈。节节有根，近地即着。其茎中空，其叶状如蜀葵而大如荷叶。八九月开黄花，如西瓜花。结瓜正圆，大如西瓜，皮上有棱如甜瓜。一本可结数十颗，其色或绿或黄或红，经霜收置暖处，可留至春。其子如冬瓜子，其肉厚色黄，不可生食，惟去皮、瓤瀹

[1] (英)裕尔撰，(法)考迪埃修订：《东域纪程录丛 古代中国闻见录》，北京：中华书局，2008年，第141页。

[2] (英)裕尔撰，(法)考迪埃修订：《东域纪程录丛 古代中国闻见录》，北京：中华书局，2008年，第141页。

[3] 张星烺：《中西交通史料汇编》第一册，北京：中华书局，1977年，第354－355页。

[4] 张天泽：《中葡通商研究》，北京：华文出版社，2000年，第38页。

食,味如山药。同猪肉煮食更良,亦可蜜煎。"[1]李时珍对南瓜描述得非常详细,包括传入路径、形态特征、栽培技术、加工利用、功能主治等,甚至还有一幅南瓜的墨线图。《本草纲目》成书于1578年,虽然"岁历三十稔,书考八百余家,稿凡三易",如果在16世纪上半叶传入中国,在16世纪中后叶应该也"今燕京诸处亦有之矣"了。

另外,1521年麦哲伦环球航行时率西班牙船队从美洲首次航达菲律宾。西班牙殖民菲律宾是在1565年组织远征队之后的事情了。所以南瓜传入中国,还有一种可能线路,就是由麦哲伦直接从美洲将南瓜引种到东南亚,后经中国商人或葡萄牙人传入中国。1521年3月,麦哲伦到达菲律宾,3月17日船队在菲律宾东部莱特湾(Leyte Gulf)中的一个无人小岛候蒙洪岛(Homonhon Island)休息,第二天船员们与从附近来的居民进行了交换,用各种百货换取食物;3月27日到达了利马萨瓦岛(Limasawa Island),在这里船员们用各种百货换取食物;4月3日,船队来到宿务岛(Cebu Island),探险队用各种小商品换取当地居民的食品和贵重物品。[2]

通过麦哲伦在东南亚的活动可知,船队在菲律宾进行了大量交易活动,麦哲伦船队从美洲航行过来,在南美进行了多次补给和长时间的停留,因此来到东南亚的船队装载南瓜等美洲本土作物是可能的,到了东南亚再同本地土著居民进行等价交换,从而把南瓜果实或种子引种到了东南亚。

自从郑和以后,中国船队很少再到马六甲海峡以西的海域去,但马六甲和中国的交往却很频繁。当时,马六甲是东南亚的香料,中国的生丝、瓷器和印度的纺织品的交换中心。每年5月到10月,西南季风把阿拉伯和印度的商船吹到马六甲来,把中国聚集在马六甲的商船吹回广东和福建;11月至4月的东北季风又把中国商船吹来马六甲,把阿拉伯和印度的商船吹回去。[3]如:1509年9月11日,迭戈·洛泼斯(Diego Lopes)到达马六甲时发现港里停着三四艘中国帆船;1511年7月1日,阿方索·阿尔布克尔克(Affonsode Albuquerque)的大船队在马六甲抛锚停泊,葡萄牙人发现那里有五艘中国帆船。[4] 所以除了由葡萄牙人直接将南瓜引种到中国东南沿海外,也可能是

---

[1] (明)李时珍著,张志斌等校注:《〈本草纲目〉校注》卷二十八《菜部》,沈阳:辽海出版社,2001年,第1029页。

[2] 张箭:《地理大发现研究:15—17世纪》,北京:商务印书馆,2002年,第253-254页。

[3] 严中平:《老殖民主义史话选》,北京:北京出版社,1984年,第478页。

[4] 张天泽:《中葡通商研究》,北京:华文出版社,2000年,第27页。

中国商人把葡萄牙从欧洲带来的南瓜或麦哲伦船队从美洲带来的南瓜从东南亚间接引种到中国的西南边疆或东南沿海，就如同番薯引种的过程一样，林怀兰在万历年间将番薯从越南引入广东电白县，万历十年(1582)陈益也从越南将番薯引入广东东莞县，万历二十一年(1593)陈振龙从菲律宾引种番薯到福州长乐县。[1]

第二节　南瓜传入中国的时间和路径

南瓜是人类最早栽培的古老作物之一，美洲是南瓜的起源中心。一般认为中国南瓜引种于美洲，哥伦布1492年发现新大陆之后，美洲南瓜开始向世界传播，在16世纪中叶传入中国。但是题名元末贾铭的《饮食须知》、明初兰茂的《滇南本草》却已经记载南瓜，难道中国至迟在元末就已经栽培南瓜，在哥伦布发现新大陆之前南瓜就引种到了中国？

一、南瓜传入中国的时间

《南瓜产地小考》[2]认为南瓜的产地和起源是多源性的，我国南瓜既有本国所产，也有印度、美洲品种引入。《南瓜产地小考》是对南瓜起源中国说的论证，但其中不少观点有误，如认为《诗经·豳风·七月》所述"七月食瓜，八月断壶"中的"瓜"有可能是南瓜；《管子》一书记载"六畜育于家，瓜瓠荤菜百果备具，国之富也"中的"瓜"也是南瓜。但实际上《诗经》中的瓜经考证是甜瓜，《管子》中的瓜指的是瓜类[3]，关于王祯《农书》引用的论据的正误下文再述。

我国南瓜栽培历史悠久，那么南瓜栽培始于何时？有没有可能直接引种于1492年之前的美洲或者有没有中国独立原产的可能性？

笔者认为南瓜不可能原产于中国，迄今为止尚没有南瓜的野生种在我国被发现。南瓜不可能在元代以前就传入我国，但是否一定是在哥伦布发现美洲大陆之后，辗转经欧洲人之手才传入我国，还有待考证。

1985年5月姜原村村民在台地挖土烧砖时挖到庆山寺塔地宫，随即地宫文物被哄抢一空。当时临潼县博物馆书记王进成组织公安局挨家挨户宣传

---

〔1〕 梁家勉，戚经文：《番薯引种考》，《华南农学院学报》，1980年第3期。
〔2〕 赵传集：《南瓜产地小考》，《农业考古》，1987年第2期。
〔3〕 俞为洁：《瓜与甜瓜》，《农业考古》，1990年第1期。

动员，慢慢地回收丢失的文物，其中就有一件“南瓜”，这个南瓜，高有8厘米，直径有13.5厘米，造型复刻得十分逼真。据村民描述，当时这个三彩南瓜放在三彩贡盘上，这个三彩贡盘的工艺更加精美，盘心刻有宝相莲的花纹，其施釉工艺在唐三彩器物当中也是极为罕见的。

图1-5　三彩南瓜

三彩南瓜是经过国家鉴定的一级文物，但是却是1985年出土后，由工作人员命名的，后人以名称状物，但却不代表是真的南瓜，事实上，20世纪南瓜本土起源论甚嚣尘上(见下文)，所以时人并不知晓南瓜起源于美洲。个人看法，颇类似一个大蒜，本来古人的绘画、彩绘等就过于抽象，仅凭样貌很难判断到底为何物，类似“三彩西瓜”其实也存疑，但是佛家以葱、蒜、韭、薤、兴渠为五荤，所以也有可能是甜瓜。不管是什么，肯定不是南瓜，这是因为孤证不立，我们判断某一植物起源于某处，应当具备三个条件：第一，有确凿的古文献记载；第二，有这种栽培植物的野生种被发现；第三，有考古发掘证明。多数情况三者缺一不可，否则便是孤证。

成书于乾隆二十五年(1760)的《三农纪》，有关南瓜的记载为：“南瓜，《图经》云：蔓生，茎粗空，叶大如通草叶而涩，缘有毛，开黄花作筒，可采食……”[1]文中出现《图经》一词。邹介正等在校释时指出：“《图经》，指《本草图经》。”[2]《本草图经》，北宋苏颂等撰于1061年，原书佚。那么南瓜难道在北宋就有栽培记载？经查证，《本草图经》并无南瓜记载，此《图经》非彼《图经》，闵宗殿也验证了这一点[3]。

赵传集[4]、李璠[5]等认为我国可能原产南瓜的依据是王祯《农书》中的记载：“浙中一种阴瓜，宜阴地种之。秋熟色黄如金，皮肤稍厚，可藏至春，食

---

〔1〕(清)张宗法著，邹介正等校释：《三农纪校释》卷九《蔬属》，北京：中国农业出版社，1989年，第296页。

〔2〕(清)张宗法著，邹介正等校释：《三农纪校释》，北京：中国农业出版社，1989年，第100页。

〔3〕闵宗殿：《〈三农纪〉所引〈图经〉为〈图经本草〉说质疑》，《中国农史》，1994年第4期。

〔4〕赵传集：《南瓜产地小考》，《农业考古》，1987年第2期。

〔5〕李璠：《中国栽培植物发展》，北京：科学出版社，1984年，第142-143页。

之如新，疑此即南瓜也。”王祯《农书》成书于1300—1313年之间，如果上述史料确凿，确实能够说明我国可能原产南瓜。经查证，王祯《农书》原文为：“又尝见浙间一种，谓之阴瓜，宜于阴地种之，秋熟，色黄如金，肤皮稍厚，藏之可历冬春，食之如新。”[1]且不说该条史料记载于甜瓜条目下，南瓜为喜温植物，在光照充足的条件下生长良好，该“阴瓜”不应该是南瓜，关键的是王祯《农书》中并无“疑此即南瓜也”的记载。那么“疑此即南瓜也”来自何处？

笔者认为，“疑此即南瓜也”最早出自李时珍的《本草纲目》：“……按王祯农书云：浙中一种阴瓜，宜阴地种之。秋熟色黄如金，皮肤稍厚，可藏至春，食之如新。疑此即南瓜也。”[2]也就是说“疑此即南瓜也”是李时珍个人的推断，后人在传抄过程中误以为是王祯《农书》的记载，以讹传讹。如成书于康熙四十七年(1708)的《广群芳谱》载：“《农桑通诀》浙中一种阴瓜，宜阴地种之，秋熟色黄如金，皮肤稍厚，可藏至春，食之如新，疑此即南瓜也。”[3]成书于乾隆七年(1742)的《授时通考》载：“《农桑通诀》浙中一种阴瓜，宜阴地种之，秋熟色黄如金，皮肤稍厚，可藏至春，食之如新，疑此即南瓜也。”[4]《广群芳谱》和《授时通考》就犯了直接把李时珍的按当成王祯《农书》原话的错误，而且原话也不是引自王祯《农书》中的《农桑通诀》，而应该是《百谷谱》。

中国关于南瓜最早的记载，胡道静认为：“十四世纪初期已栽培于江南地区……这部书(指《饮食须知》)中就载有南瓜的名字。”[5]《中国农业百科全书》上的“南瓜栽培史”条目的撰者叶静渊认为：南瓜“是元末明初成书的《饮食须知》首次著录的”[6]。闵宗殿也认为：“元末明初已见于贾铭的《饮食须知》，说明元代我国已经引种。”[7]对此，彭世奖认为：“贾铭‘入明时已有百岁’，106岁病卒，当时哥伦布未发现新大陆，南瓜不可能传入中国，贾铭所说

---

〔1〕(元)王祯撰，缪启愉等译注：《东鲁王氏农书译注·百谷谱》，上海：上海古籍出版社，2008年，第172页。

〔2〕(明)李时珍著，张志斌等校注：《〈本草纲目〉校注》卷二十八《菜部》，沈阳：辽海出版社，2001年，第1029页。

〔3〕(清)汪灏：《广群芳谱》卷十七《蔬谱五》，上海：上海书店，1985年，第399页。

〔4〕(清)鄂尔泰、张廷玉等纂，马宗申校注：《授时通考》卷六十一《农余·蔬三》，北京：中国农业出版社，1995年，第4册，第4页。

〔5〕胡道静：《农书·农史论集》，北京：农业出版社，1985年，第154页。

〔6〕中国农业百科全书总编辑委员会农业历史卷编辑委员会，中国农业百科全书编辑部：《中国农业百科全书·农业历史卷》，北京：中国农业出版社，1995年，第221页。

〔7〕闵宗殿：《海外农作物的传入和对我国农业生产的影响》，《古今农业》，1991年第1期。

‘南瓜’可能是别有所指。”[1]张箭提出:“原产于美洲的南瓜估计应于16世纪初传入亚洲,16世纪中叶经东南亚传入中国。”[2]胡道静、叶静渊未提中国南瓜引种于何处;闵宗殿认同中国南瓜是国外传入的农作物,但未将其划分到美洲作物中;彭世奖、张箭的立场皆是中国南瓜肯定是引种于美洲。

目前学术界普遍认可《本草纲目》中关于南瓜的记载:“南瓜种出南番,转入闽、浙,今燕京诸处亦有之矣……”[3]李时珍对南瓜描述得非常详细。以此作为中国南瓜的最早记载,是符合南瓜1492年之后引种于美洲之说的。

哥伦布1492年发现新大陆,美洲作物也是1492年之后才开始与世界交流的。原产于美洲大陆的作物向外传播也应该是通过哥伦布及以后的商船。而《四库全书总目》(简称《总目》)卷一百一十六·子部二十六“谱录类存目”对《饮食须知》进行介绍时也提到:“铭,海宁人,自号华山老人。元时尝官万户,入明已百岁,太祖召见,问其生平颐养之法。对云:要在慎饮食。因以此书进览,赐宴礼部而回,至百有六岁乃卒。”[4]中国的南瓜如果确实引种于1492年之后的美洲,那么贾铭所指南瓜又是何物?逆向思维,正因为贾铭已经对南瓜有所记载,那么中国南瓜栽培历史或许可以追溯到元代?

贾铭《饮食须知》原文为:“南瓜,味甘性温。多食发脚气黄疸。同羊肉食,令人气壅。忌与猪肝、赤豆、荞麦面同食。”[5]该记载虽然明确提出了南瓜一词,但并无具体的形态性状等描写,而且说多食会发脚气病、黄疸病,同羊肉一起吃还会让人气息阻塞,这些病症是否属实?而且元末明初中国也无原产南瓜或传入的南瓜的记载。所以有的学者认为该“南瓜”可能不是我们今天所说的南瓜,而是其他的一种瓜,但是,笔者认为《饮食须知》记载的应该是南瓜,原因详见笔者《南瓜传入中国时间考》[6]一文。

《南瓜传入中国时间考》一文写就之后,笔者发现《饮食须知》其实是一部清人托名贾铭的伪书,所以《饮食须知》中的“南瓜”为南瓜不假,但是既然《饮食须知》实乃清人所作也就不奇怪了。目前《饮食须知》现存版本最早为杂录

---

〔1〕 彭世奖:《中国作物栽培简史》,北京:中国农业出版社,2012年,第220页。

〔2〕 张箭:《南瓜发展传播史初探》,《烟台大学学报(哲学社会科学版)》,2010年第23卷第1期。

〔3〕 (明)李时珍著,张志斌等校注:《〈本草纲目〉校注》卷二十八《菜部》,沈阳:辽海出版社,2001年,第1029页。

〔4〕 《四库家藏 子部典籍概览》(二),济南:山东画报出版社,2004年,第531页。

〔5〕 (元)贾铭:《饮食须知》卷三《菜类》,北京:人民卫生出版社,1988年,第27页。

〔6〕 李昕升,王思明,丁晓蕾:《南瓜传入中国时间考》,《中国社会经济史研究》,2013年第3期。

从书——《学海类编》,《学海类编》由清初学者曹溶辑、陶樾增订,四库馆臣曾经激烈批评《学海类编》:“为书四百二十二种,而真本仅十之一,伪本乃十之九。或改头换面,别立书名,或移甲为乙,伪题作者,颠倒谬妄,不可殚述。”(《总目》卷一百三十四)“《学海类编》真伪糅杂,有谬至不可理解者,颇为读者所诟病。”(《总目》卷九十七)[1]非但清人发现,近人批评的案例也是比比皆是,如有人考证现存《学海类编》本《诗问略》非陈子龙撰,而是吴肃公。[2] 所以对《学海类编》所说要保持高度警惕,伪托前人盛名售卖以营利,这种当代人常用的伎俩,早在《学海类编》甚至更早,便已经流行了。

有了这个前提之后,我们再审查《饮食须知》,发现出现问题也就不奇怪了。毕竟一部明初之书,有明一代居然从未著录、收录,这本身就是很奇怪的。经查,朱本中有一同名之书,《明史艺文志》《千顷堂书目》《文选楼藏书记》等著录,再经稽核,发现二者除序言之外,内容几乎一致,朱本中《饮食须知》至少有康熙十五年(1676)、康熙二十八年(1689)两个刊本,是早于《学海类编》刊行时间的,所以孰真孰假,一目了然,《学海类编》完全是偷梁换柱。遗憾的是,这部假托贾铭的饮膳卫生书居然蒙骗过了四库馆臣,并且一直延伸到今天,居然都认定贾铭为著者,让人唏嘘,今应还名朱本中。

二、南瓜传入中国的路径

南瓜在1492年之前传入中国没有任何可靠证据能够证明,尤其缺乏考古证明,就好比郑和在哥伦布之前发现美洲的假说一样。一方面后人托名《饮食须知》和《滇南本草》擅自窜入内容的情况是存在的,已有前人进行过相关的研究[3];另一方面,从数量最为众多、详细、集中的史料——方志的研究中,也无法得出南瓜先于哥伦布进入中国的观点。

方志是研究明代以来南瓜在中国引种的重要史料。方志的记载不单可以推算出南瓜传入中国的时间,也可以反映出传入的路径。上一部分的研究并未提及方志中记载南瓜的情况,在这一部分系统阐述。根据方志等史料记载,南瓜最早引种到中国的时间和路径是在16世纪初期的东南沿海和西南边疆一带。笔者以方志为基础整理出表1-2。

---

〔1〕 司马朝军编:《四库全书总目精华录》,武汉:武汉大学出版社,2008年,第573-574。

〔2〕 龙野:《现存〈学海类编〉本〈诗问略〉非陈子龙撰考》,《文献》,2012年第2期。

〔3〕 张廷瑜,邱纪凤:《〈滇南本草〉的版本与作者》,《云南中医学院学报》,1989年第12卷第1期。

表 1－2　中国各省最早记载南瓜情况一览表

省　份	记载时间	记载出处	版　本	原　文
福　建	嘉靖十七年(1538)	《福宁州志》卷 3《土产》	嘉靖十七年刻本	金瓜
广　东	嘉靖二十四年(1545)	《新宁县志》卷 5《物产》	嘉靖二十四年刻本	金瓜
浙　江	嘉靖三十年(1551)	《山阴县志》卷 3《物产》	嘉靖三十年刻本	《述异志》曰：吴桓王时越有五色瓜〔1〕
云　南	嘉靖三十五年(1556)	《滇南本草图说》卷 8	汤溪范行准藏本	南瓜，味甘，性温。主治补中气而宽利，多食发脚疾及瘟病
安　徽	嘉靖四十三年(1564)	《亳州志》卷 1《田赋考》	嘉靖四十三年刻本	曰南瓜
河　南	嘉靖四十三年(1564)	《邓州志》卷 10《物产》	嘉靖四十三年刻本	有南瓜
江　西	嘉靖四十四年(1565)	《靖安县志·物产》	方志物产〔2〕256	倭瓜
山　东	嘉靖四十四年(1565)	《青州府志》卷 7《物产》	嘉靖四十四年刻本	南瓜
河　北	嘉靖四十年(1561)	《宣府镇志》卷 14	方志物产 40	南瓜
山　西	隆庆二年(1568)	《襄陵县志·土产》	方志物产 109	南瓜
江　苏	隆庆三年(1569)	《丹阳县志》《土产》	隆庆三年刻本	南瓜
四　川	万历四年(1576)	《营山县志》卷 3《物产》	万历四年刻本	南瓜

〔1〕成书于北宋以前的《述异记》中所述“五色瓜”并不是南瓜(详见李静华，丁晓蕾：《“五色瓜”略考》，《农业考古》2017 年第 6 期)，但在明代以来的浙江频指南瓜，康熙《山阴县志》卷 7《物产》就在南瓜的介绍中提到“述异志曰越有五色瓜”；乾隆三十八年(1773)《诸暨县志》卷八《物产》载：“五色瓜即南瓜”，诸如康熙《武义县志》、雍正《浙江通志》等均持此说。稍晚，与山阴县同在绍兴府的余姚县在嘉靖四十三年(1564)《余姚县志》卷四《物产》中明确记载“南瓜”。

〔2〕1955 年，中国农业遗产研究室的万国鼎主任组织研究人员奔赴全国 40 多个大中城市，从各地 8 000 多部方志中，摘抄其中的“物产”部分，整理为《方志物产》手抄本 431 册，现藏于南京农业大学中华农业文明研究院(原中国农业遗产研究室)。

续表

省份	记载时间	记载出处	版本	原文
湖北	万历六年(1578)	《郧阳府志》卷12《物产》	万历六年刻本	南瓜,俱竹山、上津、竹溪、保康
陕西	万历十九年(1591)	《岐山县志·物产》	方志物产122	南瓜
湖南	万历二十五年(1597)	《辰州府志·物产》	方志物产235	南瓜
贵州	万历四十年(1612)	《铜仁府志》卷3《物产》	万历四十年刻本	南瓜
宁夏	万历四十五年(1617)	《朔方新志》卷1《物产》	万历四十五年刻本	南瓜
甘肃	康熙六年(1667)	《庄浪县志》卷3《物产》	康熙六年刻本	南瓜
广西	康熙十二年(1673)	《阳朔县志》卷2《产物》	民国二十一年(1932)抄本	番瓜
辽宁	康熙十六年(1677)	《铁岭县志》卷上《物产》	民国六年(1917)铅印本	南瓜
海南	康熙二十九年(1690)	《定安县志》卷1《物产》	康熙二十九年刻本	南瓜
台湾	康熙五十六年(1717)	《诸罗县志》卷10《物产》	康熙五十六年刻本	金瓜,一名南瓜,种出南番
新疆	乾隆三十七年(1772)	《新疆回部志》卷2《五谷》	1950年油印本	至春间亦可切条晒干致远盖倭瓜之属也
黑龙江	嘉庆十五年(1810)	《黑龙江外记》卷8	光绪十七年(1891)铅印本	倭瓜
内蒙古	咸丰九年(1859)	《古丰识略》卷39《土产》	抄本不详	南瓜
吉林	光绪十一年(1885)	《奉化县志》卷11《志物产》	光绪十一年刻本	倭瓜,种出东洋
青海	民国三十四年(1945)	《青海志略》第5章《农产》	民国三十四年铅印本	南瓜,形扁圆或长,煮熟可食,子亦为食物,青海各县均产之
西藏	不详	不详	不详	不详

注:河北含北京和天津,四川含重庆,江苏含上海。

南瓜在中国的引种推广与其他美洲作物相比，最突出的特点就是除了个别省份，基本上都是在明代引种的。各省最早记载南瓜的时间多处于16世纪中后期，福建、广东、浙江、云南四省甚至在1560年代之前，而福建最早在1538年。方志记载时间肯定会晚于实际的栽培时间，因此南瓜引种至我国的时间应该在16世纪初期。

在16世纪就记载南瓜的省份共15个。在这15个省份中，东南沿海的省份是福建、广东、浙江、江苏、山东，河北在华北沿海，近海是安徽、江西，云南在西南边疆，河南、山西、四川、湖北、陕西、湖南在内陆地区。南瓜在福建与云南的最早记载时间仅相差18年，如果南瓜仅由一条路线引种，是不可能在如此短的时间内在相距甚远的两地间推广并记载的，而且福建、云南之间相隔的众多省份最早记载时间均远远落后于两省。韩茂莉以玉米为例，指出"无论哪条最先介入传播过程，都很难在一二十年内将新作物带到其它地区"[1]，原因就在于外来作物始入新环境的适应问题，短时间内历经空间的变迁必然难以适应。

南瓜引种到我国的路径，根据方志记载可分为两条路线。第一条路线是东南海路，第二条路线是西南陆路，以第一条路线为主。东南海路，是指南瓜首先传入东南亚，然后引种到我国东南沿海。西南陆路是指南瓜传入印度、缅甸后，再进一步引种到我国西南边疆。

西南边疆南瓜最早见于兰茂《滇南本草》的记载，成书之时哥伦布尚未发现新大陆，该书在清初之前一直以手抄本的方式在坊间流传，难免有后人托名兰茂增加内容。是书现存最早的传抄本，汤溪范行准收藏的《滇南本草图说》十二卷，注明了是范洪在嘉靖丙辰年(1556)根据《滇南本草》原著整理而成，其中已有对南瓜的记载，所以南瓜至迟在1556年已经在云南引种栽培，而且很有可能是从缅甸传入的，隆庆《云南通志》、天启《滇志》均见南瓜记载。南瓜在云南向来有"缅瓜"之称，此称呼未见于他省，"南瓜，一名缅瓜"[2]，"缅瓜，种出缅甸故名"[3]。滇缅交流十分便利，滇缅间的通衢大道又称"蜀身毒道"，在云南段东起曲靖、昆明，中经大理，西越保山、腾冲、古永，可达缅甸、印度，《滇略》中描绘了滇缅大道的繁荣景象："永昌、腾越之间，沃野千里，

---

〔1〕 韩茂莉：《近五百年来玉米在中国境内的传播》，《中国文化研究》，2007年第1期。

〔2〕 雍正三年(1725)《顺宁府志》卷七《土产》。

〔3〕 光绪二十一年(1895)《丽江府志》卷三《物产》。

控制缅甸，亦一大都会也。”[1]缅甸也有栽培南瓜的记载，虽然没有缅甸明代栽培南瓜的记载，只有云南县知县周裕在乾隆三十二年(1767)远征缅甸有记载：“其余食物，有冬瓜、南瓜……”[2]

东南沿海各省南瓜记载时间普遍较早。嘉靖十七年(1538)《福宁州志》载“瓜，其种有冬瓜、黄瓜、西瓜、甜瓜、金瓜、丝瓜”[3]，是我国对南瓜的最早记载，“金瓜”是南瓜常用别称之一，“江南人呼金瓜为南瓜”[4]，今天在福建也多称“金瓜”。“金瓜”虽有时不指代南瓜，但此处却是南瓜，乾隆《福宁府志》载“金瓜，味甘，老则色红，形种不一”[5]，根据性状描写确是南瓜。不只是乾隆《福宁府志》，历朝历代的《福宁府志》均未出现“南瓜”一词，事实上南瓜已经引种到福宁府(州)并以“金瓜”为代称。冯梦龙在崇祯十年(1637)记载福宁州的寿宁县“瓜有丝瓜、黄瓜，惟南瓜最多，一名金瓜，亦名胡瓜，有赤黄两色”[6]。浙江、广东也很有可能是从南洋引种的南瓜，浙北平原“南瓜，自南中来”[7]；广州府、肇庆府是南瓜在广东的最早登陆地区，“南瓜如冬瓜不甚大，肉甚坚实，产于南中”[8]，“南中”，比广东更南或是引种于南洋了。仅凭借此资料或许不能直接说明南瓜引种于东南亚，但是东南沿海各省对南瓜的记载为全国最早，且明代的记载次数也为全国最多，有理由相信东南沿海是南瓜的最早传入地区，也很难想象有引种于东南海路以外的其他路线，而且多数美洲作物最早登陆中国的地点也均是东南沿海一带。

南瓜首先被哥伦布及以后的航海家陆续发现并被引种到欧洲。1498 年葡萄牙人到达印度，1511 年征服马六甲，开始在东南亚建立殖民地，一些美洲作物开始传入南亚、东南亚。葡萄牙人从 16 世纪初开始便多次展开对华贸易，而且为了攫取高额利润，往往能交易的物品都用来交易，南瓜可长时间贮存，适合参加远洋航行，所以南瓜可能由葡萄牙人首先引种到中国的广东、福建。“葡人海上进展如此的快，他们已引进到果阿(Goa，印度西岸港口)的

---

[1] (明)谢肇淛：《滇略》卷四《俗略》。

[2] (清)周裕：《从征缅甸日记》，转引自方国瑜主编：《云南史料丛刊》第八卷，昆明：云南大学出版社，2001 年，第 786 页。

[3] 嘉靖十七年(1538)《福宁州志》卷三《土产》。

[4] 民国十一年(1922)《福建通纪》卷八十三《物产志》。

[5] 乾隆二十七年(1762)《福宁府志》卷十二《物产》。

[6] (明)冯梦龙：《寿宁待志》卷上《物产》，福州：福建人民出版社，1983 年，第 45 页。

[7] 崇祯十一年(1638)《乌程县志》卷四《土产》。

[8] 崇祯六年(1633)《肇庆府志》卷十《土产》。

美洲作物在印、缅、滇的传播照理不会太慢。”[1]另外，中国与马六甲的交流在当时也很频繁，也可能由侨商直接从东南亚引种到东南沿海和西南边疆。

第三节　南瓜传入与早期分布再考

南瓜虽小，兹事体大，南瓜史的研究可以折射很多的问题，而不仅仅是作物本土化的问题，诸如版本、目录、小学、医学、农学、交通等问题皆囊括其中，以此观之，产生些许分歧也就不奇怪了。南瓜可信的传播路线应当是嘉靖末年自东南海路、西南陆路分别率先进入闽、浙和滇，进而流布全国，葡萄牙人在其中扮演的角色尚难以定论，北瓜、金瓜多数情况下并非南瓜的不同品种或其他瓜类，而是南瓜的同物异名而已。

无论是中国的过去、今天，还是未来，农业大国的国情基本不变，因此我们研究历史上的农业问题，即农业史，是很有必要和价值的，堪称长盛不衰的热点，因此涉足农业史方向的专家学者自然如恒河沙数，不单有擅长历史学其他方向的学者参与，也有其他学科的学者跨界。

作物史是农业史研究的重要领域，因为作物（栽培植物）是农业生产的主要对象，居于“天、地、人、稼”农学四才论的中心。而作物入华问题又是作物史研究中经常涉及的命题，与海交史研究息息相关。[2] 对于倡导公众史学的今天，作物史无疑是普罗大众最喜闻乐见的话题之一，热度不减，除了国内几大农史研究机构长期耕耘之外，程杰对此亦相当关注。[3]

近日，惊奇地发现程杰《我国南瓜传入与早期分布考》[4]一文，洋洋洒洒

---

〔1〕（美）何炳棣：《美洲作物的引进、传播及其对中国粮食生产的影响（二）》，《世界农业》，1979 年第 5 期。

〔2〕详见李昕升：《近 40 年以来外来作物来华海路传播研究的回顾与前瞻》，载《海交史研究》，2019 年第 4 期。《海交史研究》自 2022 年第 4 期开始，不定期开设“外来植物研究”版块，亦充分反映这一领域的热度。

〔3〕程杰：《西瓜传入我国的时间、来源和途径考》，《南京师大学报（社会科学版）》，2017 年第 4 期；程杰：《菰菜、茭白与茭儿菜——〈三道吴中风物，千年历史误会〉续补》，《阅江学刊》，2017 年第 9 卷第 3 期；程杰：《我国黄瓜、丝瓜起源考》，《南京师大学报（社会科学版）》，2018 年第 2 期。限于篇幅，本书仅针对南瓜，其他作物他日再行商榷，另外，因本书出现人名较多，统一略去“先生”，并非笔者对学界前辈不含敬意。又及，本节引文如果未标明出处，则均是来源于程杰《我国南瓜传入与早期分布考》。

〔4〕程杰：《我国南瓜传入与早期分布考》，《阅江学刊》，2018 年第 2 期。以下简称“程文”。由于本人平时主要关注重要刊物、专业刊物，该文章也是后知后觉，系友人告知。

两万余字，初闻之时很是好奇，不知道将研究又推进到了哪一步，另外也说明南瓜史小小的研究引起了学界同仁的共鸣，我是很欣慰的。

然而通读下来，我认为有必要就南瓜史研究的一些基本问题重新梳理，其一，由于程杰在行文中多次提及笔者的研究，故有必要回应一下以表敬意；其二，此前研究可能详略未尽得当，需要重申、深化笔者的观点，强调既有的研究理路。

一、前言

文献综述的重要性学界早已耳熟能详，不仅可以了解前人的研究动态，在前人的研究基础上进一步推进已有研究，还可以节约很多研究时间，不必再另起炉灶；同时，只有明白前人的问题、困境与情非得已，才能找到自己的出路，而不是以超越为目的。这就需要我们对文献进行"综结"，不能断章取义和将前人的研究作为自己的建树。

程文在综述中率先提到"李氏也着力颇多，提出了一些有益的思考，但遗憾的是重在平衡诸说，犹疑彷徨其间，并未得出明确的结论"，这让我摸不着头脑，想来可能是因为程文经常引用我关于南瓜史的第一篇论文《南瓜传入中国时间考》，该文发表于 2013 年，是我对南瓜史最初的思考，随着研究的推进，结论自然也有更新，肯定的结论在集大成一文《南瓜在中国的引种推广及其影响》中就已经下定，"南瓜在 16 世纪初期首先引种到东南沿海和西南边疆一带，作为菜粮兼用的作物迅速在全国推广……以上两部古籍（按，即《饮食须知》《滇南本草》）均成书在此之前，疑是后人窜入"[1]，并反映在《中国南瓜史》中，自然也就将明中叶之前的记载进行了否定，但《南瓜传入中国时间考》因能反映我的思想转轨，亦被收入《中国南瓜史》以资借鉴。退一步，即使《南瓜传入中国时间考》有一些游移不定，历史研究本着有一分史料说一分话，上来就作肯定之话语是研究之大忌。而且程文在开篇就提到"我国南瓜有可能超越新大陆作物传播的历史过程，有着独立或更早的源头"，我能理解这样讲是为了彰显自己研究的意义，为自己解读史料提出南瓜确系美洲传入做铺垫，实际上关于南瓜独立或更早的源头就像郑和发现美洲一样纯属是子虚乌有的，不更是犹疑彷徨？

---

〔1〕 李昕升，王思明：《南瓜在中国的引种推广及其影响》，《中国历史地理论丛》，2014 年第 29 卷第 4 期。

程杰在行文之初，就提及关于南瓜起源分为两派：一派是本土派，另一派是美洲派，然后把自己归并到美洲派，洋洋洒洒接近一半的篇幅（第一、二部分）均是在驳斥本土派，殊不知这早已是学界定论。关于胡道静、赵传集、李璠、叶静渊等的观点，诞生于20世纪，随着学术研究的进步，结论早已站不住脚，如同早年还有一些观点认为蚕豆、花生、番茄、番薯、芝麻等域外作物均出自本土，这实乃是一种爱国主义情怀在作祟，随着科学研究的进步，考古遗存的发掘、植物野生种的发现、文献记载的重读等都证明或证伪了，这些结论也就不攻自破了，今天早已没有人在讨论美洲作物[1]是否中国原产的问题，否则我们均可以将之划分为两派，一派是老一辈仅从文献入手的学者，一派是今天占有大量资源的学者，最后必然是非本土派的胜利，但是又有什么意义呢？

针对南瓜，即使在新世纪尚有讨论余地，笔者《中国南瓜史》已经一一析分清晰，“迄今关于我国南瓜起源的时间和情景仍十分模糊”的问题业已解决，实在不清楚对“一、我国明中叶以前的南瓜记载均不可信”“二、明中叶以前阴瓜、金瓜等疑似南瓜均不宜视作南瓜”进行讨论的价值所在，这种“学术创新”似有自问自答之嫌。

至于程文的第三部分“明代本草、农书等文献中的南瓜资料”，是对史料的堆积，第四部分“明代地方志的有关记载”，第六部分“明朝南瓜分布中心在南、北两京之间”与第三部分一样，仍是在重复前人的工作，并没有让人耳目一新，结论也并没有超出前人的范畴。唯有第五部分“我国南瓜当是明正德末年由葡萄牙使者传来”、第七部分“南、北瓜的称呼反映了南瓜传来之初不同的品种源头”，与已有研究相异，颇有新意，但需行勘误。

二、《饮食须知》《本草纲目》与《滇南本草》

一般认为，《饮食须知》成书于元末明初、《滇南本草》成书于明上半叶，但这两部书在传抄过程中，存在后人擅自托名贾铭、兰茂进行增补的现象，其对于南瓜的记载就是一个典型的“穿帮”，近年亦有人发现《饮食须知》是一部托名贾铭的清初伪书，但是并不能认为《滇南本草》诞生于《本草纲目》之后以及二书抄袭自《本草纲目》，这是缺乏依据的。

（一）《饮食须知》

当然，即使是老调重弹，我们也可以学术讨论一下，首先是《饮食须知》，

[1] 笔者及众多同行将南瓜等明清新作物称为美洲作物，就已经彻底否定其本土说了。

"《饮食须知》主要抄录《本草纲目》而成",程文包含了两层含义,一是《饮食须知》成书时间晚于并抄袭自《本草纲目》(简称《纲目》),二是《饮食须知》南瓜条目照搬《纲目》南瓜条目。《饮食须知》的南瓜记载并不能说明什么,笔者在《中国南瓜史》中已经说得明明白白,并没有将南瓜的历史推到元代,但直言《饮食须知》"当为晚明或清初坊间杂抄《本草纲目》等书并掺和一些编者自己的生活经验拼凑而成,托名元人贾铭以为营销",似乎不大恰当。

已有人撰写《再说〈学海类编〉本〈饮食须知〉之伪》一文,实际上,这是一本《学海类编》编者托名伪撰而成的书,当是没有问题的,不过程文解释的缘由是不能让人信服的。

不要说明代刻本、抄本,即使是清代亦是经常散佚,如《金薯传习录》这种在乾隆年间大肆刊刻的小册子,如今据我们遍访海内外图书馆搜罗不过五本,其中的四个本子还是同为兄弟的删补刷印本,版系也仅有两只。乾隆之后,该书几乎散佚,后世文献罕有提及,还是民国萨兆寅在道光《福建通志》中获悉这部书后,虽然传本甚少,幸而 1939 年在其友人沈祖牟处发现南台沙合桥升尺堂刻本[1],使这部小书重见天日,丙申本即 1982 年农业出版社影印通行本的底本。我们才能认定《金薯传习录》成书于乾隆年间。所以,《饮食须知》少见记载,不能成为该书就是伪书的证据。

此外,即使《永乐大典》真的没有引用某某前代之书,也并不能说明什么,诚如《四库全书》没有引用《金薯传习录》一样。更为重要的是《永乐大典》亡佚十分严重,流传到今天的十不存一,我们根本无法窥一斑而知全豹,也就无人能够知悉《永乐大典》辑引的情况了。

(二)《本草纲目》

程杰比对了《饮食须知》与《纲目》中的"粳米"与"烧酒",说到底也只是有抄袭的嫌疑,历史研究一定要客观公正,不能想当然地认为,再者说古书传抄本来就是非常严重的,文献中抄来抄去的现象十分常见,很可能二者因为引用了其他同样的古籍而产生了联系,李时珍也借鉴了很多本草书、医书,不能单纯认为《纲目》名气最大就是被抄袭者,又怎么能证明不是李时珍抄袭他人?

今人奉《纲目》为圭臬,殊不知《纲目》并非"凡辑引他人著述,虽竹头木屑,也一一注明",早已有学者指出"《纲目》中部分文献内容直接转引自《证类

[1] 福建省图书馆编:《萨兆寅文存》,厦门:鹭江出版社,2012 年,第 229 页。

本草》的引文”，也就是说李时珍引用的也多是二手文献，“由于李时珍在引用它们时有随意化裁、失考、误解、杂糅、臆改等情况，因此《本草纲目》的若干引文中也有遗憾和不足之处，即有少数书名混淆，作者张冠李戴，引文未注明出处，脱文，衍文和错简等现象，这是《本草纲目》的一个缺点”[1]。又李时珍“大都不是抄录原文，而是经过一番化裁的，有时甚至综合两三家之说为一，和原文有很大的出入，这是当时一般的习惯”[2]，可见《纲目》也是脱胎于前人的积累。

以“粳米”为例，不能因为《饮食须知》(虽然《饮食须知》成书确实晚于《纲目》)没有标注出文献来源就断定“显然是抄缀李时珍的叙述，略加调整而成”，《饮食须知》可能同样参照了《千金方》《食疗本草》。可能就是二者均引用了《证类本草》，可参原文，至于《证类本草》未载之处，很可能是《饮食须知》原创。事实上，本草书自《神农本草经》以来都有固定的行文体例和写作模式，而且本草类典籍从古至今都有一定的传承，文字类似的情况数见不鲜，我们曾就历史时期“胡麻”的记载做了一番比对，陈陈相因的情况早已是家常便饭，当是如此。

“烧酒”条亦令人难以信服。归根结底这样抽样调查比对的意义是有限的，解读者完全可以选择有利于自己的史料进行剪裁、拼接，除非一一比对，但又必然会出现无法用先入为主的观点解释的情况。如《饮食须知》较《纲目》多出的文字，就单纯认为“实际了无意义”“言之无谓”“并非关键”，是非常主观的看法，史学科学化的研究是应该摈弃的。

(三)《滇南本草》

兰茂《滇南本草》版本流传同样错综复杂，《滇南本草》与《饮食须知》一样可以认为存疑，但是不能认为其关于南瓜的记载不可能早于《纲目》，甚至有缀录《纲目》相关内容的痕迹。我们并非认为今本南瓜出自《滇南本草》而是出自《滇南本草图说》，虽然《滇南本草图说》同样存在后人窜入的情况，然而在时间上是符合当时南瓜传入云南的情况的，不宜轻易否定。程文给出的几个立论是站不住脚的。

杨慎著述中有关于西瓜的辩说，而没有南瓜，这并不奇怪，西瓜当时已经传入中国千余年，南瓜方是新作物，根本不可同日而语。而且文人的关注点

---

[1] 全瑾，吴佐忻：《〈本草纲目〉文献引用初考》，《中医文献杂志》，2011年第2期。

[2] (明)李时珍撰，刘衡如校点：《本草纲目》，北京：人民卫生出版社，1980年，第3页。

是不同的，杨慎自有其选择依据，他并不是在书写百科全书，没有必要事无巨细地记载所有作物。杨慎没有记载的作物很多，如苜蓿并无记载，难道西汉就传入中国的苜蓿不存在吗？此外，一个新作物的引种推广是一个漫长的历程，我们多次指出一个新作物从引种到当地到农人广泛种植再到被记载到文人笔下不会是一蹴而就的过程，“然物有同进一时者，各囿于其方，此方兴而彼方竟不知种”[1]是一样的道理。清代南瓜在云南已经遍种，然而中原文人的滇南见闻录之类，如《边州闻见录》《南中杂说》《宦滇日记》等，并无南瓜记载，不记载，不代表不存在，《滇云历年传》甚至记载了比南瓜进入云南更晚的玉米，但对南瓜只字未提。囿于时代的限制，李时珍也根本不可能知道南瓜的西南边疆传入路线（其他美洲作物亦是如此），兰茂自然也不知道后世才发生的事情，成书于 1556 年的《滇南本草图说》的编者范洪知晓就很正常了。

“若南瓜由滇边入国，滇人首见，以模糊的‘南瓜’称之，就不合人们的心理和语言习惯”，我们认为这种似是而非的解释并不能说明什么，如果南瓜就是从南邦番国传入，称之为南瓜本身就是合情合理的。事实上，很多直省，如四川、贵州，首次关于南瓜的记载就是“南瓜”[2]，他省（尤其云南周边）可称南瓜，云南当然也可以。一个新作物的名称一般从旧名称里脱胎而来，但不同地区往往给出的又难以统一，久而久之，很容易产生同物异名和异物同名的现象。云南一省，范围广博，产生多个名称并存是很自然的现象，关键是南瓜甫一传入，根本没有固有的名称，以何种名称代称之，都可。而且《滇南本草图说》初成的时间要早于云南所有记载南瓜的方志，根本不可能去迎合地方志。

南瓜“缅瓜”“麦瓜”之称是云南的特殊性，此称呼未见于他省，明代方志关于南瓜的记载，也恰恰说明了南瓜的西南路径，《滇南本草图说》的记载在时间上是完全站得住脚的。至于程杰比对《滇南本草》与《纲目》就和前文《饮食须知》的问题一样了，兹不赘述。

综上所述，《饮食须知》《滇南本草》的南瓜条目，是不能追溯到 1492 年之前的，然没有确凿的证据证明《滇南本草》成书于《纲目》之后，二书关于南瓜的记载也不能单纯认为是抄袭自《纲目》；我们始终认为《滇南本草图说》是南

[1] （清）檀萃辑，宋文熙、李东平校注：《滇海虞衡志校注》，昆明：云南人民出版社，1990 年，第 289 页。

[2] 详见李昕升，王思明：《南瓜在中国的引种推广及其影响》（《中国历史地理论丛》2014 年第 29 卷第 4 期）中表 1“中国各省最早记载南瓜情况一览表”。

瓜在云南的最早记载。

三、"金瓜"问题

关于"金瓜"的问题,我们在查阅大量方志的基础上,发现"金瓜"在很多时候就是指南瓜,我们当然知道"金瓜"有时别有他指(详见第二章第一节、第二节),程文认为我们"显然没有充分考虑金瓜作为其他瓜类别名的历史,也未能看到明末观赏品种小南瓜出现的事实",真是让人啼笑皆非。程文指出"明中叶以前阴瓜、金瓜等疑似南瓜均不宜视作南瓜",我们是认同的,但是我们讨论的"金瓜"均是在嘉靖之后(也就是明中叶之后),反观程杰之论断是将明中叶之后的所有"金瓜"也未视作南瓜,这是自相矛盾。

(一) 名物考证

所以我们不会根据两个字就判断是什么瓜,结合本校、对校、他校、理校等方式才能得出较为审慎的结论。但是如果见到"金瓜"就认为是观赏南瓜,是肯定不行的,不说文献记载并非如此,就是今天闽、粤一带依然把南瓜称为"金瓜",只要稍微做一做田野调查便知,"江南人呼金瓜为南瓜"〔1〕,在闽、粤、赣一带,从古至今"金瓜"都是南瓜最常用的名称,作为称谓使用频率高于"南瓜"。在他省,"金瓜"亦常作为南瓜的别名,类似记载实在不胜枚举,如《增补食物本草备考》"南瓜,即金瓜,名番瓜"〔2〕,《三农纪》"南瓜……号其名曰金瓜"〔3〕,《寿世传真》"南瓜,性温,红色者名金瓜,南人俗名番瓜,北名倭瓜"〔4〕,《经验奇方》"遇服鸦片毒者,急用生南瓜,又名金瓜"〔5〕等等,如果加上方志,何止上百条!我们早就指出"'金瓜'在有些时候也指甜瓜,在今天多指西葫芦的变种搅瓜(搅丝瓜、金丝瓜)、观赏南瓜(看瓜、红南瓜)或笋瓜的变种香炉瓜(鼎足瓜)"〔6〕,但是在历史上"金瓜"主要指南瓜,就如"胡瓜"可以代表很多种瓜,但是一般情况,多指黄瓜。

观赏南瓜,确有金瓜一称,观赏南瓜实则是传入中国之后经过漫长的自

---

〔1〕 民国十一年(1922)《福建通纪》卷83《物产志》。

〔2〕 (清)何克谏:《增补食物本草备考》上卷《菜类》。

〔3〕 (清)张宗法著,邹介正等校释:《三农纪校释》卷九《蔬属》,北京:中国农业出版社,1989年,第297页。

〔4〕 (清)徐文弼《寿世传真》修养宜饮食调理第六《瓜类》,北京:中医古籍出版社,1986年,第51页。

〔5〕 (清)刘一明:《经验奇方》卷下,上海:上海科学技术出版社,1985年,第29页。

〔6〕 详见第二章第一节。

然选择和人工选择才诞生的品种,并非传入伊始就有这个品种,我们所目及最早关于这种观赏南瓜的确凿记载是乾隆《辰州府志》:"金瓜又名西番柿,形如南瓜,大不过四五寸,色赤黄,光亮如金,故名,以盆盛置几案间,足供久玩,味苦酸不可食。"[1]而且,在帝制社会,人民生计才是最大的问题,对于长期在死亡线上挣扎的人民大众,能吃饱才是最大的希冀,如果仅仅作为观赏,这种不实用的东西压根就不是农民道义经济的选择,更别提闽、粤地区一向八山一水一分田,过密化最先就体现在这些地方,有限的土地自然要充分利用。

那么如果"金瓜"和"南瓜"并列,是否"金瓜"就是观赏南瓜呢?不然。这是因为南瓜拥有丰富的基因库,在作物中号称"多样性之最",种形互出、颜色各异,即使是今人也不能分辨清晰,何况古人,诚如"南瓜一名倭瓜,亦作番瓜,《群芳谱》曰结实形圆竖扁而色黄者为南瓜,似葫芦而色黑绿者为番瓜,其实一圃之中种形互出,农家亦未尝强为区别也,今土人既称之为倭瓜"[2],我们今天皆认为番瓜与南瓜皆为一物无疑,但《群芳谱》硬是认为南瓜、番瓜是两个品种,民间则认为都一样,俱以"倭瓜"称之。很有可能的情况便是,将一般扁圆的金色南瓜称为"金瓜",将其他颜色、形状(皮的色泽或绿或墨绿、或长圆或如葫芦状)的南瓜称为"南瓜",所以万历《雷州府志》提到的"南瓜,类金瓜而大……金瓜,形圆而短,熟时黄如金",都是一般意义上的南瓜。实际上方志中"南瓜""番瓜"并列记载的情况亦不可胜数,我们当然没有简单将并列的二者算为两种不同的瓜类,程文也默认"番瓜"为南瓜,"金瓜"其实与之情况雷同。

事实上,程文也承认"金瓜"是南瓜的别名之一,但是自己讨论金瓜时又一致认为是观赏南瓜,自相抵牾。我们只能理解为其是截取有利于自己的片段史料来论证自己的观点,只见树木,不见森林。如程文认为崇祯《海澄县志》中的"金瓜"是观赏南瓜,但供佛用不代表就是观赏南瓜、"不登食品"不代表不可食用;接着说"有可能经台湾传来",证据是民国《南平县志》载:"南瓜,俗呼金瓜,种出南方……又一种甚小而色赤,来自台湾,俗呼台湾瓜,但可供玩赏。"[3]殊不知这段引用的史料,正足以攻击自己的观点:南瓜就是金瓜,观赏南瓜是台湾瓜。

其实,人们初次见到新作物南瓜而称之为"金瓜",从字面意思理解,多是

---

〔1〕 乾隆三十年(1765)《辰州府志》卷十五《物产考上》。

〔2〕 乾隆四十六年(1781)《热河志》卷九十二《物产一》。

〔3〕 民国十七年(1928)《南平县志》卷六《物产志第十》。

由于南瓜"秋熟色黄如金",以色命名,这是很符合认识论的一般规律的。甜瓜,虽亦有称"金瓜"的情况,这在南瓜传入之前就不具有普适性,在南瓜传入后的情况就更为稀少了。

（二）再证早期文献

广东最早的南瓜记载出自嘉靖《新宁县志》,福建最早的出自嘉靖《福宁州志》,并不是单纯见"金瓜"二字即曰南瓜。

1. 广东

广州府的新宁县[1]、新会县[2]分别在嘉靖二十四年(1545)、万历二十七年(1599)就见"金瓜"记载,"金瓜"一名一直沿用至清末,并未出现"南瓜"一名,而与两地接壤的香山县记载"金瓜,俗名番瓜,色黄"[3],也说明广州府这一带的"金瓜"即为南瓜,因为"番瓜"是南瓜的主要别称之一;紧靠广州府的肇庆府,崇祯《肇庆府志》载"南瓜如冬瓜不甚大,肉甚坚实,产于南中"[4],乾隆《肇庆府志》又载"南瓜,又名金瓜"[5],都证明"金瓜"在广东是南瓜的主要别称。

关于生长期的问题,南瓜在广东全年均可种,甚至可以越冬,与其他瓜类的成熟先后无法反映出问题。既然嘉靖《新宁县志》同时记载了金瓜、香瓜,说明二者并不是同一物,我们发现康熙《新宁县志》删去了金瓜,这也并非很难理解,前文提到新作物的引种并不是一帆风顺的,中间往往会传播中断,往往要经过多次引种,依托于不同人不同的路径,才能最终引种成功,所以金瓜可能在新宁县经历了暂时的"失语"。更可能的情况是,方志物产的书写方式发生了变化,方志物产很多情况下并不是事无巨细地一概记载该地所有的动植物,而是专记"特产"或"新增物产",或只强调记载物的特殊面相,或根据个人喜好有所取舍,这时发生"漏记",不能作为该地不存在该物产的凭据。同样是《新宁县志》,康熙《新宁县志》较嘉靖《新宁县志》增加了西瓜、苦瓜,此二者引入中国久矣,难道入清之前的新宁人均未见过西瓜、苦瓜吗?细审康熙《新宁县志》,发现记载的物产并不多,当是当时新宁物产的一角。

至于《广东新语》在"南瓜"外另外记载"金瓜,小者如橘,大者如逻柚,色

---

〔1〕 嘉靖二十四年(1545)《新宁县志》卷五《物产》。
〔2〕 万历二十七年(1599)《新会县志》卷二《物产》。
〔3〕 乾隆十五年(1750)《香山县志》卷三《物产》。
〔4〕 崇祯六年(1633)《肇庆府志》卷十《土产》。
〔5〕 乾隆二十五年(1760)《肇庆府志》卷二十二《物产》。

赭黄而香,亦曰香瓜”[1]的情况,上文已经说过,可能亦是南瓜的其他品种而已,毕竟“香瓜”也不是甜瓜的专有名词,“南瓜,即饭瓜,一名香瓜”[2]。

2. 福建

嘉靖《福宁州志》所载“金瓜”确为南瓜,崇祯十年(1637)成书的《寿宁待志》载“瓜有丝瓜、黄瓜,惟南瓜最多,一名金瓜,亦名胡瓜,有赤黄两色”[3],寿宁县就位于福宁州(府)内北部;而且以后历朝历代的《福宁府志》,均未载“南瓜”,仅有“金瓜”,南瓜已经引种到当地却未记载是不可能的;再者乾隆《福宁府志》载“金瓜,味甘,老则色红,形种不一”[4],虽然没有出现“南瓜”,但根据性状描写,“金瓜”确实是南瓜。

福建作为西方人最早登陆的省份之一,南瓜最早传入是很正常的,毕竟在传入初期,不可能每个州县均有传入或传入均有记载。至于万历《福宁州志》为何又将“金瓜”删去,理由同广东新宁县,物产的增减并不能说明问题。嘉靖《福宁州志》仅是简单列名,并无任何说明,所以我们也是根据他志判断方知“金瓜”为南瓜。“所谓金瓜完全可以视为甜瓜之一种”没有根据,嘉靖《宁德县志》、万历《福安县志》没有记载“金瓜”恰恰证明了南瓜尚在传入早期,没有在区域普遍栽培;万历《福宁州志》中的“青瓜”亦不能单纯视为甜瓜,“青瓜”可以是任何一种瓜,“青瓜”也可能是南瓜,不能见到南瓜不常用的别名就割裂二者的联系,“南瓜则有缅瓜、青瓜、长瓜、柿饼瓜、削皮瓜五种”[5],反映了南瓜确实品种多样。

按照程文之意,历代福宁州(府)的“金瓜”都不是南瓜,也就是说这个地区在民国之前从未有过可食用的南瓜,南瓜在当地的本土化历程就不可能这么慢,而且乾隆《福宁府志》载“金瓜,味甘,老则色红,形种不一”[6],观赏南瓜是无法食用的,“味甘”又从何谈起？前文乾隆《辰州府志》中的“味苦酸不可食”已经证明,旁证还有很多,“其一种色红者亦称为南瓜,止采以供玩,不可食,南人谓之北瓜”[7]等,这其实是常识问题。

程文将《寿宁待志》否定的原因之一是南瓜不可能称为“胡瓜”,原因是

---

[1] (清)屈大均:《广东新语》卷二十七《瓜瓠》,北京:中华书局,1985年,第705页。
[2] 乾隆十八年(1753)《金山县志》卷十七《物产》。
[3] (明)冯梦龙:《寿宁待志》卷上《物产》,福州:福建人民出版社,1983年,第45页。
[4] 乾隆二十七年(1762)《福宁府志》卷十二《物产》。
[5] 民国三十七年(1948)《姚安县志》卷四十四《物产志二》。
[6] 乾隆二十七年(1762)《福宁府志》卷十二《物产》。
[7] 民国十九年(1930)《朝阳县志》卷二十七《物产》。

"胡是北方少数民族的古老称呼，来自北国、西域的物种可称胡，而来自南方则称蛮或洋"，先纠正一点，来自南方的物种亦可称为"番"或"海"，而不只是"蛮"或"洋"；那么姑且认为其有几分道理，但是程文后面又说《寿宁待志》中的"南瓜"其实不是食用南瓜，而是观赏南瓜，难道说"胡瓜"是南瓜不对，是观赏南瓜就可以了吗？又是自相矛盾。

实际上，"胡瓜"确系南瓜的别称之一，我们曾经讨论过南瓜的98种别名，并对其进行了一一考释，光绪《崇庆州志》载："南瓜，一名胡瓜，有圆长二种，长者为水桶瓜。"〔1〕除了"胡瓜"之外，南瓜甚至被称过"甜瓜""香瓜"，"南瓜，一名番瓜，大者如斗，俗以其味甜，又名甜瓜"〔2〕"南瓜，即饭瓜，一名香瓜"〔3〕。这恐怕都是一般人想不到的。为什么会产生这样的情况，盖因古籍记载造成的分歧、时代差异形成的分歧、地域差异导致的分歧、西学东渐引起的分歧等，即使是我们今天人所共知的名字也会诞生同名异物和同物异名的现象，甚至早期一些很单纯的名称也会引申出很多意涵，古人根本不会有今天的认知，以今推古是不可取的，诚如"胡麻"一直是芝麻的正名，但到了明代胡麻、芝麻开始产生分歧并导引了新的隐喻——亚麻。〔4〕这恐怕是前人始料未及的。同样，"胡"仅是一个虚化的指示，并非一定来自西域，劳费尔(Berthold Laufer)早就指出并不是来自域外的作物均前缀为"胡"，而带有"胡"的也不一定就是域外作物。〔5〕

疑古的态度是好的，但是不能首先怀疑文献记载失误，"大胆假设，小心求证"才是正道。就像看到了苏东坡《和陶诗》七十八首中的"红薯与紫芋，远插墙四周"，将之误认为美洲作物的番薯而认为苏诗记载错误的例子并不是没有。

诚然，"金瓜"自是存在指代观赏南瓜的例子，不是仅有"金瓜"二字，联系上下文，可以判断为观赏南瓜，程文已经提出了一些方志，但是千万不能忽略这些方志在"金瓜"之外也均记载了"南瓜"，所以无法得出"就明清方志看，福建的南瓜分布并不称盛，而小南瓜则较为普遍"的结论，笔者曾用半年多的时间翻阅了全国现存8 000余部方志，亦包含福建的方志，至少是无法得出该结

〔1〕光绪三年(1877)《崇庆州志》卷五《物产》。
〔2〕乾隆六年(1741)《南宁府志》卷十八《物产》。
〔3〕乾隆十八年(1753)《金山县志》卷十七《物产》。
〔4〕李昕升，王思明：《释胡麻——千年悬案"胡麻之辨"述论》，《史林》，2018年第5期。
〔5〕(美)劳费尔：《中国伊朗编》，北京：商务印书馆，2015年，第13页。

论的。而且,“金瓜”在福建更多是指南瓜,如同番薯在福建多称“金薯”,这在前文中已述,《闽产录异》同样的例子多如牛毛,“金瓜,起瓣,大者三十斤,生疮、疥者不宜……酒坛瓜。亦金瓜之别种,长大如坛,重六七十斤,疮、疥不宜”[1],明显并非观赏南瓜“小南瓜”。至于程文所言“清康熙以来,台、闽两地有以金瓜统称南瓜、小金瓜的倾向”,一来这论证了我们福建“金瓜”为南瓜的观点,即不能见到“金瓜”就断定为观赏南瓜;二来如前所述,即使同时记载了“南瓜”,也不能肯定这个“金瓜”就不是食用南瓜的品种之一。

程文将《寿宁待志》否定的原因之二是“冯梦龙是江苏苏州人,对南瓜有所了解,但修志未完,而称‘待志’,是仓促成稿有待修订的意思,并非全属自谦,这里显然有描述混乱之处,应是掺杂了黄瓜的信息”,难道冯梦龙连黄瓜与南瓜都分不清吗?认为冯梦龙仓促成稿有待修订,这更是没有根据的一厢情愿的解读了。乾隆《宁德县志》载“金瓜,本名胡瓜,又名刺瓜,又名黄瓜”[2],不但不能说明是冯梦龙错误的延续,反而论证了冯梦龙记载的正确性,我们已经提到南瓜确实有“胡瓜”的称谓,“黄瓜”同样如此,大概因为南瓜色黄,这种情况很是少见,但不代表没有,如“北人呼色黄者为黄瓜,色青者为青瓜,今南方俗呼为南瓜”[3],这并不是福建仅有的情况。

程文最后指出“冯梦龙所说寿宁盛产南瓜当然也不排除包含大南瓜,即便主要指大南瓜,所说也已是明末的情况”,我们争论的焦点并不是南瓜在福建什么时候始有种植,而是南瓜与金瓜的问题,此处等于认同了明末将南瓜称为“金瓜”,那么也就站在我们这边同意嘉靖《福宁州志》中的“金瓜”为南瓜了。

总之,嘉靖之前的“金瓜”多为其他瓜类尤其是甜瓜,嘉靖之后情况发生了变化,直接将“金瓜”视为南瓜确实不可取,但是联系语境结合校对的方式,能够判断全国尤其是闽、粤的“金瓜”在很多情况下均是南瓜,嘉靖《福宁州志》、嘉靖《新宁县志》是南瓜在东南沿海乃至全国最早的记载。随着时空推移,“金瓜”少数情况下亦指观赏南瓜,但一般可以区分,最终观赏南瓜又主要被称为“北瓜”,下文再述。

---

〔1〕(清)郭柏苍:《闽产录异》卷二《蔬属》,长沙:岳麓书社,1986年,第54-55页。

〔2〕乾隆四十六年(1781)《宁德县志》卷一《物产》。

〔3〕(明)叶权:《贤博编》,北京:中华书局,1987年,第28页。

四、南瓜传入中国之问题再论

程文说方志之外最主要的记载南瓜的明代文献有七种,《留青日札》《纲目》等,但是《中国南瓜史》在附录《古籍记载南瓜一览表》已经清晰罗列,远远不止七种,并在全书中也有史料运用,程文大篇幅堆积史料式的罗列,作用是很有限的。至于程文对方志的搜集,或许花费了一些功夫,但是同样这些工作前人已经完成,价值不免就打折扣了,而且在前人的基础上再一次重复,当然要节省不少时间。

程文指出我们"由于使用的南瓜概念不够严格,资料收集不够充分,相关判断也就难免有些偏颇。为此我们确定新的标准重新操作,得出的数据和结论也就大不一样",这里特别要说明的是,程文并未看到我们利用半年多时间爬梳全国方志的工作,如何能够断定我们的"南瓜概念不够严格"?事实上我们并不可能见到"金瓜""北瓜"等疑似南瓜的情况就匆匆记录在案,也是要经过反复的思考,再行判断,而不是根据只言片语就下定结论,如果很难判断该称谓具体所指,便不会想当然将之作为南瓜文献记录在案,程文设定的四大标准,同样是我们的标准,这是史学工作者应有的严谨态度。至于程文提到的方志目录,我们均已目及、整理,认为不存在资料收集不够充分的情况,反观方志之外的文献,程文仅列举七种,或许才是收集不够充分的注脚。纵观程文得出的结论,如"充分显示了我国南瓜起步于明中叶并迅猛发展的客观事实",与我们的是完全一致的,并未见"得出的数据和结论也就大不一样"。

(一)李时珍的记载

我们之间的差异主要在南瓜最早传入的时间和路径问题。可以说,其实我们利用的资料是大同小异的,在出发点上并无不一致,差异在于对史料的处理,这才造成了观点相左。

当今历史研究的一个新趋势是强调数据,但是如程文将南瓜传入时间推演得如此细致的确实少见,我们根据南瓜在中国的最早记载是嘉靖十七年(1538)的《福宁州志》,所以认为南瓜传入中国的时间在16世纪上半叶。但是程文根据自己发现的南瓜在中国的最早记载嘉靖四十年(1561)的《宣府镇志》,认为南瓜传入我国的时间最少也得由嘉靖四十年(1561)往前推20年,应不会晚于嘉靖二十年(1541),虽然从结论来看与我们差异不大,但是这个推算方法是值得商榷的,不管是往前推50年还是20年,都是不能轻易走数字的,我们只能认为一个作物引种的时间是早于记载时间的,不能轻言时间断面。

而当程文不能自圆其说时(不能解释李时珍的言论"南瓜种出南番,转入闽、浙,今燕京诸处亦有之矣"),程文再一次去怀疑文献本身。其实按照我们的福建、广东最早传入说,《纲目》的记载是合乎逻辑的。程文将《纲目》中的"南瓜"偷换为"葡萄牙",认为李时珍所说"不是南瓜进入我国大陆后的传播过程,而是随着海外势力辗转来犯而传入的情景"。

关于葡人首次交流史,研究甚多,我们也在《航海科技的发展与南瓜在欧亚的传播》中早就指出"南瓜可能由葡萄牙人带来中国",这与程文的研究结论并无二致。但是程文认为"李时珍身处内陆蕲春,没有到达广东、福建、浙江的任何经历,不可能了解葡人此间与我国交往的细节,更不可能掌握南瓜传播的具体进程,只是根据当时南番即葡萄牙商团辗转来犯的大致走向,视作南瓜传来我国的来源和途径",就过于武断了。一来程文之前还信誓旦旦地认为《纲目》记载之可靠性,为何单怀疑此处?李时珍全书类似的主观记载颇多,岂不是均要质疑;二来李时珍虽未遍访粤、闽、浙,但是他并没有只处蕲春,除湖北外,江西、江苏、四川、安徽、河南、河北等均有其身影,在当时已经极为难得,堪称"壮游"了;三来即使他去过粤、闽、浙,也不可能与葡人接触,这与是否了解葡人此间与我国交往的细节并无关系;四是传统社会虽然交通闭塞,但是依然不能低估信息传播的广度与深度,外国传教士麦高温都发现"一件事发生了,数千里之遥的人都在对它议论纷纷……几天时间,消息就已经传得很远了,就连非常遥远的、不曾收到过电报的地方都已经知道了"[1]。总之,并无证据证明此处李时珍在"胡言乱语"。

最关键的是明代南瓜在闽、粤、浙的记载,远不止程文否定的那两次,所以在根本上论证了李时珍记载的合理性,事实上程文也指出嘉靖《临山卫志》、万历《余姚县志》中发现有南瓜的记载,"这里的南瓜即有可能是葡萄牙人驻泊浙江沿海时传入的",这与我们的研究又有什么不同呢?

(二)谁人传入南瓜?

我们的分歧主要是程文认为"葡王使团直接将南瓜种子分别带到南、北两京,即正德十五年(1520)"。程文特别告诫我们"事关我国南瓜起源的时间,有必要特别谨慎",但是自己却将之直接上溯到了1520年。我们认为是

[1] (英)麦高温著,贾宁译:《多面中国人》,北京:译林出版社,2014年,第139页。

葡人将南瓜带入东南亚,但是应该在“从16世纪初开始便多次展开对华贸易”[1]中,首次出访就一劳永逸了,这种可能性实在是近乎为零。程文说“葡萄牙使者特意从葡国携带这种虽不属贵重却十分新奇堪玩之物或种子作为觐见之礼,在皮莱斯(按,又作皮雷斯)一行北上途中,先后带到了南京和北京”,这在逻辑上是讲不通的。首先,他们并不知道南瓜中国此前未有,“十分新奇堪玩之物”无从谈起,如此想法属于上帝视角,后知后觉;其次,东西方交流早已延续多年,海上丝路交流频繁,只不过欧洲人先后受萨珊波斯、阿拉伯帝国、蒙古帝国的二次剥削而无法直接获利,所以才开辟新航路,他们很清楚自己的需求和东方的需求,所以必然会迎合东方的口味,这才是稳妥的方式,如葡人1513年首次来华“满载着苏门答腊香料抵达珠江口外南头附近的屯门”[2],又如1517年“船上满载胡椒,于一千五百十七年(正德十二年)六月十七日起碇……抵广东后……葡人所载货物,皆转运上陆,妥为贮藏”[3],胡椒之类为中国之所需,在中国因当时胡椒价值赛黄金而有“金丸使者”之称,贩运这种物资才能攫取高额利润;复次,按照这种朝贡式的传播方式,当时的诸多美洲作物,作为“新奇堪玩之物”均应在列,但是根据已有研究根本不是那回事,“新奇堪玩之物”的定义也有问题,并不是说中国本土的作物就都不稀奇,很多中国原产物种由于各种原因仅局限在一个小的区域,区域之外闻所未闻,所以帝制社会的见闻录里才充满了各种有趣的物产记载;再次,根据众多美洲作物传入中国之后的命运,它们也并未特别受到重视,没有因为是新作物而被人高看一眼,反而均是作为底层人民的食物和替代品,经过了漫长的适应过程才上了台面,这种本土化的过程,直到清代才完成,此外美洲作物的共通传播路线均有东南海路,南瓜没有理由会如此特殊;最后,当然还是未有任何文献证明这种天马行空的观点,如此推敲未免过于大胆,我们并未看到“小心求证”的过程,否则我们俱可以说所有美洲作物都是首先由葡萄牙人传入两京,该观点适用于所有美洲作物。事实上,即使是香料,文献记载明廷也没有笑纳,因为葡萄牙的不法行为激怒了朝廷,1521年“遣返佛郎机使,

---

〔1〕 李昕升,丁晓蕾,王思明:《航海科技的发展与南瓜在欧亚的传播》,《山西农业大学学报(社会科学版)》,2013年第12卷第3期。

〔2〕 黄庆华:《中葡关系史(上册)》,合肥:黄山书社,2006年,第83页。

〔3〕 张星烺:《中西交通史料汇编》第一册,北京:中华书局,1977年,第354页。

给还所赍方物，永绝佛郎机朝贡”[1]，于是皮雷斯一行携带着被拒绝的礼物，投入广州监牢。概言之，南瓜主要还是作为远洋航海的食物并伴有微弱的经济目的被携入亚洲。[2]

至于麦哲伦将南瓜带入菲律宾一说，我们仅是提供一种可能性，这其实与葡人将南瓜带入中国一样，都是猜测，均没有任何史料证明，所以也没有高下之分。但是南瓜源自麦哲伦一说，我们认为还是有一定可能性的。一是南瓜本身起源于中南美洲，并不包括程文所说的北美大陆，而且南瓜经过数千年的传播，早已遍及美洲大陆，南美自是不例外，印加帝国常年种植的作物就是玉米、南瓜、番茄、棉花、马铃薯、木薯、番薯、扁豆、烟草等近 40 种，南瓜是其中的佼佼者，打造了印加文明的基石，麦哲伦能够获得南瓜与船队在哪里登陆完全没有半点关系，南瓜作为当地主要食物成为麦哲伦船队的补给是很正常的。菲律宾这样热带多雨的群岛国家当然可以种植南瓜，这是农学常识，麦哲伦抵达菲律宾的时间是 1521 年，较葡人访问中国的时间也晚不了几年，当然是很有可能的。

程文认为“从麦哲伦抵菲的 1521 年到我国方志开始记载南瓜的嘉靖四十年(1561)只有短暂的 40 年，这种可能性真有点不可思议”，40 年真的很短吗？当时中国与东南亚交往十分之频繁，不要说 40 年，即使几年也够传播了，以番薯为例，有记载的几条主要传播路线都很是迅速。[3] 传播的速度关键在于有没有媒介。当时其实最重要的媒介应当是华人华侨，所以南瓜入华的工作更有可能是由中国商人完成的。哥伦布 1492 年发现新大陆，距离程文给出的南瓜入华最早的时间 1520 年，也不过就 32 年，32 年南瓜可以跨越半个地球，难道 40 年还不能支撑南瓜从东南亚到中原地区吗？

五、明代南瓜的传播路线与分布

明代以降，南瓜的主产区就一直包括华北平原和长江中下游平原，这种和南瓜最早传入地“不一致”的现象很正常，如果按照南瓜最早传入南京、北京的说法，则无法解释全国范围的南瓜传播。

---

〔1〕 嘉靖《广东通志》卷六十二《梁焯传》，张廷玉等：《明史》卷三百二十五《满剌加传》，《明世宗实录》卷四“正德十六年七月己卯”。

〔2〕 李昕升：《海上丝绸之路物种交流研究三题》，《全球史评论》，2020 年第 2 期。

〔3〕 李昕升，崔思朋：《明代番薯入华多元路径再探》，《历史档案》，2022 年第 1 期。

(一) 南瓜传入地与分布区辨误

那么明代南瓜主要分布在哪里？依次为山东、浙江、山西、安徽、江苏、河北等，见下表，虽与程文有差异，但差异并不大，不影响主流结论。

表 1-3 明代方志记载南瓜次数

	鲁	浙	晋	皖	苏	冀	粤	闽	豫	赣	云	陕	湘	川	鄂	贵	甘
李文	25	21	21	18	16	15	11	10	9	9	4	3	3	2	1	1	1
程文	19	13	15	13	17	15	2	4	4	7	2	3	1	2	1	1	1

我们无意一一与程文比对文献，主要在于我们的统计与程文大同小异，虽有差异，但基本问题还是能取得共识，如“明朝南瓜分布中心在南、北两京之间”，大体上可以这么认为，如果按照记载次数的前十位，我们与程文统计更是完全一样的。记载数量的差异主要基于我们对“金瓜”问题的界定，前文已述；此外数量多于程文的一个原因也在于我们也要援引清代方志的情况，因清代方志的有些记载可以反映明代的情况，如顺治《宁国县志》载“嘉靖中，仙养心宦严州，移种给乡人，每本结瓜有百枚，入冬方萎，味甘可代饭”[1]，可见早在嘉靖年间宁国府的南瓜引种于浙江严州，且是官方渠道；又如康熙《东阳县志》载“明万历末应募诸土兵从边关遗种还……”[2]等。这也是我们在时序上跨越明、清的好处之一，因为历史尤其是农业史是连续的，不宜人为按照朝代割裂。

囿于考古材料的缺乏，我们已经无法获悉某一农作物最早在该地栽培的时间，只能根据文献资料佐证。相对来说，美洲作物传入中国的时间我们可以推估得更精确一些，这是因为其传入的明清时期，中国已经形成了编纂方志的传统，方志经过一系列的订凡例、分事任、广搜访、详参订，更加关注微观的细枝末节，“物产”一般是方志的定例，一般来说每个年号都会新修、重修方志，新旧方志之间的时间不会间隔很长，使我们能够洞悉“物产”的增加状况。由于我们占有大量方志，对于判断南瓜的引种时间、路线、分布及变迁还是可能的，但是这种描摹依然是粗线条勾勒，因为方志的编纂、体例等有很大的偶然性与不确定性，就如前文我们所说，方志中未记载不代表该作物尚未引种至该地，本着有一分材料说一分话的原则，我们不宜做夸大估计，但是我们没

〔1〕 顺治四年(1647)《宁国县志》卷一《土产》。
〔2〕 康熙二十年(1681)《东阳县志》卷三《物产》。

有必要对"某物产志都是比较详细的，所记瓜品较多，并多有附带说明，却都未及南瓜"较真，具体而微的微观方志记载情况是不能涵盖一省的情况的；笔记等文献亦是如此，前文已经强调过，所以过分关注诸如《闽部疏》《学圃杂疏》为什么同一作者在一部书中记载南瓜，在另一部中则只字未提，都是很有局限性的。

回到南瓜引种与分布的话题。广东、福建、浙江是南瓜传入的起点，但并非明代南瓜分布的核心地区。最早传入区和核心分布区是两个不同的概念，并不是说某一物种最早传入该地区就要在这里广泛分布。所以明朝方志有南瓜记载的地方也主要集中在两京之间，两京之间是明朝南瓜分布的中心地带，这点大体没有问题，但是这种分布格局得以形成的最大可能却与葡王使团直接将南瓜种子分别带到南、北两京没有必然关系。

众所周知，玉米在清代主要分布在西部山区，有人将之称为"西部玉米种植带"，但是玉米最早除了西南边疆一线之外，还有东南海路（浙江）和西北陆路（甘肃），嘉靖三十九年（1560）的《平凉府志》反而是玉米在中国最早的记载之一，甘肃、浙江在道光之前的玉米种植却一直不温不火。而且，有趣的是，玉米在中国最早的几次记载，均集中在河南，如嘉靖三十年（1551）的《襄城县志》、嘉靖三十四年（1555）的《巩县志》等，对于这种情况，何炳棣早有说明，认为云南土司向北京进贡是玉米向京师和中国内地输进的可能媒介之一，他们"只有沿嘉陵江北上到陕西的凤翔、宝鸡，然后再沿着八百里秦川，出潼关，经洛阳、郑州再北折以达京师，巩县正是西番和土司进贡必经之地，所以在巩县留下了有关玉蜀黍最早的记录决不是偶然的"[1]。而河南在清末之前同样不是玉米的集中产区。辣椒就更是如此，著名的西南食辣区和辣椒的最初传入地毫无关系。

这都提示我们作物的记载地不一定是最早传入地，最早传入地（或最早记载地）也不一定是作物的集中产区。所以不能因南瓜的分布中心在两京之间就认为南瓜最先传入两京，何况根据我们的统计，浙江、福建、广东的记载也并不算少了。

---

〔1〕（美）何炳棣：《美洲作物的引进、传播及其对中国粮食生产的影响（二）》，《世界农业》，1979 年第 5 期。

（二）驳"两京辐射说"

1. 浙江

关于大运河在南瓜推广中扮演的角色，我们早已阐述〔1〕，所以这一地缘关系自然紧密的南北带状地区的南瓜推广迅速而明显。即使按照程文的统计，浙江的记载也是很多，程文的解释是浙江引自江苏，但是无法解释崇祯《乌程县志》的记载"南瓜，自南中来，不堪食"〔2〕，这无疑是昭示南瓜源自南洋，即使按照程文的说法"不堪食"指的是观赏南瓜，但是它们均是南瓜属，早期传入新作物的品种是单一的，不会分别来自相去甚远的数个地区，品种的分化是在本土化的过程中产生的；而且我们认为即使"不堪食"也是南瓜，因为新作物传入初期人们对其认识不清，往往会带有负面的传闻和评价，比如万历年间传入的番茄人们认为有毒（有"狼桃"之称），传入后的几百年时间中一直作为观赏植物，直到晚清时期，才开始食用。事实上程文也用大篇幅反映了"南瓜传入之初的陌生、戒备和误传，尤其是地方志所说不乏极端化的否定和抵触，而且愈往早期愈为明显"，所以崇祯《乌程县志》认为南瓜"不堪食"也就很正常了。

即使按照程文"认定"的浙江之最早记载是嘉靖四十三年（1564）《临山卫志》，程文给出的解释是"这里的南瓜即有可能是葡萄牙人驻泊浙江沿海时传入的"，这一方面与程文"两京辐射说"形成了矛盾，既然葡萄牙人可以驻泊浙江，那同样可以驻泊广东、福建，没有理由认为广东、福建的南瓜都是"南下"来的；更大的破绽是葡萄牙人最初与中国的接触海路只到达了广东、福建，并没有浙江，程文的意思应该是葡人的觐见船队一路北上，在浙江临山卫停靠过，事实上"葡使托梅·皮雷斯一行得旨许入京后，于1520年1月23日乘船离开广州北上，随后弃舟登陆，通过梅岭、南昌，前往南京。经过4个月行程，到达南京已是5月。当时武宗到达南京已有几月，但无意在南京接见使团。于是，使团只得继续北上，前往北京等待觐见"〔3〕，是陆路行进。

继续说浙江的情况。根据康熙《东阳县志》的记载，程文也认同"浙江东阳县的南瓜是这些应募士兵从福建霞浦等地带回的，而时间已是万历末年了"，那么就更坐实了浙江南瓜引自福建的事实。此外，前文所述顺治《宁国

〔1〕 李昕升，王思明：《南瓜在华北地区的引种推广及其动因影响》，《科学技术哲学研究》，2014年第31卷第6期。

〔2〕 崇祯十一年（1638）《乌程县志》卷四《土产》。

〔3〕 万明：《中葡早期关系史》，北京：社会科学文献出版社，2001年，第33页。

县志》记载了嘉靖年间地方官僚仙养心从浙江严州引种南瓜到安徽宁国的事实，严州处浙南山区，如果不是引自较近的福建，很难从山川阻隔的南京引种。

至于万历《绍兴府志》载“南瓜，种自吴中来”[1]，按理说江苏南瓜引种时间晚于浙江，绍兴府是不可能从“吴中”引种南瓜的，很可能是吴中的南瓜品种二次引种至浙江；此外，绍兴在地理区划上并不归属于浙东，而是浙北，绍兴地处太湖平原，历来属于江南的势力范围，在文化等方面与苏南更近，很可能是南瓜在小范围内传播，当然，遍览方志，强调“种出南番”的记载何止百条，该记载并不妨碍主流陈述。

2. 广东、福建与江苏

引自两京的说法也无法诠释他省的情况，如广东，崇祯《肇庆府志》载“南瓜如冬瓜不甚大，肉甚坚实，产于南中”[2]，“产于南中”，我们认为比广东更南或是引种于南洋；而且广东引种南瓜不选择更有地缘优势的东南亚（亚洲最初传入地），难道还自北方引种吗？

江西的南瓜当是引种自福建，闽西北邻近赣北的建阳县在万历年间已有南瓜记载[3]，试想江西的南瓜如果不是引自福建，难道是南京？明末赣西北的流民活动日渐明显，以闽省流民居多，到崇祯时达数十万人之多，这已经是人所共知了。

最后我们再看江苏的情况，乾隆《如皋县志》载“南瓜，其种来自南粤，故名”[4]；光绪《海门厅图志》载“南瓜，种出交广，故名，俗名番瓜”[5]，民国《崇明县志》同持此观点，说明只有长三角一带南瓜引种自广东。文献记载得清楚，都说明江苏南瓜引自闽、粤一带。

上面均是仅从传播路线的记载或是他省的旁证出发，事实上广东、福建、浙江本身明代的方志记载并不少，并没有程文削减后那么少，即使再少也是有记载的，至少程文就无法解释广东、福建的南瓜到底来自哪里，什么时间什么路径什么方式。

3. 南瓜的“南北分野”

程文突发奇想地指出“明人对南瓜食用价值的态度以长江为界，南、北是

---

〔1〕 万历十五年(1587)《绍兴府志》卷十一《物产志》。

〔2〕 崇祯六年(1633)《肇庆府志》卷十《土产》。

〔3〕 万历二十九年(1601)《建阳县志》卷三《籍产志》。

〔4〕 乾隆十五年(1750)《如皋县志》卷十七《食货志上》。

〔5〕 光绪二十五年(1899)《海门厅图志》卷十《物志》。

明显不同的。南瓜传来之初暨整个明代南瓜的食用评价中,有着'南冷北热''南贬北褒''南疏北亲'",如果我们建立在明代以降大数据的基础上,就会发现并无此种规律,如山东崇祯《历城县志》载"番瓜,类南瓜皮黑无棱,近多种此,宜禁之"[1];又如虽然明代陕西南瓜记载不甚突出,清代却异军突起,但是仍有"南瓜,种出南番,土人以此助食"[2]的记载,可见南瓜很可能只是作为贫苦百姓的主要食物,而不登大雅之堂,直到乾隆年间仍有"与羊肉同食能杀人"[3]的说法,当时南瓜已经在陕西(北方)较为普遍了,依然有不同程度的贬斥,同时期的南方则没有这种情况。所以地方对南瓜的态度仅能反映一个地区的态度,是很局限的,连一省都不能代表,更不能根据几条史料就轻易概括一个时代、一个帝国的特征,相反的例子总是能找到的。

程文又说"南瓜在河北、山西、山东等地有比南方物类蕃盛之地、江南鱼米之乡更多种植食用的需求和经济生产的动力",这是一个典型的误区,如果对全国南瓜救荒资料进行时空序列的整合就会发现,江南一带南瓜救荒应用最早、最多,这是因为江南人地关系最紧张,稍晚才是其他地区[4],所以"饭瓜"最早诞生在江南(张履祥《补农书》)并且在江南最为流行,也就不是偶然了,"饭瓜"之真意为"贫家以之代饭,俗名饭瓜"[5]。既然南瓜没有所谓的"南北分野",也就无法推论出"形成以两京为中心、北略胜于南的分布格局"这样的结论了。

六、"北瓜"再探

关于"北瓜"所指,俞为洁早就断言既指现代科学分类上的北瓜(*Cucurbita pepo* L. var. *kintoga* Makino)[6],也可能是南瓜、冬瓜、打瓜(瓜子瓜)的别名或西瓜的一个品种名。[7] 我们在其基础上进一步总结道:在全国大部分地区尤其是北方地区都是南瓜的别称;作为观赏南瓜的记载也较多,主要

---

[1] 崇祯十三年(1640)《历城县志》卷五《方产》。

[2] 乾隆四十九年(1784)《绥德州直隶志》卷八《物产门》。

[3] 乾隆十九年(1754)《白水县志》卷一《物产》。

[4] 详见李昕升:《中国南瓜救荒史》,载《西部学刊》,2016 年第 11 期。

[5] 同治十三年(1874)《湖州府志》卷三十二《物产》。

[6] 即本文一直说的观赏南瓜,是西葫芦(*Cucurbita pepo* L.)的变种,又称桃南瓜、红南瓜、看瓜,也有称之为金瓜的,虽然观赏南瓜以西葫芦为主,但是笋瓜的优质品种香炉瓜(鼎足瓜),果形奇异,具有观赏价值,亦可囊括其中。

[7] 俞为洁:《"北瓜"小析》,《农业考古》,1993 年第 1 期。

集中在东南地区；其次是作为笋瓜别称，作为打瓜等的情况相对较少。[1]

(一)“北瓜”悖论

在追溯北瓜出现的源头以寻求其原初的情景和本义方面，程文的核心观点是：南瓜应是扁圆形，北瓜则多呈葫芦形，成熟的南瓜或黄或红，而北瓜皮色多为深绿或像西瓜一样有条纹；南瓜应是首先落脚在南京一带，最初在以南京为中心的地区逐步传开，北瓜则应是首先落脚于京畿地区，最初在以北京为中心的地区盛传。等于说“北瓜”从属于南瓜的葫芦形、深绿色品种，看似契合了程文提出的“两京辐射说”，但是问题多多。

单从程文的论述本身来讲就行不通，葡人朝拜南京与北京，为什么在南京留下扁圆形、或黄或红的品种，在北京留下葫芦形、深绿色品种？难道是他们有意而为之吗？这种可能性是微乎其微的。前文我们已述，即使携带南瓜仅供给中国皇帝已经是天方夜谭，更别提还携带好几个品种并加以区分了。而且，作为新作物，无论是“南瓜”还是“北瓜”，都仅是一个原始代称，如“金瓜”“番瓜”一样，没有谁才是正名、大名的说法，不存在称谓定型的问题，无法解释方志中出现“南瓜”的概率远胜“北瓜”的问题，即使在程文所谓的“北瓜”势力范围的北方，“北瓜”记载的频率也是很低的，程文的解释是“南瓜之名既有相对北瓜而言的专名之义，又有着眼南番传来的通名之义”，但是按照程文的说法，“南瓜”“北瓜”是两个显而易见的不同品种，差异很大，如果将葫芦形、深绿色品种也称为“南瓜”，那么“北瓜”的存在意义就不大了，也就无法与葫芦形、深绿色品种相匹配和自圆其说了。更为重要的是普罗大众并不清楚南瓜是从何而来，“南瓜”也就不具备所谓的“专名之义”“通名之义”了，如果他们知道，断然不会采用这种看似“从北方来的瓜”这样含糊不清的词语来描述葫芦形、深绿色品种，像王象晋《群芳谱》采用“番南瓜”才更为合适。

程文索引的文献亦不能反映这样的现实，“番瓜”一般而言是南瓜的常用别名之一，程文在梳理云南方志后也得出“有‘番瓜’，指称南瓜，颇为合理”的结论，“番瓜”自有“来自南番的瓜”之意，与“南瓜”颇为相合，类似“三月至九月者为南瓜，亦曰番瓜”[2]的界定实在数不胜数，当然，文献中亦可见“番瓜”作为南瓜一个品种的情况，这实与“北瓜”的情况类似，下文再述。总之，大部分文献均将“南瓜”“番瓜”合二为一，至于二者分异的情况是有的，但是这种

[1] 李昕升，王思明：《再析“北瓜”》，《农业考古》，2014 年第 6 期。

[2] (清)屈大均：《广东新语》卷二十七《瓜瓠》，北京：中华书局，1985 年，第 705 页。

情况我们在处理时宜粗不宜细，否则就会发现即使是“南瓜”也并不是完全意义上的南瓜了[1]。所以如程文将“番瓜”和“北瓜”相归并的情况是不可取的（“番南瓜”则姑且可以认为是葫芦形、深绿色品种），至于将“饭瓜”与“北瓜”视为一物就更荒谬了，“饭瓜”最早出现在《补农书》中，在人地矛盾激化的东部地区特别流行，盖因南瓜有“代饭”之功效，“番瓜，即南瓜，相传自番中来，贫家以之代饭，俗名饭瓜”[2]，限于篇幅，不再多举例。总之，不能把“番瓜”“饭瓜”与“北瓜”画等号。

“北瓜”古之未有，就如“南瓜”一般，“北瓜”最早出现在嘉靖四十年（1561）《宣府镇志》和嘉靖四十三年（1564）《临山卫志》，且与“南瓜”并列记载，因宣府镇和临山卫相去甚远，可视为两地均是大陆“北瓜”的原生地。可见两地同时出现了与“南瓜”不同的东西被命名为“北瓜”的记载，如果北瓜首先落脚于京畿地区，嘉靖《临山卫志》以及其他南方方志中的“北瓜”是怎么回事？可见“北瓜”根本不是程文说的那回事。

纵然“北瓜”在后世所指增加，但是我们相信“北瓜”诞生之初是与南瓜有联系的。真实的情况是，原生之“北瓜”就是南瓜所有品种的一个总括代称（这就与“南瓜”并无二致了）或其中的一个品种（葫芦形、深绿色）的别称或是笋瓜。三者的频率、机会是均等的，在不同时空下，其作用方式、程度与主次关系又各有不用，清代以降，又增加了作为观赏南瓜、冬瓜、打瓜（瓜子瓜）的别名或西瓜的一个品种名，更是让人莫衷一是了。程文所说的情况，仅是“北瓜”意涵的一部分而已，以此来佐证、迎合“两京辐射说”过于牵强。

（二）“北瓜”之真意

“北瓜”，顾名思义，就是“来自北方的瓜”，而我国各历史时期的政治中心一直是在北方地区，这个“天地之中”本身偏北，外来的瓜种叫“南瓜”“西瓜”“东瓜（冬瓜）”都有其合理性，“北瓜”则成了瓜类命名的视觉盲区，所以夏纬瑛认为本无“北瓜”之名，古人欲以瓜从四方之名，强出一“北瓜”之名[3]。在这个意义上，“北瓜”具有的是概念化新型瓜类的指向，是一种人们对未知事

---

〔1〕 如齐如山在《华北的农村》“南瓜”中说：“南瓜也是很普通的蔬菜，不过比北瓜就差远了……普通南瓜亦曰白南瓜，形圆而微长，亦有长圆者，约长尺余，茎则不过七八寸，皮与肉都是白的……”（齐如山：《华北的农村》，沈阳：辽宁教育出版社，2007 年，第 238 - 239 页）说的分明是笋瓜了。

〔2〕 同治十三年（1874）《湖州府志》卷三十二《物产》。

〔3〕 夏纬瑛：《植物名释札记》，北京：农业出版社，1990 年，第 269 页。

物的隐喻，而不能单纯将之对号入座到某一种瓜类或某瓜的某一品种。问题是如果我们说“北瓜”最早（如明代）指代某个品种，是否就可作为“北瓜”最初意涵的定论？我们认为是否定的，因为“北瓜”一词从来流行不广，如道光《武缘县志》载“北瓜今未之闻”[1]，在历史上指向混乱，从来就没有取得共识过，民间众说纷纭、自说自话，即使新中国成立之后对“北瓜”有过界定，也压根没有普及，是我们今天的混乱之源。所以即使是清代、民国出现了“北瓜”新的内涵，也不能说就与“北瓜”最初的内涵相悖，由于语言、民俗等信息交流的限制（这种情况今天亦是如此），大家并不清楚更早些时候和其他地域“北瓜”的情况，加之古代尚无科学的鉴别法和分类法，即使后来人发现命名错误或重复命名的现象，也已经形成了“小传统”，所以在文献中才会出现“北瓜”所指五花八门的现象。但“北瓜”最初真正的意涵更多是一种象征意义，而不好具体到某种瓜类。

所以人们才将一些不认识的瓜命名为“北瓜”，但是其他瓜类如冬瓜、西瓜、黄瓜等传入中国时间日久，虽然可能仍有极少数地区认知不清，但相对来说民间总体认知度还是较高的，知晓该瓜的称谓，一般不会混淆，换言之，西瓜、冬瓜等瓜类的命名已经定型，即使有诸如寒瓜、东瓜等别称充斥其间，大家也能做到心中有数。但是南瓜则不然，15 世纪初叶方引入中国，即使有李时珍等人详加解释以正视听，但是毕竟是新作物，加上知识和时代局限，不少人对南瓜的来源抱有疑问，更重要的是“多样性之最”的南瓜实在是种形、颜色差异太大（果实的形状或长圆，或扁圆，或如葫芦状，果皮的色泽或绿或墨绿或红黄），基因库太过丰富且极易发生变异，会加剧人们认识的难度（即使今天我们要识别南瓜与笋瓜也要从茎、叶、花、蒂多方面入手）。

所以古人将有的非典型南瓜命名为“北瓜”时，并不知它其实就是南瓜，这是一个可能性，由此造成“南瓜”“北瓜”并列的现象，程文所指葫芦形、深绿色就属于这一情况。那么明代的“北瓜”除了葫芦形、深绿色品种的南瓜，还有什么情况？我们认为笋瓜（*Cucurbita maxima* Duch. ex Lam.）是不容忽视的，笋瓜亦是葫芦科南瓜属作物，与南瓜很难区分，但其在美国乃至全世界的普遍性并不逊色于南瓜，我们通常所见之最重的“南瓜王”其实多是笋瓜，但因“笋瓜”之名诞生于乾隆年间，相对较晚，导致我们很难把握它的流布史，它很有可能混杂在“南瓜”尤其是“北瓜”中，色青、色黑、色绿的笋瓜是很常见

---

〔1〕 道光二十四年(1844)《武缘县志》卷三《物产》。

的，但是基于文献我们已经无从考究（同样基于文献也无法判断葫芦形、深绿色就一定是南瓜），不过这种可能性确实是存在的，夏纬瑛分析将笋瓜称为“北瓜”的原因是笋瓜“皮之色白者，俗亦呼为‘白南瓜’，若省去‘南’字，即是‘白瓜’，‘白瓜’可以因方言而读作‘北瓜’”[1]，如陕西“北瓜，皮、瓤、子俱白，味甘美”[2]，就是笋瓜。

程文认为“南瓜”品种优于“北瓜”，殊不知如果“北瓜”确系葫芦形、深绿色品种的南瓜，形态上的差别并不会引起品质、口味上的巨大差异，如果确实存在差异，反而证明了这种“北瓜”很有可能并非南瓜，如崇祯《历城县志》载“番瓜，类南瓜，皮黑无棱，近多种此，宜禁之”[3]，一般来说南瓜果面多具有明显的棱线（瘤棱、纵沟），少数果面平滑，但是笋瓜则均是果面平滑，所以这条记载很可能是笋瓜。

即使“北瓜”仅是南瓜的一个品类，也不代表没有人知悉二者的相通性，所以明末张履祥辑补《沈氏农书》“南瓜形扁，北瓜形长，盖同类也”[4]，“北瓜”逐渐就作为南瓜的代称了，这种情况应该是最为普遍的，汪绂《医林纂要》“南瓜，甘酸温。种自南蕃，故名。又曰蕃瓜，或讹北瓜”[5]，鲍相璈《验方新编》“南瓜，北人呼为倭瓜，江苏等处有呼为北瓜者”[6]，张宗法《三农纪》“南人呼南瓜，北人呼北瓜”[7]等等不胜枚举。到了民国时期“北瓜”已经完全是南瓜的代名词并大有赶超南瓜的趋势了，“北瓜亦曰倭瓜，古人称之为南瓜，乡间则普遍名曰北瓜”[8]。再提到“倭瓜”，程文认为“倭瓜”是由“北瓜”演化而来，其实“倭瓜（窝瓜）”一直都是南瓜在北方的常用代称，如郭云陞《救荒简易书》“南瓜俗人呼为倭瓜”[9]“南瓜，一名莴瓜”[10]等等，倭瓜分明就是南瓜的代称，“南瓜……有呼为老倭瓜者，嫩时皮青老则黄，形圆，有长有扁，长者

---

〔1〕 夏纬瑛：《植物名释札记》，北京：农业出版社，1990年，第269页。

〔2〕 嘉庆二十二年(1817)《定边县志》卷五《物产》。

〔3〕 崇祯十三年(1640)《历城县志》卷五《方产》。

〔4〕 张履祥辑补，陈恒力校点：《沈氏农书》，北京：中华书局，1956年，第36页。

〔5〕 (清)汪绂：《医林纂要》，道光二十九年(1849)遗经堂刻本。

〔6〕 (清)鲍相璈：《验方新编》，天津：天津科学技术出版社，1991年，第570页。

〔7〕 (清)张宗法著，邹介正等校释：《三农纪校释》，北京：中国农业出版社，1989年，第296页。

〔8〕 齐如山：《华北的农村》，沈阳：辽宁教育出版社，2007年，第236页。

〔9〕 (清)郭云陞：《救荒简易书》其一《救荒月令》，光绪二十二年(1896)刻本。

〔10〕 咸丰七年(1857)《冕宁县志》卷十一《物产》。

可二尺许，少子”[1]，根据性状描写也并非程文指向的葫芦形、深绿色品种，至于“倭瓜”得名，不管是“倭瓜，种出自倭故名，味甜性寒亦曰窝瓜”[2]，还是“南瓜，形有长圆数种，一名倭瓜，浙人呼南风为倭风，倭亦南也”[3]，都与“北瓜”无涉。

要之，清代以降，“北瓜”在不同地区指向性越来越多，已经让人极易混淆了，所以迟至光绪《黄岩县志》“南瓜俗名南京瓜，实大如盎，北瓜差小，俗名北岸瓜，以来自江北也”，这种似是而非的记载已经不足为信了，就如“洪洞大槐树”口口相传的历史记忆一样，记忆是由社会所建构的，越接近晚近，其层累的痕迹越明显。

模糊地说，将“北瓜”视为“南瓜属”的共同体是大致没有问题的，但是不能轻易将“北瓜”对号入座，其象征意义大于实际意义。步入近代社会，“北瓜”几乎得以替代“南瓜”，但是后来又发生“南瓜”转向，这就与国家权力的操控分不开了，亦不是本文讨论的话题。

七、写在后面

由于笔者研究兴趣的转向，加之南瓜史的研究已经很难推进，《中国南瓜史》出版之后，已经告一段落。2018 年年初程文一出，同行纷纷告知，本来不想回应所谓的“商榷”，但由于是业内公认的“南瓜博士”，不作声也实在说不过去，遂本文很快成文（即本文一至六部分），但由于某些原因并未投稿。令人惊奇的是，程杰在《我国南瓜传入与早期分布考》之后，短时间之内又相继在《阅江学刊》刊发《元贾铭与清朱本中〈饮食须知〉真伪考——〈我国南瓜传入与早期分布考〉补正》[4]《我国南瓜种植发源、兴起于京冀——〈我国南瓜传入与早期分布考〉申说》[5]，2018 年出版的论文集《花卉瓜果蔬菜文史考论》[6]收录程文时还有微调，见刊周期之短、一论四连等都让笔者瞠目结舌，前两篇还留有余地的话，第三篇则多次直接点名批评。

---

[1] 光绪十一年(1885)《顺天府志》卷五十《物产》。

[2] 民国八年(1919)《庄河县志》卷十一《物产》。

[3] 民国十一年(1922)《文安县志》卷一《物产》。

[4] 程杰：《元贾铭与清朱本中〈饮食须知〉真伪考——〈我国南瓜传入与早期分布考〉补正》，《阅江学刊》，2018 年第 3 期。

[5] 程杰：《我国南瓜种植发源、兴起于京冀——〈我国南瓜传入与早期分布考〉申说》，《阅江学刊》，2019 年第 2 期。

[6] 程杰：《花卉瓜果蔬菜文史考论》，北京：商务印书馆，2018 年，第 532 - 560 页。

程杰之所以连续就南瓜而不是其研究的其他瓜果补正，笔者也能理解，学术圈就这么大，有点风吹草动大家均能耳闻，笔者之商榷文虽然迟迟未发表，但在不同场合表示了商榷之意愿并指出了相关错误，相信程杰有所耳闻，程杰为使其研究“站得住脚”，便不断修正，也自言“陆续发现一些细节失误和不足”。抛开论文的观点，我还要提出一些疑问：

第一，学者当然可以推翻、修正自己的观点，这是学术进步的表现，也是敢于直面自我的挑战，但君不见一些大师的论调直至其去世都不曾更改，后世亦证明其思想的正确性，如果频繁地自我修正，并不利于读者的学术成长，毕竟不是人人都对学者的学术脉络清晰把握；而且程杰在短期内连续补正、申说，本身就说明此前的文章是不成熟的，没有打磨细致便匆忙见刊，我们都说好文章是改出来的，笔者对程杰的做法不敢苟同。

第二，有心人如连续拜读程杰的系列文章的话，便会发现换汤不换药，主干观点、核心思路没有什么变化，不过是在重申的基础上完善细节，虽然不存在大段抄袭，但是这种翻来覆去的申说没有学术创新可言，不过是把故事又讲了一遍，在某种意义上堪称“变相自我因袭”，所以依然发表在《阅江学刊》。所以笔者不再一一回应程杰 2018 年之后的其他文章，没完没了，程杰及该刊本来也不是本人关注的重点，本文已经足矣，当然程杰在后续文章中又提出了“五色瓜”“方志见传播路线”等无关宏旨的边角料论据，歪曲笔者的观点，笔者在第三章第五节中已经解释得很清楚了，不再多费笔墨。

对于明清外来作物的传入研究，由于无法做基因分析（当然是由于考古学并不关注这一时段、这一物质），文献研究终归只是合理推测，没有任何人可以做到铁证如山、盖棺论定，所以有学术争论也是正常之事，但是，程杰反复强调：

> “作为我国首部南瓜专史，对于我国南瓜传入途径、过程及早期分布这些基本问题未能坚持从材料和事实出发，统筹兼顾各方面的资料信息，审慎对待，明辨是非，实事求是，以致最终带着这些系统性、全局性、方向性的明显错误，真的为这位年轻有为的学者感到惋惜。”[1]

---

[1] 程杰：《我国南瓜种植发源、兴起于京冀——〈我国南瓜传入与早期分布考〉申说》，《阅江学刊》，2019 年第 2 期。

文献考辩，看法不一样是很正常的，否则不叫学术。但说“实事求是”“惋惜”“年轻学者”等，这种用词是非学术性的，笔者作为一个晚辈是不说的。

其实，学术争议并不可怕，我们也要允许有不同的看法，只有这样才能彰显原创学术的影响，共同推进学术进步。不过，虽然学术研究是客观的，但学术研究的主体是主观的，我们很难在行文中不犯错误，如果吹毛求疵，任何一篇论文均能成为靶标。而文献研究，只能说尽量接近历史的真实[1]，特别是南瓜这种不甚重要的作物，除非考古学、基因学介入，否则本身就是无法确证的。诚如程杰后来又对玉米传入做了研究，当时就有学人指出“需要借助于两个突破，一个是农业考古，一个是西方传教士文献与商业贸易档案，这方面无新材料，可能整体不会有突破”[2]，笔者深以为然，这也是笔者后来很少介入源头问题的原因之一，而且传入、引种等难以明说的问题，在整个作物史研究中也并不是非常重要的问题。

而笔者在回应的过程中，也难免夹杂一些个人的情绪，这也是我按下本文迟迟未发表的原因之一。但是我们本着对事不对人的原则，笔者与程杰素昧平生，虽然笔者完全不同意他的学术观点，但是不影响笔者对前辈学人的尊敬。

---

〔1〕 事实上，即使程杰的文献研究，也不是完美无缺，南瓜史研究之外，对最早辣椒文献《遵生八笺》的版本问题判断有误（详见闫哲：《〈遵生八笺〉“番椒”考——兼论外来作物在中国的传播》，载《海交史研究》，2022 年第 4 期）；又如梳理的西瓜传入路线也有待商榷，杨富学口头指出：“蒙古国之产西瓜，始于 1930 年代，是由新疆输入的，而且只产于蒙古国科布多省，他处至今都不产西瓜，何况气候更为干冷的唐宋时期。”石坚军对程杰的《我国西瓜的来源与相关辽太祖西征等问题》（载《美食研究》2022 年第 3 期）口头评述道：“辽军曾自漠北兵分三四路进军，一白八里、高昌，一哈密地区，一甘州，一后套。辽代狭义回鹘，即高昌。”

〔2〕 金国平即利用域外文献对程杰的玉米传入路线研究提出不同意见，详见金国平：《跨越洲际的玉蜀黍：探索美洲玉米进入中国的历程》，载《中西元史》（第三辑），2024 年，第 289－328 页。

第二章

南瓜的名实与品种资源

南瓜传入中国之初，名称繁杂，称呼混乱，无论是在不同地区还是不同时间，南瓜的名称均有区别，要研究南瓜在中国的引种和本土化，不可避免要对其名称进行考释，以免混淆他物，扭曲历史。南瓜名称的演变是很特殊的，因为南瓜的几大主要名称几乎一直贯穿引种和本土化的始终，后来诞生的其他别称随着时间的推移也没有消亡的趋势，即使在今天"南瓜"一称早已是全国共识，不少地区依然存在多种别称共存的局面。南瓜名实之多主要见于地方志和地方民俗，人们根据南瓜的某种特性结合描摹、谐音、拟物、方言、翻译等手段，给南瓜命名了 98 种不同的称谓。辨析南瓜这近 100 种不同名称，追溯古籍中南瓜别称的由来，考辨方志中南瓜别称的真伪，是研究南瓜在中国引种和本土化首先要解决的问题。

中国是南瓜生产大国，种植历史悠久、地域广阔，在 500 余年漫长的岁月中，经过不断的自然选择与人工培育，遗留下来很多南瓜品种，见诸文献的记载就很多，这也是南瓜基因多样性的表现和称谓混乱的原因之一。一些南瓜品种资源甚至延续几百年，一直流传到今天。随着今天现代育种技术的发展，这些原有的农家品种往往优势不再，即使是优质品种也面临淘汰，归纳总结南瓜多样的品种资源遗产，传承古代南瓜的遗传基因，能够为今后的南瓜育种工作提供借鉴。对比南瓜与南瓜属的笋瓜、西葫芦，也有助于南瓜在中国引种和本土化研究的展开。

第一节 南瓜名称考释

南瓜原产于美洲，与我国本土蔬菜作物相比引种时间不长，到今天也就五百多年的历史。南瓜和其他美洲作物一样，多渠道进入我国，加之其品种、形态的多样，造成了南瓜称谓混乱、名实混杂以及正名与别称长期共存的现象。南瓜名称丰富多彩又纷繁芜杂的局面既构成了中国佳蔬名称文化，又造成了读者乃至科技工作者的理解混乱。因此有必要从南瓜不同名称的读音、形义等角度出发，结合训诂、考据、民俗等研究方法，对南瓜的不同名称进行考释，理清其命名缘由等问题。

南瓜是人类最早栽培的古老作物之一。它原产于热带、亚热带，种类、品种繁多，果实形状、大小、品质各异，色彩缤纷，多样化十分突出。一般我们所说的南瓜就是中国南瓜（*Cucurbita moschata* Duch.），国家也已经颁布标准，把“南瓜”作为“中国南瓜”的正式名称。“中国南瓜”的称谓是以其主产区在中国命名的。

南瓜名称极其复杂，在我国不同地区，甚至在同一地区有着不同的称谓，同物异名和同名异物现象明显。明代以来栽培的南瓜确实有多种多样的品种，果实的形状或长圆，或扁圆，或如葫芦状；果面一般都有棱，果皮的色泽或绿或墨绿或红黄。南瓜拥有丰富的基因库，多样的基因体现了南瓜的生物多样性，导致人们认识的多样性，不同地区的人们往往根据南瓜的某种特性结合描摹、谐音、拟物、方言、翻译等手段进行命名。这里所说的某种特性，有果实形状、大小、颜色、品质、原产地、盛产地、引种地域的名称（代称或标识）、功能特性、食用部位及方法、加工利用以及贮藏供应特点等。据笔者统计，仅南瓜就有 98 种不同称谓，见表 2 - 1。事实上，不仅在我国，在英文中南瓜一词的指代也是十分混乱的，南瓜的英文词 Pumpkin，可能是南瓜，也可能是西葫芦或者笋瓜，甚至有可能是灰籽南瓜。夏纬瑛认为南瓜品型甚多，各有其名称，不论圆者、扁者、长者，亦不论其色泽花纹，俱称为“南瓜”。[1] 虽然南瓜称谓极其复杂，但学术界少有研究。乾隆四十一年（1776）问世的我国第一部有特色的事物异名类聚性题材词典——《事物异名录》，就已经发现了南瓜的

〔1〕 夏纬瑛：《植物名释札记》，北京：农业出版社，1990 年，第 154 页。

同物异名问题，但限于作者认识的局限性，只提出了“阴瓜”〔1〕；张平真的《蔬菜名称考释》简要提到“南瓜系列”〔2〕；刘宜生对统一南瓜属名称进行了建议〔3〕，国内专门就南瓜名称进行的考释尚无。

表 2－1　南瓜的不同称谓

中文名	英文名	别名(98 种)
南瓜	Pumpkin、Cushaw	中国南瓜、番瓜、(老)倭瓜、(老)窝瓜、莴瓜、金瓜、饭瓜、蕃瓜、翻瓜、番南瓜、荒瓜、肪瓜、(老)麦瓜、方瓜、房瓜、(老)缅瓜、(老)面瓜、胡瓜、回回瓜、蛤蟆瓜、北瓜、阿瓜、蜜瓜、蓝瓜、郎瓜、家倭瓜、番冬瓜、金冬瓜、金番瓜、唐茄、东瓜、白瓜、柿子瓜、柿饼瓜、高丽瓜、桃瓜、桃南瓜、矮瓜、蒲瓜、番蒲、翻蒲、番瓠、番匏、越匏、金瓠、一握金、一握青、香瓜、甜瓜、瓮瓜、磨子瓜、磨石瓜、酒坛瓜、牛腿瓜、牛髀瓜、枕头瓜、盒瓜(盒子瓜)、拉瓜、五色瓜、削皮瓜、奎瓜、珠子瓜、女瓜、四月瓜、伏瓜、秋瓜、八棱瓜、癞瓜、窝葫芦、腥瓜、薯瓜、菜瓜、阴瓜、小瓜、老瓜、福瓜、丫丫瓜、钱瓜、狼瓜、王瓜、壶瓜、蛮瓜、囊瓜、素火腿、水桶瓜、瓜子、瓜瓜、蔓瓜、地瓜、寒瓜、荆瓜、四季瓜、青瓜、红瓜、云瓜、南京瓜、望瓜、黄卯生

南瓜作为明代新引进的作物，新的名称是必不可少的，新的名称一般从旧名称里脱胎而来，但不同地区给出的往往又难以统一，久而久之，很容易产生同物异名和同名异物的现象。根据游修龄的归纳，这种现象的产生主要有四个方面的原因：古籍记载造成的分歧、时代差异形成的分歧、地域差异导致的分歧、西学东渐引起的分歧〔4〕。南瓜的名称如此繁多，并非杂乱无章，而是有一定的规律可循，不同的名称有着不同的来源与含义，从古代汉语与植物命名学上看出其命名规律：引种之初，往往按照传入的来源地命名；也可从南瓜的特点命名，一般都是在“瓜”字前加上一个修饰词构成。所以比较容易引起混淆。

一、南瓜的主要名称

“南瓜”一名始见于元末贾铭《饮食须知》：“南瓜，味甘性温。多食发脚气

〔1〕（清）厉荃：《事物异名录》卷二十三《蔬谷部上》，长沙：岳麓书社，1991 年，第 326 页。

〔2〕张平真：《中国蔬菜名称考释》，北京：北京燕山出版社，2006 年，第 154－158 页。

〔3〕刘宜生，王长林，王迎杰：《关于统一南瓜属栽培种中文名称的建议》，《中国蔬菜》，2007 年第 5 期。

〔4〕游修龄：《农作物异名同物和同名异物的思考》，《古今农业》，2011 年第 3 期。

黄疸。同羊肉食,令人气壅。忌与猪肝、赤豆、荞麦面同食。"[1]又见于明初兰茂《滇南本草》:"南瓜,一名麦瓜"[2],但麦瓜之名,云南省外无此称谓,来源为何,亦未可知。南瓜作为主要美洲作物之一,一般认为是在哥伦布1492年发现新大陆之后,进而在世界范围内传播的,但是以上两部典籍成书时间均在此之前,有可能是后人窜入,第一章第二节已有论述。

《本草纲目》载"南瓜,种出南番"[3],这应该就是南瓜称谓最初的由来。《清稗类钞》中说"其种本出南番,故名南瓜"[4]。但是"南番"究竟是何处?是我国南方少数民族地区,还是南洋诸国?不过不少美洲作物,如番薯、玉米,其传入路径都有"东南海路说"和"西南陆路说",是指大部分美洲作物经欧洲人或中国商人之手较早传入我国东南沿海或西南边疆地区,故这里的"南番"很有可能是指东南亚、南亚诸国,在20世纪还有很多学者认为南瓜原产于印度,虽然结论是错误的,因为南瓜原产于美洲,但是也从侧面反映出我国南瓜可能从南亚传入。"南瓜"得名,也有可能是说它来自南方热带地区,正如康熙《遵化州志》载"南瓜,蔓生缘棚,色赤,南者象火"[5],后天八卦中,离在南方,象征火。

虽然称呼各异,但"南瓜"无疑是该栽培作物使用最广泛的称呼,不只在今天,明清以来的各种典籍中多以"南瓜"作为中国南瓜(*Cucurbita moschata*)的称谓。虽然南瓜名称纷繁芜杂,但据笔者考证,在元末《饮食须知》之前的古籍中从未出现过"南瓜"一词,"番瓜""倭瓜""饭瓜"等亦是如此,这一方面可以证明南瓜确实为外来作物,元末之前中国从未栽培;另一方面,当我们在古籍中见到这些称谓时,一般都是指中国南瓜。此外,在古籍中偶尔会出现南瓜几种别称并列记载的情况,多数是因为南瓜品种多样以致古人误以为是不同的瓜类,因此把这种瓜认为是"南瓜",那种瓜叫作"倭瓜",但实际上都是南瓜;另有极少数情况就是将南瓜与笋瓜、西葫芦混淆,笋瓜、西葫芦(包括其变种搅瓜)是在18世纪前后诞生的名词,如果它们更早引种到我国,同为南瓜属作物,具有相似性,不排除用南瓜的别称替代的

[1] (元)贾铭:《饮食须知》卷三《菜类》,北京:人民卫生出版社,1988年,第27页。
[2] (明)兰茂:《滇南本草》卷二,昆明:云南人民出版社,1959年,第130页。
[3] (明)李时珍著,张志斌等校注:《〈本草纲目〉校注》卷二十八《菜部》,沈阳:辽海出版社,2001年,第1029页。
[4] (清)徐珂:《清稗类钞》第四十三册《植物》,上海:商务印书馆,1928年,第27页。
[5] 康熙十五年(1676)《遵化州志》卷七《物产》。

可能性。

南瓜称谓最为混乱的是在民间，表现在古籍中则是五花八门。"番瓜"是南瓜较早的别称，此称谓最早见于隆庆六年(1572)成书的《留青日札》："今有五色红瓜，尚名曰番瓜，但可烹食，非西瓜种也。"[1]明清时期从国外引入的作物多冠以"番"字，如番茄、番薯、番椒(辣椒)等。"番瓜"一般指常见的南瓜品种，"三月至九月者为南瓜，亦曰番瓜"[2]；也指南瓜的光皮品种，"又有番瓜，类南瓜，皮黑无棱"[3]。《群芳谱》中还记载"番南瓜"一名，"番南瓜，实之纹如南瓜，而色黑，绿蒂颇尖，形似葫芦"[4]，番南瓜可能与上述南瓜的光皮品种——番瓜为同一品种。"蕃瓜"[5]"翻瓜"[6]"房瓜"[7]"方瓜"[8]，均是由"番瓜"引申出的名称，或从音转，或自形讹。

见于明代的称谓还有"金瓜"，冯梦龙的《寿宁待志》："瓜有丝瓜、黄瓜，惟南瓜最多，一名金瓜，亦名胡瓜，有赤黄两色。"[9]"金瓜"在各省多有专指南瓜的记载，嘉靖《福宁州志》中已有"金瓜"的记载："瓜，其种有冬瓜、黄瓜、西瓜、甜瓜、金瓜、丝瓜。"[10]"金瓜"不完全指代南瓜，但乾隆《福宁府志》载"金瓜，味甘，老则色红，形种不一"[11]，《寿宁待志》中的寿宁县亦位于福宁府，确定福宁州之"金瓜"为南瓜无疑，是南瓜引种到我国的最早记载。"金瓜"是南瓜最早的称谓。从字面意思理解，可能由于南瓜"秋熟色黄如金"，故名"金瓜"。"金瓜"在有些时候也指甜瓜，在今天除了南瓜也指西葫芦的变种搅瓜(搅丝瓜、金丝瓜)、观赏南瓜(看瓜、红南瓜)或笋瓜的变种香炉瓜(鼎足瓜)。

在《补农书》中最早出现的"饭瓜"，也是南瓜的常用代称，在东南地区颇

---

〔1〕(明)田艺蘅：《留青日札》卷三十三《瓜宜七夕》，上海：上海古籍出版社，1992年，第626页。

〔2〕(清)屈大均：《广东新语》卷二十七《瓜瓠》，北京：中华书局，1985年，第705页。

〔3〕(清)吴其濬：《植物名实图考》卷六《蔬类》，上海：商务印书馆，1919年，第126页。

〔4〕(明)王象晋：《二如亭群芳谱》卷二《蔬谱二》，天启元年(1621)刻本。

〔5〕(清)汪绂：《医林纂要》卷二《蔬部》，道光二十九年(1849)遗经堂刻本。"南瓜，甘酸温，种自南蕃，故名，又曰蕃瓜"。

〔6〕光绪八年(1882)《寿阳县志》卷十《物产》："南瓜……又有翻瓜亦其类也。"

〔7〕民国二十四年(1935)《临江县志》卷三《物产》："窝瓜，俗呼房瓜。"

〔8〕民国二十年(1931)《辑安县志》卷四《物产》："番瓜，俗呼方瓜，音之讹耳。"

〔9〕(明)冯梦龙：《寿宁待志》卷上《物产》，福州：福建人民出版社，1983年，第45页。

〔10〕嘉靖十七年(1538)《福宁州志》卷三《土产》。

〔11〕乾隆二十七年(1762)《福宁府志》卷十二《物产》。

为流行。南瓜栽培容易，产量颇高，作为菜粮兼用型作物，在荒年救荒作用明显，《救荒简易书》就对南瓜的救荒作用大书特书，因此有“饭瓜”之称，“番瓜，即南瓜，相传自番中来。贫家以之代饭，俗名饭瓜”[1]。此外，不知“饭瓜”是否也有谐音“番瓜”之故。

“倭瓜”一称产生于清代、盛于清代，是南瓜最为普遍的别名，尤以北方为甚，《救荒简易书》载：“南瓜俗人呼为倭瓜。”[2]《红楼梦》中多次提到倭瓜，如刘姥姥说的“花儿落了结个大倭瓜”，全书未见“南瓜”一词，可见“倭瓜”流传之广。明代倭患闽浙，而与南洋的海运交通，以闽浙为盛，南瓜应当是由南洋传入闽浙，进而经运河或海运北传，北人误以为种自倭国（日本）或倭船，此为“倭瓜”一名由来。但南瓜（倭瓜）的日文名为唐茄[3]（Tonasu），明显有来自中国之意，结合日本学者星川清亲的观点“天文十年（1541）由葡萄牙船从柬埔寨传入日本的丰后或长崎，取名倭瓜”[4]，故“倭瓜”非自倭来，已经非常明显了。“窝瓜”“莴瓜”是由其讹传而来，“倭瓜，种出自倭，故名，味甜性寒，亦曰窝瓜”[5]，“南瓜，一名莴瓜”[6]。民国《文安县志》又给出了一种“倭瓜”得名新解：“南瓜，形有长圆数种，一名倭瓜，浙人呼南风为倭风，倭亦南也”[7]，即在浙江地方方言中有将“南”作“倭”的说法，而南瓜是先传入浙江后至北方，“转入闽浙，今燕赵诸处亦有之矣”[8]，浙人将南瓜呼为“倭瓜”，以至于“倭瓜”一称后在北方普及。道光年间还有人认为：“倭瓜种类不一，皮有青黄红之别，今以红皮者为南瓜，其实皆倭瓜种类也。”[9]还有“老倭瓜”一称见于光绪《顺天府志》：“南瓜……有呼为老倭瓜者，嫩时皮青老则黄，形圆，有长有扁，长者可二尺许，少子。有呼为蛤蟆瓜者皮有痱瘰，杂青白黑斑文，形圆而

---

〔1〕 同治十三年(1874)《湖州府志》卷三十二《物产》。

〔2〕 (清)郭云陞：《救荒简易书》卷一《救荒月令》，光绪二十二年(1896)刻本。

〔3〕 唐茄是南瓜的日文名，在中国也作为南瓜别名。民国二十一年(1932)《绵阳县志》卷三《物产》：“南瓜(唐茄)，阿瓜，番南瓜。”

〔4〕 (日)星川清亲著，段传德等译：《栽培植物的起源与传播》，郑州：河南科学技术出版社，1981年，第68页。

〔5〕 民国八年(1919)《庄河县志》卷十一《物产》。

〔6〕 咸丰七年(1857)《冕宁县志》卷十一《物产》。

〔7〕 民国十一年(1922)《文安县志》卷一《物产》。

〔8〕 (明)李时珍著，张志斌等校注：《〈本草纲目〉校注》卷二十八《菜部》，沈阳：辽海出版社，2001年，第1029页。

〔9〕 (清)奕赓：《括谈》卷上，民国二十四年(1935)佳梦轩丛著本。

不长，皆南瓜也。”[1]南瓜的诸多别称中以“北瓜”最为复杂，详见下一节。

二、南瓜的其他别称

（一）易与其他瓜类混淆的土名

“胡瓜”也见于冯梦龙的《寿宁待志》，“胡瓜”指代南瓜并不普遍，应该是认为南瓜来自胡地，该称谓只见于少数府县，而且“胡瓜”也易与“黄瓜”混淆，虽然南瓜传入中国的路线是有“西北陆路说”，但是“胡瓜”从张骞出使西域以来一般指代黄瓜。还有别称“回回瓜”，与“胡瓜”情况类似，道光《安定县志》载“番瓜，一名回回瓜，种出西番”[2]，“回回瓜”固然可指南瓜，但是也可指西瓜。在湖北省恩施市境内，有一块南宋咸淳六年(1270)刻的“西瓜碑”，从碑记来看，当时西瓜已有四个优良品种：“蒙头蝉儿瓜”“团西瓜”“细子瓜(御西瓜)”和“回回瓜”[3]。

“倭瓜，种传自倭，一名东瓜，皮老生自然白粉，又名白瓜，有解鸦片毒力。”[4]这条史料就指出了“东瓜”和“白瓜”两个称谓，“东瓜”指南瓜来自我国东部邻国，“白瓜”指“皮老生自然白粉”，但实际上“东瓜”和“白瓜”一般均指冬瓜。民国《昌黎县志》载“倭瓜，俗名蒲瓜，雍正志倭瓜，一名北瓜”[5]，南瓜此别称仅存在于河北部分府县，“蒲瓜”在我国一般指葫芦瓜，即古代所说之匏瓜，随着汉语双音节化的发展，昔者“匏瓜”变成了今之“蒲瓜”；因形似葫芦，南瓜在江西被称作“番蒲”或“翻蒲”，“南瓜，种出南番，故俗呼番蒲”[6]“南瓜，又曰翻蒲”[7]，笔者认为还是较为客观的；类似的还有“番瓠”[8]“番匏”[9]“越匏”[10]和“金瓠”[11]。“香瓜”一般指甜瓜，但在金山县也出现了作为南瓜代称

---

〔1〕 光绪十一年(1885)《顺天府志》卷五十《物产》。

〔2〕 道光二十六年(1846)《安定县志》卷四《物产》。

〔3〕 刘清华：《湖北恩施“西瓜碑”碑文考》，《古今农业》，2005年第2期。

〔4〕 民国二十年(1931)《辑安县志》卷四《物产》。

〔5〕 民国二十二年(1933)《昌黎县志》卷四《物产志》。

〔6〕 同治十一年(1872)《兴国县志》卷十二《土产》。

〔7〕 光绪二年(1876)《长宁县志》卷三《物产志》。

〔8〕 雍正十年(1732)《永安县志》卷五《物产》：“南瓜，种出南番，俗呼番瓠。”

〔9〕 乾隆五十二年(1787)《永春州志》卷七《物产》：“南瓜，俗呼番匏。”

〔10〕 民国十八年(1929)《霞浦县志》卷十一《物产志》：“金瓜，一名越匏，又名南瓜，式圆而长，重可十余斤。”

〔11〕 嘉庆十年(1805)《连江县志》卷三《物产》：“金瓠，色似南瓜，形长大者名金刚腿。”

的情况，“南瓜，即饭瓜，一名香瓜”[1]。更有地区将南瓜呼为“甜瓜”，“南瓜，一名番瓜，大者如斗，俗以其味甜，又名甜瓜”[2]。无论是“香瓜”还是“甜瓜”皆因南瓜味甘，因此又有“蜜瓜”一称，“南瓜……一名蜜瓜，名其味也”[3]。“癞瓜”多指苦瓜，也指南瓜的皱皮品种，“南瓜，一名阿瓜，以其来自南番，故又名番瓜，色或红或黄或绿，皮皴泡者曰癞瓜”[4]。民国《新繁县志》中提到的阿瓜，也是南瓜别名。菜瓜是甜瓜的变种，但在甘肃漳县，也是南瓜的别称，“南瓜，一名菜瓜，状如枕”[5]。王瓜是藤本植物，在四川部分地区，也可指代南瓜，“王瓜，一曰方瓜，一曰南瓜，色黄赤，绝大者如车轮”[6]，意在强调南瓜是瓜中之王。“蛮瓜”在古代可指代丝瓜，在四川和江苏少数地区则指南瓜，“南瓜，一名蛮瓜”[7]。“寒瓜”是历史上西瓜的别称，但在常熟是南瓜的别称，“寒瓜，一名南瓜，又名番瓜”[8]。

（二）按照形态命名的别称

民国《崇安县志》载“南瓜，即矮瓜也，色黄有白纹界之，近有一种，皮外累累如珠，名珠子瓜，有青黄二色。又有番南瓜，形似葫芦”[9]，“矮瓜”是从南瓜形态而言，指的是扁圆南瓜，“珠子瓜”是说南瓜的皱皮品种皮如珠子，“番南瓜”则是南瓜中的葫芦形南瓜。“盒瓜（盒子瓜）”也指南瓜中的扁者，“南瓜，种出南番，故又名番瓜，有长扁二种，扁者俗又名盒瓜”[10]。民国《广东通志》载“南瓜中最伟大者，俗以其形状名曰牛髀瓜，亦曰枕头瓜”[11]；民国《恭城县志》又载“南瓜……有圆而扁者曰磨子瓜，有圆而长者曰牛腿瓜”[12]，还

---

[1] 乾隆十八年(1753)《金山县志》卷十七《物产》。

[2] 乾隆六年(1741)《南宁府志》卷十八《物产》。

[3] (清)张宗法著，邹介正等校释：《三农纪校释》卷九《蔬属》，北京：中国农业出版社，1989年，第296页。

[4] 民国三十六年(1947)《新繁县志》卷三十二《物产之一》。

[5] 光绪三十四年(1908)《陇西分县武阳志》卷二《物产》。

[6] 光绪十八年(1892)《名山县志》卷八《物产》。

[7] 光绪六年(1880)《昆新两县续修合志》卷八《物产》。

[8] 道光《唐市志》卷上《物产》。

[9] 民国十三年(1924)《崇安县志》卷十《物产志》。

[10] 咸丰八年(1858)《文昌县志》卷二《物产》。

[11] 民国二十四年(1935)《广东通志》物产二。

[12] 民国二十四年(1935)《恭城县志》第四编《产业》。

有“磨石瓜”[1]“酒坛瓜”[2]与“水桶瓜”[3]。广西宾阳县还有“瓮瓜”一说，“南瓜，有四月熟八月熟两种，形扁色黄者俗呼金瓜，形长色青者俗呼瓮瓜”[4]，民国《横县志》说南瓜“大者如瓮”[5]，应该是“瓮瓜”的由来。南瓜棱多，故还称“八棱瓜”，“南瓜，即倭瓜，俗名八棱瓜”[6]。在甘肃南瓜还“俗名窝葫芦”[7]。民国《莱阳县志》载“番瓜，俗称方瓜，形圆色赤，亦有长圆扁圆者，又有一种色青而细长者曰拉瓜”[8]，南瓜色青而细长者得到了“拉瓜”这一称号。民国《通化县志》载“南瓜，一名桃瓜，种来自南番，故名”[9]，光绪《馆陶县乡土志》就说明了“桃瓜”由来，“桃瓜，其形似桃，故名”[10]；类似的还有“桃南瓜”一称，民国《潘阳县志》载“南瓜，种出南番，故名，俗呼桃南瓜”[11]。此外，以形态命名的还有“长南瓜”“葫芦南瓜”“扁南瓜”等，均是对南瓜不同形态的代称，笔者认为仅以形态作为定语与“南瓜”组成复合名词命名，极易区分，不能算作南瓜的别称，这里也仅作列举。

如果按照颜色划分，类似“金瓜”这样以颜色描述南瓜的还有“五色瓜”，雍正《浙江通志》中《山阴县志》引《述异记》云：“会稽尝有五色瓜。五色瓜，即南瓜，种自吴中来，一名饭瓜，食易饱。”[12]《述异记》旧说南朝成书，《四库提要》认为成书年代约在中唐以后、北宋以前，南瓜不可能早在宋代就引入我国，而甜瓜颜色多样，也可视为“五色瓜”，因此把《述异记》中所述“五色瓜”作为南瓜的说法欠妥。但南瓜瓜皮颜色确实多种多样、因种而异，常见颜色有黄、红、绿、黑、青等，瓜皮常显杂色或间色而斑驳多变，既然《山阴县志》出现了这样的混淆，至少能够说明在当时当地南瓜有“五色瓜”的特征或被称为

---

〔1〕 民国二十二年(1933)《蓝山县图志》卷二十一《食货篇第九上》:“南瓜……以形状分磨石瓜、枕头瓜数种。”

〔2〕 光绪十一年(1885)《定海厅志》卷二十四《物产志》:“南瓜……一名酒坛瓜,形长,圆如酒器。”

〔3〕 光绪三年(1877)《崇庆州志》卷五《物产》:“南瓜,一名胡瓜,有圆长二种,长者为水桶瓜。”

〔4〕 民国三十七年(1948)《宾阳县志》第四编《农产》。

〔5〕 民国三十一年(1942)《横县志》第四编《农产》。

〔6〕 民国十年(1921)《宜良县志》卷四《物产》。

〔7〕 民国二十八年(1939)《古浪县志》卷六《物产》。

〔8〕 民国二十四年(1935)《莱阳县志》卷二《物产》。

〔9〕 民国十六年(1927)《通化县志》卷一《物产志》。

〔10〕 光绪三十四年(1908)《馆陶县乡土志》卷八《物产》。

〔11〕 民国六年(1917)《潘阳县志》卷十二《物产》。

〔12〕 乾隆元年(1736)《[雍正]浙江通志》卷一百四《物产四》。

"五色瓜"。"一握金"是对南瓜更为形象的称呼,乾隆《临清州志》载"一握金,金瓜细而长者,条而削之,俗呼瓜条"[1],也就是说此种南瓜在手的一握之中,前面笔者说过"金瓜"个别情况非指南瓜,但"一握金"则是南瓜别称,因为《临清州志》在诠释"南瓜"条目时载"南瓜,种出南番,一本可结数十颗,有绿黄白数色,俗呼金瓜"[2],至于同为南瓜为什么分为两个条目,可能是因为当地"一握金"品种较多,而除了"一握金",当地南瓜亦有其他品种。"一握青"则指青色的小南瓜,"南瓜,种出南番,叶如蜀葵,小者谓之一握青,出福清"[3]。还有"红瓜",体现了成熟南瓜果肉和果皮的颜色,"南瓜……又有红瓜,形圆扁,有瓣,色红"[4]。

(三)局限于某地区,很不常用的别称

"囊瓜""蓝瓜""郎瓜",三者均是"南瓜"的讹音,"囊瓜"是方言中的叫法(云南文山、昭通等),"蓝瓜,色蓝作南,非产田家,一曰番瓜"[5];"休宁呼南瓜为郎瓜,南郎一声之转也"[6]。李时珍还认为王祯《农书》中所说阴瓜"疑此即南瓜也"[7],虽然"阴瓜"经第一章第二节考证不应该是南瓜,但"阴瓜"却成为南瓜在浙江的别名之一,"南瓜,来自南番,一曰阴瓜"[8]。海南的康熙《临高县志》载"荆瓜,其色黄红,味甘滑"[9],"荆瓜"应该是"金瓜"的讹音。光绪《顺天府志》中提到了倭瓜的一个品种"蛤蟆瓜"[10],与"倭瓜"相关的还有"南瓜又名家窝瓜,亦蔓生"[11]。浙江的光绪《黄岩县志》载:"南瓜俗名南京瓜,实大如盎。"[12]安徽的光绪《五河县志》载:"南瓜,即番瓜,俗亦曰望瓜。"[13]

---

[1] 乾隆十四年(1749)《临清州志》卷二《土产》。

[2] 乾隆十四年(1749)《临清州志》卷二《土产》。

[3] 乾隆十九年(1754)《福州府志》卷二十五《物产一》。

[4] 道光十一年(1831)《延川县志》卷一《物产》。

[5] 民国十七年(1928)《大竹县志》卷十二《物产志》。

[6] 民国二十三年(1934)《安徽通志稿·方言考》卷三《释植物》。

[7] (明)李时珍著,张志斌等校注:《〈本草纲目〉校注》卷二十八《菜部》,沈阳:辽海出版社,2001年,第1029页。

[8] 康熙三十一年(1692)《义乌县志》卷八《土物》。

[9] 康熙四十六年(1707)《临高县志》卷二《物产》。

[10] 光绪十一年(1885)《顺天府志》卷五十《物产》。

[11] 民国九年(1920)《绥化县志》卷八《实业志》。

[12] 光绪三年(1877)《黄岩县志》卷三十二《土产》。

[13] 光绪十九年(1893)《五河县志》卷十《物产》。

民国《辽阳县志》载:“倭瓜,种出自倭,故名,又名高丽瓜,色黄形圆,俗呼柿子瓜,按种瓜不同,故有圆长之别,然味无甚异,为本境普通食品。”[1]“柿子瓜”应该是说南瓜与柿子有所类似,“高丽瓜”与“倭瓜”命名法相类似,韩国在我国东部且临近日本,误以为韩国为南瓜原产地是有可能的,民国《辽阳县志》也指出了南瓜类型多样,然而味道都差不多,确为同一品种。民国《姚安县志》载“南瓜则有缅瓜、青瓜、长瓜、柿饼瓜、削皮瓜五种”[2],“柿饼瓜”与“柿子瓜”异曲同工。笔者认为“缅瓜”有两层含义,一作“面瓜”,是说南瓜“味面而腻”[3],另外是认为“缅瓜,种出缅甸,故名”[4],《中国药用植物图鉴》将缅瓜称为老缅瓜;“青瓜”反映的是未成熟的南瓜果皮呈青色。在四川,南瓜“俗名荒瓜,以其多蔓也”[5],在贵州多地今天仍有“荒瓜”的称呼,意为在荒年吃的瓜;另一说认为此瓜生命力强,荒山也能长出此瓜;同为四川,民国《南川县志》指出:“南瓜,别称荒瓜无义,疑为肪瓜,以较他瓜肉厚,切之类肢肪,不然则适当六七月绵绵硕大,亦可济荒。”[6]

根据成熟月份,“早者在四月熟,俗呼四月瓜”[7],“盛夏结者曰伏瓜,秋后结者曰秋瓜”[8],“金瓜,大如斗,有椭圆两种,肉瓤纯黄如金,味甜,四季产者名四季瓜”[9]。根据南瓜内部是否多汁,有“懒倭瓜”与“勤倭瓜”之别,民国《开原县志》载“土人名干砂如马铃薯曰懒倭瓜,甘而多汁者名勤倭瓜”[10]。根据南瓜成熟程度,“今按此瓜初结如拳如碗时清松适口……群呼小瓜或呼嫩瓜,崽志皮坚肉黄时味尤甘,圃人多剖而卖之,群呼老瓜”[11]。南瓜因“味尤鲜美”在浙江民间有“素火腿”的美称,“名素火腿者,言其味之美也。及索

---

〔1〕民国十七年(1928)《辽阳县志》卷二十八《物产》。
〔2〕民国三十七年(1948)《姚安县志》卷四十四《物产志二》。
〔3〕(明)王象晋:《二如亭群芳谱》卷二《蔬谱二》,天启元年(1621)刻本。
〔4〕光绪二十一年(1895)《丽江府志》卷三《物产》。
〔5〕光绪元年(1875)《彭水县志》卷三《物产志》。
〔6〕民国二十年(1931)《南川县志》卷六《风土》。
〔7〕民国三十六年(1947)《隆山县志》第六编《农产》。
〔8〕光绪三十一年(1905)《靖州乡土志》卷四《志物产》。
〔9〕民国二十年(1931)《感恩县志》卷三《物产》。
〔10〕民国十八年(1929)《开原县志》卷十《物产》。
〔11〕民国二十九年(1940)《息烽县志》卷二十《方物志》。

阅之,乃大南瓜一枚”[1];“南瓜俗又有腥瓜之称,谓配以腥其味始美也”[2],也是说南瓜味美。在浙江,“南瓜,一名蔓瓜”[3],“南瓜,附地蔓生蔓延十余丈,故曰地瓜,老则色黄,故又曰金瓜”[4],“蔓瓜”和“地瓜”命名原因如是。在陕西部分地区,“云瓜,即倭瓜,以来自倭国故名,今县俗呼云瓜”[5]。

在四川名山县,“南瓜,一称壶瓜”[6],更有“南瓜,一名女瓜”[7]之说,不知是形似还是谐音之故,“南瓜,俗名奎瓜”[8],也比较罕见。在福建,南瓜俗称“番冬瓜”,冬瓜中国早已有之,称其南番来的冬瓜也能够理解。“南瓜,种出南番,俗名番冬瓜”[9],南瓜的日文名 kintoga,翻译过来就是“金冬瓜”,这种外来音译记载在《广州植物志》中用于指代南瓜。《青海百科大辞典》另载有南瓜的青海地方别称“金番瓜”[10]。在甘肃天水,南瓜“亦名狼瓜”[11],应该与“郎瓜”一样都是“南郎一声之转也”。在河南光山县,“南瓜,俗呼薯瓜”[12],应该是说南瓜的味道同薯类。笔者在田野调查时发现,在贵州铜仁还有“福瓜”一称,未见记载,据当地人介绍是因为看起来团团圆圆的,有福气;“瓜瓜”和“瓜子(轻声)”,同样只见于铜仁方言;在云南玉溪,南瓜还是绿色的时候叫小钱瓜、丫丫瓜,变黄成熟后称老钱瓜、老面瓜,当地人不知“钱瓜”一称何来,“丫丫瓜”是因为它是一丫一丫(一瓣一瓣)的,“老面瓜”是因为煮熟后很烂很面。张平真还提到在流通领域,旧时的菜行采用隐语称南瓜为“黄卯生”。[13]

总之,南瓜别名众多,在研究史料时要特别注意,避免将南瓜的异名理解为不同的瓜类,其他作物亦是如此。虽然南瓜的很多别名仅存于史料或我国

---

[1] (清)王学权:《重庆堂随笔》卷下《论药性》,南京:江苏科学技术出版社,1986 年,第 92 页。

[2] 民国二十一年(1932)《景县志》卷二《产业志》。

[3] 同治九年(1870)《嵊县志》卷二十《物产》。

[4] 光绪二十二年(1896)《遂昌县志》卷十一《物产》。

[5] 民国三十三年(1944)《米脂县志》卷七《物产志》。

[6] 民国十九年(1930)《名山县新志》卷四《物产》。

[7] (清)徐大椿:《药性切用》卷四中《菜部》,刻本不详。

[8] 乾隆二十一年(1756)《陆川县志》卷十二《物产》。

[9] 乾隆三十年(1765)《晋江县志》卷一《物产》。

[10] 严正德,王毅武:《青海百科大辞典》,北京:中国财政经济出版社,1994 年,1194 页。

[11] 民国二十八年(1939)《天水指南·物产》。

[12] 民国二十五年(1936)《光山县志约稿》卷一《物产志》。

[13] 张平真:《中国蔬菜名称考释》,北京:北京燕山出版社,2006 年,第 156 页。

部分地区，但是对南瓜的不同名称进行考释，理清其命名缘由等问题，无疑可以更好地认识南瓜在我国的发展传播史、栽培史等引种和本土化过程。此外，还应尤其注意区分南瓜的同名异物现象，笔者列出的南瓜的诸多别称，只有部分是南瓜的专属名称，因此当某一别称出现时，一定要联系语境，不能盲目判断是何种瓜类，孤立地看无法确定是否为南瓜。

第二节 “北瓜”专论

我国向来无“北瓜”这样专门的一种瓜，但是“北瓜”在日常生活中经常使用，在古籍当中也频繁出现，使用十分混乱，早已不单指一种瓜，让人感觉莫衷一是。俞为洁（以下称俞文）早在1993年于《农业考古》上发表了《“北瓜”小析》一文，通过查阅方志，对历史上“北瓜”一名的使用加以澄清，发现“北瓜”一名既指现代科学分类上的北瓜（*Cucurbita pepo* L. var. *kintoga* Makino），也可能是南瓜、冬瓜、打瓜（瓜子瓜）的别名或西瓜的一个品种名[1]。本文在俞文的基础上对“北瓜”的来龙去脉、指代不同瓜类的地理分布等问题进行考释。

一、“北瓜”在古籍中的记载

根据俞文阐述，似乎“北瓜”具体指代哪种瓜类并无规律可循，而且除了对指代冬瓜的情况做了说明，“流传很不普遍”，似乎其他情况的概率是均等的。那么“北瓜”指什么瓜的情况最多呢？空间分布又是怎么样？在俞文的阐述之外，还会不会指代其他的瓜类？

首先再强调一下基本概念：南瓜属的栽培种有5个，在全世界主要栽培又引入我国的是南瓜（*Cucurbita moschata* Duch.，中国南瓜）、笋瓜（*Cucurbita maxima* Duch. ex Lam.，印度南瓜）和西葫芦（*Cucurbita pepo* L.，美洲南瓜），以南瓜在我国的栽培面积最大。西葫芦的变种观赏南瓜（*Cucurbita pepo* L. var. *kintoga* Makino），又称桃南瓜、红南瓜、看瓜，也有称为金瓜的，如《清稗类钞》载：“金瓜为蔬类植物，秋结实，形扁圆，色赭，亦名北瓜。”[2]俞文称之为现代科学分类上的北瓜，虽也有食用价值，但在古代观赏价值更高，本

[1] 俞为洁：《“北瓜”小析》，《农业考古》，1993年第1期。
[2] （清）徐珂：《清稗类钞》，上海：商务印书馆，1928年，第27页。

文通称为"观赏南瓜"。虽然观赏南瓜以西葫芦为主,但是南瓜和笋瓜的部分品种也具有观赏价值,如笋瓜的优质品种香炉瓜(鼎足瓜),果形奇异,具有观赏价值。从这个层面上看,"北瓜"即使专指观赏南瓜,也有可能是南瓜。

早在清初张履祥的《补农书》中就指出"南瓜形扁,北瓜形长,盖同类也"[1],《汝南圃史》又载"南瓜,红皮如丹枫色;北瓜,青皮如碧苔色"[2],以上两部古籍中的"北瓜"指的应该是南瓜的青皮品种或南瓜属的笋瓜,更有可能指前者。吴其濬的《植物名实图考》就把"北瓜"放在南瓜的条目下"北瓜有水、面二种,形色各异"[3],显然是将"北瓜"作为南瓜的一个品种。汪绂的《医林纂要》载:"南瓜,甘酸温。种自南蕃,故名。又曰蕃瓜,或讹北瓜。"[4]鲍相璈的《验方新编》载:"南瓜,北人呼为倭瓜,江苏等处有呼为北瓜者。"[5]汪绂和鲍相璈干脆认为"北瓜"就是南瓜。经利彬认为:"北省所指北瓜,疑即本种光皮品种,记通称之倭瓜,多属皱皮品种也。"[6]叶静渊也认为:"有的地方志中南瓜、北瓜二名并列,似乎是分别用来指南瓜的不同品种。"[7]在近现代,"北瓜"作为南瓜的别称也非常普遍,齐如山在《华北的农村》中介绍北瓜的第一句就是"北瓜亦曰倭瓜,古人称之为南瓜,乡间则普遍名曰北瓜"[8],根据该书下文对"北瓜"的详细介绍可知确是南瓜。但是《群芳谱》对"北瓜"的记载如下:"北瓜,形如西瓜而小,皮色白,甚薄,瓤甚红,子亦如西瓜而微小狭长,味甚甘美,与西瓜同时,想亦西瓜别种也。"[9]虽然附录在西瓜条目下,但是根据性状描写,该"北瓜"除了是西瓜的特殊品种打瓜之外,亦有可能是南瓜。总体上,方志以外的其他古籍中,"北瓜"作为南瓜的别称是较多的。

从以上一些本草类、医书、农书等古籍的记载来看,似乎"北瓜"就是指南瓜。俞文认为"从地方志材料看,这个别名主要流传在江西一带,据说江西有

[1] 张履祥辑补,陈恒力校点:《沈氏农书》,北京:中华书局,1956年,第36页。

[2] (明)周文华:《汝南圃史》,《四库全书存目丛书》,济南:齐鲁书社,1997年。

[3] (清)吴其濬:《植物名实图考》,上海:商务印书馆,1919年,第126页。

[4] (清)汪绂:《医林纂要》,道光二十九年(1849)遗经堂刻本。

[5] (清)鲍相璈:《验方新编》,天津:天津科学技术出版社,1991年,第570页。

[6] 经利彬等:《滇南本草图谱》,昆明:中国药物研究所,1943年,第21页。

[7] 中国农业百科全书总编辑委员会农业历史卷编辑委员会,中国农业百科全书编辑部:《中国农业百科全书 · 农业历史卷》,北京:中国农业出版社,1995年,第221页。

[8] 齐如山:《华北的农村》,沈阳:辽宁教育出版社,2007年,第236页。

[9] (明)王象晋纂辑,伊钦恒诠释:《群芳谱诠释》(增补订正),北京:农业出版社,1985年,第125页。

些地方至今仍把南瓜叫做北瓜”[1]。今天江西仍有把南瓜称为“北瓜”的情况，有与会专家还特别指出，在湖南部分地区亦有将南瓜称为“北瓜”之情况。结合笔者前文对资料的发掘，“北瓜”指代南瓜的情况在全国应该不是少数，不只俞文中指出的江西、浙江，在很多省份，尤其是北方地区，南瓜都被称为“北瓜”。

在方志中的情况又如何？下面分地区阐述方志中记载“北瓜”的情况，但如果记载中只有“北瓜”二字或叙述不详细则不再赘述，因为单凭名称或简单介绍无法判定“北瓜”具体所指。如果类似叙述记载颇多的话，笔者选取有代表性的阐述。

东北地区。在黑龙江，“角瓜俗名西葫芦，又名北瓜，形长圆，嫩时可炖食，亦可切条晒干作冬季食品，名曰西葫芦条，老则皮硬，不宜作蔬矣”[2]。在吉林，“北瓜，一名倭瓜，蔓生，形类哈密，种自倭国来，故名，长白此瓜最多，食用与南瓜同”[3]。在辽宁，“窝瓜，形似南瓜而实无纵沟，一名北瓜，种出东洋，今为常蔬”[4]，可能是南瓜的品种之一，也可能是笋瓜。西葫芦，包括其变种搅瓜，都有专门的记载，而且和南瓜、笋瓜相比差别较大，除非如黑龙江一样专门说明，否则一般“北瓜”不会是西葫芦。

民国《朝阳县志》专门记载：“南瓜，本作番瓜，结实形横圆竖扁而色黄者为南瓜，形似葫芦而色黑绿者为番瓜，其实一圃之中种形互出，农家亦未常强为区别也，今土人概称之为倭瓜，其一种色红者亦称为南瓜，止采以供玩，不可食，南人谓之北瓜。”[5]南瓜拥有丰富的基因库，因此“一圃之中种形互出”，在东北地区如无特别说明，“北瓜”作为南瓜代称的可能性还是比较高的。而那种“止采以供玩，不可食，南人谓之北瓜”的“北瓜”就是我们之前说的观赏南瓜。总之，“北瓜”在东北地区主要指南瓜属，尤其是南瓜。

华北地区。在河北，“金瓜。按，不可食。形圆而扁，亦有纯圆者，秋深则老色赤。探作盆供，可耐久，宛平志北瓜即此”[6]“倭瓜，一名北瓜，不可食”[7]。以上“北瓜”指的是西葫芦的变种观赏南瓜，在河北该情况比较少

[1] 俞为洁：《“北瓜”小析》，《农业考古》，1993年第1期。
[2] 民国二十五年(1936)《安达县志》物产。
[3] 宣统二年(1910)《长白征存录》卷五《物产》。
[4] 民国三十年(1941)《黑山县志》卷九《物产》。
[5] 民国十九年(1930)《朝阳县志》卷二十七《物产》。
[6] 光绪十一年(1885)《顺天府志》卷五十《物产》。
[7] 乾隆三十年(1765)《涿州志》卷八《物产》。

见。尤其需要注意的是乾隆《满城县志》载“北瓜,形味似西瓜,色柳黄”[1]。这里的“北瓜”并不是西瓜的变种,仍是观赏南瓜。所以在方志中“北瓜”是否指代过西瓜,是一个不明确的问题,很可能因为观赏南瓜与西瓜相似而将二者混淆,俞文列举的方志例子中的记载也多是含糊不清的,并没有明确说明“北瓜”就是西瓜的别称。

“倭瓜亦南瓜之类,或名北瓜,《群芳谱》云倭瓜皮白瓤红。”[2]“北瓜亦宜炒肉食,俱不如倭瓜之大而肥也。”[3]“北瓜,即倭瓜,似南瓜而形长,圆扁不一,熟食面腻适口。”[4]上述“北瓜”可能是南瓜的别种也可能是笋瓜。又如:“南瓜,形有长圆数种,一名倭瓜,浙人呼南风为倭风,倭亦南也,或曰北瓜,蒸食作馅均可。”“今案南瓜北人称倭瓜,或名北瓜,以其种出倭国,故名。《群芳谱》云倭瓜皮白瓤红,然倭瓜生时青熟时黄,亦有多种。”[5]“南瓜,亦名倭瓜,可为蔬,并可饱贫人以代饭,邑人呼为北瓜。”[6]“北瓜,一名倭瓜、南瓜,形长圆扁不一,大有重二十余斤者,可作饭菜。”[7]“南北瓜,亦名倭瓜,可为蔬,并可饱贫人,以之代饭,故俗曰饭瓜。诗所谓‘七月食瓜’‘食我农夫’是也。按,俗以色白而圆者为南瓜,老而色红黄者为北瓜,或长或圆种种不一。”[8]类似记载非常之多,在河北,“北瓜”几乎是南瓜的代名词。

在山东,“北瓜,形分长圆扁圆,色分青白”[9]。“北瓜,形如甜瓜,其味尤美。”[10]“金瓜,俗名北瓜,其类甚繁,田家多食之。”[11]“北瓜,小于南瓜,少味。”[12]“北瓜,俗称蒲瓜,亦南瓜之一种,形状类南瓜,惟皮色有淡绿花纹,可煮食,子亦为食品。”[13]上述“北瓜”可能是南瓜的别种,也可能是笋瓜。

“金瓜,亦名北瓜,形扁圆赤色,秋季结实;可供食品,农家常用之;此种植

---

[1] 乾隆十六年(1751)《满城县志》卷三《土产志》。
[2] 民国五年(1916)《盐山新志》卷二十二《物产篇》。
[3] 乾隆四十三年(1778)《安肃县志》卷四《方产》。
[4] 民国二十三年(1934)《清河县志》卷二《物产》。
[5] 民国二十四年(1935)《新城县志》卷十八《庶物》。
[6] 同治元年(1862)《深泽县志》卷五《物产》。
[7] 光绪三十年(1904)《曲阳县志》卷十《土宜物产考第六 植物》。
[8] 民国二十年(1931)《元氏县志》篇五《物产》。
[9] 民国二十四年(1935)《莱阳县志》卷二《物产》。
[10] 康熙二十一年(1682)《阳信县志》卷六《物产志》。
[11] 光绪三十四年(1908)《馆陶县乡土志》卷八《物产》。
[12] 民国五年(1916)《临沂县志》卷三《物产》。
[13] 民国二十四年(1935)《德县志》卷十三《物产》。

于野地以能供饱食，种者较多。”[1]“倭瓜，按北瓜、番瓜、倭瓜即一种，或以扁者为番瓜，长者为倭瓜，旧志北瓜倭瓜并载，今仍之以正其误。”[2]“北瓜，形色各异，有水面二种，土人家家种之，味胜金瓜。”[3]“北瓜，似西瓜而长，皮绿瓤红，味亦甘美。”[4]以上“北瓜”只是南瓜。

在河南，“北瓜，与西瓜味同，色白而形长”[5]。“北瓜，与西瓜同，惟形长如枕，甘美异常。”[6]“北瓜，形色味俱似西瓜，但食时以拳击之，俗名打瓜。”[7]“北瓜”的确是西瓜的一个品种名，但其实就是打瓜，而且记载并不多。“倭瓜，俗名南瓜，《深州风土记》以北瓜为倭瓜，并非王象晋《群芳谱》云形如西瓜而小，皮色白瓤甚红，亦非此种。”[8]“南瓜，一名倭瓜，又名北瓜。”[9]“南瓜，土人名为北瓜。”[10]这里的“北瓜”还是指南瓜。

在山西，“西葫芦，实之纹理如南瓜而色深绿，形如枕而不甚巨，俗呼为北瓜”[11]“中瓜，平定谓之东瓜，或称北瓜，太原谓之西葫芦，有圆长之别”[12]，指的自然是西葫芦。“北瓜，即南瓜也。有长形扁形两种，长者质粗而味甘，扁者质细而较面，本地所种多系扁形，田家无不有之”[13]“北瓜，圆大有瓣，可做羹”[14]，指的是南瓜。

“南瓜北瓜为大宗，种者亦随地气候而异，东乡最宜南瓜不宜北瓜，西南乡最宜北瓜不宜南瓜，由上最宜北瓜。”[15]“有以北瓜补粟之缺者。”[16]“北瓜，碧绿色南瓜之属，俗呼为今名，较南瓜无膻气。”[17]上述“北瓜”可能是南瓜的

---

〔1〕 民国二十五年(1936)《馆陶县志》卷二《实业》。
〔2〕 同治十一年(1872)《即墨县志》卷一《物产》。
〔3〕 康熙二十四年(1685)《兖州府曹县志》卷四《物产志》。
〔4〕 民国二十二年(1933)《齐河县志》卷十七《物产》。
〔5〕 康熙十九年(1680)《长垣县志》卷二《方物》。
〔6〕 民国二十五年(1936)《阳武县志》卷一《物产志》。
〔7〕 民国十二年(1923)《许昌县志》卷一《土产》。
〔8〕 民国十三年(1924)《考城县志》卷七《物产志》。
〔9〕 民国二十三年(1934)《信阳县志》卷十二《物产》。
〔10〕 光绪三十年(1904)《南阳府南阳县户口地土物产畜牧表图说》全一卷《物产》。
〔11〕 民国二十一年(1932)《安泽县县志》卷二《物产》。
〔12〕 光绪八年(1882)《寿阳县志》卷十《物产》。
〔13〕 民国十八年(1929)《新绛县志》卷三《物产略》。
〔14〕 道光五年(1825)《太平县志》卷一《物产》。
〔15〕 民国二十九年(1940)《平顺县志》卷三《物产略》。
〔16〕 同治十三年(1874)《阳城县志》卷五《物产》。
〔17〕 康熙九年(1670)《绛州志》卷一《物产》。

别种，也可能是笋瓜。总之，“北瓜”在华北地区主要指南瓜，其次是笋瓜，西葫芦和打瓜的情况较少。

西北地区。在陕西，“北瓜，皮、瓤、子俱白，味甘美”[1]，指的应该是笋瓜。“北瓜，俗呼番瓜，圆长斑黑不一，味亦少殊。”[2]“南瓜，形色味俱不一，斑者曰番瓜，黑者曰北瓜。”[3]“南瓜，(州志)一名北瓜。”[4]“南瓜，亦呼北瓜，全境均产之。”[5]“南瓜，青蔓圆叶红实圆大熟而黄，又名北瓜。”[6]以上“北瓜”均为南瓜。

在甘肃、宁夏，“北瓜，俗名麦子瓜，味与西瓜同而形较小，子如麦粒，或谓其种自西洋来，故又名洋瓜，近数年来我县四坝多种之”[7]。“北瓜，俗名胎里红，味与西瓜同而形较小，皮有青白二色。”[8]“北瓜，俗名麦子瓜，又名梨瓜，子味与甜瓜同而较小，皮有青绿二色，甚薄，瓤似朱砂，子如麦粒。续通志，北瓜形如西瓜而小，皮薄瓤红，较西瓜微小，狭长味甘美。”[9]与《群芳谱》中的“北瓜”有相似之处，疑似南瓜或打瓜。“南瓜……形色味俱不一，斑者曰蕃瓜，黑者曰北瓜”[10]中的“北瓜”则是南瓜。总之，西北地区的“北瓜”主要是南瓜或打瓜。

西南地区。在四川，“北瓜，一名金瓜。又名京瓜，形似南瓜而秀，色金红……可供玩具”[11]“金瓜，色美足供玩好，不可食，体扁圆而赤，亦名北瓜”[12]，指的是观赏南瓜。“南瓜，俗名番瓜、胡瓜，一种形长者又名北瓜”[13]“南瓜……又有形长而色白者曰北瓜”[14]，指的是南瓜或笋瓜。“南瓜……俗名北瓜，一名倭瓜，其子炒食极香”[15]专指南瓜。“子瓜，一名北瓜，形如西瓜

---

[1] 嘉庆二十二年(1817)《定边县志》卷五《物产》。
[2] 乾隆五十三年(1788)《华阴县志》卷二《方产》。
[3] 康熙六年(1667)《咸宁县志》卷一《物产》。
[4] 乾隆五十三年(1788)《兴安府志》卷十一《土产》。
[5] 民国十年(1921)《续修南郑县志》卷五《物产》。
[6] 光绪《略阳县乡土志》卷三《物产录》。
[7] 民国三十一年(1942)《临泽县志》卷一《物产》。
[8] 民国十四年(1925)《朔方道志》卷三《物产》。
[9] 民国二十八年(1939)《古浪县志》卷六《物产》。
[10] 道光二十六年(1846)《镇原县志》卷十一《物产》。
[11] 民国三十三年(1944)《汶川县志》卷四《物产》。
[12] 民国二十二年(1933)《灌县志》卷七《物产表》。
[13] 嘉庆十六年(1811)《金堂县志》卷三《物产》。
[14] 道光二十四年(1844)《城口厅志》卷十八《物产志》。
[15] 同治十三年(1874)《会理州志》卷十《物产》。

而略小，子小于西瓜而较多味，甚长，土人每种之以取其子”[1]则指打瓜。

在云南，“金瓜，一名北瓜，秋结实，形扁圆，色赤或青”[2]，应是指南瓜。在贵州，“北瓜。大如盏。圆而扁。色红。郡人以为案头清供”[3]，当是指观赏南瓜。在广西，“北瓜”的记载寥寥无几，且只有名称而已。总之，在西南地区，“北瓜”出现频率不高，或是指南瓜或是笋瓜或是观赏南瓜或是打瓜，以南瓜和观赏南瓜居多。

东南地区。在江苏（含今天上海地区），俞文提到的冬瓜误读作“北瓜”的情况是《民国江苏通志方物考稿（中）》的编者自己的推测，民国《泗阳志》真正的记载是：“北瓜，亦云白瓜，茎叶结实亦类冬瓜，惟皮色白耳。”[4]《泗阳志》中的“北瓜”实际上是笋瓜，夏纬瑛也认为笋瓜“皮之色白者，俗亦呼为‘白南瓜’，若省去‘南’字，即是‘白瓜’，‘白瓜’可以因方言而读作‘北瓜’”[5]。“北瓜，深州记一名倭瓜，皮甚滑薄，各色纯驳不一”[6]“北瓜，状似匏瓜，色同西瓜”[7]“北瓜，似西瓜而长，皮绿瓤红”[8]可能指的是南瓜或观赏南瓜。“饭瓜，亦名北瓜，乡人煮以当饭”[9]“北瓜，形稍长蒂尖，乡人名饭瓜”[10]“南瓜……此瓜南北皆谓之北瓜……南北二瓜名称似宜互易”[11]则是指南瓜。

“北瓜，南瓜之变种，或尖嘴如桃，或白色而起疣，或瓜黄而生三白足如鼎式。”[12]“北瓜，案亦有长扁二种，色红闲翠斑可供玩，上海志亦名南瓜，娄志以为即饭瓜误。”[13]“北瓜，形小经冬色红，间翠斑甚佳，可供玩不可食。”[14]“北瓜蔓生，春种秋熟色橙黄，如扁形之南瓜而小，周围有陷下之沟棱，正圆有四趾隆起，未熟时以小刀刻其皮作画，熟则凸起，至老摘下供玩好。”[15]以上

---

[1] 嘉庆十七年(1812)《郫县志》卷四十《物产》。
[2] 民国二十三年(1934)《宣威县志稿》卷三《物产》。
[3] 咸丰四年(1854)《兴义府志》卷四十三《土产》。
[4] 民国十五年(1926)《泗阳县志》卷十九《物产》。
[5] 夏纬瑛：《植物名释札记》，北京：农业出版社，1990 年，第 269 页。
[6] 同治二年(1863)《邳志补》卷二十四《物产》。
[7] 天启六年(1626)《淮安府志》卷二《物产》。
[8] 光绪元年(1875)《通州直隶志》卷四《物产》。
[9] 光绪十一年(1885)《丹阳县志》卷二十九《风土》。
[10] 乾隆五十三年(1788)《娄县志》卷十一《食货志》。
[11] 光绪五年(1879)《丹徒县志》卷十七《物产一》。
[12] 民国《泰县志稿》卷十八《物产志》。
[13] 光绪十年(1884)《松江府续志》卷五《物产》。
[14] 民国十一年(1922)《法华乡志》卷三《土产》。
[15] 民国十九年(1930)《嘉定县续志》卷五《物产》。

均是指观赏南瓜。总之，在江苏南瓜与北瓜还是分得比较清楚的。如同记载“南瓜俗称番瓜，亦名饭瓜。似南瓜而小者名北瓜，其形微扁，色赤可玩”[1]，“北瓜”在江苏也主要指观赏南瓜。

在浙江，“南瓜，俗名北瓜”[2]。“南瓜，又名北瓜，形长圆或扁圆，嫩时色绿老则朱红，俗人晒干以制酱豉。”[3]“南瓜，其形如小盒，皮粗绉，色朱者曰北瓜。”[4]以上均为南瓜。“南瓜……其皮色碧绿而光圆者名北瓜，结实胜土瓜，一本得十余颗”[5]，或为南瓜或笋瓜。光绪《定海厅志》的记载“北瓜，形如南瓜而小，色赤，人不食之（新纂），又一种形如西瓜，味甘美，亦名北瓜，盖西瓜之别种也（群芳谱）”[6]是俞文引用的史料，但是原文标出是转引自《群芳谱》，所以无法说明是西瓜的别种。“北瓜，湖雅曰金瓜即北瓜，形如番瓜而扁赤黄色，盆供为玩，颇耐久，不可食。按《群芳谱》所谓形如西瓜味甚甘美者，恐非今之北瓜。”[7]“北瓜，仅可供品，不可食。”[8]类似记载在浙江还有很多，说明浙江“北瓜”也主要指观赏南瓜。

在福建、台湾，“番瓜，种出南番，故名番瓜，又名南瓜。形如壶卢者，名北瓜。黄色者，又名金瓜”[9]。按记载所说“北瓜”只是壶卢形南瓜。广东、海南方志中没有出现过“北瓜”，但却出现了“朱瓜”（指观赏南瓜），这里不再赘述。总之，东南地区的“北瓜”以作为观赏南瓜的代称为主。

中南地区。在湖北，“金瓜即北瓜，可为盆玩，最耐久，不堪食”[10]“北瓜即金瓜，可作供玩”[11]即指观赏南瓜。“南瓜俗呼北瓜”[12]“南瓜，一呼北瓜”[13]则指南瓜。在湖南，“南瓜，湘潭株洲产最多，俗又呼为北瓜”[14]“南瓜，

---

〔1〕 光绪八年(1882)《宜兴荆溪县新志》卷一《物产记》。
〔2〕 道光八年(1828)《建德县志》卷五《物产志》。
〔3〕 民国十九年(1930)《遂安县志》卷三《物产》。
〔4〕 嘉庆七年(1802)《义乌县志》卷十九《土物》。
〔5〕 民国十六年(1927)《象山县志》卷十二《物产考》。
〔6〕 光绪十一年(1885)《定海厅志》卷二十四《物产志》。
〔7〕 光绪十七年(1891)《上虞县志》卷二十八《物产》。
〔8〕 民国二十四年(1935)《萧山县志稿》卷一《物产》。
〔9〕 乾隆三十一年(1766)《澎湖纪略》卷八《土产纪》。
〔10〕 光绪十一年(1885)《武昌县志》卷三《物产》。
〔11〕 光绪二十(1894)《沔阳州志》卷四《物产》。
〔12〕 同治五年(1866)《崇阳县志》卷四《物产》。
〔13〕 道光二年(1822)《鹤峰州志》卷七《物产志》。
〔14〕 乾隆二十二年(1757)《湖南通志》卷五十《物产》。

即北瓜,有数种"[1]"南瓜,本草四月生苗,结瓜肉厚色黄,俗一名北瓜"[2]"南瓜,宜圃作架,又名北瓜,二月种早夏食,迟秋嫩食,老红者重二三十斤,种者多"[3]指的均是南瓜。最奇特的是嘉庆《善化县志》的记载:"有出自闽粤者曰番薯,一名北瓜,有红白二种。"[4]"北瓜,(通考)北瓜形如西瓜而小,皮白甚薄,瓤甚红,亦西瓜别种也"[5]"西瓜,一种色白皮薄名北瓜"[6]可能指的是南瓜或打瓜。"道州有金瓜,永明江华谓之北瓜,仅供把玩"[7]指的是观赏南瓜。

在江西,"南瓜,亦名北瓜,一名倭瓜"[8]。"倭瓜,俗呼北瓜,亦呼南瓜,圆扁有棱,老而微黄,形色皆似金瓜,大者重十余斤。"[9]"南瓜,俗呼北瓜,又名番瓠,种出南番,转入闽浙,今处处有之。"[10]"南瓜,黄色亦名北瓜。"[11]总之"南瓜,一名北瓜"[12]的情况在江西较多。个别情况如"北瓜,一名金瓜,可玩不可食"[13]指的是观赏南瓜。

在安徽,"北瓜。南瓜安庆呼为北瓜,按,南瓜以出于南番故名,今呼为北瓜,殊失其本矣,青阳亦呼为北瓜,北读如笔"[14]。"南瓜,望邑亦呼北瓜。"[15]"南瓜,俗呼北瓜,有二种,一种老则起棱,一种无棱。"[16]"倭瓜黟人谓之北瓜,而北人谓之南瓜。"[17]"北瓜,俗名窝瓜,可煮食,形类南瓜,县地园圃及瓜地棉花芝麻地皆杂种之,其收甚丰,为农人重要食品。"[18]以上同样主指南

---

〔1〕嘉庆二十二年(1817)《慈利县志》卷二《物产》。
〔2〕光绪元年(1875)《龙阳县志》卷十《物产》。
〔3〕民国二十年(1931)《嘉禾县志》卷十六《农产物表》。
〔4〕嘉庆二十三年(1818)《善化县志》卷二十三《物产》。
〔5〕嘉庆十八年(1813)《常德府志》卷十八《物产考》。
〔6〕光绪六年(1880)《湘阴县图志》卷二十五《物产志》。
〔7〕道光八年(1828)《永州府志》卷七《物产》。
〔8〕同治十一年(1872)《上饶县志》卷十《土产》。
〔9〕光绪三十三年(1907)《南昌县志》卷五十六《风土志》。
〔10〕同治十三年(1874)《永丰县志》卷五《物产》。
〔11〕乾隆十七年(1752)《南城县志》卷一《物产》。
〔12〕同治十年(1871)《峡江县志》卷一《物产》。
〔13〕同治十二年(1873)《崇仁县志》卷一《土产》。
〔14〕民国二十三年(1934)《安徽通志稿·方言考》卷三《释植物》。
〔15〕乾隆三十三年(1768)《望江县志》卷二《物产》。
〔16〕民国二十六年(1937)《歙县志》卷三《物产》。
〔17〕嘉庆十七(1812)年《黟县志》卷三《物产》。
〔18〕民国十五年(1926)《涡阳县志》卷八《物产》。

瓜。“北瓜,即番瓜也,皮似南瓜,有圆长二种”[1]“番瓜,红黄色者名南瓜,青绿色者名北瓜”[2]当指南瓜或笋瓜。

二、“北瓜”的诞生及主指南瓜的原因

根据“北瓜”在古籍中的记载情况,“北瓜”在全国大部分地区尤其是北方地区都是南瓜的别称;作为观赏南瓜的记载也较多,主要集中在东南地区;其次是作为笋瓜别称,作为打瓜的情况相对较少。总之,“北瓜”可以看作南瓜属的代名词。那么“北瓜”一词是如何诞生的?出现这种情况的原因是什么?

我国瓜类品种颇多,既有源自本土的也有从域外引进的,无论是何种瓜,其名称一般都是在“瓜”字前加上一个修饰词构成,所以比较容易引起混淆。当然,瓜类如此之多,名称并非杂乱无章,有一定的规律可循,如在引种之初,往往按照引入地域的方位进行命名。《本草纲目》载“南瓜,种出南番”[3],这是指出南瓜来自南番的最早记载,《清稗类钞》也载“其种本出南番,故名南瓜”[4]。西瓜传入中国内地大概是在五代(907—960)时期,最早记载在《新五代史·四夷附录》中:“胡峤入契丹……隧入平川,多草木,始食西瓜,云契丹破回纥得此种,以牛粪覆棚而种,大如中国冬瓜而味甘。”以其来自西域而命名。冬瓜的称谓始见于三世纪魏人张揖的《广雅》:“冬瓜经霜后,皮上白如粉涂;其子亦白,故名白冬瓜。”或是冬瓜的名称由来。

我国的瓜类除了南瓜、西瓜,还有丝瓜、黄瓜等多数瓜类都是从域外引入,新引进的瓜类,新的名称必不可少,新的名称一般从旧名称里脱胎而来,但不同地区往往给出的名称不同,因为各种原因又难以统一,久而久之,很容易产生同物异名和同名异物的现象。游修龄认为这种现象的产生主要有四个方面的原因:古籍记载造成的分歧、时代差异形成的分歧、地域差异导致的分歧和西学东渐引起的分歧[5]。“北瓜”就是一个十分典型的同名异物的现象。

北瓜,顾名思义,就是说来自北方的瓜,而我国历史上的政治文化中心多

---

〔1〕 光绪二十一年(1895)《亳州志》卷六《物产》。

〔2〕 道光七年(1827)《桐城续修县志》卷二十二《物产志》。

〔3〕 (明)李时珍著,张志斌等校注:《〈本草纲目〉校注》,沈阳:辽海出版社,2001 年,第 1029 页。

〔4〕 (清)徐珂:《清稗类钞》,上海:商务印书馆,1928 年,第 27 页。

〔5〕 游修龄:《农作物异名同物和同名异物的思考》,《古今农业》,2011 年第 3 期。

是在中原地区，即使经济中心南移之后，我国的政治文化中心也依然在华北地区，那么又是什么原因造成今天"北瓜"名实混乱的现象？笔者认为，正是因为古人想要强出一"北瓜"之名，所以才将一些不太认识的瓜命名为"北瓜"，但是瓜类品种多样，即使一种瓜多样性也是很突出的。以南瓜为例，南瓜拥有丰富的基因库，果实的形状或长圆，或扁圆，或如葫芦状，果皮的色泽或绿或墨绿或红黄，所以古人将南瓜命名为"北瓜"时，并不知其实它已有正名，打瓜等亦是如此；加之古代不同地域间的沟通十分不便，信息交流受到限制，尚无科学的分类法和鉴别法，等人们发现命名错误的时候，观念已经根深蒂固，干脆沿用错误的名称，将错就错，所以在方志中才会出现"北瓜"所指五花八门的现象。

至于"北瓜"主指南瓜，则是因为南瓜至迟在15世纪初叶引种到中国，相对较晚，而且因为知识和时代局限，人们并不知道南瓜是从美洲辗转经欧洲人之手首先传入东南沿海，也就造成了不知南瓜来源于何处的问题，正如《三农纪》载："南人呼南瓜，北人呼北瓜。"[1]也正是由于南瓜传入较晚，"北瓜"才会与南瓜相混淆，因此"南瓜"这个名称在民间的认知度远没有较早传入中国的瓜类（如西瓜）高，其他瓜类名称已基本定型，除非是特殊的新品种（如打瓜），但是南瓜传入中国之后，推广速度很快，作为菜粮兼用的作物影响又很大，迫切需要一个新的名称，在"南瓜"一词大众认知度不高的情况下，"北瓜"自然应运而生。事实上，"北瓜"这个词本身产生时间也确实较晚，古之未有，笔者查阅"北瓜"一词出现的最早时间是在嘉靖四十三年（1564）《临山卫志》，几乎和"南瓜"一词同时出现，而且并不普及，正如乾隆（河北）《宝坻县志》载"瓜之属以四方分，目之为东为西为南，惟无北"[2]，甚至道光（广西）《武缘县志》载"北瓜今未之闻"[3]。

第三节　南瓜属作物与南瓜品种资源

全世界的南瓜属作物，栽培南瓜及其野生近缘种共27个，栽培种有5个，即南瓜（*Cucurbita moschata* Duch.，中国南瓜）、笋瓜（*Cucurbita maxima*

〔1〕（清）张宗法著，邹介正等校释：《三农纪校释》，北京：中国农业出版社，1989年，第296页。

〔2〕乾隆十年（1745）《宝坻县志》卷七《物产》。

〔3〕道光二十四年（1844）《武缘县志》卷三《物产》。

Duch. ex Lam.，印度南瓜）、西葫芦（*Cucurbita pepo* L.，美洲南瓜）、墨西哥南瓜（*Cucurbita* mixta.）和黑籽南瓜（*Cucurbita ficifolia*），引入我国的主要是前三个，栽培面积依次减少，墨西哥南瓜和黑籽南瓜一般也不作为蔬菜。一般广义上的南瓜是指南瓜、笋瓜和西葫芦，狭义的南瓜则专指中国南瓜，除了本研究，我们日常所指的南瓜也均是狭义的南瓜。南瓜的品种资源也是南瓜属作物中最为丰富的。

一、南瓜与笋瓜、西葫芦

南瓜拥有丰富的基因库，果实形状、大小、品质各异，果色缤纷多彩，生物多样性极其突出，即使是南瓜的不同品种，也有人当成不同的瓜类，如"南瓜""番瓜""倭瓜""北瓜"等名称在方志中并列出现的情况就是如此。历史上南瓜与其他南瓜属作物也容易引起混淆，尤其是南瓜与笋瓜不但外表相似，而且二者在生长发育、栽培技术、病虫害防治等方面也很类似，其他很多共同点，可见《中国作物及其野生近缘植物》把南瓜和笋瓜放到一章的介绍[1]。要区分二者，可从茎、叶、花、果蒂、种子等角度出发，但是，受知识和时代的局限，虽多数人可以区分二者，但仍有部分不能区分，比较典型的现象就是"北瓜"这一称谓的指代问题。

中国地大物博，地域差异明显，"北瓜"在不同地区指代不同的瓜类，总体来说以南瓜和笋瓜为主，如清代四川农学家张宗法在《三农纪》中载"南人呼南瓜，北人呼北瓜"[2]，这是"北人"误以为南瓜自北传来，称呼南瓜为"北瓜"；"北瓜"指笋瓜的情况较南瓜稍少，如陕西"北瓜，皮、瓤、子俱白，味甘美"[3]，夏纬瑛分析将笋瓜称为"北瓜"的原因是笋瓜"皮之色白者，俗亦呼为'白南瓜'，若省去'南'字，即是'白瓜'，'白瓜'可以因方言而读作'北瓜'"[4]。即使到了民国时期，在民间将南瓜称为"北瓜"的现象依然广泛存在，齐如山在《华北的农村》的"北瓜"条目中说"北瓜亦曰倭瓜，古人称之为南瓜，乡间则普通名曰北瓜"[5]，结合下文大篇幅的记述可知确实是南瓜；紧接

---

〔1〕 朱德蔚，王德槟，李锡香：《中国作物及其野生近缘植物·蔬菜作物卷》，北京：中国农业出版社，2008年，第463页。

〔2〕 (清)张宗法著，邹介正等校释：《三农纪校释》，北京：农业出版社，1989年，第296页。

〔3〕 嘉庆二十二年(1817)《定边县志》卷五《物产》。

〔4〕 夏纬瑛：《植物名释札记》，北京：农业出版社，1990年，第269页。

〔5〕 齐如山：《华北的农村》，沈阳：辽宁教育出版社，2007年，第236页。

着在“南瓜”条目的介绍中说：“南瓜也是很普通的蔬菜，不过比北瓜就差远了……普通南瓜亦曰白南瓜，形圆而微长，亦有长圆者，约长尺余，茎则不过七八寸，皮与肉都是白的……”[1]，说的分明是笋瓜了。西葫芦虽然不容易同南瓜或笋瓜混淆，但也具有南瓜属作物的共性——别称、代称较多，称谓复杂。总之，南瓜属作物从明清引种和本土化以来，由于我国未建立起科学的分类标准，容易引起混淆，存在称谓混乱、名实混杂以及正名与别称长期共存的现象。

我国建立起南瓜属的科学分类标准始于 1936 年，浙江大学教授、园艺学奠基人吴耕民依据法国植物学家那典(Charles Naudin)的分类意见，将南瓜属的三个主要栽培种命名为中国南瓜、印度南瓜和美洲南瓜。[2] 当初划分的依据是三者分别原产于亚洲南部、印度和北美，现在看来，中国、印度和美国都不是南瓜属任何一种作物的起源中心，而且这种命名方式不利于正确认识南瓜的起源，容易引起误解，不是十分科学，但在当时是我国第一次对南瓜属作物进行科学的划分，具有巨大的进步意义，而且影响深远，直至今天“中国南瓜”“印度南瓜”和“美洲南瓜”也依然在使用，如台湾出版的著作中，主要沿用中国南瓜、印度南瓜、美洲南瓜的称谓。笔者参编即将出版的《南瓜学》一书，编委会也曾就该问题展开激烈讨论，由于中国南瓜、印度南瓜和美洲南瓜一说相沿成习，所以即使在专业群体中也有相当多的拥趸，所幸，最后采用南瓜、笋瓜、西葫芦的称谓，可谓一改往日窠臼，正本清源。

新中国成立之后，无论是学术界还是在民间，对南瓜属的不同作物认识更加深化。但是，长期以来，尤其是在 21 世纪之前，笋瓜、西葫芦习惯笼统地被归于“南瓜”中。如《中国大百科全书·农业》对南瓜的表述就是，栽培南瓜包括三个种，中国南瓜、笋瓜、西葫芦，将三者统一在“南瓜”下阐述。[3] 同样，《中国蔬菜栽培学》第一版中的第 16 章《瓜类栽培》共 12 节，分别是黄瓜、冬瓜、节瓜、南瓜、西瓜、甜瓜、越瓜和菜瓜、丝瓜、苦瓜、瓠瓜、佛手瓜、蛇瓜，这 12 节的 13 种瓜类，多是只涉及分类学中的一个种，甚至小到变种，却把南瓜

---

〔1〕 齐如山：《华北的农村》，沈阳：辽宁教育出版社，2007 年，第 238－239 页。

〔2〕 吴耕民：《蔬菜园艺学》，北京：中国农业书社，1936 年，第 552－566 页。

〔3〕 中国大百科全书总编辑委员会《农业》编辑委员会：《中国大百科全书·农业》，北京：中国大百科全书出版社，1990 年，第 713 页。

属三个十分普遍和常见的栽培种,放置在一节中介绍。[1] 这种情况很多,可见南瓜属作物的学术地位较低,它既比不上甜瓜属的黄瓜、甜瓜、越瓜及菜瓜,也比不上冬瓜属的冬瓜和节瓜。[2]

当然,南瓜与任何蔬菜相比都绝不逊色,只是有一个逐渐被发掘的过程。随着人们食物结构的改善和对南瓜属作物保健价值、营养成分研究的深入,南瓜产业在20世纪90年代以来迅速发展,无论是南瓜属作物的生产地位还是学术地位都有较大的提高,21世纪以来很多关于南瓜属的专业著作,都将南瓜、笋瓜、西葫芦并列成节,不再统一于"南瓜"下阐述。今天,我们日常生活、饮食习惯所指的南瓜也均为中国南瓜,与笋瓜、西葫芦相区别,一般人也并不知道笋瓜、西葫芦与南瓜千丝万缕的联系,除了一些南瓜、笋瓜的特殊品种,一般也不会互相混淆。

表2-2 南瓜属主要栽培种的鉴定特征

	南瓜	笋瓜	西葫芦
茎蔓	中等硬、细,茎五棱	软、粗,近圆形	硬,有棱沟
叶	叶浅裂或五角形,叶脉分叉处有白斑、有柔毛	叶浅裂,圆或心形,无白斑,有中等长刺毛	叶裂深,卵形,无白斑,背有刺毛
花	花冠裂片大、展开,雄蕊细长	花冠裂片外垂,雄蕊粗短	花冠裂片狭长,雄蕊粗短
果梗	硬、细长、有棱,基部膨大,呈五角形	软、圆筒状,草质,不膨大	硬、短,基部稍膨大,有棱
果肉	细或有胶质纤维	细	粗
种脐	钝,稍对称	尖,对称	钝,对称
种缘	隆起,色较暗,钝	光滑,色与种面同,钝	光滑,有窄边,钝
用途	嫩果、熟果、种子供食	嫩、熟果供食,种子可食	嫩、熟果供食,种子可食

资料来源:林德佩:《南瓜植物的起源和分类》,《中国西瓜甜瓜》,2000年第1期。

---

〔1〕 中国农业科学院蔬菜研究所:《中国蔬菜栽培学》,北京:农业出版社,1987年,第572-580页。

〔2〕 刘宜生,王长林,王迎杰:《关于统一南瓜属栽培种中文名称的建议》,《中国蔬菜》,2007年第5期。

关于南瓜、笋瓜、西葫芦具体的区分、鉴别特征，最直接的办法是从果实外表区分，但因南瓜属作物广泛的地理分布、自然进化和人工选育，拥有了蔬菜中最丰富的基因库。以南瓜为例，多样性显著，包括植株形态多样性，有长蔓、短蔓和矮生类型；生育期多样性，既有早熟、中熟又有晚熟类型；果实大小多样性，如大的果实重达数百公斤，小的仅几十克；果实形状多样性，有球形、扁圆形、葫芦形、椭圆形等；果实颜色多样性，有红色、白色、黄色、绿色、复色。因此，要区分南瓜属作物，最有把握的方式应是从其他方面入手。简单来说，南瓜的花萼裂片条形，上部扩大成叶状，瓜蒂明显扩大成喇叭状，种子灰白色，边缘薄；笋瓜的叶片呈肾形或圆形，近全缘或仅具细锯齿，花萼裂片披针形，果柄不具棱或槽，瓜蒂不扩大或稍膨大，种子边缘钝或多少拱起；西葫芦的叶片呈三角形或卵状三角形，不规则的 5—7 浅裂，花萼裂片条状披针形，果柄有强烈的棱沟，瓜蒂变粗或稍扩大，但不成喇叭状，种子边缘拱起而钝。〔1〕 果柄形状、长短及基座形态是区分南瓜、笋瓜、西葫芦的重要依据。具体来说，详见表 2－2。

本书主要研究的就是中国南瓜史。下面简要叙述下笋瓜史和西葫芦史。根据考古发掘，南瓜属作物均起源于美洲。南美洲的秘鲁南部、玻利维亚、智利北部和阿根廷北部，尤其以科迪勒拉山脉东坡为中心，是笋瓜的起源中心。〔2〕 在秘鲁圣・里约哈纳斯（San Nioholas）遗址出土的笋瓜残片不早于公元前 1800 年。〔3〕 在前哥伦布时代，赤道以北没有笋瓜栽培。南瓜、笋瓜与玉米、菜豆是印第安农业的四大姊妹作物，16 世纪的欧洲旅行者报告说，印第安人的农田里到处都栽培着这四种主要的作物。〔4〕 哥伦布发现新大陆之后，逐渐引种到欧洲和北美。1863 年笋瓜由美国引入日本。〔5〕

北美洲西南部和墨西哥西北部，则是西葫芦的原产地。于墨西哥的塔毛利帕斯州（Tamaulipas）的洞窟内发现数粒公元前 7000—公元前 5500 年的西

〔1〕 中国农业科学院蔬菜花卉研究所：《中国蔬菜栽培学》第二版，北京：农业出版社，2010 年，第 616－617 页。

〔2〕 (日)星川清亲著，段传德等译：《栽培植物的起源与传播》，郑州：河南科学技术出版社，1981 年，第 69 页。

〔3〕 林德佩：《南瓜植物的起源和分类》，《中国西瓜甜瓜》，2000 年第 1 期。

〔4〕 MacCallum A C: Pumpkin, Pumpkin!: Lore, History, Outlandish Facts and Good Eating, Heather Foundation, 1986: 12.

〔5〕 (日)星川清亲著，段传德等译：《栽培植物的起源与传播》，郑州：河南科学技术出版社，1981 年，第 69 页。

葫芦的种子;其后,还出土了公元100—760年的西葫芦的果柄,表明在哥伦布发现新大陆之前,西葫芦已在墨西哥北部到美国的西南部广泛栽培了。[1]西葫芦于16世纪传入英国,然后从东欧传入亚洲。[2]无论是笋瓜还是西葫芦,在我国清代以前的古籍中均未见记载,说明笋瓜、西葫芦传入我国时间较晚,应该晚于嘉靖年间传入我国的南瓜,有人认为笋瓜引种至我国的时间大约在清中叶以后,西葫芦的最早记载见于康熙年间(1662—1722)纂修的陕西、山西等省的地方志[3];还有人认为西葫芦大概在16世纪从福建、浙江传入我国[4]。

南瓜传入我国以东南海路为主,笋瓜也有可能首先传入我国的东南沿海一带,然后在内陆推广。笋瓜传入伊始,因与南瓜性状相似,因此有可能统一被称为"南瓜",或与南瓜的重要别称"番瓜""金瓜"混淆,因此在明代古籍中难觅踪迹,东南沿海诸省的方志也未见记载,后来随着人工培育、自然选择,逐渐从"南瓜"中分化出来并为人们所重视,演变出了新的名称"笋瓜"。古籍中对笋瓜的最早记载见于乾隆(河北)《大名县志》:"南瓜、笋瓜"[5],称之为笋瓜的原因是"笋瓜,味如竹笋,故名"[6],"笋瓜,生白熟黄,滑脆,味如斑竹笋"[7]。笋瓜19世纪以来在全国普遍栽培,主要集中在华北、东北、西北、中南、西南。

其实,西葫芦最早记载于顺治(山西)《云中郡志》:"南瓜、西瓠"[8],西葫芦与葫芦科葫芦属的瓠子非常相似,今天在河北一带的某些地区,"瓠瓜"还在专指西葫芦,因此"西瓠"或"西葫芦"被认为是从西方传入的瓠子,"西葫芦,一名西番葫芦,形长圆,有斑色,幼为菜,老则壳硬,瓤为黄,丝甚甘美"[9],因此西葫芦有可能从西北陆路传入。事实上,西葫芦在清代在西北诸省栽培较早,也比较集中,康熙(山西)《朔州志》、雍正(山西)《阳高县志》等

---

〔1〕 刘宜生:《西葫芦史话》,《中国瓜菜》,2008年第1期。

〔2〕 (日)星川清亲著,段传德等译:《栽培植物的起源与传播》,郑州:河南科学技术出版社,1981年,第69页。

〔3〕 中国农业百科全书总编辑委员会农业历史卷编辑委员会,中国农业百科全书编辑部:《中国农业百科全书·农业历史卷》,北京:农业出版社,1995年,第221页。

〔4〕 刘宜生:《西葫芦史话》,《中国瓜菜》,2008年第1期。

〔5〕 乾隆五十四年(1789)《大名县志》卷二十《风土志》。

〔6〕 民国十二年(1923)《枣阳县志》卷六《物产》。

〔7〕 民国二十一年(1932)《万源县志》卷三《物产》。

〔8〕 顺治九年(1652)《云中郡志》卷四《物产》。

〔9〕 民国十八年(1929)《横山县志》卷三《物产志》。

对西葫芦的记载在全国均较早。19 世纪中期西葫芦开始有较大面积的种植，以清末民国时期的东北地区为最，还主要分布在华北、西北、西南地区，西葫芦的变种搅瓜（绞瓜、角瓜）也推广得十分普遍，除西北外，在东北、华北、华东以及西南各省均有栽培。

笋瓜在古籍中的称谓除了前文所述的"北瓜""白瓜""白南瓜"之外，还有"玉瓜""损瓜"等。"玉瓜"一称，主要流行在东北地区，最早见于乾隆三十年（1765）成书的《本草纲目拾遗》，对"玉瓜"的性状、栽培、利用进行了较为全面的阐述[1]。"损瓜"疑似是"笋瓜"的谐音，见于宣统时人薛宝辰的《素食说略》："陕西名曰损瓜"[2]。因笋瓜果实如圆筒状，得到"筒瓜"的称谓。笋瓜是南瓜属作物中个体最大的一种，笋瓜拉丁学名的种加词 maxima 就是"最大的"的意思，故我国内蒙古省会呼和浩特直呼其为"大瓜"。[3] 笋瓜在今天又被称为"西洋南瓜"，其肇始便是其早期的称呼"洋瓜""西洋瓜"，"北瓜，俗名麦子瓜，味与西瓜同而形较小，皮有青绿二色，甚薄，瓤似朱砂子如麦粒。或谓其种自西洋来，故又名洋瓜。谨案。钦定续通志：北瓜形如西瓜而小，皮薄瓤红，子亦如西瓜微小狭长，味甘美"[4]。笋瓜已有别称"玉瓜""笋瓜"，又引申为了"白玉瓜""白笋瓜"。

西葫芦（西壶芦）早期的别称除了"西瓠"外，还有"中瓜""北瓜"，尤其在山西，"中瓜，平定谓之东瓜，或称北瓜，太原谓之西葫芦，有圆长之别"[5]。陕西有"西番葫芦"一称，"西番葫芦，长圆形，青麻色，春种至七月间可为羹"[6]。《植物名实图考》对"水壶卢"进行了详细介绍，根据描述应该是西葫芦[7]，光绪《山西通志》转引了《植物名实图考》的内容，后宣统《文水县乡土志》又载"西壶芦，疑即《山西通志》所谓水壶芦，大体似南瓜而结实较早，形长圆宜烹饪"[8]。西葫芦的变种搅丝瓜十分著名，多称"搅瓜"，"搅瓜，又名搅

---

〔1〕（清）赵学敏：《本草纲目拾遗》卷八《诸蔬部》，北京：人民卫生出版社，1963 年，第 345 页。

〔2〕（清）薛宝辰：《素食说略》卷二，北京：中国商业出版社，1984 年，第 28 页。

〔3〕张平真：《中国蔬菜名称考释》，北京：北京燕山出版社，2006 年，第 157 页。

〔4〕光绪十八年（1892）《皋兰县志》卷十一《物产》。

〔5〕光绪八年（1882）《寿阳县志》卷十《物产》。

〔6〕民国三十三年（1944）《米脂县志》卷七《物产志》。

〔7〕（清）吴其濬：《植物名实图考》卷六《蔬类》，北京：商务印书馆，1957 年，第 135 页。

〔8〕宣统元年（1909）《文水县乡土志》卷八《格政类》。

丝瓜，形似玉瓜，瓤有细丝，可盐渍食之”[1]。因为搅丝瓜“瓜长尺余，色黄，瓤亦淡黄，自然成丝，宛如刀切，以箸搅取，油盐调食，味似撇蓝”[2]，所以在民间素有“面条瓜”“天然粉丝”“素海蜇”“植物海蜇”等称呼[3]。“绞瓜”“角瓜”是“搅瓜”的音转，方志中均有记载。今天多称其为“金丝瓜”或简称为“金瓜”，雍正《郿县志》载“搅瓜，一名金丝瓜”[4]，是“金丝瓜”一名最早的记载。

二、南瓜的品种资源

南瓜包括两个变种：圆南瓜和长南瓜。圆南瓜（*Cucurbita moschata* var. *melonaeformis* Bailey），果实扁圆或圆形，表皮多具纵沟或瘤状突起，浓绿色，具黄色斑纹，如甘肃的磨盘南瓜、广东的盒瓜、湖北的柿饼南瓜、山西的太谷南瓜和榆次南瓜、台湾的木瓜形南瓜等；长南瓜（*Cucurbita moschata* var. *toonas* Makino），果实长形，头部膨大，果皮绿色有黄色花纹，如浙江的十姐妹南瓜、上海的黄狼南瓜、山东的长南瓜、江苏的牛腿番瓜、太原的长把南瓜等。[5] 变种类型不够丰富，多少与我国不是原产地有所关联，特别是抗病的野生种质资源比较缺乏。

《中国蔬菜品种志》中对南瓜的品种按果形分类为扁圆类型南瓜、长圆类型南瓜和长筒类型南瓜，收录了 120 个优质品种。南瓜品种极其丰富，品种间性状差异明显，仅就果实形状而言，大型南瓜可重达数百公斤，小型南瓜则不足 100 克，差异可见一斑。因此有学者指出就“多样性”而论，南瓜族群堪称“多样性之最”[6]。

---

〔1〕 民国二十年(1931)《东丰县志》卷一《物产》。

〔2〕 (清)吴其濬：《植物名实图考》卷六《蔬类》，北京：商务印书馆，1957 年，第 134 页。

〔3〕 张平真：《中国蔬菜名称考释》，北京：北京燕山出版社，2006 年，第 157 页。

〔4〕 雍正十一年(1733)《郿县志》卷一《物产》。

〔5〕 中国农业科学院蔬菜花卉研究所：《中国蔬菜栽培学》第二版，北京：中国农业出版社，2010 年，第 649 页。

〔6〕 王鸣：《南瓜属——多样性(diversity)之最》，《中国西瓜甜瓜》，2002 年第 3 期。

表 2-3　南瓜的主要品种资源一览表

南瓜果形	南瓜品种
扁圆形类型（66种）	延边倭瓜（青倭瓜、红倭瓜）、内蒙古八棱倭瓜、内蒙古黑糊瓜、炩瓜、北京柿饼南瓜、北京大磨盘南瓜、矮生南瓜（无蔓南瓜）、天津小磨盘南瓜、天津大磨盘南瓜、河北大磨盘（秋不老）、河北圆北瓜、河北十八棱北瓜、洪洞北瓜、绛县南瓜、侯马南瓜、濉溪磨盘南瓜（风南瓜、甜南瓜）、安徽癞皮南瓜（癞子南瓜）、上海盒盘南瓜（柿子南瓜）、枣庄南瓜、大粒裸仁南瓜、林县南瓜、绥德府瓜、中牟花头南瓜（柿饼南瓜）、靖边小南瓜、米脂小糖瓜、银川八瓣南瓜、银川深橘红面瓜、兰州南瓜、圆卡瓦南瓜、镇江癞猴子南瓜、南京磨盘南瓜、浙江麻皮南瓜（黄山南瓜、麻疯金瓜）、浙江五瓣南瓜、南城缩西南瓜（癞南瓜）、浙江七叶南瓜（早南瓜）、萍乡大南瓜、慈利七叶早南瓜、南平花皮南瓜、福州七叶瓜、枋湖南瓜、广州盒瓜、海口南瓜（海口盒瓜）、南昌铁皮南瓜、临湘脚盆南瓜、湖北柿饼南瓜、沅陵五月南瓜、莆田癞子南瓜（珍珠瓜）、融安大南瓜（脚盆南瓜）、桂平砧板南瓜、梧州早南瓜、宜宾大青南瓜、乐山瓣瓣南瓜、南充水南瓜、遂宁大癞子、攀枝花柿饼南瓜、宜宾五叶子（菜南瓜）、重庆癞子南瓜、遵义茅盖瓜、易门姜饼瓜（荷叶瓜）、昆明小毛瓜（七叶瓜、早南瓜）、晋宁大癞瓜、重庆白南瓜、重庆迟花南瓜、雷山大南瓜、贵州磨盘瓜、贵州柿饼瓜（饼子瓜）
长圆形类型（29种）	和顺南瓜、杞县枕头南瓜、商南瓢瓜、宁陕长南瓜、商南牛腿瓜、白河榛盆瓜、紫阳牛蹄瓜、淮北倭头南瓜、常熟饲料南瓜、赣榆猪头番瓜、天水绿皮南瓜、哈密包子葫芦、上海橄榄南瓜、上海圆南瓜、上饶七叶南瓜、海盐石墩南瓜（结对南瓜）、广州饭瓜、儋县小南瓜、文昌球形南瓜、大竹帽顶南瓜、重庆枕头南瓜、自贡白花菜南瓜、西藏南瓜、贵州小青瓜、九江轿顶南瓜、株洲甑皮南瓜、大悟团南瓜、闽清酒坛瓜（酒坛金瓜）、蜜枣南瓜
长筒形类型（25种）	本溪黄牛腿、内蒙古神仙拐、内蒙古黑皮倭瓜、秦皇岛骆驼脖、烟台白方瓜、狗伸腰南瓜、腻南瓜、北京骆驼脖（象鼻子）、天津回头望南瓜、石家庄雁脖北瓜（鹅脖北瓜）、平利增棚南瓜、宁夏烟脖子南瓜、淮北黄皮吊南瓜（象脚吊南瓜）、淮北狗伸腰（狗睡觉）、淮北叶儿三南瓜、东海草番瓜、靖江青皮吊瓜、黄狼南瓜（小匣南瓜）、澄海狗腿南瓜、广州牛腿南瓜（棚瓜）、龙州糯米南瓜、十姐妹南瓜（长南瓜）、宁波牛腿南瓜、沙市枕头南瓜、南宁大电话瓜

资料来源：中国农业科学院蔬菜花卉研究所主编：《中国蔬菜品种志》（下卷），北京：中国农业科技出版社，2001年，第93－153页。

根据南瓜主要品种名称（表2－3），南瓜在各地的称谓情况可略见一斑。如南瓜在东北地区主要被称为“倭瓜”；“北瓜”是南瓜在北方地区，尤其是华北地区的重要别称，结合方志的记载以及相关学者的研究，都证明结论确是如此。

又如，明清民国时期方志中记载的一些瓜类名称，如“癞瓜”，仅从这个词不能轻易判断是何种瓜，虽然苦瓜多称“癞瓜”，但是南瓜的一些品种，如“安徽癞皮南瓜”（癞子南瓜）“南城缩西南瓜”（癞南瓜）“遂宁大癞子”“重庆癞子南瓜”等，均可在方志中称为“癞瓜”，四川方志中也确实多记载“癞瓜”为南瓜，“南瓜，一名番瓜，以其来自南番也，色或红或黄或绿，皮皴泡者曰癞瓜，宜食”[1]，“南瓜，一名胡瓜，农桑通诀谓之阴瓜，其有皱纹者曰癞瓜”[2]，癞子南瓜品种集中在四川的现象在方志中得到了印证。

甚至还可结合方志中对南瓜不同品种的记载，理清该品种诞生的源头。如“盒瓜”在方志中的最早记载是在乾隆《会同县志》[3]，“盒瓜”一称只存于广东方志和海南方志，可见“盒瓜”是海南会同县（今琼海市）在清代中期培育出的南瓜新品种。同样，“闽清酒坛瓜（酒坛金瓜）”最早见于光绪十二年（1886）成书的《闽产录异》：“酒坛瓜。亦金瓜之别种，长大如坛，重六七十斤，疮、疥不宜”[4]，民国《福建通纪》又载“酒坛瓜出福州，亦金瓜之别种，长大如坛，重六七十斤”[5]，总之，“酒坛瓜”应是在清末福州一带最先产生的品种。

根据《中国蔬菜品种志》（表 2-3）中列举的主要南瓜品种资源，笔者进一步进行整理，得出表 2-4。

南瓜的优质品种，按多少次序依次是：华东地区 32 种，华北地区 24 种，西南地区 21 种，西北地区 16 种，华中地区 12 种，华南地区 13 种，东北地区 2 种。其中南瓜品种资源最丰富的地区是华东地区、华北地区和西南地区，能够反映南瓜栽培繁盛的面貌，至少在历史上南瓜栽培欣欣向荣，而且这些地区南瓜栽培历史比较悠久，经过长期的自然和人工选择，形成许多各具特色的地方品种和地方种质资源。华东地区和西南地区南瓜品种较多自是有南瓜最早传入地的原因，栽培历史在中国最为悠久；华东、华北和西南地区要么人多地少，要么可耕地不多，导致人地矛盾比较突出，南瓜作为重要的菜粮兼用救荒作物，在这些地区发挥了重要作用。

[1] 民国二十三年(1934)《华阳县志》卷三十二《物产第十一之一》。
[2] 民国二十二年(1933)《灌县志》卷七《物产表》。
[3] 乾隆三十八年(1773)《会同县志》卷二《土产》。
[4] (清)郭柏苍：《闽产录异》，长沙：岳麓书社，1986 年，第 55 页。
[5] 民国十一年(1922)《福建通纪》卷八十三《物产志》。

表 2－4　南瓜主要品种资源地区分布

单位：种

	辽宁	吉林	内蒙古	北京	山西	天津	河北	山东	河南	陕西
扁圆		1	3	2	5	2	3	1	2	3
长圆					1				1	5
长筒	1		2	1		1	2	1	2	1
总计	1	1	5	3	6	3	5	2	5	9
	宁夏	甘肃	新疆	安徽	江苏	上海	浙江	江西	湖北	湖南
扁圆	2	1	1	2	2	1	3	3	1	3
长圆		1	1	1	2	2	1	2	1	1
长筒	1			3	2	1	2		1	
总计	3	2	2	6	6	4	6	5	3	4
	福建	广东	海南	广西	四川	重庆	贵州	云南	西藏	
扁圆	4	1	1	3	6	3	4	3		
长圆	1	2	2		2	1	1		1	
长筒		2		2						
总计	5	5	3	5	8	4	5	3	1	

注：在多省推广的南瓜品种，首先将其归为其主要栽培的省份，其次是品种诞生省份。

郭文忠等认为从南瓜种质资源的分布情况来看，南瓜以华北地区最多(29.16%)，其次是西南地区(20.06%)，西北地区(17.7%)，然后是华南地区，占 16.6%，华东地区，占 13.9%，最少是东北地区，只有 1.9%。[1] 郭文忠与笔者的统计略有差异，笔者认为差异存在的主要原因一是样本容量不同，笔者参照的样本是《中国蔬菜品种志》罗列的种质资源，是 120 种目前推广较多、成效颇佳的优质种质资源，并不是全部资源，但能够反映我国南瓜栽培品种的主要情况。根据中国农业科学院蔬菜花卉研究所国家蔬菜种质资源中期库的报道，中国南瓜种质资源共有 1 114 份[2]，仅浙江就有 48 个南瓜品种[3]，这也是南瓜堪称“多样性之最”的原因之一；二是地理区划划分的不

〔1〕 郭文忠等：《南瓜的价值及抗逆栽培生理研究进展》，《长江蔬菜》，2002 年第 9 期。

〔2〕 朱德蔚，王德槟，李锡香：《中国作物及其野生近缘植物 · 蔬菜作物卷》，北京：中国农业出版社，2008 年，第 474 页。

〔3〕 张德威，曹筱芝：《浙江的南瓜品种》，《浙江农业科学》，1964 年第 5 期。

同，华中地区（河南、湖南、湖北）在郭文忠一文中并未出现，其他省份的归属亦可能与本研究存在差异。虽然如此，但总体上的趋势与笔者还是相同的。如华北地区是南瓜的主要分布区，并以此为中心向其他地区、省份延伸，这与表 2-4 所揭示的信息完全相同。

四川（包括重庆）、直隶（河北、北京、天津）是古代行政区划中南瓜品种最多的省份，分别为 12 种和 11 种，其次是江苏（包括上海），也达到 10 种。与方志中的记载情况也基本相同，河北和四川正是近代时期我国南瓜的主产区，苏南、上海在晚清以来南瓜“几无家不种”[1]，可以说最为常食。

此外，通过表 2-4 还可知我国南瓜以扁圆类型的为主，全国各地均有种植，南瓜的适应性比喜凉爽气候的笋瓜、西葫芦更强，在我国基本没有地域限制，这与日常所见是完全符合的；长圆类型的南瓜主要分布在南方地区，南方各省，甚至西藏都有栽培；长筒类型的南瓜以长江以北为主，西南地区栽培几无。南瓜三种果形均有栽培的省份是河南、陕西、安徽、江苏、上海、浙江、湖北、广东，以南方地区为主，与南瓜首先引入东南沿海一带有一定的关联。

〔1〕 民国七年(1918)《章练小志》卷二《物产》。

第三章

南瓜在中国的引种和推广

南瓜在中国的引种情况，包括引种时间和路径，第一章第二节已述，根据方志记载，南瓜在 16 世纪初期首先引种到东南沿海和西南边疆一带，作为菜粮兼用的作物迅速在全国推广。本章主要阐述南瓜在中国内部六大区（东北地区、西北地区、华北地区、东南地区、长江中游地区、西南地区）、23 个省的引种和推广情况，也就是对推广本土化作全面阐述。

南瓜在方志等史料中的最早记载时间可以在一定程度上反映出南瓜在中国的引种路线。虽然仅凭记载时间的先后，不能反映南瓜在各省间具体的推广情况，但结合一些经济、社会因素进行合理性分析，能够反映南瓜在国内的推广趋势。南瓜在中国的推广情况即以这些方志为基础。

李中清认为，随着大多数作物新品种的传播，一种以新引进的食物为底层的新的食物层次出现了，一般来说，只有那些没有办法的穷人、山里人、少数民族才吃美洲传入的粮食作物。[1] 南瓜的引种和推广或多或少也遵循这种规律。王利华认为：一个民族、一个时代用于标识某种事物的词语数量及其出现频率的高低，与该事物对社会生活的影响大小呈正比例关系。[2] 词语南瓜（包括南瓜别称）出现频率的增加，不但反映南瓜种植规模的扩大、繁

〔1〕 （美）李中清著，林文勋、秦树才译：《中国西南边疆的社会经济：1250—1850》，北京：人民出版社，2012 年，第 197 页。

〔2〕 王利华：《中古华北饮食文化的变迁》，北京：中国社会科学出版社，2000 年，第 208 页。

育品种的增加，也暗示南瓜在饮食生活中的地位不断上升。

南瓜在16世纪初叶由东南沿海和西南边疆引种到中国，在明代就完成了大部分省份的引种工作，在引种到中国的美洲作物中，南瓜可谓急先锋，不仅完全领先于辣椒等蔬菜作物，甚至比玉米等粮食作物更早地引种推广到了全国各地。入清以来南瓜在各省范围内迅速普及，就全国范围来看，华北地区为南瓜主要产区，民国以来进一步发展，逐步奠定了我国世界第一大南瓜生产国的地位。

第一节　南瓜在东北地区的引种和推广

东北地区，本研究主要指东北三省。东北三省的南瓜，多系关内的河北、山东等地的移民传入。辽宁引种得最早，在康熙十六年(1677)已见于记载，光宣年间大面积推广。黑龙江与吉林在辽宁后相继引种，但吉林推广早于黑龙江，吉林在光绪年间已经开始南瓜推广，但成效不显著，黑龙江则是凤毛麟角，吉林、黑龙江两省的南瓜推广主要从20世纪开始。移民"闯关东"对南瓜的引种和推广作出了显著的贡献。

一、南瓜在东三省的引种

南瓜在东北地区就有17种称谓。[1] 南瓜确实有多种多样的品种，"或扁圆或长圆，色有黄绿红黑之别"[2]，古人不能识别，只当是不同的瓜类，因此南瓜名称颇多。如民国《辑安县志》载："倭瓜，种传自倭，一名东瓜，皮老生自然白粉，又名白瓜，有解鸦片毒力；南瓜，形如甜瓜而扁，熟时皮红肉黄，皮极坚硬，可作小瓢；番瓜，俗呼方瓜，音之讹耳，种有迟早，实有大小，色有青黄赤白，棱则或有或无，皮则或光或癞，形则有扁有圆，有下圆上锐长头大腹诸状，亦有如枕者，茎叶似南瓜，早者七月已熟，晚者九月熟。"[3]同在一县，南瓜就记载了五种名称，同物异名现象可见一斑。但纵观东三省方志，以倭瓜名称

---

〔1〕 番瓜、窝瓜(民国《讷河县志》)，白瓜、方瓜(民国《辑安县志》)，倭窝(民国《延寿县志》)，倭瓜(民国《依兰县志》)，家窝瓜(民国《绥化县志》)，东瓜(民国《镇东县志》)，房瓜(民国《临江县志》)，北瓜(宣统《长白征存录》)，柿子瓜(民国《抚松县志》)，高丽瓜(民国《辽阳县志》)，桃瓜(民国《通化县志》)，桃南瓜(民国《潘阳县志》)，矮瓜(民国《海城县志》)，懒倭瓜、勤倭瓜(民国《开原县志》)。

〔2〕 民国十八年(1929)《开原县志》卷十《物产》。

〔3〕 民国二十年(1931)《辑安县志》卷四《物产》。

出现次数最多，其次才是南瓜，北方诸省尤其东三省距离日本较近，误以为“种传自倭”，以讹传讹，称呼其为“倭瓜”；而南方诸省距离东南亚更近，所以“出自南番”的说法更加普遍，故其名为“南瓜”。笔者的出生地黑龙江宝泉岭农场，当地居民皆呼南瓜为“倭瓜”，事实上，在东三省的今天也以“倭瓜”的称呼更加普遍。

辽宁关于南瓜最早的记载是康熙《铁岭县志》：“以瓜计者，曰黄瓜、冬瓜、西瓜、南瓜、倭瓜、甜瓜、香瓜、稍瓜、醋筒、圆黄瓜。”[1]黑龙江在嘉庆十五年(1810)成书的流人笔记中已有记载：“流人辟圃种菜，所产惟芹、芥、菘、韭、菠菜、生菜、芫荽、茄、萝卜、葡、王瓜、倭瓜、葱、蒜、秦椒。”[2]吉林在晚清始有记载，光绪《奉化县志》载“倭瓜，种出东洋”[3]。方志记载的最早时间应该是符合实际引种情况的，笔者查阅清代东北文人编撰的一些方志笔记，如《柳边纪略》《龙沙纪略》等，少有南瓜记载，可作为官方方志记载的栽培南瓜的最早时间在合理范围内的证明。

因为方志记载时间均晚于实际发生时间，所以黑龙江、吉林、辽宁三省栽培南瓜的时间分别不会晚于1810年、1885年和1677年。虽然三省南瓜最早栽培的时间相差至少有75年，但是不能推断辽宁、黑龙江、吉林的南瓜引种是逐次传播的过程，这是因为移民的空间跨越性。辽宁与黑龙江并不接壤，但黑龙江却早于吉林，显然是因为流人在嘉庆时期就直接跨越两省直达卜魁(今齐齐哈尔)，但由于当时黑龙江并未放垦，所以南瓜直到民国时期才得到推广。而且，同一作物可能经过不同的人在不同的时间多次引种到同一地区，加上移民活动的复杂性，所以黑龙江可能在嘉庆以后又多次引种南瓜。

这里还要探讨一种可能性，如前所述，黑龙江的南瓜是随着人口空间跨越直接从内地引入，但也有从俄罗斯引种的可能。黑龙江的部分蔬菜确有从俄罗斯引入的情况。如根据成书于1720年前后的《龙沙纪略》记载，结球甘蓝在18世纪从俄罗斯传入我国黑龙江省，所以当地名为老枪(羌)菜或俄罗斯菘，时人常称俄罗斯为老枪或老羌。咸丰十年(1860)的《朔方备乘》认为：“西壶之种叶密实丰自注曰老羌瓜，近日始有土人谓老羌，即俄罗斯西壶卢俗名。”[4]《朔方备乘》认为老羌瓜是南瓜属的西葫芦，既然西葫芦能从俄罗斯

---

〔1〕康熙十六年(1677)《铁岭县志》卷上《物产》。

〔2〕(清)西清：《黑龙江外记》卷八，哈尔滨：黑龙江人民出版社，1984年，第83页。

〔3〕光绪十一年(1885)《奉化县志》卷十一《志物产》。

〔4〕(清)何秋涛：《朔方备乘》卷二十九考二十三《蔬类》，台北：文海出版社，1964年，第590页。

传入中国，南瓜同样也有可能，何况“臣秋涛谨案，此瓜种出东洋，故名，异域录言托波儿[1]城、萨拉托付皆有倭瓜”[2]，《异域录》作者图理琛早在康熙年间出使俄罗斯期间就见俄罗斯的托博尔斯克（Tobolsk）与萨拉托夫（Saratov）有南瓜的生产与贩卖，因此同“老羌菜”“老羌瓜”一样从俄罗斯引入也是可能的。也就是说黑龙江一带南瓜的引种是多途径的。如果南瓜从俄罗斯引种，为什么在黑龙江多被称为“倭瓜”或“南瓜”？笔者认为一方面是因为内地南瓜产销早已欣欣向荣，即使有南瓜品种从俄罗斯引入，日用蔬菜南瓜出现在黑龙江，人们并不会觉得稀奇，仍然以内地称呼冠名南瓜；另一方面，南瓜品种多样，与西葫芦联系十分密切，很可能将南瓜与西葫芦混淆，就是说“老羌瓜”是南瓜属的总称，含义为“从俄罗斯传入的瓜”，泛指西葫芦和南瓜的一些品种；甚至老羌瓜就是南瓜的别称，《卜魁纪略》载：“老羌瓜近日始有，西壶卢亦可食。”[3]总之，南瓜在黑龙江可能是一物多名。

二、南瓜在东三省的推广

南瓜在东三省的推广，大体可以分为两个时期：第一个时期是从康熙到光绪，是辽宁持续栽培和黑龙江局部引种南瓜的时期；第二个时期是光绪以后，辽宁南瓜栽培得到大范围推广，吉林、黑龙江引种南瓜后进一步推广形成南瓜栽培区域的时期。

表 3-1　不同时期东三省方志记载南瓜的次数

单位：次

省份	顺治、康熙、雍正（1644—1735）	乾隆、嘉庆（1736—1820）	道光、咸丰、同治（1821—1874）	光绪、宣统（1875—1911）	民国（1912—1949）
辽　宁	6	5	2	27	35
吉　林				8	27
黑龙江		1	1		22

注：本资料除个别资料引自有关文献外，均出自各省各地（或相当于）县志，同一地区不同时期修纂的方志，凡有南瓜记载者均统计在内。各省通志、府志、乡土志等，凡与县志重复者均不采用。

---

〔1〕即托博尔斯克（Tobolsk），西西伯利亚地区秋明州城市，近额尔齐斯河与其支流托博尔河汇合处。

〔2〕（清）何秋涛：《朔方备乘》卷二十九考二十三《蔬类》，台北：文海出版社，1964 年，第 590 页。

〔3〕（清）索绰络·英和：《卜魁纪略》，转引自徐宗亮等：《黑龙江述略（外六种）》，哈尔滨：黑龙江人民出版社，1985 年，第 123 页。

再看乾嘉时期辽宁的五次记载，有三次是乾隆元年(1736)、乾隆十二年(1747)、乾隆四十三年(1778)的《盛京通志》，以及嘉庆《今古地理述·盛京》，地方记载只有在乾隆《塔子沟纪略》中提及了南瓜的名称，三个时期的《盛京通志》均有"南瓜，种出南番"的记载，只能说明当时在辽宁南瓜得到持续种植，不能明确具体栽培方位；而在辽西的低山丘陵区插花式的种植规模不大，深度不够。咸丰年间仅有两次记载，咸丰《盛京通志》和咸丰《开原县志》，说明辽宁北部仍然有南瓜种植。

在吉林，成书于康熙元年(1662)的《绝域纪略》，同时期的《域外集》《宁古塔山水记》，成书于康熙六十年(1721)的《宁古塔纪略》[1]，成书于康熙四十六年(1707)的《柳边纪略》，成书于道光七年(1827)的《吉林外记》，部分有"瓜"但均无南瓜记载，与光绪朝之前吉林的方志无南瓜记载的情况相符。《龙沙纪略》并无南瓜记载，说明黑龙江齐齐哈尔在康熙一朝还无南瓜栽培，在嘉庆十五年(1810)始有南瓜记载。成书于道光十一年(1831)前后的《卜魁纪略》标志当时齐齐哈尔已有南瓜栽培："王瓜、西瓜、甜瓜、倭瓜之属，皆可种植。"[2]

根据表3-1可发现，随着时间的推移南瓜栽培的范围反而萎缩。另外，山海关将辽宁和河北划分开来，如果南瓜是逐步推进式的传播，至少在靠近山海关的河北北部南瓜应该普遍得到引种和推广，但事实上，与辽宁接壤的永平府(下辖一州六县)以及临近的遵化直隶州(下辖三县)栽培南瓜的最早记载大多晚于辽宁最早的记录，也就是晚于康熙十六年(1677)的《铁岭县志》。抚宁县[3]、玉田县[4]、丰润县[5]、迁安县[6]、临榆县[7]等均是如此，而且铁岭也并不临近山海关，那么南瓜在东三省的引种和推广也就与移民有关，而清代的移民政策正是起了关键性的作用，详见第六章第三节。

---

〔1〕 本书虽成书于康熙六十年(1721)，但作者吴桭臣1664年出生于宁古塔戍所，康熙二十年(1681)得以赎归，桭臣随父入关，因此本书反映作者年轻时(康熙初期)在宁古塔的见闻。宁古塔是将军驻地，旧城位于今黑龙江东南部海林市，康熙五年(1666)迁建新城于今黑龙江东南部宁安市。

〔2〕 (清)索绰络·英和：《卜魁纪略》，转引自徐宗亮等：《黑龙江述略(外六种)》，哈尔滨：黑龙江人民出版社，1985年，第123页。

〔3〕 康熙二十年(1681)《抚宁县志》卷十一《土产》。

〔4〕 康熙二十年(1681)《玉田县志》卷三《物产》。

〔5〕 康熙三十一年(1692)《丰润县志》卷二《物产》。

〔6〕 康熙十八年(1679)《迁安县志》卷七《物产》。

〔7〕 光绪四年(1878)《临榆县志》卷八《物产》。

移民的确给东三省带去很多中原普遍种植的瓜菜，改变了东三省历来瓜果蔬菜比较单一的局面。尤其是在辽宁，气候、水土等条件与关内无异甚至有过之，因此也能够最先与中原地区在蔬菜栽培种类上趋同。清政府为了满足王公大臣的需要，在辽宁置菜园、果园等，招募移民垦殖。如盛京内务府所属园圃，康熙年间有131处，嘉庆年间增至241处。[1] 分布于盛京、铁岭、广宁、辽阳、海城、义州等七州县，每园占地70至210亩不等[2]，官租征收各类瓜菜，变相促进了南瓜在辽宁的种植。方志记载南瓜最早的沈阳、铁岭、广宁，正好与盛京内务府所属园圃相重合。可见南瓜在辽宁最早种植的区域应该受到清政府食用蔬菜的原因影响。至于为什么要把皇家菜园选择在辽宁，是因为与北京相去不远，加之清初辽宁荒地较多等。

南瓜，由移民直接引种到东三省，移民"有携瓜菜子去者，种亦间生"[3]，张缙彦被流放到宁古塔后，"近日迁人，比屋而居，黍稷菽麦以及瓜蓏、蔬菜，皆以中土之法治之，其获且倍"[4]。宁古塔"瓜往时绝少，今李召林学种，各色俱有，然价甚贵"[5]，"余地种瓜菜，家家如此，因无买处，必须自种"[6]。

清代初中期移民政策的不断变化，使得南瓜的种植时兴时废、时断时续，不能形成稳定的南瓜栽培区域，而且一直无法向北纵深推进，局限在辽河流域的河谷地带、东北腹地的松嫩平原南部，吉林没有栽培南瓜的记载，黑龙江也局限在齐齐哈尔一隅。

咸丰以后，移民政策不断放宽、移民区域不断扩大，终于在光绪、宣统年间，辽宁首先迎来南瓜种植的高峰，吉林也实现了零的突破，到了民国时期，东三省的南瓜种植遍地开花，吉林南瓜栽培范围迅速扩大，黑龙江也从以前将军驻地(齐齐哈尔)的零星种植扩大到了全省范围。此时方志不单记载了南瓜的名称、名称由来，许多府县还记载了南瓜的性状、不同品种、栽培技术、加工利用等。

---

〔1〕《嘉庆朝大清会典》卷七十五、七十六。

〔2〕衣保中:《中国东北农业史》，长春：吉林文史出版社，1993年，第271页。

〔3〕(清)周工亮:《赖古堂集》卷十，上海：上海古籍出版社，1979年，第5页。

〔4〕(清)张缙彦:《宁古塔山水记 域外集》全一卷《宁古物产论》，哈尔滨：黑龙江人民出版社，1984年，第54页。

〔5〕(清)杨宾:《柳边纪略》卷三，转引自杨宾等:《龙江三纪》，哈尔滨：黑龙江人民出版社，1985年，第88页。

〔6〕(清)吴桭臣:《宁古塔纪略》，转引自杨宾等:《龙江三纪》，哈尔滨：黑龙江人民出版社，1985年，第232页。

根据光宣年间辽宁方志记载南瓜的情况，南瓜种植地区均在主要交通干线附近。在东清铁路没有修建之前，东北的交通就是靠驿路和内河航运，而且地位同等重要。清代在东北一直实行驿站制度，驿路是东北移民的主要通道，如绥中、宁远州、锦县、义州、广宁县、镇安县、黑山县均处在辽西走廊的驿路上。当时驿路上的主要交通工具是大车，但夏秋季节泥沼难行，反而利于河运，辽河航运的重要性便非常突出了。盘山县、辽中县、广宁县、海城县、抚顺县、兴京厅、承德县〔1〕等皆位于辽河流域，尤其是铁岭县，是辽河最重要的内河航运集散处。光绪《陪京杂述》就有记载“倭瓜，近郭人家多喜种之，秋后堆积如山，呼之为倭瓜山”〔2〕“倭瓜，种出东洋，今为常蔬，种者甚多”〔3〕，可见南瓜栽培之普遍、产量之高。而吉林光宣年间的南瓜记载相对集中在西部松花江流域、松辽平原腹地(伯都纳、农安县、奉化县)，长白山南麓的浑河流域(通化县)亦有发生，正如“北瓜，一名倭瓜，蔓生，形类哈密，种自倭国来，故名，长白此瓜最多”〔4〕。黑龙江全省范围刚刚解除封禁，记载尚无。

民国时期，南瓜在辽宁的栽培更加普遍，共有不同州县 31 处之多，以辽河流域为界，集中在辽宁西部、北部的辽河平原广大区域，密集分布在辽西走廊(绥中县、锦西县、锦县、黑山县等)与辽河流域(辽阳县、海城县、辽中县、奉天府等)这样的交通发达地区，而在辽河西南区域，则是集中在南部辽东半岛两岸(盖平县、安东县、庄河县等)，辽宁东部低山丘陵则分布不多，只有兴京县、岫岩县、桓仁县。此时南瓜在辽宁可谓非常之普遍，“形类颇多，农家几以之为常菜”〔5〕“本境农圃皆有之……为本境普通食品”〔6〕。此时对南瓜的性状、栽培技术描写更加全面，民国《铁岭县志》载：“番瓜，种有迟早，实有大小，色有青黄赤白，棱或有或无，皮则或光或癞，形则有扁有圆，有下圆上锐长头大腹诸状，亦有如枕者，茎叶似南瓜，早者七月已熟，晚者九十月熟。”〔7〕民国《黑山县志》的南瓜记载还结合了近代生物学知识，“南瓜，有卷须，引蔓甚繁，一蔓延长数丈，节节有根，近地即入土，茎中空，叶为心脏形，

---

〔1〕 与直隶承德县同名。康熙四年(1665)于奉天府下设承德县，宣统三年(1911)废承德县名，并入奉天府。

〔2〕 光绪三年(1877)《陪京杂述》卷一《庶物》。

〔3〕 宣统元年(1909)《海城县志》全一卷《物产》。

〔4〕 宣统二年(1910)《长白征存录》卷五《物产》。

〔5〕 民国二十七年(1938)《西丰县志》卷二十三《物产》。

〔6〕 民国十六年(1927)《辽阳县志》卷二十八《物产》。

〔7〕 民国六年(1917)《铁岭县志》卷三《物产志》。

五裂甚浅，夏日开黄花，单性雌雄同株，实扁圆或长，有纵沟数条，煮熟可食，子亦为食品”〔1〕。

吉林的南瓜生产区域与辽宁在西北部连成一片不同，而是形成四片相对集中的小的区域，由西北向东南地势逐次增高，由平原向丘陵直抵长白山麓。第一区域是吉林西北部的西流松花江(即松花江吉林省段)下游与嫩江下游，包括这两大河流的交汇处，主要有镇东县、大赉县、扶余县。第二区域是辽河下游吉林段与松花江中游支流伊通河流域，中间有松辽分水岭相隔，有农安县、长春县、怀德县、双山县、梨树县，区域分布较广。第三区域为松花江上游支流柳河、辉发河流域，南瓜栽培非常集中，聚集了东丰县、辉南县、海龙县、桦甸县、磐石县。第四区域就是长白山北麓、松花江上游支流流域，包括了临江县、通化县、辑安县、抚松县。整体来说，吉林西南地势较低，南瓜栽培区域均处在西南范围内，吉林西北唯有安图县、额穆县，因为它们是吉林至宁古塔、敦化、珲春古道上的重要驿站。南瓜已经成为吉林重要的蔬菜，“南瓜，土名倭瓜，有甜面两种，为普通食品，境内多种之”〔2〕“窝瓜，俗呼房瓜，开黄花，形圆又呼柿子瓜，亦有长圆形者，味甘美，本县种者极多”〔3〕。

黑龙江南瓜种植区域在民国时期相对集中，集中在松嫩平原中部、东流松花江中游支流流域，如林甸县、安达县、呼兰县、巴彦县、双城县、望奎县等，唯有汤原县、宝清县、宁安县相对孤立，不与其他府县连成一片。南瓜已是拜泉县“农家冬日之常食也”〔4〕，汤原县“南瓜，种出南番，又倭瓜种出东洋，今皆为土宜矣”〔5〕。方志记载了南瓜的不同品种，民国《绥化县志》载：“南瓜又名家窝瓜，亦蔓生，植物花色红黄，喇叭形，结瓜圆大，皮被绿色花纹，秋季成熟可作蔬。蕃瓜乃南瓜之别种，瓜皮亦有种种色泽，软皮硬皮之区，亦作蔬。”〔6〕

上述方志记载南瓜别名颇多，民国《朝阳县志》的记载说明其为南瓜的不同品种，但无本质区别，“农家亦未常强为区别也”，均为南瓜无疑，“南瓜，本作番瓜，结实形横圆竖扁而色黄者为南瓜，形似葫芦而色黑绿者为番瓜，其实一圃之中种形互出，农家亦未常强为区别也，今土人概称之为倭瓜，其一种色

〔1〕民国三十年(1941)《黑山县志》卷九《物产》。
〔2〕民国二十三年(1934)《梨树县志》第六编 卷一《物产》。
〔3〕民国二十四年(1935)《临江县志》卷三《物产》。
〔4〕民国八年(1919)《拜泉县志》卷一《物产》。
〔5〕民国十年(1921)《汤原县志略》全一卷《舆地志 · 物产》。
〔6〕民国九年 (1920)《绥化县志》卷八《实业志》。

红者亦称为南瓜，止采以供玩，不可食，南人谓之北瓜"[1]。《朝阳县志》记载的北瓜"止采以供玩，不可食"，是南瓜的特殊品种，今天我们称之为"看瓜"或"红南瓜"，学名 *Cucurbita pepo* L. var. *kintoga* Makino，一般只作为药用、观赏用。

第二节　南瓜在华北地区的引种和推广

华北地区分别从东南沿海和西南边疆引种南瓜，引种后迅速推广，推广速度全国领先，明代南瓜就在华北地区多地栽培；有清一代影响更大，南瓜作为菜粮兼用的作物被广为种植，清初基本上完成推广；清末民国时期，华北地区成为全国主要南瓜产区。

华北地区是中华文明的发源地，包括四个自然地理单元：东部的山东低山丘陵、中部的黄淮海平原和辽河下游平原、西部的黄土高原和北部的冀北山地。本研究界定的华北地区在行政区划上是河北（指代直隶，包括京津两市）、河南、山东、山西四省。

（一）南瓜在华北地区的引种

华北地区分别从东南和西南两个方向引种南瓜，在嘉靖年间就已经多地引种。南瓜在山东、河北的最早记载分别是嘉靖四十四年（1565）《青州府志》中的"王瓜、冬瓜、西瓜、南瓜、稍瓜、甜瓜、苦瓜、丝瓜"[2]和嘉靖四十年（1561）《宣府镇志》中的"南瓜、北瓜"[3]。

山东、河北同属从东南沿海引种南瓜，青州府处于山东中部，同时濒临渤海、黄海，固安县位于河北中部的顺天府，两地河运、海运发达，既在京杭运河附近又距离内海不远，虽有可能从海路引种，但无史料的直接记载，海路只能作为可能性线路；而京杭运河是南瓜引种的重要线路，元代对运河进行了自隋代以来规模最大的整修，先后开挖了洛州河、会通河、通惠河，从北京贯通到杭州，最终形成了今天的京杭大运河，使千年古运河重新焕发了生机，元代以来运河漕运十分繁荣。明代两省记载南瓜的府县，多是沿运河两岸分布，可判断山东、河北是从浙江经京杭运河引种南瓜，一路北上，经过江苏，直抵华北地区，速度很快，山东、河北二省几乎同时引种。事实上江苏最早引种南

---

[1] 民国十九年(1930)《朝阳县志》卷二十七《物产》。
[2] 嘉靖四十四年(1565)的《青州府志》卷七《物产》。
[3] 嘉靖四十年(1561)《宣府镇志》卷十四《物产》。

瓜的地区是丹阳[1]和宿迁[2]，同在运河沿线地区，尤其是宿迁，位于江苏西北，邻近山东，引种时间却在江苏领先，只可能是经运河引种，运河在山东、河北两省引种南瓜的过程中作用十分明显。

图 3-1　京杭大运河——南瓜北上的引种路径示意图

南瓜在河南的最早记载始见于嘉靖四十三年（1564）的《邓州志》：“蔬之属……多王瓜、多冬瓜、有南瓜”。[3] 河南的南瓜引种于西南边疆。何炳棣认为明朝重开茶马市（中心在雅安、汉源、荥经一带）和云南土司向北京进贡是美洲作物（玉米）向京师和中国内地输进的可能媒介之一。[4] 无论哪种传播方式，都会经过贵州北上或大体沿着现在的成昆铁路北上。到达四川盆地后，如果继续北上，便沿着嘉陵江越过秦巴山脉到达关中盆地，或者沿着嘉陵江越过米仓山后转从汉水流域东行到达南阳盆地；到达四川盆地后，也可以沿长江顺流而下，抵达荆州后同样可以北上到达南阳盆地。邓州恰恰位于河南西南的南阳盆地，豫鄂交界部，西通巴蜀，南控荆襄，是南瓜从西南边疆传入华北地区的必经之路。所以邓州引种时间早于周边所有省份。山西栽培南瓜的记载始见于隆庆二年（1568）的《襄陵县志》“南瓜”[5]，襄陵县（今襄陵镇）位于山西南部的汾河谷地，距河北相对较远，距河南、陕西相对较近，加之山西、河北有太行山相隔，不大可能从河北引种南瓜，因此很有可能从河南引种。华北地区南瓜从西南边疆引种还可沿着嘉陵江越过秦巴山脉到达关中盆地，之后经八百里秦川，进入关中的东大门潼关，汾河谷地的襄陵县可以通过这条线路引种，但是陕西南瓜引种

[1] 隆庆三年(1569)《丹阳县志》卷二《土产》。

[2] 万历五年(1577)《宿迁县志》卷四《土产》。

[3] 嘉靖四十三年(1564)《邓州志》卷十《物产》。

[4] (美)何炳棣：《美洲作物的引进、传播及其对中国粮食生产的影响(二)》，《世界农业》，1979年第5期。

[5] 隆庆二年(1568)《襄陵县志·土产》。

时间相对偏晚，最早见于万历十九年(1591)的《岐山县志》，因此从陕西引种的可能性不大，襄陵县或是直接从四川引种，或是从河南引种，后者可能性更大。

华北地区南瓜引种速度之快，在作物传播史上也是比较少见的，华北地区代表北方，而南瓜最早传入地区均是南方，华北地区引种时间仅次于福建的1538年、广东的1545年、浙江的1551年和云南的1556年。在不到30年时间内南瓜就在华北四省均有栽培。南瓜作为外来作物从传入到被栽培，达到一定的规模后被文人留意加以记载，记载时间肯定会晚于南瓜的实际栽培时间，所以至迟在16世纪中叶南瓜就已经在华北地区扎根落脚了。

(二) 南瓜在华北地区的推广

南瓜在华北地区的推广速度在全国也是首屈一指。从嘉靖开始引种的明代，河北记载15次、河南记载8次、山西记载21次(与浙江并列全国第二)，山东记载25次，全国最多，可见华北地区在明代的推广速度和范围全国领先。清代和民国时期华北地区的南瓜记载次数同样在全国领先，尤以河北为最，成为当时全国南瓜的主产区。南瓜在华北地区的推广主要分为三个阶段：明代是南瓜推广的第一阶段，从引种到初步推广；清初是第二阶段，南瓜在华北地区大规模推广到推广基本完成；第三阶段是清中晚期和民国时期，华北地区形成南瓜稳定的产区。

表3-2 不同时期华北地区方志记载南瓜的次数

单位：次

省份	嘉靖—崇祯 1522—1644	顺治、康熙 1644—1722	雍正、乾隆 1723—1795	嘉庆—同治 1796—1874	光绪、宣统 1875—1911	民国 1912—1949
山东	25	69	39	41	58	49
河北	15	86	78	39	67	81
河南	8	55	47	23	21	47
山西	21	66	58	18	35	29

注：根据本表按照时间长度进行划分的方法，光宣与民国应该算作一个时期，但为了将民国和清代区分开来，划分成两个时间段。南瓜记载的次数越来越多、记载频率越来越高。

明代山东的南瓜栽培主要集中在山东西部，在运河一带和黄河下游地区，分布十分密集，与周边省份和山东东部形成鲜明对比，济南府、武定府栽培十分繁盛。崇祯《历城县志》载“番瓜，类南瓜，皮黑无棱，近多种此，宜禁之”[1]，“皮黑无棱”的番瓜是南瓜的品种之一，虽不知士大夫为什么提倡禁止种植南瓜，但该记载足以反映南瓜栽培的盛况。为此，吴其濬专门回答：“瓜何至有禁？番物入中国多矣，有益于民则植之，毋亦白兔御史，求旁舍瓜不得而腾言乎？”[2]虽然山东引种南瓜的主要途径是通过运河，但通过方志记载可以发现，最早记载南瓜的青州府濒临渤海、黄海两大海域，且山东东部在明代也有几处沿海州县（福山、即墨、诸城）记载南瓜，因记载时间均在万历，相对较晚，难以判断是从山东西部还是从闽浙一带经海路引种。

《本草纲目》载：“南瓜种出南番，转入闽、浙，今燕京诸处亦有之矣。”[3]反映了南瓜在明代河北的栽培盛况，而且《本草纲目》成书于万历六年（1578），说明至迟在嘉靖末年南瓜在燕京已经非常流行，被李时珍收入《菜部》。根据方志记载，包括顺天府在内的河北南部尤其是运河沿岸、海河流域在明代确实广为种植。同时渤海湾地区的乐亭县在天启年间亦有记载，未知是从海路还是内陆引种。

河南虽然在华北地区中记载南瓜时间最早，但是明代引种州县相对偏少，而且分布无规律，插花式地在全省偶有栽培，方志中记载也比较简单，均是只提及南瓜名称而已，没有详细介绍。山西在明代推广较为迅速，推广范围较广，几乎纵贯南北，尤以中部地区最为集中。万历《山西通志》就将南瓜列为全省通产。[4]万历《太原府志》、万历《汾州府志》均载南瓜作为二府的重要物产，根据州县志记载，南瓜也确实在太原府和汾州府居多，成为山西最早的南瓜集中产区。

华北地区在清初就几乎推广完毕，不但与明代对比鲜明，并且同一阶段在全国推广面积最大、推广速度最快。山东各府皆种，只有鲁东部分地区（莱州府、青州府）记载不甚密集，但实际上南瓜推广面积应该更大，华北地区其他省份亦是如此，因各种原因导致方志少修或未修、方志未记载物产、物产未

---

〔1〕崇祯十三年(1640)《历城县志》卷五《方产》。

〔2〕(清)吴其濬:《植物名实图考》卷六《蔬类》,上海：商务印书馆,1919年,第126页。

〔3〕(明)李时珍著,张志斌等校注:《〈本草纲目〉校注》卷二十八《菜部》,沈阳：辽海出版社,2001年,第1029页。

〔4〕万历三十八年(1610)《山西通志》卷七《物产》。

记载南瓜三种情况[1],如康熙《平度州志》载“各色瓜”[2],虽然后来道光《平度州志》对各色瓜的详细介绍中就有南瓜,但康熙《平度州志》的记载不详,无法确定是否确实栽培。

顺治《招远县志》载“番瓜,野人所食,非佳品也”[3],康熙《阳信县志》载“南瓜,出自南服,农人食之”[4],可见南瓜在清初就已经作为山东常见普通食品为农民所食,但应该不登大雅之堂。康熙《兖州府曹县志》尤其反映了清初南瓜栽培盛况:“北瓜,形色各异,有水面二种,土人家家种之,味胜金瓜。”[5]南瓜在华北地区多地有“北瓜”之称,北瓜是南瓜的品种之一,吴其濬也将北瓜列在南瓜目下,“北瓜有水、面二种,形色各异,南产殆无是也”[6]。

河北南瓜在清初推广速度、范围较山东有过之而无不及,长城以南的河北大部分地区只有少数州县没有栽培南瓜,长城以北的河北北部只有承德府、口北三厅栽培较少,同样在长城以北的宣化府推广较为可观,万全县、宣化县、怀来县、西宁县(今阳原县)、龙门县(今赤城县)均有南瓜栽培。承德府则只有八沟厅(今平泉市)有记载,清初尚未推广到口北三厅。南瓜在河北也较早地发挥了救荒作用,康熙《畿辅通志》载“南瓜,色或青或黄或赤或白,形圆而多棱,去皮与瓤瀹食之,味颇甘,镂为条曝干可以御冬”[7],不但对南瓜形状等描绘得十分清晰,而且说明南瓜在清初就已经在全省达成了这样的共识,在华北地区乃至全国都比较罕见。

南瓜品种众多、形态各异,因此在方志记载中的别称、性状难以统一,如雍正《深州志》中记载的“南瓜,青白二种;北瓜,青白二种,一曰倭瓜”[8],实为一种,但民间多混淆,直到近代方才理清,“北瓜,或名倭瓜,亦南瓜之类,高人东南部通称南瓜,西北部称黑皮者为北瓜,白绿皮者为南瓜”[9]。

南瓜在雍正年间的河南已经被列为通产,排在瓜类第二,“冬瓜、南瓜、西

---

[1] 李昕升,丁晓蕾,王思明:《农史研究中“方志·物产”的利用——以南瓜在中国的传播为例》,《青岛农业大学学报(社会科学版)》,2014 年第 26 卷第 1 期。

[2] 康熙五年(1666)《平度州志》卷三《物产》。

[3] 顺治十七年(1660)《招远县志》卷五《物产》。

[4] 康熙二十一年(1682)《阳信县志》卷六《物产志》。

[5] 康熙二十四年(1685)《兖州府曹县志》卷四《物产志》。

[6] (清)吴其濬:《植物名实图考》卷六《蔬类》,上海:商务印书馆,1919 年,第 126 页。

[7] 康熙二十一年(1682)《畿辅通志》卷十三《物产》。

[8] 雍正十年(1732)《深州志》卷二《物产》。

[9] 民国二十二年(1933)《高邑县志》卷二《物产志》。

瓜、北瓜、王瓜、香瓜(即甜瓜)、菜瓜(有青白二种)、丝瓜、苦瓜”,并且指出“以下各瓜种各府州俱同”[1],可见南瓜在河南各府州都是常见作物,只是在省内推广相对较慢,尤以豫西的陕州、汝阳府和豫北的怀庆府最为明显,多县呈南瓜栽培的空白状态。康熙《彰德府志》、康熙《河南府志》、康熙《汝宁府志》均将南瓜列为一府之常见物产,但三府均有多半州县志未载南瓜,也能够说明南瓜在清初河南的推广范围应该更大。

清初南瓜在山西的推广覆盖率极高,理所当然地被载为通志的通产[2],在各府府志也多有记载,就全省范围来看,只有晋北的部分地区,如宁武府和大同府南部,南瓜推广情况未知,其他府县南瓜的推广力度较本土瓜类更胜一筹。明代南瓜的一些主要栽培区域在清初依然是南瓜的主产区。南瓜在山西亦有北瓜之称,把南瓜的青皮品种称为北瓜,“北瓜,碧绿色,南瓜之属,俗呼为今名,较南瓜无膻气”[3]。山西多地方志频繁转引《本草纲目》对南瓜的记载,“南瓜,种出南番,故名。蔓延十余丈,节节有根,近地即着,结实形横圆而竖扁,皮上有棱,去皮瓤瀹食,味面而腻”[4],间接表明对南瓜性状、利用等的认知达到了一定的水平。

由于南瓜在华北地区的推广在清初基本结束,清代中晚期以及民国时期是南瓜在华北地区持续栽培并形成稳定产区的时期。

山东在崇祯《历城县志》中提倡应该禁止栽培南瓜,康熙《历城县志》依然沿袭此说,到乾隆《历城县志》则已无禁止之说,反映人们对南瓜认识的一个转变。乾隆年间南瓜在山东开始发挥救荒作用,“南瓜,亦名饭瓜,为其可以饱也”[5]。重要性在晚清愈加突出,“若番瓜、番薯、芦菔、蔓菁几与五谷同,其珍重谚曰田家饭菜一半”[6],显然在晚清南瓜成为农民的主要食粮之一,重要性与番薯等同或有过之。南瓜的主产区之一济南府“南瓜有数种,团长不一,花皮者曰番瓜,农煮作羹为常食,历之段店长之周村镇苑城店诸处所产皆良,邹平出者亦佳”[7],产生了南瓜的名优品种,在民国时期更是成为栽培

[1] 雍正十三年(1735)《河南通志》卷二十九《物产》。
[2] 雍正十二年(1734)《山西通志》卷四十七《物产》。
[3] 康熙九年(1670)《绛州志》卷一《物产》。
[4] 康熙二十五年(1686)《临晋县志》卷五《物产》。
[5] 乾隆三十六年(1771)《东平州志》卷二《物产》。
[6] 道光二十年(1840)《荣成县志》卷三《物产》。
[7] 道光二十年(1840)《济南府志》卷十三《物产》。

大宗,济阳县"本县种南瓜者最多,葫子次之,冬瓜又次之"[1]。民国《东平县志》更载"南瓜,其种出南番,一名番瓜,又名饭瓜,为其可以作饭充饥也,山田隙地多种之"[2],这是南瓜在山东大规模栽培的记录,反映南瓜重要到挤占了玉米、番薯等山地作物的空间,而且说明南瓜适合在多山丘陵的山东栽培,充分利用了山田,发挥了粮食作物的功能。

河北在清中期已经推广到了长城以北,并且对南瓜物种多样化的现象有了较深的认识,"南瓜,一名倭瓜,亦作番瓜,《群芳谱》曰'结实形圆竖扁而色黄者为南瓜,似葫芦而色黑绿者为番瓜',其实一圃之中种形互出,农家亦未尝强为区别也,今土人既称之为倭瓜,其种色红者亦称为南瓜,止采以供玩,不可食,南方人谓之北瓜"[3]。初创于乾隆年间的《红楼梦》多次出现"倭瓜",南瓜流行程度可见一斑,南瓜已经不再只是贫家专食,而是流行到了上层社会。民国察哈尔一带也已经遍植南瓜,"张北、怀安、龙关、万全、康保、宣化、逐鹿、阳原、延庆、沽源、赤城均产"[4]"各区均有种者,可蒸食佐饭"[5]。从清初开始南瓜就在河北作为菜粮兼用作物,清中期以来更加明显,"南瓜,可为蔬并可饱,故俗曰饭瓜,诗所谓'七月食瓜''食我农夫'者也"[6],重要性如此突出,以至于人们容易把它与《诗经》中的我国本土瓜类相混淆,正是"南瓜,俗名倭瓜,其实生青熟黄或扁或长形质不一,可饱人,北方以为常食"[7]。

河南在清中晚期继续南瓜推广,直至遍及全省,到晚清基本推广结束,之后影响很大,救饥作用明显,"南瓜,一曰饭瓜"[8]"各地皆产,为佐食要品"[9]"重二十余斤,或为菜或煮食蒸食均可。味甘而腻,考邑园圃中多种之"[10]。民国河南部分地区南瓜同山东一样甚至在大田中种植,"果菜圃出为黄瓜、西瓜、甜瓜等,田出南瓜、搅瓜、笋瓜等"[11]。南瓜在河南也培育出了优良品种,

---

[1] 民国二十一年(1932)《济阳县志》卷一《物产》。
[2] 民国二十五年(1936)《东平县志》卷四《物产志》。
[3] 乾隆四十六年(1781)《热河志》卷九十二《物产一》。
[4] 民国二十四年(1935)《察哈尔省通志》卷八《物产编之一》。
[5] 民国二十四年(1935)《张北县志》卷四《物产志》。
[6] 乾隆三十年(1765)《涿州志》卷八《物产》。
[7] 光绪十五年(1889)《良乡县志》卷七《物产志》。
[8] 道光四年(1824)《泌阳县志》卷三《土产》。
[9] 民国二十一年(1932)《林县志》卷十《生计》。
[10] 民国十三年(1924)《考城县志》卷七《物产志》。
[11] 民国六年(1917)《河阴县志》卷八《物产》。

“南瓜，今县均产，以何庄产者甘美”[1]。我国古代夏季蔬菜历来比较缺乏，南瓜作为典型夏季蔬菜与其他美洲蔬菜作物一起在清代形成了以茄果瓜豆为主的夏季蔬菜格局。南瓜“通谓之番瓜，夏季食之者尤多”[2]。

南瓜在清初山西推广效果最佳，而南瓜栽培技术也成熟最早，成书于道光十六年(1836)的《马首农言》专门叙述了南瓜的栽培技术[3]，而且交城培育出了“有重至百余斤者”[4]的巨型南瓜。民国时期南瓜依然是山西瓜类的大宗，“瓜类村内及村四周附近处均有种者，以窝瓜、南瓜为多，甜瓜次之，西瓜、东瓜颇少”[5]“南瓜、北瓜为大宗”[6]。南瓜在山西与他省不同之处在于“代粮”作用不甚明显，方志着墨不多，更多是作为一种高产、多用的蔬菜，“南瓜，附地蔓生，煮热味面而腻，亦可和肉作羹”[7]“南瓜，能作菜吃，亦可和菜熬粥”[8]，所以，与华北地区其他省份相比，南瓜在山西清代中晚期和民国时期发展处于不温不火的状态。

第三节　南瓜在西北地区的引种和推广

南瓜在16世纪上半叶就引种到中国的东南沿海，经过半个世纪以上的传播，直到16世纪晚期才在西北地区始有记载，之后在西北地区渐次推广。

西北地区是我国南瓜引种相对较晚的地理分区，西北地区指大兴安岭以西，昆仑山—阿尔金山、祁连山以北的广大地区。行政区划上指陕西、甘肃、青海三省及宁夏、新疆两自治区，简称“西北五省区”，在自然区划上属于西北干旱区。内蒙古中西部属于自然区划上的西北地区，也在本研究的讨论范围内。

(一) 南瓜在西北地区的引种

陕西是西北地区引种南瓜最早的地区，万历年间已有记载。分别是在延

---

[1] 民国二十七年(1938)《西华县志》卷七《建设志》。

[2] 民国二十五年(1936)《陕县志》卷十三《物产》。

[3] (清)祁寯藻著，高恩广等注释：《马首农言注释》全一卷《种植》，北京：农业出版社，1991年，第16页。

[4] 道光六年(1826)《霍州志》卷十《物产》。

[5] 民国十五年(1926)《汾阳西陈家庄乡土志》卷一《物产》。

[6] 民国二十九年(1940)《平顺县志》卷三《物产略》。

[7] 乾隆十八年(1753)《蒲县志》卷一《物产》。

[8] 民国九年(1920)《虞乡县志》卷四《物产略》。

绥镇[1]、白水县[2]、岐山县[3],岐山县引种最早,岐山县引种后会在省内渐次推广,但三地距离较远,分处陕西北、中、西三处,在引种后的十几年之内推广遍及全省,甚至包括九边重镇之一的延绥镇是不大可能的,加之陕西南瓜在明代的记载只有三次,也难以证明岐山县引种后在省内迅速推广,而且陕西周边省份南瓜记载的最早时间除甘肃、宁夏、内蒙古外均早于陕西。南瓜在万历四年(1576)就见于四川记载[4],是引种于云南,何炳棣认为明朝重开茶马市或云南土司向北京进贡是美洲作物(玉米)向京师和中国内地输进的可能媒介之一。[5] 无论是哪种传播媒介,其传播路线都是沿着今天的成昆铁路或从贵州北上,到达四川盆地后,如果想继续北上,只有沿着嘉陵江越过秦巴山脉到达关中盆地凤翔府的宝鸡一带,然后经过八百里秦川,进入关中的东大门潼关,过洛阳,最后北折抵达京师。岐山县左接凤翔、右靠扶风,正处在这条路线的必经之路上,应该是引种于西南路线。湖北于万历六年(1578)[6]、河南于嘉靖四十三年(1564)[7]、山西于隆庆二年(1568)[8]均见南瓜记载,且郧阳府是鄂、豫、川、陕毗邻地区,邓州位于南阳盆地、襄陵县处临汾盆地,属于陕西的邻近地区,因此陕西东部亦有可能是从以上三省引种南瓜,尤其是山西,明代南瓜种植十分普遍、推广十分迅速,仅在明代就记载21次之多。据考证,陕西著名南瓜品种"绥德府瓜"就是由山西汾阳府引入陕北,到今天陕北各县、关中一带均有栽培,历史悠久。[9] 总之,陕西可能是从不同省份多次引种南瓜。宁夏、甘肃、新疆分别是在顺治、康熙、乾隆年间始有南瓜记载,前面提到的陕西岐山县位于丝绸之路上,宁夏、甘肃应是经丝绸之路从陕西引种。顺治《朔方新志》在宁夏首先记载南瓜[10],"塞上江南"环境优越,内接中原,西通西域,南瓜首先从陕西引种到宁夏是比较自然的。

---

〔1〕 万历三十五年(1607)《延绥镇志》卷四《物产》。

〔2〕 万历三十七年(1609)《白水县志》卷二《物产》。

〔3〕 万历十九年(1591)《岐山县志·物产》。

〔4〕 万历四年(1576)《营山县志》卷三《物产》。

〔5〕 (美)何炳棣:《美洲作物的引进、传播及其对中国粮食生产的影响(二)》,《世界农业》,1979年第5期。

〔6〕 万历六年(1578)《郧阳府志》卷十二《物产》。

〔7〕 嘉靖四十三年(1564)《邓州志》卷十《物产》。

〔8〕 隆庆二年(1568)《襄陵县志·土产》。

〔9〕 中国农业科学院蔬菜花卉研究所主编:《中国蔬菜品种志》(下卷),北京:中国农业科技出版社,2001年,第103页。

〔10〕 顺治十六年(1659)《朔方新志》卷一《物产》。

甘肃则是东部的庄浪县最先引种[1]，庄浪县亦是丝绸之路的必经之地，处六盘山西麓，有“天下称富庶者无如陇右”之称，可见南瓜在宁夏、甘肃的引种遵循了自东向西渐进推广的规律。

新疆可能是多途径引种南瓜，不只经丝绸之路从陕甘引种。乾隆二十九年(1764)乾隆抽调盛京地区的三千多名锡伯族官兵、眷属移驻新疆伊犁地区以加强该地防务，艺人管兴才的《西迁之歌》正是反映的这次长距离迁徙：“生活必需的用品全带上，要为日后的生计着想，带上故乡的南瓜种子吧，让它扎根在西疆的土地上……”[2]因此新疆的南瓜可能引种于辽宁，辽宁在康熙十六年(1677)已经载有南瓜[3]。另外，康熙五十一年(1712)图理琛奉命出使土尔扈特，行程过俄罗斯境，至托波儿时载“产蔓菁、白菜、王瓜、芫荽、倭瓜、葱、蒜、畜牛、马、羊、猪、鹅、鸭、鸡、犬、猫”[4]，至萨拉托付时又载“贩卖有两种萝卜、白菜、葱、蒜、王瓜、倭瓜”[5]，“倭瓜”是当时北方对南瓜的通称之一，《红楼梦》中就多次出现“倭瓜”，是误以为南瓜来自东洋的称呼，南瓜已经是日常菜，图理琛不可能认错，《朔方备乘》也同意图理琛的观点“臣秋涛谨案，此瓜种出东洋，故名，《异域录》言托波儿城、萨拉托付皆有倭瓜”[6]，那么从美洲最先引种到欧洲的南瓜应该在当时已经传到了俄罗斯。虽然新疆现存方志关于南瓜的最早记载是在乾隆三十七年(1772)[7]，但是考虑到新疆方志数量历来偏少，而且回部原本在准噶尔暴力统治之下，清朝在 1757 年才彻底平定了准噶尔叛乱，1759 年又平定了大小和卓叛乱，从此完全确立了清朝对新疆的稳固统治。因此即使南瓜在明代就经丝绸之路从俄罗斯经西亚引种到了新疆，在乾隆之前也可能并未记载，造成了南瓜在乾隆年间方才传入新疆的假象。乾隆三十六年(1771)土尔扈特部在首领渥巴锡的带领下冲破沙俄的阻拦，历时半年从哈萨克草原东归祖国，南瓜作为在当时当地普遍栽培的作物，可长期保存，适合长途迁徙，土尔扈特部东归也是南瓜引种到新疆的一种方式。因此，新疆南瓜可能同时引种于我国东部地区和俄罗斯，南瓜

[1] 康熙六年(1667)《庄浪县志》卷三《物产》。

[2] 锡伯族简史编写组：《锡伯族简史》，北京：民族出版社，1986 年，第 110 页。

[3] 康熙十六年(1677)《铁岭县志》卷上《物产》。

[4] (清)图理琛：《异域录》卷上。

[5] (清)图理琛：《异域录》卷上。

[6] (清)何秋涛：《朔方备乘》卷二十九考二十三《蔬类》，台北：文海出版社，1964 年，第 590 页。

[7] 乾隆三十七年(1772)《新疆回部志》卷二《五谷》。

也有可能从俄罗斯多次引种至新疆。事实上，不少作物在历史上经过多次的引种才会在某一地区扎根落脚，其间由于多种原因会造成传播中断。青海以畜牧业为主，南瓜具体引种时间不详，但到民国时期已经“青海各县均产之”〔1〕，应是从甘肃传入。内蒙古邻近山西的呼和浩特地区在咸丰九年(1859)首先栽培〔2〕，最有可能引种于山西，但未向畜牧区深入推广。

（二）南瓜在西北地区的推广

南瓜在西北地区的推广，主要是在陕甘地区，新疆、青海、内蒙古大部分地区不具备农业生产条件，或水源短缺，或气候高寒，以畜牧业为主。南瓜在西北地区的推广，主要分为三个阶段：第一阶段是明末到清初，是陕西迅速推广和甘肃、宁夏的引种阶段；第二阶段是从乾隆到同治年间，陕西的稳步推广和甘肃、宁夏的较快发展；第三阶段是清末、民国时期，陕西遍种南瓜，形成稳定的成片产区以及甘肃、宁夏的多地栽培。

表 3-3　不同时期西北地区方志记载南瓜的次数

单位：次

省份	万历—崇祯 1573—1644	顺治—雍正 1644—1735	乾隆、嘉庆 1736—1820	道光—同治 1821—1874	光绪、宣统 1875—1911	民国 1912—1949
陕西	3	30	36	16	31	39
甘肃		6	18	5	8	26
宁夏		2	4	2	1	3
新疆			2	1	1	3
青海						3
内蒙古				3	5	7

虽然明代陕西南瓜记载仅有 3 次，但是入清以后南瓜推广速度较快，清初记载就达 30 次，虽未完全覆盖全省，但基本上各府均见南瓜栽培，尤其在陕北和陕南栽培相对密集，南瓜在中部地区同样成为主要的蔬菜品种，在华县“蔬则多南瓜、北瓜、丝瓜、瓠子、豆角、竹萌、香椿、木耳、蕨菜”〔3〕，南瓜位列蔬类第一；同时南瓜品种资源也出现了分化，西安地区“南瓜，形色味不一，

〔1〕 民国三十四年(1945)《青海志略》第五章《农产》。

〔2〕 咸丰九年(1859)《古丰识略》卷三十九《土产》。

〔3〕 康熙二十三年(1684)《华州志》卷二《物产述》。

斑者曰番瓜，黑者曰北瓜”[1]，同样在西安地区，“矮瓜，能杀人，南医云‘宁食河豚，勿食南瓜’即此”[2]，这种误解一说源于南医，可能是导致南瓜在中部地区栽培相对较少的原因之一。总体来说，清初南瓜在陕西推广速度较快，所以在雍正《陕西通志》中被载为陕西的通产[3]。

宁夏明代虽无南瓜记载，但顺治《朔方新志》已载南瓜[4]，朔方为宁夏别称，似乎南瓜在当时已经成为宁夏的常见蔬菜。甘肃在康熙初年记载南瓜之后，在清初推广速度较慢，乾隆之前仅记载6次，主要分布在陇东(庆阳府、泾州)和陇右的部分地区(庄浪、靖远、兰州)，南瓜在镇原县又称“西蕃瓠”[5]，暗指南瓜从西域传入；康熙《靖远卫志》又载“有所谓冬葫芦者，盖南北瓜之类，非瓠类也”[6]，十分敏锐地发现了南瓜与葫芦的联系和区别，南瓜正是葫芦科。

乾嘉年间，南瓜在陕西进一步推广。怀远县(今榆林市横山区)、宜川县、甘泉县、同州府、绥德州、定边县、洛川县、宝鸡县、咸阳县、兴平县、三原县、富平县、商州、洛南县、周至县、商南县、平利县、白河县、汉阴县、汉中府均新载南瓜，南瓜在陕西已经遍地栽培。而且在绥德州已经初步体现了南瓜的救荒价值，“南瓜，种出南番，土人以此助食”[7]，但直到乾隆年间仍有“他志云与羊肉同食能杀人”[8]的说法，所以南瓜很可能只是作为贫苦百姓的主要食物，而不登大雅之堂。嘉庆《定边县志》载“倭瓜即南瓜，花时必采，牡花配牝花，瓜始长，不配即陨，近邑皆然，见边地物产之异”[9]，不但在陕西最早地记载了南瓜的栽培技术，而且从侧面反映出南瓜在陕西边地栽培更盛的事实。道咸同年间，又新增神木县、宝安县(今志丹县)、清涧县、安定县(今子长县)、汧阳县(今千阳县)、宁陕厅、宁羌州、留坝厅、澄城县，而且道光以后南瓜在陕西代粮作用逐渐突出，多地将南瓜作为储备粮食。

在西北地区南瓜推广的第二阶段中，甘肃推广加快。甘肃西北部的甘州

[1] 康熙六年(1667)《咸宁县志》卷一《物产》。
[2] 康熙四十年(1701)《临潼县志》卷三《物产》。
[3] 雍正十三年(1735)《陕西通志》卷四十三《物产一》。
[4] 顺治十六年(1659)《朔方新志》卷一《物产》。
[5] 康熙五十四年(1715)《镇原县志》卷下《物产》。
[6] 康熙四十八年(1709)《靖远卫志》卷二《物产》。
[7] 乾隆四十九年(1784)《绥德州直隶志》卷八《物产门》。
[8] 乾隆十九年(1754)《白水县志》卷一《物产》。
[9] 嘉庆二十二年(1817)《定边县志》卷五《物产》。

府、凉州府,东部的庆阳府、静宁州、庄浪县、陇西县、伏羌县(今甘谷县)、西和县、成县、秦州(今天水)、阶州(今陇南市武都区)、两当县,中部的兰州、靖远县均栽培南瓜,但主要分布在河西走廊和东南地区,尤其是东南地区分布相对广泛,邻近陕西的地带几乎均有栽培。宁夏当时作为甘肃一府,方志数量不甚多,但仍能反映南瓜栽培较多的事实,乾隆《宁夏府志》、乾隆和道光《中卫县志》、乾隆《银川小志》、嘉庆《灵州志迹》、道光《平罗记略》均载南瓜。新疆南瓜主要分布在绿洲地区,在乾隆《新疆回部志》就记载了"倭瓜"[1],说明南瓜当时至少在天山南路已经成了普遍栽培的作物,嘉庆《回疆通志》、道光《哈密志》均有记载。内蒙古在从咸丰开始到光绪之前只是在呼和浩特地区有南瓜栽培,虽记载不多,但当时"倭瓜,种者极多"[2],盛况空前。

清末民国时期,南瓜在陕西基本完成推广,除了中部地区的少数州县,几乎处处栽培,但是未记载南瓜的州县并不代表没有引种,如在康熙《山阳县初志》、嘉庆《山阳县志》中均有南瓜记载,但嘉庆以后山阳县并未纂修新方志,方志缺失导致南瓜实际栽培情况不详,凤翔县也是这种情况;又如蒲城县,虽然康熙《蒲城志》、乾隆《蒲城县志》物产中均载南瓜,光绪《蒲城县新志》也现存,但是光绪志中物产介绍以特产为主,南瓜等一干瓜类未在物产中反映。清末民国时期未记载南瓜的州县多是此种情况,在同一地区已有引种记载并且同一时期周边州县均有栽培南瓜的情况下,一般都会持续栽培,只是栽培面积增加或缩小的问题。

在清末民国时期的甘肃,尤其是民国时期的甘肃,南瓜推广速度较快、范围较大,虽然没有全省遍种,但总体分布范围较广,东起黄土高原中部的合水县,西至河西走廊西端的安西县,共有 34 处州县栽培南瓜,甘肃东南部的秦州、阶州、巩昌府、平凉府、庆阳府、泾州一带和河西走廊一带有连片栽培并逐渐形成南瓜产区的趋势。与陕西情况相同,静宁州、庄浪县、伏羌县、西和县、成县、阶州、两当县、靖远县等州县已经在乾嘉年间栽培南瓜,也应该是南瓜的推广范围。

虽然这一时期南瓜在宁夏见于方志记载的地区只有盐池县、固原县、同心县,但民国《朔方道志》将南瓜作为通产加以介绍,"南瓜,俗名窝瓜,大小形状不一,皮分红绿黄三色,味同"[3],南瓜在宁夏已经分化出多种不同的品

---

〔1〕 乾隆三十七年(1772)《新疆回部志》卷二《五谷》。
〔2〕 咸丰十一年(1861)《归绥识略》卷二十四《土产》。
〔3〕 民国十四年(1925)《朔方道志》卷三《物产》。

种，朔方道所辖范围即今天的宁夏；民国《宁夏省考察记》同样记载南瓜，因此南瓜在宁夏至迟在民国时期就已经推广完毕。新疆除了分布在天山南麓的绿洲地区，如新平县（今尉犁县），在天山北麓，如乌苏县、昌吉县，昆仑山北麓，如皮山县，均有南瓜栽培。青海除了民国《青海志略》，只有民国《贵德县志》提到南瓜，即使到了民国时期依然只在东部地区栽培。内蒙古清末以后南瓜记载相对较多，方志中共出现 12 次，已经不局限在呼和浩特地区，主要分布地区有河套平原腹地（五原县）、呼和浩特地区（包括土默特左旗、土默特右旗、清水河厅）、呼伦贝尔地区、东南部蒙冀辽三省区接壤处（林西县、赤峰市）和蒙冀晋三省区交界（丰镇厅、集宁县）。从分布地区可知横跨经度最多的内蒙古南瓜引种于不同的省份，主要以华北和东北地区为主，且主要分布在南部地区，未向草原纵深地区推广，但在已推广地区南瓜已经成为主要蔬菜，如在呼伦贝尔，南瓜的种植情况是“全境各县”[1]。

第四节　南瓜在西南地区的引种和推广

南瓜在 16 世纪上半叶就被引种到中国西南地区，西南地区是南瓜的最早传入地之一，之后南瓜作为菜粮兼用的作物迅速在西南地区推广。

中国西南地区在自然区划上一般指中国南方地区（不含青藏高原）西部的广大腹地，主要包括四川盆地、云贵高原、秦巴山地等地形单元。因西藏史料少有南瓜记载，因此本研究对此地区不作讨论，而广西在广义的西南地区中，一般被称为“西南六省”之一，西部大开发中也包含广西地区，因此广西在本地区研究中[2]。

（一）南瓜在西南地区的引种

西南地区最早关于南瓜的记载是明初兰茂（1397—1476）的《滇南本草》：“南瓜，一名麦瓜，味甘平，性微寒……”[3]（云南丛书本），该书成书时间不详，不会晚于 1476 年。但一般认为南瓜与其他美洲作物一样是在 1492 年哥伦布发现美洲之后，才从起源地美洲向世界推广，经葡萄牙人之手传入南亚、

[1] 民国十二年(1923)《呼伦贝尔志略・植物表》。

[2] 历史上、地理上广西是华南的核心省份，西南地区并不包括广西，但因本研究按照南瓜的引种特点将南部地区划分为东南沿海与西南地区，无华南地区，且广西因喀斯特地貌等因素与西南地区也有一定的联系。

[3] (明)兰茂：《滇南本草》卷二，昆明：云南人民出版社，1959 年，第 130 页。

东南亚，进而引种到中国。

《滇南本草》关于南瓜的记载可能是后人托名兰茂窜入，《滇南本草》在入清之前一直以手抄本的方式在民间流传，直到清初始有“云南刊本”，确有后人擅自增改内容。但是，《滇南本草》仍是南瓜在西南地区最早的记载，是书版本之一——汤溪范行准收藏的《滇南本草图说》十二卷（卷一、卷二佚失），是滇南范洪在嘉靖丙辰年（1556）根据《滇南本草》原著整理而成，载：“南瓜，味甘，性温。主治补中气而宽利，多食发脚疾及瘟病，同羊肉食，令人滞气。”〔1〕南瓜至迟 1556 年在滇南已经引种栽培。我国南瓜的记载还见于嘉靖十七年（1538）的《福宁州志》“金瓜”〔2〕，与《滇南本草》的记载相差 18 年，且不说不可能在如此短的时间之内从东南沿海引种到西南边疆，云南与福建之间相隔众多省份，但各省的南瓜最早的引种时间均晚于滇、闽二省，因此西南地区的云南是南瓜引种到中国的最早地区之一，南瓜是经多条路线传入中国的。考虑到文献记载时间一般都晚于作物的实际栽培时间，南瓜应该在 16 世纪上半叶就引种到了云南。

哥伦布发现新大陆之后掀起了欧洲向美洲探险、殖民等活动的高潮，南瓜作为主要美洲作物从而被引种到欧洲。南瓜十分适合充当远洋航行的食物，不仅可以长时间保存，更可果腹充饥、补充水分。葡萄牙人 1498 年到达印度，1511 年征服了马六甲，南瓜便由欧洲人引种到东南亚，当然还有南亚，“葡人海上进展如此的快，他们已引进到果阿（印度西岸港口）的美洲作物在印、缅、滇的传播照理不会太慢”〔3〕。南瓜在云南向有“缅瓜”“麦瓜”之称，此称呼未见于他省，也可从侧面反映出南瓜作为新物种引种到云南，“南瓜，一名缅瓜”〔4〕；而且，云南很有可能是从缅甸引种的南瓜，“缅瓜，种出缅甸故名”〔5〕。滇缅交流十分便利，滇缅间的通衢大道早在西汉就已被开发，称“蜀身毒道”。这条西南丝绸之路的开创实早于西北丝绸之路。〔6〕 1381 年明政府拓展了经大理至缅甸的驿道，完善了“缅甸道”，南方丝绸之路在云南段东

〔1〕（明）兰茂：《滇南本草》卷二，昆明：云南人民出版社，1959 年，第 130 页。

〔2〕嘉靖十七年（1538）《福宁州志》卷三《土产》。关于这里“金瓜”为何是南瓜的考证，下文再述。

〔3〕（美）何炳棣：《美洲作物的引进、传播及其对中国粮食生产的影响（二）》，《世界农业》，1979 年第 5 期。

〔4〕雍正三年（1725）《顺宁府志》卷七《土产》。

〔5〕光绪二十一年（1895）《丽江府志》卷三《物产》。

〔6〕季羡林：《中国蚕丝输入印度问题的初步研究》，《历史研究》，1955 年第 4 期。

起宜宾、石门关、昭通，中经曲靖、昆明、大理，西越保山、腾冲、古永，可达缅甸、印度，《滇略》中描绘了滇缅大道的繁荣景象：“永昌、腾越之间，沃野千里，控制缅甸，亦一大都会也……”〔1〕从我国的史料当中也可见缅甸确有南瓜栽培，西永宁州知州周裕在乾隆三十二年(1767)出征缅甸，日记中载：“有冬瓜、南瓜……”〔2〕

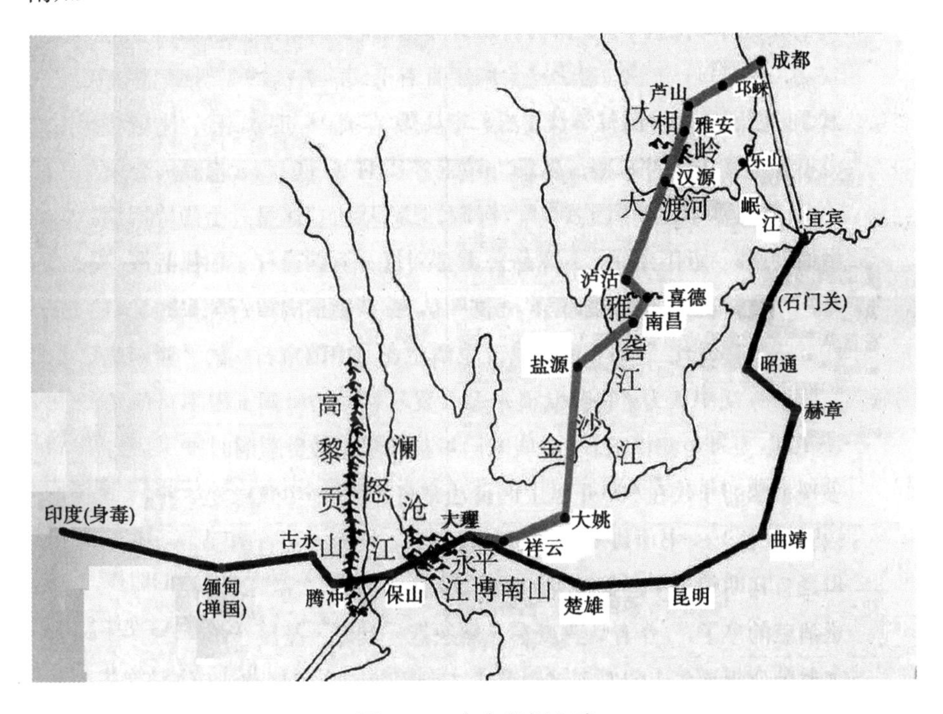

图 3－2　南方丝绸之路

南瓜在被引种到云南之后即向西南地区推广，首先到了四川，营山县在万历四年(1576)已见记载：“冬瓜、西瓜、丝瓜、南瓜、金瓜、菜瓜、王瓜、白瓜，皆园生。”〔3〕嘉定州同样在万历年间已有南瓜栽培〔4〕，四川南瓜的记载时间早于周边除云南省外的其他六省，只可能引种于云南，不可能从长江流域引种。何炳棣认为明朝重开制度化的、专为西番而设的茶马市是美洲作物向京

〔1〕(明)谢肇淛：《滇略》卷四《俗略》。

〔2〕(清)周裕：《从征缅甸日记》，转引自方国瑜主编：《云南史料丛刊》第八卷，昆明：云南大学出版社，2001 年，第 786 页。

〔3〕万历四年(1576)《营山县志》卷三《物产》。

〔4〕万历《嘉定州志》卷五《物产志》。

师和中国内地输进的可能媒介之一，而茶马市南方的重点是在成都西南的雅安、荥经、汉源一带；或由云南土司向北京进贡，可能大体沿着现在的成昆铁路北上，也可能经过贵州北上。[1] 四川盆地地形平坦，有长江水利之便，南方茶马市中心自然在这里，云南土司北上也很可能经过这里，嘉定州（邻近雅安、荥经、汉源）和营山县正好处在南方茶马市和云南土司从四川北上的必经之路上。

贵州在万历四十年（1612）从云南引种南瓜，铜仁府首先记载了南瓜[2]。铜仁府处长江中游支流乌江水系和沅江水系范围内，交通相对比较便利，如前所述，云南土司北上进贡的路线也可能经由贵州北上，铜仁是此线的必经之路。这条线路是从昆明经贵州至汉口的汉口道（湖南段至常德又称常德道），此线从贵州到湖南的重要线路就是从铜仁府经辰水（辰水上源称锦江）到湖南[3]，直达洞庭后，北上或东行均可。或从铜仁府经乌江抵长江，过三峡，到荆州后依然是北上、东行均可。所以铜仁府虽然位于黔东北，相对离云南较远，却是贵州最早引种南瓜的地区。

广西南瓜引种较晚，康熙十二年（1673）阳朔县和西隆州同时见南瓜记载。康熙《阳朔县志》载南瓜的别名“番瓜”[4]，阳朔县位于桂东北的桂林府，是从邻近的广东引种的南瓜，广东较早从海外引种南瓜，嘉靖《新宁县志》已见“金瓜”[5]记载，天启二年（1622）就已经推广到与广西交界的封川县[6]，桂东北亦记载“种出交广，故名南瓜”[7]。桂西的西隆州紧靠云南，“西隆州僻在边徼，山壅瘴重，珍异之物绝无种类，今就所产常物以纪之……南瓜”[8]。西隆州交通不便，加之紧靠云南，南瓜能够成为“常物”必定是从云南引种。可见广西分东西两条路线分别从广东、云南引种南瓜。

西藏与其他地区有高原阻隔，交通不便，并且方志总数偏少，少见南瓜记

---

〔1〕（美）何炳棣：《美洲作物的引进、传播及其对中国粮食生产的影响（二）》，《世界农业》，1979年第5期。

〔2〕万历四十年（1612）《铜仁府志》卷三《物产》。

〔3〕（美）李中清著，林文勋、秦树才译：《中国西南边疆的社会经济：1250—1850》，北京：人民出版社，2012年，第74页。

〔4〕康熙十二年（1673）《阳朔县志》卷二《产物》。

〔5〕嘉靖二十四年（1545）《新宁县志》卷五《物产》。关于这里“金瓜”为何是南瓜的考证，下文再述。

〔6〕天启二年（1622）《封川县志》卷二《物产》。

〔7〕民国二十四年（1935）《恭城县志》第四编《产业》。

〔8〕康熙十二年（1673）《西隆州志》全一卷《物产》。

载，故南瓜在西藏的引种推广不作讨论。笔者所目及的罕见记载如民国《察雅县志略》："临城附近，因居有汉人，种有南瓜、白菜……"[1]不仅反映南瓜引种之晚，且在蔬菜中十分重要（排序第一），但是由于汉人因素方有种植，有食用南瓜习俗的藏人恐怕数量十分有限，有人考证民国时期美国的史德文、浩格登等传教士将南瓜引进西藏。[2]

（二）南瓜在西南地区的推广

南瓜在西南地区的引种推广，可以分为三个时期。入清之前，是南瓜在西南地区的引种时期；清初到乾隆年间发展较快，西南地区各府县多有栽培，是快速发展时期；嘉庆以来，南瓜在西南地区普遍栽培，并形成了主产区，是大规模推广时期。具体记载情况可见表3-4。

表3-4　不同时期西南地区方志记载南瓜的次数

单位：次

省份	嘉靖—崇祯 1522—1644	顺治、康熙 1644—1722	雍正、乾隆 1723—1795	嘉庆—同治 1796—1874	光绪、宣统 1875—1911	民国 1912—1949
云南	4	30	25	28	27	34
贵州	1	2	9	25	14	23
四川	2	9	55	130	64	74
广西		6	19	26	17	54

南瓜在嘉靖年间被引入云南之后，在明代就开始局部推广。在隆庆年间南瓜已经被推广到云南府东北部的曲靖府和南部的澄江府，隆庆六年（1572）的《云南通志》"曲靖军民府"载有瓜之属三"王瓜、冬瓜、金瓜"、澄江府瓜之属五"冬瓜、西瓜、王瓜、番瓜、丝瓜"。据笔者调查，曲靖今天依然称南瓜为金瓜，番瓜自是南瓜，云南风物全书《滇海虞衡志》也将南瓜称为番瓜。天启《滇志》中的云南府、澄江府再次提到"金瓜"和"番瓜"[3]。

入清以来，南瓜在云南就已经成了通产[4]，广泛分布在滇西北、滇中、滇东北的广大区域，乾隆年间进一步推广到除滇南以外的绝大部分区域，形成

[1] 刘赞廷：《察雅县志略》，转引自《西藏地方志资料集成》第三集，北京：中国藏学出版社，2001年，第223页。

[2] 索穷：《西藏物种的引入与变迁》，《中国西藏》，2007年第3期。

[3] 天启五年（1625）《滇志》卷二《地理志》。

[4] 康熙三十年（1691）《云南通志》卷十二《物产》。

了以云南府(昆明)为中心和以大理为中心的连片栽培区域。南瓜在清初的栽培区域基本是沿滇缅大道走向的,也可佐证南瓜引种于缅甸。“麦瓜即南瓜,江南呼为饭瓜,滇中所产甚大,与冬瓜相似,市上切片出售,农庄家无不广植者,每至冬间家有数十百颗堆积如山,以供一岁之需”[1],足以反映清初南瓜在云南的栽培盛况。清初贵州南瓜栽培一直发展缓慢,直到乾隆之前仍局限在最初引种的黔东北一隅,乾隆年间始有在全省范围的分散栽培,但相对其他省份推广速度较慢。贵州约有97%的土地面积分布在群山之中,但乾隆《南笼府志》却载“瓜分王瓠东南丝苦之类,皆植园圃,非同蕨笋之出于山也”[2],南瓜依然在园圃中栽培,贵州的南瓜推广自然比较缓慢。

四川南瓜在引种后的一个半世纪之内推广缓慢,直到雍正年间仍然局限在嘉定州、顺庆府、重庆府等地零星栽培。但从乾隆年间开始,四川南瓜栽培异军突起,推广速度全国领先,广泛分布在北起北川县南至屏山县以东的川中、川东地区,除保宁府、绥定府、石柱厅外各府均有栽培。之所以增长如此之快,是因为这一时期湖广等地移民大量入蜀,加快了四川的开发。广西南瓜虽然引种较晚,但雍正、乾隆年间发展很快,引种于云南的桂西虽然停滞不前,但引种于广东的桂东北成了南瓜的主产区,整个广西约三分之一的州县都有了南瓜的身影,可见从交通便利的广东引种南瓜比从云贵高原引种迅速得多,雍正《广西通志》中南瓜已经是桂林府、平乐府、柳州府的重要物产[3]。而且在广西南瓜较早地被视为“代粮”作物,“南瓜一名番瓜,有大至二十余斤者,又名饭瓜,以其可代饭也”[4]。

嘉庆到同治年间,南瓜在西南地区得到进一步推广。在云南、广西推广速度放缓。在云南除了进一步填补北部未栽培的部分区域外(牟定县、永善县、易门县、南华县、宣威市、曲靖市),更多的是向滇南推广,普洱府、沅江州、广南府均在道咸年间广植南瓜。基本在光绪之前,南瓜已经在云南推广完毕。嘉庆年间广西东北部依然是南瓜的主产区[5],道光以来除了向桂西的

---

〔1〕(清)吴大勋:《滇南闻见录》下卷《物部》。

〔2〕乾隆二十九年(1764)《南笼府志》卷二《土产》。

〔3〕雍正十一年(1733)《广西通志》卷三十一《物产》:“桂林府:金瓜即番冬瓜,永宁出者佳……平乐府:金瓜各州县出……柳州府:番瓜怀远出”。

〔4〕乾隆二十九年(1764)《柳州府志》卷十二《物产》。

〔5〕嘉庆七年(1802)修、同治四年(1865)补刻《广西通志》卷八十九至卷九十一《物产》。

其他地区进一步推广，庆远府、南宁府、廉州府[1]全府遍种，宾阳县、博白县、马山县尽皆栽培。或许因为引种自多地的缘故，广西较早地提到了南瓜品种多样的问题，“南瓜，宾产有数种，四月熟名节瓜，七八月熟名金瓜，形长青色者名瓮瓜”[2]，而且南瓜在广西的别称甚多，为全国之最。

南瓜在贵州和四川的推广速度和范围增长较快。南瓜能够适应贵州的高原环境，“南瓜冬瓜到处皆种，独不产西瓜，种亦不实”[3]，所以在清中期推广相对较快。除了原有栽培区域石阡府、大定府、贵阳府、黎平府之外，一般是就近推广，道光年间已推广到北部的思南府、遵义府、松桃厅，西南的安顺府、兴义府等地。南瓜在四川从嘉庆以来继续狂飙式发展，嘉庆仅 25 年间方志记载南瓜次数就达 51 次，道咸同 50 余年间记载 79 次，同一时期记载次数之多为全国第一。南瓜随着移民潮在川中、川东地区已经基本普及，并进一步推广到川西地区，如邛州、资州、成都府、绵州、雅州府、杂谷厅、懋功厅，川南的宁远府、泸州、叙永厅，甚至连川西高原都成了南瓜的著名产地，“两金川俱出南瓜，其形如巨橐，围三四尺重一二百斤，每岁大宁巡边必携数枚去，每一枚辄用四人舁之”[4]。即使是最西的巴塘县，道光年间也已经推广栽培[5]。

清末至民国时期南瓜在西南地区的推广基本完成。云南在光绪之前就在全省基本完成推广，本时期根据方志记载，云南已经遍种南瓜，“其种本出南番，故名，各区四山皆可种”[6]。南瓜在贵州的推广在清末至民国时期增长较快，已经在全省的大部分地区栽培，需要说明的是本时期未记载南瓜的地区不一定没有推广南瓜，如黔东北的思南府和松桃厅，在道光年间均载有南瓜，以后无该地区方志，但很难想象南瓜在道光以后就在该地区退出历史舞台；另外，民国记载南瓜的地区并不一定较光宣年间引种得晚，如余庆县是贵州南瓜引种最早的县城之一[7]，但现存方志除了康熙刊本就是民国刊本，因此我们虽然把光宣、民国进行了区分，但主要还是反映整体近代时期南瓜

---

〔1〕 廉州府在 1912 年废府之前一直隶属于广东，但是从地理条件来看，更应归属于广西，今天的行政区划上亦属于广西。

〔2〕 道光五年(1825)《宾州志》卷二十《物产》。

〔3〕 嘉庆四年(1799)《古州杂记》。

〔4〕 嘉庆三年(1798)《金川琐记》卷三《南瓜》。

〔5〕 道光二十四年(1844)《巴塘志略》全一卷《物产》。

〔6〕 民国十一年(1922)《个旧县志稿・物产》。

〔7〕 康熙五十七年(1718)《余庆县》卷七《土产》。

在西南地区的分布情况。因此，贵州南瓜未推广的地区主要是黔西南的安顺府、贵阳府大部，以及黔东的镇远府。南瓜成了贵州"通产"[1]，虽然所产甚多，不过主要还是作为蔬菜，救荒作用不明显，"邑产南瓜最多，尤多绝大者，邑人以瓜充蔬"[2]。

广西民国方志记载南瓜54次，其中多数是新增地区。广西主要是在民国时期才推广完毕的，而且覆盖率很高，除了庆远府西部、思恩府西部一带没有普及，全省几乎无县不种(梧州府引种较早，本时期方志缺失，未知南瓜推广情况)，而且南瓜在广西"代粮"作用突出，"南瓜俗名金瓜，产于郭北旺岭者最早，夏初即盛出，可充饥"[3]。四川实际上在光绪之前南瓜栽培区域就已定型，清末至民国时期变化不大，即使在川西高原、松潘高原南瓜亦有栽培，除了雅州府和松潘厅的部分地区，南瓜已无可推广之地[4]，四川幅员辽阔，南瓜的推广速度、面积无疑是作物引种推广史上灿烂的篇章。南瓜在四川常被称为"荒瓜"，含义一曰在荒年有救荒奇效，二曰此瓜生命力强，荒山也能长出；也有人认为"别称荒瓜无义，疑为肪瓜，以较他瓜肉厚，切之类肢肪"，但是无论何种命名原因，"吾南家家种之，大者重十余斤"[5]是四川南瓜栽培繁盛的写照。

第五节　南瓜在东南沿海的引种和推广

南瓜最早被引种到东南沿海，之后迅速在东南沿海推广。明代南瓜栽培区域主要集中在沿海府县，清代已经覆盖了东南沿海的大部分地区，基本形成了南瓜连片栽培的主产区，民国时期更加昌盛。

东南沿海指位于我国东南部的广大区域，包括广东、福建、浙江、江苏、台湾、海南，以及上海、香港、澳门，地形以山地丘陵为主，除了江苏地处平原，以武夷山为界，以北是浙闽丘陵，以南是两广丘陵。

---

[1] 民国三十七年(1948)《贵州通志》卷八十三《方物》。

[2] 民国五年(1916)《安南县志》全一卷《物产志》。

[3] 光绪十九年(1893)《贵县志》卷一《土产》。

[4] 结合历史上方志分析，清末至民国时期南瓜在四川的推广范围应该更广，如此时的保宁府东部，咸丰《阆中县志》瓜类只提到南瓜："夏秋间之南瓜担者负者不绝于途，尤其取之不尽者。"民国《阆中县志》则只提到冬瓜，因此多是本时期未记载南瓜而已。宁远府东部等地情况多是如此。

[5] 民国二十年(1931)《南川县志》卷六《风土》。

（一）南瓜在东南沿海的引种

南瓜在东南沿海乃至全国可信的最早记载是嘉靖十七年(1538)的《福宁州志》:"瓜,其种有冬瓜、黄瓜、西瓜、甜瓜、金瓜、丝瓜。"[1]这里的"金瓜"实际上就是南瓜,"金瓜"是南瓜的常用别称之一,有时也指甜瓜,在今天更多指西葫芦的变种红南瓜(观赏南瓜,又称看瓜)或西葫芦的变种搅丝瓜(金丝瓜)或笋瓜的变种香炉瓜(鼎足瓜),但是《福宁州志》所载确为南瓜。崇祯十年(1637)成书的《寿宁待志》载"瓜有丝瓜、黄瓜,惟南瓜最多,一名金瓜,亦名胡瓜,有赤黄两色"[2],寿宁县就位于福宁州(府)北部;而且以后历朝历代的《福宁府志》均未载"南瓜",仅有"金瓜",南瓜已经被引种到当地却未记载是不可能的;再者乾隆《福宁府志》载"金瓜,味甘,老则色红,形种不一"[3],虽然没有出现"南瓜",但根据性状描写,"金瓜"确实是南瓜。在今天福建南瓜仍主要被称为"金瓜",民国《福建通纪》载"江南人呼金瓜为南瓜"[4],从福建人的角度来说江南的南瓜就是"金瓜"。考虑到作物记载时间一般都晚于其实际栽培时间,南瓜应该在16世纪初叶就首先被引种到了福建。

东南沿海的广东同样较早引种南瓜,民国《广东通志》认为"其传入我国料先到于广东也"[5]。广州府的新宁县[6]、新会县[7]分别在嘉靖二十四年(1545)、万历二十七年(1599)就见"金瓜"记载,"金瓜"一名一直沿用至清末,并未出现"南瓜"一名,而与两地接壤的香山县有载"金瓜,俗名番瓜,色黄"[8],也说明广州府这一带的"金瓜"即为南瓜,因为番瓜是南瓜的主要别称之一,此称谓最早见于隆庆六年(1572)成书的《留青日札》:"今有五色红瓜,尚名曰番瓜,但可烹食,非西瓜种也。"[9]明清时期从国外引入的作物多冠以"番"字,如番薯、番椒、番茄等。紧靠广州府的肇庆府也在南瓜最早传入广东的主要范围中,崇祯《肇庆府志》载"南瓜如冬瓜不甚大,肉甚坚实,产于

---

〔1〕嘉靖十七年(1538)《福宁州志》卷三《土产》。

〔2〕(明)冯梦龙:《寿宁待志》卷上《物产》,福州:福建人民出版社,1983年,第45页。

〔3〕乾隆二十七年(1762)《福宁府志》卷十二《物产》。

〔4〕民国十一年(1922)《福建通纪》卷八十三《物产志》。

〔5〕民国二十四年(1935)《广东通志》不分卷《物产二》。

〔6〕嘉靖二十四年(1545)《新宁县志》卷五《物产》。

〔7〕万历二十七年(1599)《新会县志》卷二《物产》。

〔8〕乾隆十五年(1750)《香山县志》卷三《物产》。

〔9〕(明)田艺蘅:《留青日札》卷三十三《瓜宜七夕》,上海:上海古籍出版社,1992年,第626页。

南中”[1]，据“产于南中”，笔者推测肇庆南瓜引种地比广东更南或是引种于南洋，乾隆《肇庆府志》又载“南瓜，又名金瓜”[2]，都证明“金瓜”在广东是南瓜的主要别称。据区锦联对广东云浮市新兴县的田野调查，一位潘姓老人（80岁）讲述状元报答潘游公的故事：“状元要送许多礼物给老师，潘游公怎么都不要，状元想了一个办法，跟老师说，他准备送一个‘金瓜’给他，老师很快就答应了，让仆从收了下来，自己也没留意。这是为什么呢？因为在我们这地方，南瓜通常又俗称金瓜。”[3]今天在广东南瓜也多被称为“金瓜”。

在浙江，嘉靖《山阴县志》第一次载“述异志曰吴桓王时越有五色瓜”[4]，不久后的康熙《山阴县志》载“南瓜，种自吴中来，一名饭瓜，言食之易饱也，述异志曰越有五色瓜”[5]，两个版本的《山阴县志》所述五色瓜应为同一物，嘉靖《山阴县志》所述“五色瓜”就是南瓜；“五色瓜即南瓜”[6]的这种观点，诸如康熙《武义县志》、雍正《浙江通志》、民国《象山县志》等均持此说。《述异记》旧说南朝成书，《四库提要》认为成书年代约在中唐以后、北宋以前，南瓜不可能早在宋代就被引入我国，而甜瓜颜色多样，也可视为“五色瓜”，因此把《述异记》中所述“五色瓜”作为南瓜的说法欠妥。但南瓜因种而异，瓜皮颜色确实多种多样，常见颜色有黄红绿黑青等，瓜皮常显杂色或间色而斑驳多变，《留青日札》中所载南瓜的特征也是“五色红瓜”。既然《山阴县志》等出现了这样的混淆，能够说明在明清时期的山阴县因南瓜有五色的特征而被称为“五色瓜”，就是说《山阴县志》中的“五色瓜”可以视为南瓜。嘉靖四十三年（1564）的《余姚县志》记载南瓜在浙江的时间仅稍晚于同在绍兴府的山阴县，且记载为“南瓜”[7]，也可成为《山阴县志》最早引种南瓜的旁证。浙北平原一带或是南瓜的最早传入地区之一，并且也可能引种于南洋，“南瓜，自南中来”[8]。东南沿海是一个大的地理范围，不同沿海省份很有可能分别从南洋引种，欧洲人登陆东南沿海的地点也是不同的。

---

〔1〕 崇祯六年（1633）《肇庆府志》卷十《土产》。

〔2〕 乾隆二十五年（1760）《肇庆府志》卷二十二《物产》。

〔3〕 区锦联：《祖师、神祇与地方社会——泸溪河畔的六祖慧能崇拜研究》，《第二十八届历史人类学研讨班论文集》，未刊，2014年11月1日—2日，第208页。

〔4〕 嘉靖三十年（1551）《山阴县志》卷三《物产志》。

〔5〕 康熙十年（1671）《山阴县志》卷七《物产志》。

〔6〕 乾隆三十八年（1773）《诸暨县志》卷八《物产》。

〔7〕 嘉靖四十三年（1564）《临山卫志》卷四《物产》。

〔8〕 崇祯十一年（1638）《乌程县志》卷四《土产》。

江苏南瓜的最早记载见于隆庆《丹阳县志》[1]，其次是万历《宿迁县志》[2]，宿迁地处苏北远离黄海，但却与丹阳一样位于京杭运河沿岸，说明是经运河从浙江引种。同时还有一条路线是从海路引种，乾隆《如皋县志》载"南瓜，其种来自南粤故名"[3]；光绪《海门厅图志》载"南瓜，种出交广故名，俗名番瓜"[4]，民国《崇明县志》同持此观点，说明只有长三角一带南瓜引种自广东。台湾[5]、海南[6]在康熙年间始有南瓜记载，或是清初由大陆移民传入；另一种情况是由于台湾、海南明代方志"缺失"，虽早已从欧洲或大陆引种，但未见书面记载。

南瓜在地理大发现时期被哥伦布及后来的欧洲探险者发现并首先引种到欧洲。葡萄牙人从16世纪开始便多次展开对华贸易，往往能交易的物品都用来交易，以攫取高额利润，南瓜可长时间贮存，适合参加远洋航行，所以可能最先由葡萄牙人传入中国东南沿海。另外，中国与马六甲的交流在当时也很频繁，也可能由侨商直接从东南亚引种到东南沿海。葡萄牙在1513年（正德八年）5月组织了一个以阿尔瓦雷斯（Alvares）为首的所谓的"官方旅行团"，乘中国商船前来中国。[7] 这次访问是葡萄牙人对中国最初的访问，"虽然这些冒险家此次未获准登陆，但他们却卖掉了货物，获利甚丰"[8]。1517年葡萄牙远征队在安德拉德（Andrade）的率领下到达广州[9]，"抵广东后……葡人所载货物，皆转运上陆，妥为贮藏……总督又遣马斯卡伦阿斯（Mascarenhaso）率领数艘抵达福建"[10]。可见葡萄牙人几乎同时对东南沿海的广东和福建发起最早的交易访问，南瓜很可能便是在葡人与中国的早期接触中传入东南沿海，事实上已经证明多数美洲作物最早登陆中国的地点也均是东南沿海一带。广东中南部的广州府与福建东北部的福宁府，最早记载

---

〔1〕 隆庆三年(1569)《丹阳县志》卷二《土产》。

〔2〕 万历五年(1577)《宿迁县志》卷四《土产》。

〔3〕 乾隆十五年(1750)《如皋县志》卷十七《食货志上》。

〔4〕 光绪二十五年(1899)《海门厅图志》卷十《物志》。

〔5〕 康熙五十六年(1717)《诸罗县志》卷十《物产志》。

〔6〕 康熙二十九年(1690)《定安县志》卷一《物产》。

〔7〕 严中平：《老殖民主义史话选》，北京：北京出版社，1984年，第501页。

〔8〕 (英)裕尔撰，(法)考迪埃修订：《东域纪程录丛 古代中国闻见录》，北京：中华书局，2008年，第141页。

〔9〕 (英)裕尔撰，(法)考迪埃修订：《东域纪程录丛 古代中国闻见录》，北京：中华书局，2008年，第141页。

〔10〕 张星烺：《中西交通史料汇编》第一册，北京：中华书局，1977年，第354－355页。

南瓜的时间仅仅相差七年，新作物南瓜的普及速度不可能如此迅速，否则福建邻近的其他内陆省份不应该记载时间滞后很多。总之，福建和广东是东南沿海乃至全国南瓜最早传入的地区，几乎同时引种。浙江虽无欧洲人直接造访的记载，但考虑到《本草纲目》载“南瓜种出南番，转入闽、浙，今燕京诸处亦有之矣”〔1〕，再结合崇祯《乌程县志》等方志记载，浙江也可能是南瓜的最早传入地之一。

（二）南瓜在东南沿海的推广

南瓜在东南沿海的引种推广，可以分为两个时期。明代是南瓜在东南沿海的引种时期，因东南沿海在全国引种较早，南瓜栽培区域除了主要集中在沿海府县，沿海省份中相对内陆的部分府县也已见栽培，已经有了初步推广的趋势；清代南瓜推广更加迅速，清初的南瓜栽培区域已经覆盖了东南沿海的大部分地区，基本形成了南瓜连片栽培的主产区。可见表3-5。

表3-5　不同时期东南沿海方志记载南瓜的次数

单位：次

省份	嘉靖—崇祯 1522—1644	顺治、康熙 1644—1722	雍正、乾隆 1723—1795	嘉庆—同治 1796—1874	光绪、宣统 1875—1911	民国 1912—1949
江苏	16	34	46	36	42	45
浙江	21	49	39	48	42	39
福建	10	25	40	36	15	41
广东	11	43	43	54	30	31
台湾		5	5	3	7	1
海南		7	5	6	8	5

南瓜在嘉靖年间被引种到福建之后首先在沿海地区栽培，明代南瓜栽培主要集中在闽东北的福宁府和福州府，经过了一个世纪的发展，在崇祯年间已经取代本土瓜类成为沿海地区的瓜类大宗，“瓜有丝瓜、黄瓜，惟南瓜最多”〔2〕。万历年间闽西北的建阳县始有南瓜记载〔3〕，到了崇祯年间，南瓜已

〔1〕(明)李时珍著，张志斌等校注：《〈本草纲目〉校注》卷二十八《菜部》，沈阳：辽海出版社，2001年，第1029页。

〔2〕(明)冯梦龙：《寿宁待志》卷上《物产》，福州：福建人民出版社，1983年，第45页。

〔3〕万历二十九年(1601)《建阳县志》卷三《籍产志》。

经被推广到了中部的尤溪县[1]，以及与江西、广东的交界的汀州府[2]。但在明代南瓜食用价值尚未充分发挥，以南部漳州府为例，“圆而有瓣，漳人取以供佛，不登食品”[3]，汀州府亦是如此。康熙年间南瓜始载入《福建通志》，通志中汀州府、漳州府、台湾府有载，以后通志均有记载，乾隆《福建通志》增加到十府，道光《福建通志》达到十二府。康熙年间中北部的建宁府、延平府，南部的漳州府，西部的汀州府在明代南瓜引种完成的前提下基本上“处处有之”[4]；清初，明代未见记载的泉州府也已经遍种南瓜，龙岩州始见栽培，可见清初南瓜已经在各府均有分布。乾隆年间福清出现了南瓜的新品种“一握青”[5]，延平府还栽培出了早产南瓜，“色黄白绿不一，蔓生春种秋实，南平水南出者最早，不甚大”[6]，乾隆《海澄县志》提到了南瓜品种多样及在福建以“金瓜”命名的原因，“金瓜，种类极多，大可拱小可把，肉可疗火伤，味甘色黄，故以金名，又有色朱者堪供玩”[7]。龙岩州、邵武府、永春州的密集记载标志着南瓜在乾隆年间已经在福建推广完毕。嘉庆以来各地的南瓜记载是引种后持续栽培的一种反映。清代南瓜在福建主要是作为一种多用性的蔬菜，但在漳州府直到清末依然是“取以供佛”[8]，民国福州培育出一种“长大如坛重六七十斤”的酒坛瓜[9]。清末至民国时期除了闽中南的部分地区（三明市、永安市、漳平市、安溪县、华安县、南靖县、平和县）未见南瓜记载，已经无县不种。

明代广东的广州府、肇庆府是南瓜的主要栽培区域，天启年间就已经推广到肇庆府最北与广西交界的封川县[10]，南瓜在高州府和雷州府是在府志中作为主要瓜类被介绍。在明代广东南瓜就已经产生不同的品种，“南瓜如冬瓜不甚大，肉甚坚实，产于南中；金瓜者番冬瓜也，有圆如柚有数棱者……经久不败，烹者不美可煎食之”[11]，并且从明代起就作为常见的食品，其重要

[1] 崇祯九年(1636)《尤溪县志》卷四《物产志》。
[2] 崇祯十年(1637)《汀州府志·物产》。
[3] 崇祯五年(1632)《海澄县志》卷十一《物产》。
[4] 康熙二十二年(1683)《宁化县志》卷二《土产》。
[5] 乾隆三十三年(1768)《福建续志》卷九《物产一·福州府》。
[6] 乾隆三十年(1765)《延平府志》卷四十五《物产》。
[7] 乾隆二十七年(1762)《海澄县志》卷十五《物产》。
[8] 光绪三年(1877)《漳州府志》卷三十九《物产》。
[9] 民国二十七年(1938)《福建通志》不分卷《物产志三》。
[10] 天启二年(1622)《封川县志》卷二《物产》。
[11] 崇祯六年(1633)《肇庆府志》卷十《土产》。

性比在福建更突出、推广更迅速。入清后，南瓜迅速在粤西和粤南推广，广泛栽培，虽然粤东北部分县城尚未普及，但总体栽培面积很广，屈大均在《广东新语》中专门加以论述，南瓜在高山上亦为栽培大宗，如在罗浮山位列瓜属第一，“南瓜西瓜……其类不一，山产与山下无别”[1]；根据栽培经验还指出了南瓜的生长期，“南瓜，一名金瓜，三月生至九月”[2]，在雍正年间已经“处处有之”[3]。

粤东北并未栽培南瓜的县城在乾隆以来也均有所记载，如惠州府的海丰县、陆丰县、河源县、归善县，潮州府的普宁县、丰顺县、海阳县，尤其潮州府康熙年间少见记载，但到乾隆年间已经“俗所谓南瓜潮产亦多”[4]。南瓜的救荒价值在道光以后开始体现，在多地用于救荒备荒，“番瓜，属内所产比他处恒大，有重十余斤者，可以充饥”[5]，番禺县尤其能够反映这种变化，康熙年间载“南瓜，俗名番瓜，滞气不宜作食”[6]，同治年间已经“沙茭诸乡多种之”[7]。在清末至民国广东已经无县不种，甚至“乡人每种于山田中”[8]。南瓜种形各异，民国《广东通志》按形状将其分为“皱皮南瓜、靓皮南瓜、牛髀瓜、瓠状南瓜”[9]，因此易与其他瓜类混淆，“冬瓜有二种，长而肉白者曰猪子冬瓜，扁而肉黄者曰番冬瓜”[10]，番冬瓜其实就是南瓜的别称之一，总体在广东还是以“金瓜”“番瓜”的称呼最为普遍，“俗名金瓜”，“番瓜，外省名南瓜”[11]。

台湾、海南有关南瓜的记载均最早见于康熙年间，清初台湾南瓜栽培集中在西南平原，海南则是在北部平原，两处均是二岛最早开发的地区和大陆移民最先进入的地区，移民更加速了平原地区的开发力度。清初台湾的南瓜主要作为蔬菜，“有圆而大且长者，重至数斤，老则色黄可充蔬菜，泉人呼为番冬瓜”[12]。乾隆《澎湖纪略》记载了南瓜的人工授粉技术，“澎湖之番瓜，开花

---

[1] 康熙五十五年(1716)《罗浮山志会编》卷七《品物志》。
[2] 康熙二十六年(1687)《阳春县志》卷十四《物产》。
[3] 雍正九年(1731)《揭阳县志》卷四《物产》。
[4] 乾隆二十七年(1762)《潮州府志》卷三十九《物产》。
[5] 道光二十三年(1843)《英德县志》卷十六《物产略》。
[6] 康熙二十五年(1686)《番禺县志·物产》。
[7] 同治十年(1871)《番禺县志》卷七《物产》。
[8] 光绪三十四年(1908)《新会乡土志辑稿》卷十四《物产》。
[9] 民国二十四年(1935)《广东通志》不分卷《物产二》。
[10] 光绪二十七年(1901)《嘉应州志》卷六《物产》。
[11] 民国十九年(1930)《龙山乡志》卷四《物产》。
[12] 康熙五十八年(1719)《凤山县志》卷七《物产》。

时带子之花,谓之公花;土人取公花之心插在母花心之中,方能结瓜。盖瓜亦有雌雄。此澎地之所独异也"[1]。道光年间台湾中部的彰化始有南瓜记载,同治年间推广到西北部淡水(今新竹市),咸丰年间推广到东北部噶玛兰厅(今宜兰市),推广顺序是从南部到西部再到西北、东北的环形顺序,总体而言,南瓜主要分布在台湾西部平原,东部山地栽培颇少。清初,南瓜在海南北部平原推广完毕后,基本上局限在了此处,向南推广缓慢,乾隆年间东部会同(今琼海市)、陵水始有记载,而后直到清末才推广到最南部崖州,民国进一步推广到感恩县,海南南部季节变化最不明显,南瓜四季均可栽培,因此"四季产者名四季瓜"[2],基本是沿北部—东部—南部—西部的顺序推广。民国《海南岛志》载"南瓜……各属亦有之,惟出产不多,尚无输出"[3],可见虽然南瓜经推广在民国海南已经成为常见蔬菜,但只是作为一般蔬菜用来自给自足而已。

浙江在明代就记载南瓜达 21 次之多,在东南沿海各省中推广速度最快,就全国而言仅次于山东。明代南瓜在浙江的主要栽培区是浙北平原(杭嘉湖平原和宁绍平原)、浙南山地沿海一带、金衢盆地及向浙西山地延伸。浙北平原一带记载颇多;浙南山地沿海温州府、台州府很可能引种于闽北的福宁府;沿海引种随后向内陆推广,天启年间浙江与江西、安徽交界的江山县已见南瓜记载[4],崇祯年间开化县也见南瓜栽培[5],在舟山岛南瓜已经被列入瓜属[6]。在传入之初"五色红瓜,尚名曰番瓜,但可烹食"[7],但仍有地区认为"南瓜,自南中来,不堪食"[8]。清代南瓜在浙江推广速度很快,"郡县旧志俱不载,今邑中园野所在皆是故补入"[9],只有浙西山地、浙南山地部分地区没有物产南瓜的记载。

康熙《东阳县志》载"明万历末应募诸土兵从边关遗种还,结实胜土瓜,一

---

〔1〕 乾隆三十一年(1766)《澎湖纪略》卷八《土产纪》。
〔2〕 民国二十年(1931)《感恩县志》卷三《物产》。
〔3〕 民国二十二年(1933)《海南岛志》卷十三《农业》。
〔4〕 天启三年(1623)《江山县志·物产》。
〔5〕 崇祯四年(1631)《开化县志》卷三《物产》。
〔6〕 天启六年(1626)《舟山志》卷三《物产》。
〔7〕 (明)田艺蘅:《留青日札》卷三十三《瓜宜七夕》,上海:上海古籍出版社,1992 年,第 626 页。
〔8〕 崇祯十一年(1638)《乌程县志》卷四《土产》。
〔9〕 康熙二十六年(1687)《仁和县志》卷六《物产》。

本可得十余颗，遂遍种之，山乡尤盛多者，荐食外以之饲猪，若切而干之如蒸菜法，可久贮御荒”[1]，可见浙西南瓜万历年间引种于边关，产量很高，并且很适合在多山的浙江栽培，可御荒可饲猪，保存时间很长；而且浙江人地矛盾更为突出，南瓜在清初就作为菜粮兼用的作物，“南瓜，野人取以作饭，亦可和麦作饼”[2]，类似记载比比皆是，因此南瓜在浙江的通称是“饭瓜”，有“代饭”之意，将近半数浙江方志对南瓜的记载中都有“饭瓜”一称，十分普遍。康熙《绍兴府志》载“南瓜种自吴中来，易繁大，如冬瓜而圆”[3]，按理说江苏南瓜引种时间晚于浙江，绍兴府是不可能从“吴中”引种南瓜的，很可能是吴中的南瓜品种在康熙年间二次引种至浙江。乾隆初年已经“家皆种此，夏月瓜棚阴翳村落间”[4]，清初未载的浙北的嘉善县、奉化县，浙西的遂安县（今淳安县）、浦江县，浙南的平阳县、庆元县、瑞安县在乾嘉年间已经见于记载。咸丰《新塍琐志》中可食用物产只记载了稻米和南瓜[5]，其重要性可见一斑，清末依然“四乡俱产……以上光绪新塍志”[6]。浙江开发较晚的岛屿如定海厅、玉环县在清末也已经栽培南瓜。民国南瓜在浙江栽培品种更加丰富，用途更加广泛，朝深加工方向发展。

南瓜在浙江引种之后，便通过京杭运河向北方的江苏推广，于是南瓜在明代江苏主要分布在京杭运河沿岸，丹阳县、宿迁县、宝应县、江都县、泰州县、沛县、淮安府等先后从隆庆年间开始引种南瓜，沿运河分布十分明显，呈自南向北的趋势（运河南部包括太湖流域、长江下游地区）。清初南瓜在江苏分布与明代相比变化不大，依然集中在运河沿岸、太湖流域、长江下游地区，只是栽培更加集中、区域性分布。可见江苏南瓜引种最晚，自然推广也更慢，在东南沿海各省中同期栽培地区最少，苏北大部分地区依然未见南瓜栽培。南瓜因可代饭，在明末清初的《补农书》中就被称为“饭瓜”，后来“饭瓜”成为南瓜在江苏的通称，疗饥作用十分明显。乾嘉时期南瓜向苏北进一步推广，盱眙县、大丰县、东台县始见记载，在苏南（包括今上海）已经无县不种，尤其成为太仓州的重要商品，“番瓜，亦出塘岸，苏人大舸来贩之”[7]；道咸同年间

---

〔1〕 康熙二十年(1681)《东阳县志》卷三《物产》。
〔2〕 康熙二十五年(1686)《杭州府志》卷六《物产》。
〔3〕 康熙五十八年(1719)《绍兴府志》卷十一《物产志》。
〔4〕 乾隆十五年(1750)《安吉州志》卷八《物产》。
〔5〕 咸丰《新塍琐志》卷二《物产》。
〔6〕 民国十二年(1923)《新塍镇志》卷三《物产》。
〔7〕 乾隆十年(1745)《镇洋县志》卷一《物产》。

连云港、兴化县也见栽培，在常州府产生了优良品种，“产武进怀南乡陈渡桥者佳”[1]；清末至民国时期，南瓜救荒地位更加重要，已经成为江苏共识，“饭瓜，亦名北瓜，乡人煮以当饭”[2]，尤其在太湖流域、长江下游地区颇受青睐，“南瓜，此数种，几无家不种”[3]。民国《大中华江苏省地理志》在介绍川沙县、睢宁县、沭阳县时，瓜类中只提到了南瓜，可见南瓜已经在瓜类中占据了绝对优势地位，即使在当时的全国的政治经济中心南京，南瓜亦是“乡人以代粮，故一名饭瓜”[4]，并且依然作为商品为太仓州等地创造经济效益。比较特殊的是在江苏南瓜还有“北瓜”一称，在全国范围内“北瓜”有时也指西瓜或南瓜属的笋瓜，在江西等省也指南瓜，在江苏主要指南瓜，“南瓜……此瓜南北皆谓之北瓜”[5]，“北瓜，南瓜之变种”[6]等。

第六节　南瓜在长江中游地区的引种和推广

长江中游地区（皖、赣、湘、鄂）较早地分别从东南沿海和西南边疆引种南瓜，之后推广迅速，但不同省份在具体的引种、推广过程中又呈现出各自的特点。清中期南瓜已经在长江中游地区推广完成，近代时期形成了稳定的产区。

长江中游地区是南瓜较早传入的地区，本研究指安徽、江西、湖南、湖北四省，四省在自然地理上处在秦岭、淮河以南，南岭以北，省内平原、丘陵、山地均有分布，具有一定的共性。

（一）南瓜在长江中游地区的引种

长江中游地区距东南沿海和西南边疆相对较近，较早地分别从两地引种南瓜，明代长江中游地区已有多地引种。南瓜在江西的最早记载见于嘉靖四十四年（1565）《靖安县志》：“黄瓜、倭瓜……”[7]靖安县位于赣西北的南昌府，明末赣西北的流民活动日渐明显，以闽省流民居多，到崇祯时达数十万人

[1] 光绪五年(1879)《武进阳湖县志》卷二《土产》。
[2] 光绪十一年(1885)《丹阳县志》卷二十九《风土》。
[3] 民国七年(1918)《章练小志》卷二《物产》。
[4] 民国二十四年(1935)《首都志》卷十一《物产》。
[5] 光绪五年(1879)《丹徒县志》卷十七《物产一》。
[6] 民国《泰县志稿》卷十八《物产志》。
[7] 嘉靖四十四年(1565)《靖安县志·物产》。

之多,并且活跃于赣西北山区的闽人主要来自闽南山区。[1] 而福建正是南瓜最早传入我国的地区,明代已经在多地推广,闽西北邻近赣北的建阳县在万历年间已有南瓜记载[2],南瓜引种未发生在与福建接壤的赣东北,或是因为赣东北在明代手工业、采矿业更加发达,农业生产以赣西北为主,这种跨越式的作物引种也只可能由长途迁徙的流民来完成。同治《永丰县志》载"南瓜,俗呼北瓜,又名番瓠,种出南番,转入闽浙,今处处有之"[3],描绘了江西从福建引种的事实。

湖南万历末年方引种南瓜,见于万历二十五年(1597)的《辰州府志》,比江西晚 20 多年,在长江中游地区最晚。谭其骧认为湖南人主要来自江西,移民湖南的江西人又以庐陵道、南昌府居多,而且江西北部之人大都移居湖南北部,江西南部则移居湖南南部。[4] 在明代"江西填湖广"的趋势下,来自先引种南瓜的赣北一带的移民很自然地将南瓜引种到湘北一带,而辰州府正好处在湘西北一带。另外,辰州府与贵州最早记载南瓜的铜仁府由辰水相连,辰水是湖南进入贵州的要道之一,两府之间的南瓜引种或许存在一定的联系。

湖北最西北的郧阳府在万历初年就成了南瓜产区,"南瓜,俱竹山、上津、竹溪、保康"[5]。郧阳府是鄂、豫、渝、陕毗邻交界的地区,秦巴山区腹地,位于汉江中游。云南土司从西南边疆向北京进贡,南瓜无论是何种引种路径,都会大体沿着现在的成昆铁路北上或从贵州北上,到达四川盆地后,一般会继续北上,北上路径或是顺着嘉陵江越过秦巴山脉到达关中盆地,或者顺着嘉陵江越过米仓山(从属于大巴山脉,是汉江、嘉陵江分水岭)后东行汉水流域(谷地)到达南阳盆地,南阳盆地的邓州是河南最早引种南瓜的地区[6]。在抵达南阳盆地之前,会经过湖北的郧阳府,所以郧阳府是云南土司向北京进贡路线中的重要点之一,是从四川嘉陵江转汉水直达南阳盆地的必经之路。此外,明宣德年间以后,大批流民迁入林区,人烟稀少、水旱皆宜的鄂西郧阳山区(荆襄地区)是当时流民的理想迁入地,一时成为最大的一个流民聚

---

〔1〕 曹树基:《明清时期的流民和赣北山区的开发》,《中国农史》,1986 年第 2 期。
〔2〕 万历二十九年(1601)《建阳县志》卷三《籍产志》。
〔3〕 同治十三年(1874)《永丰县志》卷五《物产》。
〔4〕 谭其骧:《长水集》上册,北京:人民出版社,1987 年,第 300 - 360 页。
〔5〕 万历六年(1578)《郧阳府志》卷十二《物产》。
〔6〕 嘉靖四十三年(1564)《邓州志》卷十《物产》。

集区，郧阳府就是为鄂、豫、陕三省流民而建，尤其河南的流民，也有可能将南瓜引种到鄂西，故湖北南瓜可能引种自四川或河南。

安徽南瓜的最早引种地点是西北部的亳州："其于瓜也曰绿瓜、曰王瓜、曰南瓜、曰西瓜、曰冬瓜、曰苦瓜。"〔1〕亳州可能从江苏引种，江苏经由京杭运河从南瓜的早期传入地浙江引种，苏北的宿迁是江苏栽培南瓜最早的地区之一〔2〕，宿迁与亳州几乎在同一纬度上，距离很近，而且亳州在淮河沿岸，与运河在洪泽湖交汇，水系贯通。另外，亳州邻近河南，亦有可能从河南引种南瓜，河南东部的项城在万历二十七年(1599)已有南瓜栽培记载，考虑到河南最早记载南瓜的时间几乎与安徽相同，可能性较小。浙江则较早地记录了南瓜〔3〕，可能性更大，安徽东南部有宁国府，顺治《宁国县志》载"嘉靖中，仙养心宦严州，移种给乡人，每本结瓜有百枚，入冬方萎，味甘可代饭"〔4〕，可见宁国府的南瓜引种于浙江严州，官方在南瓜的引种方面有着得天独厚的优势，也可知安徽是多路径引种南瓜。

湖南在长江中游地区中引种南瓜最晚，这是因为湖南是从江西引种，江西成了南瓜次级传播中心，其他三省均可认为从南瓜最早传入中国的地区直接引种，江西、安徽引种于东南沿海，湖北引种于西南边疆。引种方式也各不相同，移民在江西、湖南的引种过程中起了决定性作用，安徽、湖北则是国家政策、官方号召的因素影响较大。总体而言，皖、赣、湘、鄂四省引种时间较早，仅次于福建(1538 年)、广东(1545 年)、浙江(1551 年)、云南(1556 年)这些南瓜的最早传入地，这与长江中游地区紧靠这些地区有极大关系。另外，作物的记载时间肯定会晚于实际传入的时间，因此南瓜至迟在 16 世纪中叶已经被引种到了安徽、江西、湖北，湖南在 16 世纪下半叶开始栽培。

(二) 南瓜在长江中游地区的推广

南瓜在长江中游地区的推广可以分为三个阶段。第一阶段是明末清初，南瓜的引种和初步推广；第二阶段是清中期，南瓜推广基本完成；第三阶段是近代时期，南瓜进一步推广并形成稳定的产区。

〔1〕 嘉靖四十三年(1564)《亳州志》卷一《田赋考》。

〔2〕 万历五年(1577)《宿迁县志》卷四《土产》。

〔3〕 嘉靖三十年(1551)《山阴县志》卷三《物产》。

〔4〕 顺治四年(1647)《宁国县志》卷一《土产》。

表 3-6 不同时期长江中游地区方志记载南瓜的次数

单位：次

省份	嘉靖—崇祯 1522—1644	顺治、康熙 1644—1722	雍正、乾隆 1723—1795	嘉庆—同治 1796—1874	光绪、宣统 1875—1911	民国 1912—1949
江西	9	36	38	110	15	15
湖南	3	27	43	97	30	12
湖北	1	25	28	54	29	15
安徽	18	50	30	45	16	14

表 3-6 以确凿的方志记载信息为统计依据，以反映南瓜在长江中游地区推广的一个趋势，但是又受很多因素制约，如江西在同治年间所修方志较多，对南瓜的记载就足有 64 次之多，为各时期之最。另外或因各种原因导致方志少修或未修、方志未记载物产、物产未记载南瓜三种情况，实际上南瓜在长江中游地区的推广范围应该比实际记载的更大。

江西与南瓜的最早传入地福建共有边界最长，在明代就开始了初步推广的进程，栽培南瓜的地区不在少数，主要集中在赣西北和赣东南地区，尤其是移民进入较早的赣西北一带南瓜栽培区域连成一片，隆庆《临江府志》、万历《南昌府志》、崇祯《瑞州府志》都将南瓜作为一府的常见物产，万历时人吴怀保施舍 18 亩田给袁州府仰山寺院，以充僧用，寺田中就种有南瓜〔1〕，足以见南瓜在赣西北栽培茂盛。此外，就是赣东南与福建接壤的宁都州和建昌府。

湖南引种南瓜较晚，在明代基本没有推广，除了在辰州府有所栽培之外，也就是湘南的新宁县和江华县，应该是由来自江西南部的移民传入。湖北整个明代也只有郧阳府有南瓜栽培，局限一隅，或是由于地处秦岭余脉南部、武当山北部，比较闭塞，与湖北其他地区交流不便，也可以说明南瓜只能是引种于外省，尤其是西南一线，否则湖北其他地区不应该均无南瓜栽培记录。

安徽在明代推广速度、范围均在长江中游地区记载最多，仅明代就有 18 次之多，在全国也是名列前茅。以东北部的颍州府（霍邱县、亳州县、太和县）和凤阳府（怀远县、宿州）以及东南部的徽州府（祁门县、休宁县、绩溪县）和宁国府全府为主，可见是从南瓜的最初引入地亳州和宁国就近扩散，逐渐推广形成规模。此外还有泗州的泗县和滁州府（滁阳县、全椒县、来安县）在东部地区形成连片产区，还有分散在庐州府的无为州、池州府的铜陵、安庆府的望

〔1〕（明）程文举：《仰山乘》卷一。

江县也均有南瓜的零星栽培。但是南瓜作为新作物，人们对它还不甚了解，所以才会出现“南瓜，与羊肉同食能杀人”[1]的记载。

长江中游地区在清初普遍推广速度较快，实现了南瓜推广的以点到面。江西、安徽在明代的基础上，近乎全省推广完成；湖北、湖南虽然尚有不少地区未曾栽培南瓜，但推广速度较快、成效颇佳，一改明代寥寥无几的局面。

江西在清初的南瓜栽培区域依然主要集中在赣西北和赣东南，但推广面积有所扩大，尤其是赣西北几乎无县不种，如康熙《南康府志》载“南瓜……四县皆出”[2]，并且向长江中游地区扩展。赣东北的广信府南瓜比较常见，赣西南则是偶种一二。因江西南瓜从福建传入，在福建多称南瓜为金瓜，在江西多地也是“南瓜，一名金瓜”[3]。总体而言，在江西推广成效尚佳。

湖南西南的靖州县到东北的长沙连成一条直线，湖南南瓜栽培主要分布在这条直线的东南部分，只有长沙府的南部地区（南瓜虽已在康熙《长沙府志》中记载，但株洲、醴陵、湘潭一带的县志并未记载）和郴州一带栽培较少，这条直线的西北部分少有南瓜记载，只有常德府的桃源县、澧州的临澧县和大庸县、永顺府的保靖县有所记载。可见湘西北推广效果不佳，湘东南在明代南瓜传入后推广较快。

湖北除了东北的郧阳府，在清初南瓜的栽培主要分布在南部尤其是东南部，沿长江流域密集分布，北部的德安府、西南部的宜昌府记载不多，西南部的施南府则未见南瓜记载。笔者认为虽然南瓜较早地传入郧阳府，但是没有推广，或只推广到了襄阳府[4]，清初以来在湖北各地的推广实为从江西、安徽传入，在“江西填湖广”的趋势下，从长江流域引入，因此才会在长江流域形成以汉阳府为中心的南瓜栽培带。事实上，湖北到处充斥着来自江西的移民，如武昌地区以南昌地区的移民为主[5]。“南瓜，凶年土人资为哺”[6]，开始充当粮食作物。

安徽在清初就几乎全省推广结束，只有少数府县，如中部的六安州、庐州府和广德州的部分地区没有引种南瓜，其他十府均遍种南瓜，较江苏的推广

---

〔1〕 万历九年(1581)《绩溪县志》卷二《土产》。

〔2〕 康熙十二年(1673)《南康府志》卷一《物产》。

〔3〕 康熙十二年(1673)《进贤县志》卷一《物产》。

〔4〕 顺治九年(1652)《襄阳府志》卷六《物产》。

〔5〕 曹树基:《中国移民史 第五卷: 明时期》,福州: 福建人民出版社,1997 年,第 133 页。

〔6〕 康熙二十四年(1685)《鼎修德安府全志》卷八《物产》。

情况有过之而无不及，在南部山区也呈现欣欣向荣的景象。明末清初南瓜在安徽就发挥了救荒的作用，“嘉靖中，仙养心宦严州，移种给乡人，每本结瓜有百枚，入冬方萎，味甘可代饭”〔1〕，大大早于赣、湘、鄂，这与安徽人地矛盾凸显较早关系很大，因此南瓜已经跻身主要瓜类之列，“瓜种最多，有西瓜、南瓜、北瓜之异”〔2〕。在安徽，“南瓜俗谓番瓜”〔3〕。

清中期（乾隆、嘉庆）南瓜在长江中游地区进一步推广，清初未栽培南瓜的府县纷纷引种，在晚清之前已经推广完成，只有个别州县没有栽培记载，南瓜已经成为家喻户晓的重要作物。

江西方志频繁引用《本草纲目》中对南瓜的描写，从侧面反映了对南瓜认识的成熟。南瓜在江西名称多样，如乾隆《赣县志》:“南瓜，一名番瓜，因种出南番也，一名金瓜，其色黄也，食之令人易饱。”〔4〕这也是南瓜在江西用来充饥的最早记载。

湖南南瓜已是全省通产，并且长沙府首先成了著名产区，“南瓜，湘潭株洲产最多，俗又呼为北瓜”〔5〕，在澧县还培育出了小型南瓜品种，“南瓜，小而无瓣痕，即北人所称阿瓜”〔6〕。乾隆《辰州府志》详细介绍了南瓜的性状，以及南瓜的观赏品种“金瓜”〔7〕。此时，南瓜也展现出弥补粮食作物不足的作用。〔8〕

“南瓜，南人名饭瓜，北人名倭瓜”〔9〕，但在湖北，“南瓜，土名番瓜”〔10〕，已是重要的山地作物〔11〕，而且人们对南瓜有了一定的认识，“南瓜，形有横圆竖扁不一，色黄有白纹界之，煮熟食味面而腻，亦有色黑绿蒂颇尖，形似葫芦，二瓜皆不可生食”〔12〕。

安徽在清初少有的几处南瓜没推广到的地区，在乾嘉年间也开始栽培南

---

〔1〕 顺治四年(1647)《宁国县志》卷一《土产》。
〔2〕 康熙五十四年(1715)《望江县志》卷一《物产》。
〔3〕 康熙十二年(1673)《太平府志》卷十三《物产》。
〔4〕 乾隆二十一年(1756)《赣县志 · 物产》。
〔5〕 乾隆二十二年(1757)《湖南通志》卷五十《物产》。
〔6〕 乾隆十五年(1750)《直隶澧州志林》卷八《物产》。
〔7〕 乾隆三十年(1765)《辰州府志》卷十五《物产考上》。
〔8〕 乾隆二十八年(1763)《宝庆府志》卷二十八《物产》。
〔9〕 乾隆五十三年(1788)《房县志钞》卷三《物产》。
〔10〕 乾隆十四年(1749)《黄州府志》卷三《物产》。
〔11〕 乾隆九年(1744)《大岳太和山纪略》卷四《物产》。
〔12〕 乾隆五十九年(1794)《江陵县志》卷二十二《物产》。

瓜，如乾隆《广德州志》载“南瓜，土人或称番瓜，或称饭瓜，新增”[1]。清初已经发挥救荒作用的南瓜在清中期亦是如此，“番瓜，俗名北瓜，农人和谷作饭”[2]，因此在安徽南瓜的别称“饭瓜”比较流行。

近代是南瓜在长江中游地区形成稳定产区的时期。清中期南瓜在湖南、湖北全省推广完成之后，晚清以来栽培未见减少，种植区域比较稳定。而在江西、安徽虽然更早完成推广，清末和民国时期记载次数却逊于湖南、湖北，但是清末、民国时期未记载的地区不代表南瓜没有推广，从同治年间的记载可见，安徽、江西记载依然很多，只是由于某些原因导致清末记载数量减少，或是方志纂修数量减少，或是南瓜栽培区域略有萎缩，笔者更倾向于后者。

在江西南瓜“一名金瓜，色黄如金，堪煮食”[3]，食用价值十分突出，被称为“日用常物”[4]。在江西宜丰栽培景象尤为欣欣向荣，“南瓜，出生色青至老而转黄，味更佳，土人多结瓜棚，五六月间乡村弥望皆是”[5]，几与大田作物相媲美；东乡县南瓜“亦到处皆有”[6]。晚清以来，南瓜在江西也开始被称为饭瓜[7]，简明扼要地说明了其救荒作用。在江西，南瓜的药用价值也得到了一定的开发。

南瓜不但是湖南临澧县的重要特产，而且“南瓜多种田间”[8]，足见南瓜栽培欣欣向荣，已经与五谷争地。民国时期对南瓜的特性已经有很清晰的认知，南瓜栽培技术也已经很成熟，“清明栽，夏秋结实，陆续采食，有形如枕头者，有如斗笠者。墨瓜皮色由青绿而墨绿而红黄，甜而多粉，其种特佳，或谓南瓜子留种，以煤炭灰裹之，使干不见日，明岁味自甜云”[9]，所以南瓜高产，“实之大者重数十斤”[10]。

在湖北南瓜亦是“通产……此瓜结实独繁”[11]，而且是瓜类栽培的大宗，

---

〔1〕 乾隆五十七年(1792)《广德州志》卷二十《物产》。

〔2〕 嘉庆二十四年(1819)《怀远县志》卷二《土产》。

〔3〕 道光九年(1829)《安仁县志》卷十二《土产》。

〔4〕 道光六年(1826)《上饶县志》卷十二《土产志》。

〔5〕 民国六年(1917)《盐乘》卷五《物产》。

〔6〕 民国元年(1912)《东乡县乡土志》卷上《物产》。

〔7〕 同治十二年(1873)《崇仁县志》卷一《土产》。

〔8〕 民国二十年(1931)《湖南各县调查笔记》全一卷《物产类·临澧》。

〔9〕 民国三十七年(1948)《醴陵县志》卷五《农林》。

〔10〕 民国二十二年(1933)《蓝山县图志》卷二十一《食货篇第九上》。

〔11〕 民国十年(1921)《湖北通志》卷二十二《物产一》。

“瓜以南瓜、黄瓜为最多”[1]，“瓜属俱有，王瓜、南瓜、苦瓜、冬瓜、丝瓜最多”[2]。在长期的培育过程中产生了“菜瓜、面瓜两种”，“肉金红色，煮食味甘脆者为菜瓜，粉者为面瓜，其瓤贴瓜”[3]。诸如“南瓜，色黄有白纹，种出交广”[4]的记载不只一例，可见南瓜在清代后期湖北的推广过程中从江西、安徽传入较多。

安徽“南瓜各属通产”[5]。光绪《安徽通志》记载宁国府是南瓜（饭瓜）的主要产区，且“每本结百枚，入冬方萎，味甘可以代饭”[6]，也可见南瓜可长期保存。在安徽南瓜的救荒作用更加明显，“其收甚丰，为农人重要食品”[7]。南瓜食用方式多样，品种亦是很多，“红黄色者名南瓜，青绿色者名北瓜……去皮瓤瀹食，味面而腻，亦有炒之”[8]，因此即使同属安庆府，“南瓜安庆呼为北瓜……桐城人呼南瓜为方瓜”[9]。

第七节　新中国成立后南瓜的生产和发展

虽然在新中国成立之前南瓜的推广本土化业已完成，但是新中国成立之后南瓜在中国的生产和发展同样值得探讨，可以视为新的一轮推广，也保持了历史的延续性和完整性。南瓜在历史上发挥了重要的救荒作用，新中国成立后其依然有着不可动摇的地位，获得了较大的发展，“文革”以来南瓜生产进入衰弱期，直到改革开放以后的1990年代，南瓜产业才再次焕发生机。但是南瓜产业两次发展的驱动力完全不同，影响也各不相同。稳定的环境和科学技术才是推动南瓜产业发展的支撑力量。

（一）“大跃进”前后的南瓜运动

根据方志记载情况，民国时期，南瓜已经在全国范围内推广结束。1949

---

〔1〕民国二十六年(1937)《松滋县志》卷四《物产》。

〔2〕民国三年(1914)《咸丰县志》卷四《物产》。

〔3〕光绪二十一年(1895)《汉川图记征实》五册《物产下》。

〔4〕民国十一年(1922)《南漳县志》卷四《物产》。

〔5〕(清)冯煦:《皖政辑要·农工商科·卷八十七·垦牧树艺》,合肥: 黄山书社,2005,第802页。

〔6〕光绪七年(1881)《安徽通志》卷八十五《物产·宁国府》。

〔7〕民国十五年(1926)《涡阳县志》卷八《物产》。

〔8〕道光七年(1827)《桐城续修县志》卷二十二《物产志》。

〔9〕民国二十三年(1934)《安徽通志稿·方言考》卷三《释植物》。

年新中国成立后,各项事业蓬勃发展,随着蔬菜科研体系的基本建立和蔬菜科研活动的日趋繁荣,南瓜产业稳步发展。根据1958年的调查,南瓜在东北、华北、西北、华东、华中、华南、西南、台湾已经广为分布,既有栽培于田边、地角、路边、屋侧,也有成片、论亩栽培在园圃、大田之中。当时,吉林、黑龙江、山东、河北、湖北、四川、云南、贵州、浙江、福建、广东等省及甘肃的河西、兰州,陕西的陕北,江苏的镇江、徐州等地分布最多,其他各省也有栽培。[1]以上地区可谓南瓜的重要产区,实际栽培地区应远不止于此。

齐如山在1956年著《华北的农村》一书,书中提到南瓜是北方极普通的蔬菜,也可以说是极重要的蔬菜,更可以说是寒苦人家日日必食、不可少的菜蔬,城镇中自然都是买食,乡间亦有卖者,因它用不着许多工作,自己便能生长,凡房基空地、田地边沿等处,都要种上些,以便自己吃着方便;老嫩都可食,刚生长拳大便可吃,老成后摘下存放,随时可食,只若不冻,可以保存数月之久;乡间的风气以能俭省粮米为第一要义,但除粮米外又无可食之物,南瓜面质极多,糖质也不少,可以代米面而饱人,实为寒家救济之品,可以不吃干食,也算很够营养;秋后其他菜蔬已经过去,白菜正生长,各种豆荚已经霜不能再生,茄子之类不能保存很久,除腌菜和干菜外,鲜者只有此物。[2] 所以,在1949年之后的很长时间,南瓜都在食物结构中扮演十分重要的角色,除了华北地区,估计全国各地多是如此。

总之,1949年之后我国南瓜的生产与发展进入了一个崭新的阶段,全国南瓜生产逐渐走上正轨。南瓜在改革开放之前,与清代、民国一样,是救荒的重要作物,《人民日报》在1959年两次专门推介南瓜,“南瓜营养丰富,除能代粮之外,能做出各种菜肴……凡是高埂、山坡、堤岸壁、水位不到的沟滩、坟墩,以及不适宜种植其他农作物的地方,都可用来种南瓜”[3],“南瓜和南瓜藤蔓都是很好的猪饲料……南瓜产量很高”[4];1961年再次呼吁广泛种植:“嫩瓜可作蔬菜,成熟瓜可代粮食……能在瘠薄的土壤中生长。因此宅前屋后、田头地角都可种植。”[5]

山东沂源县中庄公社以“种南瓜起家”,“公社有一个不到五十户的小山

[1] 中国农业学院:《中国蔬菜优良品种》,北京:农业出版社,1959年,第303页。
[2] 齐如山:《华北的农村》,沈阳:辽宁教育出版社,2007年,第236-238页。
[3] 王杰:《利用高埂斜坡种南瓜》,《人民日报》,1959年3月26日。
[4] 《南瓜》,《人民日报》,1959年12月24日。
[5] 《南瓜》,《人民日报》,1961年3月15日。

村叫道坐崮，这地方山高地薄，过去，是公社里有名的穷队。自从这个生产队利用山地大种南瓜以后，这个穷队却出现了'四多'(养猪多、积肥多、打粮多、收入多)、'一省'(省吃粮)，大家都说他们是种南瓜起家的"[1]。在 1959 年之前我国的南瓜种植多是自发的，主要种植目的是自食自用，如齐如山在《华北的农村》中描绘的一样，这种情况在 1959 年之后改变。1959 年之后我国掀起了种植南瓜的热潮，主要驱动力是行政手段，是在国家政治、经济大形势的背景下，在计划体制、行政命令的号召下导致的南瓜产业发展。

在"大跃进"年代，对南瓜的种植十分狂热，四川省委和四川省人委早在 1960 年 1 月联合发出通知，强调全民大种南瓜对发展养猪事业的重大意义，要求各地开展一个全民性的大种南瓜运动，于是各地大张旗鼓地向群众宣传"南瓜大跃进，才有猪的大跃进"，掀起人人动手、处处种瓜的全民大种南瓜的群众运动高潮；江西省全民大种南瓜运动开始于 1960 年 3 月上旬，江西省各地有六百多万人掀起了大种南瓜运动，可谓席卷全省，在"全党动员，全民动手，见缝插针，见空就种，大种特种南瓜"的口号下，在荒山野岭大种南瓜，在山区，人们在许多荒山、荒地、茶山上和树林里都种上了南瓜，形成了大片大片的南瓜山、南瓜岭、南瓜坡，在平原地区，人们利用田头地角、屋前屋后、池塘边、道路边大种特种南瓜，在城市里，人们也在零星土地上种了南瓜。[2]湖南道县漫山遍野处处栽种南瓜，"全县在不到一个月的时间里，完成了一万多个南瓜山，并做到了边整地边种边管理。在道县的大小山头，到处都蔓延着南瓜的藤叶"[3]。

据笔者不完全统计，仅以浙江为例，在 1958 到 1962 年间，《浙江日报》(居多)和《杭州日报》(少数)对南瓜的报道就有 90 次之多，其中大部分是号召大种南瓜或介绍省内种植南瓜取得的成果，少部分是就南瓜栽培技术进行介绍。如浙江余姚县积极挖掘土地潜力，突击扩种高产早熟饲料作物，开展了一个"人人种植十株大南瓜"的群众运动。[4]

1960 年四川万县各人民公社抓紧当前有利时机，大力推行杈藤移栽的先进经验，继续大种南瓜，取得显著成绩，到七月中旬为止，共移栽杈藤南瓜

[1] 山东沂源县中庄公社：《种南瓜起家》，《人民日报》，1960 年 7 月 27 日。

[2] 《人人动手 见缝插针 大种南瓜 四川为即将下生的大批仔猪准备充足的饲料 江西六百多万人掀起种瓜热潮已种六亿多窝》，《人民日报》，1960 年 4 月 16 日。

[3] 石秀华：《南瓜满山猪满圈》，《人民日报》，1960 年 5 月 18 日。

[4] 《余姚挖掘土地潜力扩种南瓜》，《浙江日报》，1960 年 3 月 14 日。

四百多万窝。[1] 1961 年四川省委又号召"大种早玉米红苕和南瓜"，为了更多地增产粮食和蔬菜，省委要求全省立即开展一个群众性的大种早玉米、早红苕和南瓜等早熟作物的运动，根据平坝、丘陵和山区的不同条件，分别要求平均每人种植一至二分早玉米，一至三分早红苕和十窝南瓜，有条件的地方还应争取多种……因为早玉米、早红苕和南瓜都是高产、稳收和早熟的作物。[2] 四川掀起大种南瓜的热潮。福建省委"号召全民动手，大种瓜菜"，于是福建某地"战士决心大，荒山披绿装，百日黄花朵朵香，硕大南瓜满山岗"[3]。可见南瓜在瓜菜中的重要地位，甚至在五六十年代一提"种瓜"，自然就会联想到南瓜。

南瓜是"大跃进"时期的重要"跃进"产物，"大跃进"时期有个口号："南瓜大一个，抱都抱不合，要拿重得像秤砣，急得他喊爹喊妈莫奈何！"当时的年画、壁画、宣传画多以南瓜为题材（图 3－3），如河北徐水县城街头画了小孩坐在大南瓜上玩耍[4]，还有宣传画是一人坐在大南瓜上看书，下书"大南瓜上学文化"，等等。在农作物产量被普遍吹高、大放高产卫星的"浮夸"年代，南瓜也未能免俗，本节一些对南瓜栽培面积、产量的统计，肯定有夸张的成分，即使到了今天的技术水平，南瓜亩产一般在 2 000～3 000 公斤，不可能达到亩产万斤以上。而且，当时盲目大片推广南瓜，只求"多、快"，没有精心培育，产量不会太高。笔者主要想说明的是南瓜在新中国成立后栽培呈现欣欣向荣的面貌，出现过大种南瓜的热潮，热情远胜于今天，虽无当时南瓜在全国的总产量和栽种总面积的统计，但是根据记载可以推断，较今天相比是有过之而无不及的。南瓜不仅在明清、民国时期得到较大推广，在改革开

图 3－3 "大跃进"时期南瓜年画

〔1〕《万县移栽杈藤多种南瓜》，《人民日报》，1960 年 7 月 16 日。

〔2〕《四川省委号召大种早玉米红苕和南瓜 千方百计增产早熟粮菜 抓住当前有利形势作好宣传动员工作因地制宜层层落实》，《人民日报》，1961 年 3 月 7 日。

〔3〕钟河：《南瓜山》，《人民日报》，1961 年 4 月 14 日。

〔4〕刘炼：《风雨伴君行——我与何干之的二十年》，南宁：广西教育出版社，1998 年，第 98 页。

放之前的新中国也经历了相当辉煌的时期。

虽然南瓜在当时被狂热地栽培，但是种植南瓜并不像“大炼钢铁”“大办工业”等造成了许多恶劣后果，反而因为南瓜种得多，在三年困难时期不知道挽救了多少人民的生命，1959年，广大人民以瓜果蔬菜和野果野菜充饥，称为“瓜菜代”，紧接着国家也采取“低标准，瓜菜代”的措施，一方面降低城乡人口的吃粮标准，一方面大力生产瓜果、蔬菜和代食品，这是当时整个社会求生存、想活命的必然趋势。南瓜因高产、速收、可存放时间长，在困难时期突出展现了救荒价值，“瓜菜代”中的瓜可以说主要就是指南瓜。山东昌乐县没有饿死人，是因为县委书记王永成发现冬小麦将减产后就发动群众大种南瓜，南瓜成为夏荒来临时群众的“保命瓜”，以瓜代粮渡（度）夏荒。“平均每人有五六十颗南瓜，如果是四口之家一户就有二百多颗大南瓜，而1960年全县麦子收下来留足种子后，平均每人只有十八斤，老百姓生活就靠这些南瓜了……昌乐的百姓编出了不少赞颂南瓜的歌谣。如：‘背着南瓜上青岛，看了戏，洗了澡，来回路费使不了。’可见当时昌乐农民不仅自己渡过了饥荒，对城市居民渡荒做了贡献（渡荒，现在一般作‘度荒’，下同）。”[1]王永成在当时也作《种南瓜》一诗：“设计渡荒风，以瓜代谷粮。明前先育种，入夏现花黄。秋禾方齐藤，早瓜已硕长。甘醇适口感，堪好充饥肠。南社销青市，北区卖远乡。虽云有所获，细论犹惶惶。”从诗中可以看出南瓜不仅有巨大的救荒价值，而且还为当地带来了经济效益。事实上，“大跃进”以后的年代，由于粮食供应紧张，南瓜也常被用来代饭救荒。虽然“文革”时期对南瓜记载不多，但是贫苦人家用以代粮的南瓜在计划经济时期一直都拥有巨大的价值。

但在粮食严重缺乏的环境中，瓜果和蔬菜也逐渐成为稀缺资源。在1960年以来的广大农村，其实早已无瓜无菜可“代”了，即使之前在多省都掀起了南瓜种植的高潮，南瓜也依然不够食用，这些是后话了。

1966—1976的“十年动乱”对南瓜产业的正常发展造成了一定的冲击。南瓜经过了1965年之前的发展期，进入了一个衰落期。南瓜在我国发展停滞，因为南瓜的生产地位较低，虽然南瓜在1960年代前在救荒中立下了汗马功劳，但多是贫苦人家用以代粮，“南瓜，一名番瓜，贫家用以代饭”[2]，

---

〔1〕 马钟嶽：《大饥荒中的县委书记王永成》，《炎黄春秋》，2007年第3期。

〔2〕 道光二十八年(1848)《元和唯亭志》卷三《物产》。

被认为粗劣鄙俗，是一种济贫食物。[1]“大老粗”南瓜可以说是上不得台面、入不得席宴、登不得大雅之堂的大路菜，与八大菜系的“阳春白雪”相比，南瓜无疑是“下里巴人”，八大菜系中少有南瓜的身影，尤其在改革开放后，粮食一再增收、食品丰富，南瓜可以说已经失去了救荒价值；而且有人对南瓜有偏见，以为它只含淀粉、糖分，没什么营养[2]，单纯作为蔬菜的话人们对它注意不多。

（二）南瓜产业的新发展

随着人们对南瓜营养成分保健价值研究的深入和食物结构的改善，南瓜在世界范围内越来越受到重视。在改革开放以后，尤其是1990年代以来，我国关于南瓜栽培、加工、科研等方面的著作如雨后春笋，反映在各类对南瓜的介绍文献中。根据读秀学术搜索及全国报刊索引中对以“南瓜”为题的检索，此类文章在1955—1964年在各类报纸中介绍较多，1965—1999年之间均是每年不超过10篇，进入21世纪才骤然增多。1990年代开始，有关南瓜研究和试验的文章稳步增加，体现在生产领域，就是1990年代以来南瓜栽培面积逐年扩大。

据农业部农业司的统计，1989年全国南瓜栽培面积为4.2万公顷，占全国蔬菜播种面积的0.6%，到1994年发展到5.6万公顷，占全国蔬菜播种面积的1.5%；据中国园艺学会南瓜分会估计，2006年我国西葫芦播种面积约22万公顷，南瓜和笋瓜种植面积达33万公顷，总计55万公顷，总产约1 237万吨，占全国蔬菜播种总面积的3%，占总产量的2.5%；再据山东省农业部门统计，除西瓜、甜瓜外，瓜类蔬菜播种面积有16万公顷，其中42%为南瓜，仅次于黄瓜，居第二位。[3]

从联合国粮食及农业组织（FAO）资料统计中可见世界包括我国南瓜属的南瓜、笋瓜、西葫芦的生产情况。美中不足的是FAO的统计资料是把南瓜属的三大作物一起统计，没有单独统计南瓜，因此表3-7、表3-8主要反映南瓜属作物生产情况，但是依然可以反映南瓜生产的趋势。

---

[1] (美)尤金·N.安德森著，马孆等译：《中国食物》，南京：江苏人民出版社，2003年，第128页。

[2] 易卫平：《买只老南瓜尝尝》，《杭州日报》，1994年8月30日。

[3] 刘宜生等：《我国南瓜属作物产业与科技发展的回顾和展望》，《中国瓜菜》，2008年第6期。

表 3－7　中国南瓜属作物生产情况

年份	种植面积(公顷)	单产(百克/公顷)	总产(吨)
1990	84 967	149 855	1 273 270
1994	133 173	169 156	2 252 698
1998	219 162	147 448	3 231 507
2002	274 934	185 735	5 106 499
2006	318 470	190 716	6 073 725
2010	364 736	184 571	6 731 986
2014	395 075	184 888	7 304 467
2018	444 679	184 107	8 186 851

资料来源：FAO统计资料 http://www.fao.org/faostat/en/#data/QC。

笔者选取近20余年的数据(表3－7)，可见南瓜属作物历年总种植面积和总产量的一个增长情况：从1990年到2018年，我国南瓜属作物的种植面积和产量呈逐年增加趋势，总种植面积增加了4.32倍，总产量增加了5.43倍，单产在21世纪之前，一直在15吨/公顷上下波动，新世纪以来，稳定在18吨/公顷以上，可见我国南瓜栽培技术在全国范围内已经得到普及，并且有较大的提升。

世界南瓜属作物单产呈逐渐增加趋势，我国则更加典型。2018年我国南瓜栽培面积占世界南瓜属作物总面积的17.88%，总产量占世界总产量的22.85%。以2002年为例，在全世界不同蔬菜作物种类产值中，南瓜属作物居第九位，年销售产值达40亿美元。[1] 中国、印度、喀麦隆(近年南瓜属作物栽培面积稳定前三)是世界南瓜属作物主产国，其中中国总产量居世界第一，栽培面积居世界第二，相对于栽培面积排第三位的喀麦隆，总产量更是具有绝对优势。中国是世界上最大的南瓜生产国和消费国，而且单产在世界领先，是印度单产的将近两倍。

---

〔1〕 Harry Paris: The Squash and Pumpkin Market, Newe Ya'ar Research Center, Ramat Yishay, Israel, 2001.

表 3－8　世界南瓜属作物栽培面积前十国家(2018)

国　家	栽培面积(公顷)	单产(百克/公顷)	总产(吨)
印　度	580 244	95 991	5 569 809
中　国	444 679	184 107	8 186 851
喀麦隆	442 141	11 708	203 748
土耳其	174 022	61 981	616 777
乌克兰	99 510	218 985	1 338 000
俄罗斯	61 100	212 410	1 189 539
卢旺达	56 002	50 907	258 154
古　巴	50 711	89 999	452 264
墨西哥	50 252	203 283	776 073
南　非	38 177	86 724	266 746

资料来源：FAO 统计资料 http://www.fao.org/faostat/en/#data/QC。

第四章

南瓜生产技术本土化的发展

南瓜在明代中期传入，清代在全国几乎推广完毕，但以传统生产技术为主。明清古籍对南瓜栽培技术记载颇多，内容涉及播种育苗、定植、田间管理、病虫害防治和采收。南瓜栽培技术发展很快，清代已经基本成熟，得益于我国早已成熟的传统瓜类栽培技术和明清劳动人民对南瓜栽培经验的认真总结。

随着近代农学的传入，民国时期南瓜生产技术迅速发展，内容涉及选种育种、播种育苗、定植、田间管理、病虫害防治和采收。中西合璧是民国时期南瓜生产技术的特色，由于我国劳动人民和科技工作者的努力，民国时期南瓜生产技术逐渐向世界先进水平看齐。

新中国成立后的南瓜生产技术，以 1978 年为分界线，分为两个阶段，第一阶段的南瓜生产技术与近代相比更加成熟，不但技术更加先进，也更客观，均是通过实验重新得出结论，不再单纯以农民的生产经验为出发点；第二阶段的南瓜生产技术更多地融合了世界先进技术，发展更加迅速。

第一节　明清时期南瓜栽培技术的积累

明清时期对南瓜栽培技术的记载以农书居多。明清方志对南瓜栽培技术的记载比较零碎，分布在多部方志中，叙述也一般比较简略。可以理解，因为方志所记述的内容极其广泛，举凡一地的建置、沿革、疆域、山川、名胜、资源、物产等情况都为其所包容。[1] 虽然“物产”几乎是方志必载之项目，但在民国之前，“方志·物产”的记载往往比较简单，一般只记载物产名目，附带一两句简单介绍都已经比较少见，对栽培技术的记载更是凤毛麟角；即使是相对比较详细的民国方志，除了记载物产的名称之外，还会叙述物产的性状、用途等内容，但关于栽培技术的叙述依然是十不存一。

一、播种育苗

明清古籍记载的南瓜栽培技术以播种育苗叙述最多。郑之侨在《农桑易知录》中载：“瓜有东瓜、南瓜，各色不同。先将湿稻草灰，拌和细泥铺地上，锄成垄，三月下种，每粒离尺许，以湿灰筛盖，河水洒之，又用粪浇，干则浇水，待芽顶灰，于日中，将灰揭下搓碎壅于根旁，以清粪水浇之，三月下旬，治畦锄穴，分栽之。一尺二寸一穴，藤至一二尺长，须用浓粪水灌之，至蔓长，用木棍搭棚引上。凡种瓜，法俱同。”[2]从作垄、下种、肥水、分栽等方面全面介绍了瓜类栽培技术。《农桑易知录》成书的乾隆二十五年(1760)，南瓜无论是在郑之侨的家乡潮汕，还是在当时湖南宝庆府，都是当地主要瓜类，因此郑之侨先提到了南瓜，最后他又认为“凡种瓜，法俱同”，也就是说介绍的南瓜播种育苗技术同样适用于其他瓜类。

丁宜曾在《农圃便览》中载：“二月……葫芦、瓠子、番瓜、冬瓜，俱于春分节内天晴下种，若交三月节，则太迟，苗俱要稀。”[3]农历二月是种瓜的上时，南瓜(番瓜)亦是如此。南瓜选种技术与冬瓜极其类似，陈恢吾的《农学纂要》指出：“南瓜冬瓜……一本留二三果，采种同茄，宜用多年，旧种结实反多。”[4]许起的《珊瑚舌雕谈初笔》更具体到日，指出“瓜以辰日种则易生而繁实，按山谷诗云：夏栽醉竹余千个，春粪辰瓜满万区。余尝命园丁依法试之，果大验然”[5]。

咸丰《归绥识略》大篇幅地介绍了甜瓜的选种、播种技术，“先取本母子

---

〔1〕 来新夏：《方志学概论》，福州：福建人民出版社，1983年，第1页。

〔2〕 (清)郑之侨：《农桑易知录》卷一，转引自《续修四库全书》975(子部 农家类)，上海：上海古籍出版社，2002年，第427页。

〔3〕 (清)丁宜曾：《农圃便览》，北京：中华书局，1957年，第25页。

〔4〕 (清)陈恢吾：《农学纂要》卷二，光绪年间刻本。

〔5〕 (清)许起：《珊瑚舌雕谈初笔》卷四，光绪十一年(1885)弢园刊木活字印。山谷诗，为宋人黄庭坚《山谷外集》，原文为“夏栽醉竹余千个，春粪辰瓜满百区”，当时描绘甜瓜，许起此处借指南瓜，同时文字略有变动，“满百区”改为“满万区”。

瓜，截去两头，止取中央子，用本母子者，瓜生数叶便结子……种早子，熟速而瓜小；晚子，熟迟而瓜大。去两头者，近蒂子，瓜曲而细，近头子，瓜短而喎。瓜子收时以细糠拌之，下种时先用水淘净和以盐……纳子四枚、大豆三颗，俟瓜生数叶，掐去豆……”，基本是引用《齐民要术》中的播种法，在介绍南瓜时只是一句“种者极多，法与种甜瓜同”[1]。选择合适的母瓜进行留种在任何时代都被重视，表明对瓜类种性的遗传已有了一定的认识。

包世臣在《郡县农政》的“瓜”目中同样较多引用《齐民要术》的播种育苗技术，不再一一尽述，但又补充了一些观点，或者深化了前人的观点，如“择良田，先密种蚕豆，入三月犁掩之，再耕劳……乃下子四枚，每枚旁下大豆二枚……生三四叶，掐去豆。宜苗稚时数锄之，则实盛”，结尾指出“菜瓜、黄瓜、丝瓜、南瓜法皆同”[2]，提倡保持土地肥力和利用大豆帮瓜苗破土及利用豆汁为肥料的观点。

实际上不只《郡县农政》《归绥识略》，很多农书、方志中记载的瓜类栽培技术都有大量引用《齐民要术》的情况，我国的瓜类栽培技术早在公元6世纪《齐民要术》成书时就比较成熟，瓜类颇有共性，南瓜适应性又强，农民可以不需要专门掌握南瓜的栽培技术，这是南瓜能够在短期内传遍中国的原因之一。《齐民要术》之后新增的瓜类栽培技术大多也适用于南瓜，《农桑易知录》《郡县农政》等例子就是这样，所以南瓜可以套用我国传统的瓜类栽培技术，迅速融入我国的瓜类生产体系。

是否明清时期没有南瓜专门的播种育苗等栽培技术？答案当然是否定的。瓜类具有共性，但美洲作物南瓜也有它的个性，古代劳动人民在南瓜的种植过程中也发现了适合南瓜的新的栽培技术，可以促进南瓜健康生长、提高南瓜产量。

对南瓜栽培技术记载最早的是万历六年（1578）成书的《本草纲目》，“二月下种，宜沙沃地。四月生苗，引蔓甚繁，一蔓可延十余丈。节节有根，近地即着”[3]。《本草纲目》确实是早期对南瓜性状、选地播种描述比较全面、权威的文献，影响很大。明代以来的方志，频繁引用《本草纲目》中对南瓜的诠

---

〔1〕 咸丰十一年(1861)《归绥识略》卷二十四《土产》。

〔2〕 (清)包世臣撰，李星点校：《包世臣全集·齐民四术》，合肥：黄山书社，1997年，第180页。

〔3〕 (明)李时珍著，张志斌等校注：《〈本草纲目〉校注》卷二十八《菜部》，沈阳：辽海出版社，2001年，第1029页。

释,可见南瓜传入早期,以露地直播为主。

屈大均的《广东新语》概述了不同瓜的栽培周期,将南瓜从其他瓜中区分开来,“广瓜岁种二次,二月至四月者为黄瓜,二月至三月、七月至八月者为梢瓜,亦曰越瓜。三月至九月者为南瓜,亦曰番瓜。三四月蕃者为甜瓜,冬月亦结者为西瓜,为水瓜,为冬瓜”,书中还指出“有金瓜,小者如橘,大者如逻柚,色赭黄而香,亦曰香瓜。五六月熟,与荔枝争其芬馥,瓤中酿味甚甘,解渴生津,番禺人多于吉贝畦与西瓜杂种之。其地沙白而细者,其瓜尤香”[1]。“金瓜”在广东常用来指代南瓜,该“金瓜”很可能是南瓜的优良品种。如是,可见南瓜在番禺多与西瓜杂种,土质愈“沙白而细”,南瓜口味愈佳。

郭云陞在《救荒简易书》中对南瓜倍加推崇,对南瓜的记载在各类农书(救荒书)中最为详细。首先在卷一“救荒月令”中叙述了南瓜的播种时令,“南瓜立春日种,芒种夏至可食。南瓜二月种,小暑可食。南瓜三月种,大暑可食。南瓜四月种,立秋可食。快南瓜五月种,处暑后十日可食”。虽然南瓜农历二月到五月都可种植,但四五月实际上已经不适合种植南瓜了,所以郭云陞也认为这是“救荒权益之法也”[2]。卷四“救荒种植”提到了“快南瓜”,“沙高向阳自二月至五月可种快南瓜”[3]。“快南瓜”是人为缩短南瓜生长期的产物,虽然不符合南瓜的生长规律,但亦可食用,可解救荒之急,乃备荒要物。

值得注意的是,在播种时令上《齐民要术》记载:“二月上旬种者为上时,三月上旬为中时,四月上旬为下时,五月、六月上旬可种藏瓜。”[4]《农政全书》也持该观点。藏瓜也就是秋瓜,小实中坚,故可久藏。但光绪(陕西)《镇安县乡土志》载:“南瓜,三月种,六月后结实。”[5]可见不同地区的方志对南瓜播种时令记载略有不同,这是因为中国经纬度跨度很大、地形复杂,地区差异明显,在没有保护地栽培的明清时期,具体播种时间视情况而定,一般在气温稳定在15摄氏度左右时进行播种。

明清南瓜栽培,有的是露地直播,有的是育苗移栽,清代古籍记载的多是

---

〔1〕(清)屈大均:《广东新语》卷二十七《瓜瓠》,北京:中华书局,1985年,第705页。

〔2〕(清)郭云陞:《救荒简易书》卷一《救荒月令》,光绪二十二年(1896)刻本。

〔3〕(清)郭云陞:《救荒简易书》卷一《救荒月令》,光绪二十二年(1896)刻本。

〔4〕(后魏)贾思勰著,缪启愉校释:《齐民要术校释》,北京:中国农业出版社,1998年,第155页。

〔5〕光绪三十四年(1908)《镇安县乡土志》卷下《物产》。

育苗移栽,说明随着南瓜的不断推广,育苗移栽比例逐渐增加。事实上,对南瓜来说育苗移栽好处颇多,一是可以节省土地,增加土地复种指数,充分利用土地;二是定植后很快会开花结果,从而加快成熟发育,延长采收期;三是便于管理,集中育苗可节省劳动力。露地直播简便、省工,根系发育好,抗旱能力强,一般终霜后在十边地、宅旁零星地都进行直播。

二、定植

(一) 整地作畦

瓜类与绿肥轮作,用地与养地相结合,在南瓜栽培中得到了应用。包世臣提到"凡瓜,冬种者常胜春种,六月雨后种绿豆,八月中犁杀之,十月再耕",然后种瓜。种植南瓜要深沟高畦,"开畦掘坑,大如盆口,深五寸以上,壅其畔,坑底另平正,以足踏之,令保泽"[1]。《农学纂要》认为:"瓜,胡瓜畦幅二尺七八寸,苗距尺二三寸,南瓜冬瓜畦幅较广,植苗二本留一本。"[2]南瓜一般畦宽(连沟)1.5~1.6米,每畦种两行。

《救荒简易书》卷二"救荒土宜"记载:"黑皮南瓜性耐碱,宜种碱地。南瓜宜种沙地,立夏前五日种;南瓜性喜燥,宜种高沙地,直隶河南农民用高沙地种南瓜。南瓜宜种石地,田形瓯脱满山小碎土块,如盆如碗之地,宜种南瓜,使其有土之处,藏根生苗,无土之处,引蔓结角,亦种石地巧法也。"说明南瓜在盐碱地、沙地、石地均可种植,对土质要求不严,甚至光绪(河北)《遵化通志》载:"南瓜……沿边山地种者尤佳。"[3]

"救荒土宜"还记载了南瓜的"茬地相宜":"南瓜宜种绿豆茬。南瓜宜种红小豆茬。南瓜宜种黍茬。"《农政全书》中也认为种瓜"良田小豆底佳,黍底次之"[4]。前茬作物收获后,要及时耕翻晒白,以改良土壤的物理性状。此外,还有南瓜的"茬地避忌":"黑黄豆茬种南瓜,南瓜半路枯萎。重茬以种南瓜,南瓜不能收成。"[5]南瓜对前茬的选择,以禾本科作物为好,前茬为黑黄豆或重茬会造成南瓜根部滋生病菌,导致枯萎病、叶枯病、病毒病等危害,严

---

〔1〕(清)包世臣撰,李星点校:《包世臣全集·齐民四术》,合肥:黄山书社,1997年,第181页。

〔2〕(清)陈恢吾:《农学纂要》卷二,光绪年间刻本。

〔3〕光绪十二年(1886)《遵化通志》卷十五《物产》。

〔4〕(明)徐光启:《农政全书》上册,长沙:岳麓书社,2000年,第408页。

〔5〕(清)郭云陞:《救荒简易书》卷二《救荒土宜》,光绪二十二年(1896)刻本。

重影响作物生长。

（二）定植时间和定植密度

张宗法的《三农纪》对南瓜定植描述比较详细。南瓜“熟土掘起作穴，如种西瓜法。三月下种，成苗移栽，相去六七尺一穴，每穴只可点于一二粒，相去五六寸许。苗生，粪水频浇，结实不宜塌土，以砖石拦之，则味甘美，不则味淡，或瓤中生蛆”[1]。南瓜根系生长快，以小苗定植为宜，一般幼苗具有了两三片真叶时，也就是四五月份定植。根据《三农纪》记载的定植密度，大概亩种 200 穴以上，每穴可种两株。

虽然在季春时“植冬瓜，植葫芦，植菜瓜，植西瓜，植黄瓜，植南瓜”[2]，但是《三农纪》中不同瓜类的“植艺”很不相同，《三农纪》提出了南瓜“结实不宜塌土”的观点，十分新颖。但冬瓜是“须傍阴地，作区围二尺，深五寸，以粪和土熟，正月晦日种”[3]，除了区种、农时的差异，南瓜与冬瓜等瓜类差异颇大，不再一一对比。南瓜栽培技术开始与普遍性的瓜类栽培技术相区别，是南瓜栽培技术成熟的标志。

南瓜以爬地栽培为主，棚架栽培在晚清才开始流行。光绪（河北）《固安志》：“三月生苗引蔓，其茎长而弱，不能自立，必以卷须攀援他物。”[4]光绪（四川）《永川县志》：“永人结架于上，则蔓牵瓜悬累累在望。”[5]光绪（浙江）《青田县志》：“节节有根，以棚架之。”[6]棚架南瓜亩种在 3 000 株左右，相当可观。

三、田间管理

（一）肥水管理和中耕除草

南瓜的肥水管理明清文献记载不多，其重要性远没有今天突出。南瓜根系强大，吸水能力强，除了在定植时需要在根部浇水之外，一般不进行灌溉，

---

〔1〕（清）张宗法著，邹介正等校释：《三农纪校释》卷九《蔬属》，北京：农业出版社，1989 年，第 297 页。

〔2〕（清）张宗法著，邹介正等校释：《三农纪校释》卷三《月令 · 季春》，北京：农业出版社，1989 年，第 131 页。

〔3〕（清）张宗法著，邹介正等校释：《三农纪校释》卷九《蔬属》，北京：农业出版社，1989 年，第 295 页。

〔4〕光绪《固安志》不分卷《物产》。

〔5〕光绪二十年（1894）《永川县志》卷二《物产》。

〔6〕光绪二年（1876）《青田县志》卷四《土产》。

在多雨季节还应做好排水工作。同时,“因他(它)用不着许多工作,自己便能生长……平时只掐尖、对花、压蔓等等,没有其他重要工作,无碍农忙”[1],这也是南瓜易于种植的表现之一。因此虽然南瓜想获得高产需要施重肥,但在缺肥的明清贫困农民看来,远没有其他作物紧迫性高,所以在文献中几乎没有提及。

至于中耕除草,对定植大田的南瓜来说十分重要,可以避免杂草与南瓜争夺养分,增加土壤透气性和湿度,好处颇多,所以《齐民要术》才反复强调“多锄则饶子,不锄则无实”,“瓜生,比至初花,必须三四遍熟锄”[2];但《农圃便览》也说:“锄瓜不厌数但勿伤根,西瓜番瓜俱用粪壅,去旁枝务勤。”[3]这是栽培瓜类的共识,对南瓜中耕除草的叙述均是引用该观点表示强调。

(二) 整枝和压蔓

整枝和压蔓是南瓜田间管理的技术要点。《马首农言》采取总分的方式阐述了南瓜栽培技术:“谚曰:‘小满前后,安瓜点豆。’瓜类甚多,栽时不甚相远。如中瓜[4]则先栽,倭瓜次之。黄瓜、甜瓜与葫芦、瓠子相继并栽。其法将子用温水浸过,扑于地上,一一入盆芽之,芽之然后栽之。其性蔓生,且多支节。叶下皆有一头,以手切去,方不混条。”南瓜属作物在列举的瓜类中栽培时间最早,先在盆中培育瓜苗,然后移栽,蔓生的瓜类都可以整枝,把侧蔓部分摘除,不使瓜蔓混乱。然后又专门介绍南瓜,“倭瓜宜多栽,必须伏前埋条,切去支节。至伏则瓜朽烂,立秋后虽多结实,亦难黄熟”[5],强调了南瓜的整枝办法——单蔓整枝:只留一根主蔓,侧蔓全部切除,并于伏前进行埋蔓。单蔓整枝一般适用于密植栽培或土壤肥力较低的情况。

何刚德的《抚郡农产考略》从天时、地利、人事三方面概括了南瓜的栽培技术要点,“天时:二月杪布种,三月移秧分栽,五月扬花,六月结实,三伏内所结实俗谓伏瓜,三伏后所结实俗谓秋瓜,秋瓜凉食者较少。地利:宜园圃,宜篱边屋角,宜肥泽地。人事:瓜藤长八九尺时宜断其杪,则藤从旁生结瓜

[1] 齐如山:《华北的农村》,沈阳:辽宁教育出版社,2007年,第236页。

[2] (后魏)贾思勰著,缪启愉校释:《齐民要术校释》,北京:中国农业出版社,1998年,第156页。

[3] (清)丁宜曾:《农圃便览》,北京:中华书局,1957年,第49页。

[4] 中瓜即西葫芦,在山西尤多称之。

[5] (清)祁寯藻著,高恩广等注释:《马首农言注释》全一卷《种植》,北京:农业出版社,1991年,第16页。

更多,宜支棚引之,宜壅牛粪、人尿、地灰屑”[1]。充分根据南瓜的特性,按月令定农事,并指出南瓜在十边地、零星隙地、瘠薄地、院前屋后均可栽培;最为重要的是提出了南瓜多蔓整枝的办法:在主蔓长八九尺时摘心,任其发生侧蔓,多用粪肥,使侧蔓节节生根,可以结瓜累累,比《齐民要术》记载的使瓜攀援在谷茬上多结瓜的办法进步很多。

国外先进的南瓜栽培技术,在清末作为近代农学的一部分传入我国,杨巩在《中外农学合编》中就有记载:“南瓜。附外洋法:南瓜亦宜育苗而植于麦畦之间,育苗法如黄瓜,五月初间移植,生长之时,必行摘心,留旁芽二三,欲其瓜美且大,每株存二三瓜,余皆摘去,是物原为热带地之产,故略好温暖气候,不选土质,以肥沃壤土为最良,西邦无之,惟有斯瓜须皮蓬劲,稍类南瓜,但充家畜饲料。”[2]反映了西方近代科学的诸多观点,在今天看来也仍然适用。国外提出在主蔓长至四五尺时摘心,只留两三个侧蔓,每蔓只留两三个瓜再行摘心的办法,也是多蔓整枝,但叙述更加具体。多蔓整枝的方式多适用于土壤肥力较高、主蔓结瓜晚而长势旺的情况。

(三)保花保果

明人方以智的《物理小识》是除《本草纲目》外最早提及南瓜栽培技术的著作之一,介绍用“刀穿”的方法,促进南瓜结瓜,“南瓜不结,于其根去地七尺,刀穿,入瓷片,则结实”[3]。该方法不知其原理,但是据曾雄生告知,在其老家新干,一直沿用这种“土办法”处理南瓜不结瓜的情况。

南瓜是异花授粉植物,雌雄异花同株,靠昆虫传粉。花期不遇是南瓜落花落果的原因之一。气候不适宜如早春气温低、阴雨天气又多,影响蜜蜂等昆虫的活动,造成授粉不良产生落花,还会造成花器发育不充分或花粉管生长缓慢、受精不良而落花,因此需要人工辅助授粉。

乾隆(台湾)《澎湖纪略》是方志中记载南瓜栽培技术最早的,“番瓜,种出南番,故名番瓜,又名南瓜。形如壶卢者,名北瓜。黄色者,又名金瓜。叶如蜀葵,花黄。澎湖之番瓜,开花时带子之花,谓之公花;土人取公花之心插在

---

[1] (清)何刚德:《抚郡农产考略》草类三《南瓜》,光绪三十三年(1907)刻本。

[2] (清)杨巩:《中外农学合编》卷六《农类 蔬菜》,转引自《四库未收书辑刊》第四辑第23册,北京:北京出版社,1997年,第125页。

[3] (明)方以智:《物理小识》卷六《饮食类 衣服类》,上海:商务印书馆,1937年,第149页。

母花心之中，方能结瓜。盖瓜亦有雌雄。此澎地之所独异也”[1]。乾隆年间就有人工辅助授粉，即在雌花开放时，摘取异株上盛开的雄花，除去花冠，把雄蕊对到雌蕊的柱头上，促成结瓜，虽不一定是台湾人民首创，但却是台湾“土人”的独创，所以“此澎地之所独异也”。该方法领先日本一百多年，在1903年同样的方法又从日本介绍到中国。[2] 光绪《澎湖厅志》还有进一步记载：“花黄开时带子之花为母花，不带子者为公花，取公花插母花心方能结瓜。”[3]在今天该方法多用于南瓜选留种。《农学纂要》也认为：“开花时摘虚花套实花上，则结实繁巨瓜。”[4]

嘉庆(陕西)《定边县志》也记载：“倭瓜即南瓜，花时必采，牡花配牝花，瓜始长，不配即陨，近邑皆然，见边地物产之异。”[5]陕西同样已经发现了在南瓜开花时取雄花插于雌花之内，可以促其多坐瓜。陕西南瓜栽培技术成熟较早，在嘉庆《定边县志》中已有记载，很可能也是陕西人民的独创，奠定了今天陕西作为全国南瓜主要产区之一的地位。

宣统《温江县乡土志》从理论层面说明了人工授粉的意义，“凡瓜类皆茎长而弱，有卷须攀援他物之上，花多黄色，瓣连合而五裂，雌花之柄较雄花为长，花之下部有小瓜，雄花有雌蕊三本，若折其雄花则雌花无从得花粉遂不结实，本境所产各种瓜如下……”，先叙述了南瓜结瓜的原理，然后专门反映南瓜的情况，“南瓜，蔓延可至十余丈，节节有根，实扁圆而大，皮上有棱，色青黄不一”[6]。南瓜也是符合瓜类授粉的一般原理的。

四、病虫害防治

病虫侵害，轻则减产、品质变差，重则绝收。南瓜病虫害的种类主要包括传染性病害、生理性病害及害虫三类，在没有现代农药的明清时期，主要依靠自然防治法。

黄辅辰的《营田辑要》对瓜类进行了总论，“瓜之类，引蔓而繁生，土宜熟，

---

[1] 乾隆三十一年(1766)《澎湖纪略》卷八《土产纪》。
[2] 《译篇：种南瓜法》,《农学报》,1903年第221期。
[3] 光绪五年(1879)《澎湖厅志》卷九《物产》。
[4] (清)陈恢吾：《农学纂要》卷二，光绪年间刻本。
[5] 嘉庆二十二年(1817)《定边县志》卷五《物产》。
[6] 宣统元年(1909)《温江县乡土志》卷十一《物产上》。

种宜晴，忌香，尤忌麝，一触即萎”[1]，所有瓜类都适用。瓜忌香的说法最早见于《酉阳杂俎》：“瓜恶香，香中尤忌麝。”[2]曾雄生在与笔者的通信中认为：“某种类似于 Allelopathy（一译化感）的原理，通过安麝香、木瓜等释放出来的物质来驱赶或抑制害虫的生长，达到防蛀的目的。”笔者认为驱赶或抑制的不只害虫，很可能是香气驱赶了所有昆虫，导致南瓜无法正常受精。

包世臣在《郡县农政》中则提到：“蔓长时，趁朝露以杖举蔓，拌柴灰、石灰散于根下，后两日，复耧土堆护其根，则去虫。地多蚁，以带髓骨置瓜下，待蚁聚，将去之，二三次则绝。又瓜忌闻麝，每塍间栽韭薤数株，则不损。”[3]这种“诱杀法”所针对的南瓜虫害主要是指蚜虫、守瓜虫、蚂蚁等，对南瓜病害虽无科学的认识，但也已经掌握了通过间作套种来预防病害的方法。

五、采收

适时采收，是增加产量、提早供应的有效措施。南瓜如果不及时采收，就会影响植株的营养生长，从而影响总产量。

又因为南瓜的嫩瓜和老瓜均可食用，“今按此瓜初结如拳如碗时清松适口，圃人摘卖于市得值较多，群呼小瓜或呼嫩瓜崽，至皮坚肉黄时味尤甘，圃人多剖而卖之，群呼老瓜”[4]，所以南瓜老、嫩瓜均可采收。

关于南瓜的采收，古籍中少有记载，只有咸丰《归绥识略》提到：“摘瓜法在步道上（畦旁必留步道）引手摘取，勿踏瓜蔓及翻覆之，使之易烂。”[5]就是说如果采收时损伤了瓜蔓，就会影响南瓜的后期生长。《郡县农政》也如此认为：“凡摘瓜，以杖起蔓，引手摘之，毋翻覆践踏，则瓜至霜下实不烂。”只是“以杖起蔓”的话可能效果更好，此外，还提到了“凡实多留则小，少留则大，随意酌之”[6]这种能量（养分）守恒的观点。

我国古代劳动人民在长期的农业生产实践中，探索出一系列瓜类栽培技

---

[1] （清）黄辅辰编著，马宗申校释：《营田辑要校释》第四编《外篇——附考（农事）·种蔬第四十二》，北京：农业出版社，1984 年，第 261 页。

[2] （唐）段成式撰：《酉阳杂俎》卷五《瓜祸》，杭州：浙江古籍出版社，1987 年，第 235 页。

[3] （清）包世臣撰，李星点校：《包世臣全集·齐民四术》，合肥：黄山书社，1997 年，第 180 页。

[4] 民国二十九年（1940）《息烽县志》卷二十《方物志》。

[5] 咸丰十一年（1861）《归绥识略》卷二十四《土产》。

[6] （清）包世臣撰，李星点校：《包世臣全集·齐民四术》，合肥：黄山书社，1997 年，第 180 页。

术经验。这些栽培技术的总结不但指导了农业生产实践一千余年,而且在美洲作物南瓜传入中国之后,依然发挥了重要的作用,体现了劳动人民伟大的智慧和我国传统农业的包容性。同时,南瓜传入中国不久,明清劳动人民便通过认真观察、总结,创新了关于南瓜的播种育苗、定植、田间管理、病虫害防治和采收的一整套栽培技术体系,正如郭云陞在《救荒简易书》中大量引用"滑县老农""长垣老农""祥符老农"等河南地区老农的生产经验,以及"山东老农""直隶老农"等的生产经验,展现了劳动人民的伟大和传统农业的创造性。这些明清时期南瓜的技术经验和基本成就,对现代南瓜生产仍具有一定现实意义,是我国重要的农业遗产。

第二节　民国时期南瓜生产技术的改进

民国时期对南瓜生产技术的记载主要集中在方志、近代农学期刊以及民国蔬菜生产教科书。民国方志对南瓜栽培技术记载较多,反映了民间南瓜栽培技术的成熟,与明清主要集中在农书中的情况形成了鲜明对比,但主要以传统南瓜栽培技术为主;近代农学期刊和民国蔬菜生产教科书,则更多体现了近代农学在南瓜生产上的应用。

一、选种育种

南瓜在种植前的选种,在民国已经形成了一套特有的办法。民国《醴陵县志》认为:"南瓜子留种,以煤炭灰裹之,使干不见日,明岁味自甜云。"[1]南瓜的成熟期,在花落后四十五天,留作种用的,要更多蓄几天,选形状正大的,摘下就要剖开,取其白色的种子,去瓤晒干,勿用水洗,来年种下,格外甜些。这所留的种子,要藏入葫芦筒内或陶器内,紧闭口,悬于墙壁高处,勿令湿气侵入,倘瓜摘下久置,然后剖开取种,就有种子变坏的毛病。[2] 有说法是须要拣选瓜身肥大、瓜味清甜的子,子仁满足的,和稻草灰、烂泥混合,藏在空气流通、日光不及的地方[3];还有一说是瓜蔓基部的一两个瓜有最好的品质,成熟后摘下搁放十天,取子洗过,晒干贮藏,留待来年之用。[4] 亦有"水选

〔1〕 民国三十七年(1948)《醴陵县志》卷五《农林》。
〔2〕 胡会昌:《南瓜栽培法》,《湖北省农会农报》,1922 年第 3 卷第 2 期。
〔3〕《播种南瓜的法子》,《绥远农村周刊》,1935 年第 53 期。
〔4〕 陈俊愉:《瓜和豆》,重庆:正中书局,1944 年,第 14 页。

法”:“去浮取沉,选种时即就水浸一日,则播种后更易发芽。”[1]

民国时期,我国开始采用近代试验技术和遗传变异理论从事南瓜育种工作。在蔬菜杂交育种方面,南瓜最先取得了突破性进展,无论是在理论上还是在技术上,标志着蔬菜杂交育种进入新的阶段。1930 年代,中央农业实验所的李先闻与河南农林局的王陵南合作开展“番南瓜[2]与南瓜之杂交及其染色体之研究”,得到“番南瓜与南瓜杂交时,若以番南瓜作母本,则可得受精之杂种,若作为父本,则否”的结论;李先闻等还对杂种后代作了细胞学上的镜检观察,发现杂种后代无孕育能力的花粉粒的形成机制;此外,对杂交南瓜的果实形状及叶之裂片形状的遗传显隐性关系,也作了现代遗传学的解释。[3]

管家骥还测定了南瓜属三大栽培种的染色体数目均为 2n=40,科学地认识了南瓜的染色体。[4] 杨子安用 0.8%的秋水仙素育成了五个四倍性之个体的南瓜,是国内第一次育成的倍数性南瓜。杨子安断言由于果实重量及含糖量的增加,倍数性南瓜拥有经济价值,唯独南瓜子数量减少,在繁殖上有一定问题。[5]

早在 1916 年,甘肃农事试验场就针对三大类 17 种蔬菜的生产技术进行试验,其中南瓜涉及种类试验、间植试验、肥料种类试验、补肥次数试验、断蔓及不断蔓试验。[6] 甘肃农业改进所园艺专业组于 1948 年进行南瓜的引种驯化试验,并在兰州郊区推广种植。[7] 1938 年岭南大学农学院赴美国留学的黄昌贤培育出无子南瓜。[8]

南瓜品种比较试验(简称品比试验)是良种选育的一个重要方法。在日

---

[1] 颜纶泽:《蔬菜大全》,上海:商务印书馆,1936 年,第 458 页。

[2] 民国时期多指笋瓜,参见黄绍绪:《蔬菜园艺学》,上海:商务印书馆,1933 年,第 197 - 199 页。

[3] 李先闻:《番南瓜与南瓜之杂交及其染色体之研究》,中央农业实验所《研究报告》第 1 卷第 5 号,1935 年。

[4] 管家骥:《番南瓜属染色体数目》,《中华农学会报》,1932 年第 109 期。

[5] 杨子安:《倍数性南瓜之育成》,《农报》,1948 年第 2 卷第 5 - 6 期。

[6] 兰州市地方志编纂委员会,兰州市蔬菜志编纂委员会:《兰州市志 · 第二十七卷 · 蔬菜志》,兰州:兰州大学出版社,1997 年,第 210 页。

[7] 兰州市地方志编纂委员会,兰州市科学技术志编纂委员会:《兰州市志 · 第五十六卷 · 科学技术志》,兰州:兰州大学出版社,1999 年,第 217 页。

[8] 丁晓蕾:《二十世纪中国蔬菜科技发展研究》,北京:中国三峡出版社,2009 年,第 109 页。

伪时期东北地区的科研机构中，以熊岳城农事试验场的南瓜研究成绩最为显著。在1913年创办后的十年间，熊岳城农事试验场品比试验的工作量最大，参加试验的南瓜就有四种，每一个品种都有单株产量、亩产量、等级、生长特性、适应性等数据资料。[1] 1934年，江西农业院在莲塘园艺场进行南瓜的品比试验，筛选出表现优良的南瓜品种，其中新淦南瓜最优，被确定为推广种，对江西南瓜生产起了推动作用。[2] 1939年，湖北省农业改进所广泛征集当地南瓜良种，经品比试验选出优者推广，推广的品种有缩面南瓜、江南长南瓜等地方品种，受到农户欢迎。[3]

除了农事试验场，农科学校也频繁进行品种比较试验。在莲花瓣南瓜、缩缅南瓜和大白南瓜的品比试验中，莲花瓣南瓜亩产3 000斤，高于缩缅南瓜的2 136斤和大白南瓜的1 400斤[4]；哈罢脱、大南瓜、莲瓣南瓜、缩缅南瓜四个品种中则是大南瓜亩产2 240斤，莲瓣南瓜亩产2 050斤，哈罢脱1 640斤，缩缅南瓜1 085斤。[5]

二、播种育苗

南瓜的播种育苗法在方志中叙述较多，有育苗移栽和露地直播两种方式，以育苗移栽最适宜，也相对复杂，尤其早熟栽培都行育苗移栽。

民国《奉天通志》载"窝瓜。播种期：谷雨中。发芽日：六七日。移植除草法：二三叶时移植。株间距离：四五尺。灌溉：时施二三次。收获期：白露至秋次。摘要：瓜子水浸过尖向下种，多半剪尖压蔓"[6]，就南瓜播种育苗要点进行了简明阐述。民国《三河县新志》载："窝瓜，又名南瓜，先布种，养秧后移栽他处……凡有园者均于篱边墙下种之。"[7]民国《张北县志》载："先泡子出芽，芽向下栽之，须下子二粒，覆土约寸厚，十日内即出土，出双苗者须减

---

〔1〕 郭文韬，曹隆恭：《中国近代农业科技史》，北京：中国农业科技出版社，1989年，第439－440页。

〔2〕 徐满琳：《江西园艺事业之改进》，《农业通讯》，1947年第1卷第5期。

〔3〕 徐凯希，张苹：《抗战时期湖北国统区的农业改良与农村经济》，《中国农史》，1994年第3期。

〔4〕《南瓜栽培》，《农学月刊》，1919年第7期。

〔5〕《南瓜品种试验》，《农学月刊》，1919年第5期。

〔6〕 民国二十三年(1934)《奉天通志》卷一百一十三《农业》。

〔7〕 民国二十四年(1935)《三河县新志》卷七《物产篇》。

去一苗，每颗相距二尺许。”[1]以上均是育苗移栽。种子播在温床或冷床里，五六天就可以发芽，三天以后便可定植。[2]

露地直播适合晚熟栽培的南瓜以及在十边地、宅旁零星地种植的南瓜，在终霜后进行直播，直播的方法简便省工，如民国《广元县志稿》载：“春间随处可点种，极易生长。”[3]采用直播法的南瓜虽然发育良好，茎叶繁茂，但是结瓜迟滞，产量不丰，且在沃地徒茂茎叶，结果不佳，移栽法较直播法成绩佳，故普通均用移栽法。[4] 专业书籍所推广的方法多是移栽法，“其子须先植盆中，实以沃泥，置诸屋内，俟其嫩芽发生，然后移植空地之上，任其攀藤结实，即可采取”[5]。当然，普通农家种植多用简便易行的直播法，“南瓜播种直播移植均可，而以移植者为良”[6]。

由于播种育苗的方式不一样，播种时间也不同，如长江下游地区在清明和谷雨间进行直播。另外，不同地区终霜期不一，播种育苗时间也不同，所以才会出现记载的不同，如民国《武安县志》载：“清明下种，暑前食之。”[7]民国《达县盘石乡志》载：“仲春植苗，仲夏结实。”[8]民国《电白县新志稿》载：“一二月间即种，夏初结实。”[9]民国《海康县续志》载：“正月种，四月可摘。”[10]甚至民国《感恩县志》载：“金瓜又名南瓜……四季产者名四季瓜。”[11]可见海南四季均可种南瓜。总之，育苗者，暖地三月上中旬，中部地方三月中下旬，寒地四月上中旬播种；直播者宜较上述各日期迟十日以上，育苗可用冷床或温床，播种法及管理等，悉与胡瓜同。[12] 气温稳定在15摄氏度左右为宜。

民国时期的地方播种法颇具特色。三给村所产作物，无一著名，“惟用井水灌溉所产之南瓜，颇为省内人士所欢”，“其播种法，大有异于普通栽培之方法”。具体播种法为：“当种麦时，麦田即留空地，大约距一丈及一丈二三尺

---

〔1〕 民国二十四年(1935)《张北县志》卷四《物产志》。
〔2〕 陈俊愉：《瓜和豆》，重庆：正中书局，1944年，第14页。
〔3〕 民国二十九年(1940)《广元县志稿》卷十一《物产》。
〔4〕 李治：《南瓜栽培法》，《农话》，1930年第2卷第5期。
〔5〕 唐自华：《种南瓜》，《家庭常识》，1918年第2期。
〔6〕 陆费执，顾华孙：《蔬菜园艺》，上海：中华书局，1939年，第180页。
〔7〕 民国二十九年(1940)《武安县志》卷二《物产》。
〔8〕 民国三十二年(1943)《达县盘石乡志》卷三《物产》。
〔9〕 民国三十五年(1946)《电白县新志稿》第五章第七节《物产》。
〔10〕 民国二十七年(1938)《海康县续志》卷二《物产》。
〔11〕 民国二十年(1931)《感恩县志》卷三《物产》。
〔12〕 黄绍绪：《蔬菜园艺学》，上海：商务印书馆，1933年，第196页。

间，留一尺五寸宽之小畦，长与麦畦之长相等，迨立夏前后，即掘起八九寸深之坑，长宽约为一尺，坑之距离，约为一尺五寸，坑内施马粪二三寸，再灌二壶稀薄人粪尿，基肥施毕，然后将掘起之土，悉覆于其上，作成凸形，因其接触空气面积甚大，易起风化作用，如是经过八九日，土壤既起风化作用，基肥又起发酵作用，于是改凸形为凹形，灌溉以水，俟土壤干湿适宜即行播种。播种方式，依点播法，每坑播下种子四五粒，上覆薄土一层，以手轻轻镇压，所用种子，播种前二日，即浸于水中，后又换水一二次，迨其已呈发芽之势，取出混以灶灰，搅致均匀，以减少其油分，使易吸收水分，以催其发芽，且种子浸于水中，又分别除去其浮于水面者，同时又行水选法，乃一举两得焉。”〔1〕

三、定植

（一）整地作畦

南瓜通常与其他作物进行轮作，在前茬作物收割后（禾本科最佳），要及时翻耕，从而提高地温，有利早发。南瓜前作有大麦、芜菁等，后作有秋大根、芜菁及菜豆等。〔2〕南瓜连作时有利亦有弊，盖连作可以增加品质，成熟期较早，在肥沃地亦可抑制过甚之发育，而使结果佳良，惟连作久者，需要多量之肥料，收量亦逐年减少，故吾人宜酌视土质之肥瘠，与夫栽培之目的，而行相当之休闲与轮栽可也。〔3〕

定植前一二月，耕耘土壤，使之充分风化而变膨软，临栽植时，整土成畦，对于早熟栽培及黏重地，宜设高畦，砂地可设平畦。〔4〕栽植前当整地作畦，畦幅三尺至四尺，株间普通自二尺至四尺，依早中晚及矮性或蔓性适宜定之可也〔5〕；也有说做六尺宽的畦。〔6〕

民国时期，南瓜开始与其他作物间作套种。民国《涡阳风土记》载：“县地园圃及瓜地棉花芝麻地皆杂种之。”〔7〕可见安徽涡阳采用与棉花或芝麻间种的方法栽培南瓜。

---

〔1〕赵作哲：《调查三给村南瓜之播种法》，《新农周刊》，1920 年第 2 期。
〔2〕陈迪华：《栽培冬瓜与南瓜应注意之条件》，《高农期刊》，1934 年第 6 期。
〔3〕熊同和：《蔬菜栽培各论》，上海：商务印书馆，1935 年，第 335 页。
〔4〕熊同和：《蔬菜栽培各论》，上海：商务印书馆，1935 年，第 337 页。
〔5〕黄绍绪：《蔬菜园艺学》，上海：商务印书馆，1933 年，第 197 页。
〔6〕陈俊愉：《瓜和豆》，重庆：正中书局，1944 年，第 15 页。
〔7〕民国十三年（1924）《涡阳风土记》卷八《物产》。

（二）定植时间

瓜类之栽培以南瓜为最早，其定植时间，早熟栽培者为四月下旬，普通栽培者为五月中旬。当然根据各地情况因地制宜，尤其在寒冷地区，以东北地区为例，如关东州为五月上旬，南满为五月中旬，中满为五月下旬，北满则为六月中旬。宜在太阳落山后或阴天定植。〔1〕一说择阴天或雨前无风之日，尤以午后及薄暮为最佳。〔2〕移植时间约在种后五六十日。

移栽之法，则行于四月顷，先设苗床下种，及至种苗欲发三真叶时，即先预备田圃，以早五六日移栽为妙；种植之园圃，可先施用肥料，如天气寒冷，迟数日行之，亦无不可，及至苗已发三叶，则即可行定植也。〔3〕民国《广东通志》又载："播种期以四月为适宜，种后七日内外即渐发芽，苗长寸许次第匀苗，至生真叶即行假植，至出四五叶乃行定植。"〔4〕

（三）定植密度

栽植之距离，因品种、土质及栽培方法而有差异，其标准如次：砂地早熟栽培者，行距六尺，株距二尺五寸；沙壤土早熟栽培及普通栽培者，行距七尺至八尺，株距三尺；肥沃地及晚生种，行距九尺至十尺，株距四尺；砂地早熟栽培不加摘心者，行距五尺，株距二尺。〔5〕

南瓜在明清以来主要是以爬地栽培为主，晚清开始利用棚架栽培，民国时期棚架栽培更加普遍。民国《新繁县志》载："种宜沙地，架竹木引蔓，其上一本可数十枚。"〔6〕民国《嘉禾县志》载："南瓜，宜圃作架，又名北瓜，二月种早夏食。"〔7〕民国《盐乘》载："土人多结瓜棚。"〔8〕民国《江阴县志》载："南瓜，一名番瓜，芒种下种，或植墙阴篱畔，或构棚使卷须攀援而上。"〔9〕民国《和平县志》载："生长以架棚为佳。"〔10〕一般南瓜亩种 200 穴，每穴两株，棚架则可达3 000 株。

---

〔1〕江幼农：《南瓜的栽培》，《田家》，1949 年第 15 卷第 24 期。
〔2〕熊同和：《蔬菜栽培各论》，上海：商务印书馆，1935 年，第 338 页。
〔3〕李治：《南瓜栽培法》，《农话》，1930 年第 2 卷第 5 期。
〔4〕民国二十四年(1935)《广东通志》物产二《(八)南瓜》。
〔5〕熊同和：《蔬菜栽培各论》，上海：商务印书馆，1935 年，第 338 页。
〔6〕民国三十六年(1947)《新繁县志》卷三十二《物产之一》。
〔7〕民国二十年(1931)《嘉禾县志》卷十六《农产物表》。
〔8〕民国六年(1917)《盐乘》卷五《物产》。
〔9〕民国十年(1921)《江阴县志》卷十一《物产》。
〔10〕民国三十二年(1943)《和平县志》卷十《物产》。

（四）定植方法

定植之法，掘取幼苗，充分带土，准一定之株间，作直径四五寸深三四寸之穴，加入草木灰二握，与土混合，然后植于其中，用粉碎之细土，覆于根部之周围，并压紧之，栽植之深浅，以达子叶之下方为度。[1] 栽植之处，宜先掘起其土，令混合其周围之土，以搅拌之，既栽苗后，即宜掩覆其土。[2]

日本植物学家雄美松翠采取新的定植方法，被介绍到中国："其法即于植瓜苗时，将三本瓜苗，共植一处，俟其成长，则于瓜蔓之旁，削破表皮，令三蔓合为一蔓，用草绳周围包住，越数日，伤痕愈合，其蔓自然伸延，而三本瓜根，吸收之多量养分，共输送于一蔓体内，所以结成果实异常膨大，瓜量竟达五十斤之重。少见者未有不称奇也。"[3]

四、田间管理

（一）肥水管理和中耕除草

南瓜"种之者效速而省工"[4]，在肥水管理方面相对省心，但如想获得高产，仍需要注重肥水。如民国《南皮县志》载："其性喜温热阴湿，最畏强日光，土质虽无所择，若栽之于肥沃土壤常加灌溉发育最佳。"[5]如果是肥沃的沙质土壤，产量较高。"南瓜的性子，总是喜肥，移栽的时候，先于本圃掘穴，施下腐烂的堆肥，或是厩肥，或是人粪，上面稍盖以土，然后栽下瓜秧，这肥料叫做基肥，等到开花时候，用沟池的污水，早晚浇下，这叫做补肥。"[6]

移植后每隔数日灌水一次，在距根三寸处掘浅沟，灌水沟内，俟水浸入地下，将土锄细，仍覆沟内，苗高四寸蔓将伸长之时，即用明浇法，每距一二日，浇灌一次，又凡雨后，亦宜灌溉，俗呼曰换水，盖恐雨泽过多，地温低降，借灌水之温暖，以防地温寒冷，碍苗生长。[7]

中耕使土粒疏松，空气流通，适于生育，普通中耕约二三次；畦间之杂草，能吸收养料，妨碍南瓜生长，宜勤除之。第一次中耕，在栽植后十五六日行之，第二次于第一次后十五六日行之，如至蔓长至二尺许，可铺麦秆于沿蔓生

---

[1] 熊同和：《蔬菜栽培各论》，上海：商务印书馆，1935 年，第 338 页。
[2] 赖昌编译：《农业全书》第 2 册，上海：新学会社，1929 年，第 90 页。
[3] 《植物学家改良南瓜种法》，《江西省农会报》，1916 年第 11 期。
[4] 民国二十六年(1937)《西宁县志》卷十四《物产上》。
[5] 民国二十一年(1932)《南皮县志》卷三《物产》。
[6] 胡会昌：《南瓜栽培法》，《湖北省农会农报》，1922 年第 3 卷第 2 期。
[7] 颜纶泽：《蔬菜大全》，上海：商务印书馆，1936 年，第 460 页。

长之地面，以免各节接近地面而生不定根，影响结瓜。[1] 铺麦秆作用除了防止根部过于发育而枝叶衰弱且不上沿瓜之外，又能遮土使不过干，还能防杂草之繁茂；同时还可减风吹之力，遇大风不至茎蔓翻弄，遇大雨淋打茎叶及瓜果垂堕于麦秆上，亦不至粘附泥土导致腐败。[2] 中耕在生瓜前行两次即可，不要多深，杂草要随时除去[3]；有人认为每逢浇水、降雨、下肥之后，均宜中耕一次。[4]

（二）整枝和压蔓

南瓜性最强健，定植后放任之，亦能得相当之结果，若再能从事于剪枝及整正其树形，尤能得多量之收获也。[5] 南瓜栽培的目的“不在茎叶繁茂，亦不在结果之多，而在果实之大也”[6]，因此需要整枝工作。

民国《广东通志》对整枝记载颇为详细：“凡瓜类侧枝之结果力恒较主蔓为强，南瓜尤以侧枝结果为尤盛，故主蔓伸长后即宜摘心，使主蔓侧枝多结果实，否则生蔓徒长所结之果甚难长大，故南瓜摘心较其他瓜类尤为必要，摘心时期在苗放四五叶移植后生机已盛，摘第一次使生第二侧枝，以后视欲令生侧枝之多少再将侧枝摘心一二次，摘时慎勿伤花为要。”[7]指出南瓜整枝的必要性，南瓜生长势旺，侧枝发生过多，去掉部分侧枝可改善通风、光照条件，提高光合作用和坐果率。《广东通志》介绍了整枝的方法，没有明确指出是单蔓整枝还是多蔓整枝，视情况而定，根据不同的整枝方法，可得到不同的结果——是收成早，是收获多，还是瓜更大。

除矮生种外瓜类宜行摘心，最通行之法，为蔓生长至六七叶片时，摘去其先端，使发生四主枝配置于四方，任其生长。其后生雌花之叶腋，见有侧枝（子蔓所生的孙蔓）发生，当除去之。其余管理，与胡瓜同。[8] 这里介绍的整枝方法就是多蔓整枝。

民国《张北县志》载：“长成条后将条之中间用土压之，俟开花结瓜后将结

---

〔1〕 陈迪华：《栽培冬瓜与南瓜应注意之条件》，《高农期刊》，1934 年第 6 期。
〔2〕《南瓜栽培法》，《广东劝业报》，1909 年第 93 期。
〔3〕 江幼农：《南瓜的栽培》，《田家》，1949 年第 15 卷第 24 期。
〔4〕 陈俊愉：《瓜和豆》，重庆：正中书局，1944 年，第 15 页。
〔5〕《南瓜栽培法》，《广东劝业报》，1909 年第 81 期。
〔6〕 李治：《南瓜栽培法》，《农话》，1930 年第 2 卷第 5 期。
〔7〕 民国二十四年(1935)《广东通志》物产二《(八)南瓜》。
〔8〕 黄绍绪：《蔬菜园艺学》，上海：商务印书馆，1933 年，第 197 页。

瓜前之条剪去，每颗可成一瓜，小满播种，白露收获。”[1]此处介绍了“压条”的方法，待压蔓生根后将其与母株割离，形成新植株，这属于无性繁殖技术，十分先进。

民国《南皮县志》详细介绍了当地的种法，“本县种法：概在园圃中设畦种植，春末下种，待茎蔓伸出使之偃卧，覆之以土（俗称压蔓）仅露蔓尖及叶，陆续覆土至雌花发出为止，如此吸肥多而茎亦安全可结良好之果，果实大者可达十余斤，肉质肥厚，若充分成熟可贮藏耐久，熟而食之其味佳者既甘且面，早熟之种约在六七月间”[2]。南瓜压蔓，使茎蔓定向生长，便于管理；可使植株受光良好，促生不定根以固定茎蔓，增加吸收能力；减少疯秧，防止茎蔓和幼果被风吹损。

民国时人齐如山认为：“压蔓者，因此虽系蔓生，但永爬于地上，倘一结果，则根际力量，都供此瓜之生长，前边不易再行开花，则必须在瓜之前段叶际用土培之，叶腋之处因得土生根，便又可供前边续长，此即名曰压蔓。但此偶尔有之的工作，一年不过几次，故不妨其他工作也。”[3]压蔓的次数不一定，大抵第一次摘心后，待蔓伸长，压第一次，谓之头蔓。将蔓尽埋入土中，至蔓伸出土外以后，即行花压，均须将蔓引直，勿使弯曲，否则根部养分不易输送，发育不良。[4]

（三）保花保果

在人工授粉前南瓜保花保果的措施有：“园中所种南瓜藤，往往不能结瓜，若于根上五六分许，以碎玻璃划一缝，将半寸长之玻璃一条嵌入（碎瓦片亦可），不数日即结瓜，园艺家盍尝试之？”[5]早在明末方以智就记述了此等方法。此外，黄宗甄研究了光期长短与南瓜生长及雌雄花之关系，得出“日照时间愈长，植物生长愈佳，日照愈短愈劣；如南瓜完全置于黑暗中，短期内即已枯萎；短期处理之南瓜，雄花即被抑制，雌花不受影响，且有增加雌花产生倾向”等结论。[6]

南瓜除了整枝摘心外就数人工授粉最重要，其作为田间管理的技术要

---

〔1〕 民国二十四年(1935)《张北县志》卷四《物产志》。

〔2〕 民国二十一年(1932)《南皮县志》卷三《物产》。

〔3〕 齐如山：《华北的农村》，沈阳：辽宁教育出版社，2007 年，第 236 - 237 页。

〔4〕 颜纶泽：《蔬菜大全》，上海：商务印书馆，1936 年，第 461 页。

〔5〕 梅士：《种南瓜》，《家庭常识》，1918 年第 4 期。

〔6〕 黄宗甄：《光期长短与南瓜生长及雌雄花之关系》，《全国农林试验研究报告辑要》，1944 年第 4 卷第 1/2 期。

点，可以说是南瓜生产中相对复杂的环节，决定了保花保果，因此对南瓜生产技术的介绍中均会对其进行阐述，甚至专门行文阐述，如梅岭的《南瓜的整枝摘心与人工授粉》[1]。

民国《怀安县志材料》载："番瓜，播种期亦同西瓜，成熟较早，培养极简单，自施肥下种后，率多任其生长，迨茎蔓至二三尺时，即开花，花分雌雄二种，将雄花之蕊摘下，塞入雌花蕊之内，用细草紧束雌花花冠（俗名对花），每茎结实一二不等。"[2]南瓜是异花授粉植物，靠昆虫传粉，在南瓜开花时取雄花插于雌花之内，人工辅助授粉，可促其多坐瓜。

民间又称之为"对花"，齐如山对其原理进行了通俗的解说："对花者，此系雌雄各花，又是虫媒（按虫媒之花，夜间开者，则蛾为媒介，日间开者，则蝶为媒介），此花开得晚，天亮才开，蛾已睡去，蔫得早，蝶还未醒，花粉往往不得配合，须赖人工。但很省事，只清早前去把雄蕊在雌蕊上一对便足。"[3]除此以外，还有原因："南瓜在开花期内，若遇大雨，结果必中途脱落，推其原因，则因南瓜系雌雄异花，受粉唯赖昆虫之传播。天雨时传粉昆虫均伏处不动，不能作受粉之媒介，花粉亦随风雨飘散或佚失。"[4]

民国时期还改进了人工授粉的方法："此法可于花蕊将放之时，每朝以毛笔或鸡毛抹雄花之粉于玻璃浅皿中，然后黏于雌花之柱头上；或于夕阳西下时，花欲放者，以叶覆之，不使着雨，再按前法行之。"[5]

五、病虫害防治

南瓜生长强劲，病虫害极少，有时亦有露菌病、蚜虫、守瓜虫等。其中以守瓜虫、蚜虫、露菌病、白涩病危害最甚。水分缺乏的时候，易生蚜虫，初发现的时候，连续用喷壶冲洗，或用刷子刷，可收大效；水分太多易生露菌病、青枯病等，发现后立即拔去烧掉，并在地面撒以石灰水；一般如在栽培前施用石灰、草木灰等，多少可收到防虫功效；如发病以后，下作不宜再种瓜类，否则病虫害容易猖獗。[6]

---

〔1〕 梅岭：《南瓜的整枝摘心与人工授粉》，《农业生产》，1948年第3卷第3期。
〔2〕 民国十七年(1928)《怀安县志材料》第六册《物产志》。
〔3〕 齐如山：《华北的农村》，沈阳：辽宁教育出版社，2007年，第236－237页。
〔4〕 李治：《南瓜栽培法》，《农话》，1930年第2卷第5期。
〔5〕 李治：《南瓜栽培法》，《农话》，1930年第2卷第5期。
〔6〕 江幼农：《南瓜的栽培》，《田家》，1949年第15卷第24期。

民国三十一年(1942)柳支英、何彦琚通过试验将豆薯种子细粉浸于丙酮液内，再加入肥皂水，用于防治黄守瓜虫，有很好的效果。[1] 同样针对侵害瓜叶的守瓜虫，胡会昌提出可撒石灰粉于叶上，或将洗鳝鱼的血水和鳝鱼骨刺埋于瓜根部旁边，最为有效。[2] 其他方法可见表 4-1。

表 4-1 主要南瓜病虫害防治方法

病虫害	防治方法
地蚤	1. 细察苗木，不栽有虫害者；2. 嫩叶发现此虫时，可将其采下烧死；3. 以食盐撒布圃地，除之
烟草螟蛉	1. 慎选种苗；2. 以诱蛾灯捕杀之，固其具有爱光之性故也；3. 此虫日间潜伏，可搜索捕杀之；4. 施以三四十倍石油乳剂驱杀之；5. 施行冬耕，借以冻死其蛹
露菌病	1. 施波尔多合剂；2. 摘去被害之叶烧之
核菌病	1. 取被害之部烧之；2. 撒布石灰于被害园圃少许，其害当可免

资料来源：李治：《南瓜栽培法》,《农话》,1930 年第 2 卷第 5 期。

六、采收

南瓜自小至大，随时可以采收，完全成熟之赤南瓜可一望而知，青南瓜完全成熟需注意：第一，果梗上部变黄色时；第二，梗座附近现白粉时；第三，贴地之部分变黄时。[3] 收获期大抵自播种后经九十日至一百一十日开始采收；凡花谢后，第一瓜经二十日可以采收；自第二瓜后，则经三十日至四十日采收，但欲采嫩瓜者不在此列。[4] 具体成熟时期因地寒暖而异，南方自六月下旬至八月下旬，北方自七月上旬至九月中旬，陆续摘收。播种稍早，亦有于六月中旬即采收者，自花谢后约经二十日，皮色变黄，以手掐之觉硬，是即成熟。[5]

南瓜嫩瓜(幼果)、老瓜(熟果)均可食用。收获幼果者，第一次之果，以果皮稍带浓绿色，重约十两为标准，约在受精后十五日，第二次之果在受精后二十五日，重约一斤，果皮浓绿，早生种二月中下旬播种者，五月下旬至六月上

[1] 谢道同：《广西近代的害虫防治试验研究》,《古今农业》,1992 年第 2 期。
[2] 胡会昌：《南瓜栽培法》,《湖北省农会农报》,1922 年第 3 卷第 2 期。
[3] 陆费执，顾华孙：《蔬菜园艺》,上海：中华书局,1939 年，第 181 页。
[4] 黄绍绪：《蔬菜园艺学》,上海：商务印书馆,1933 年，第 197 页。
[5] 颜纶泽：《蔬菜大全》,上海：商务印书馆,1936 年，第 461 页。

旬收获。完熟之南瓜，普通在受精后三十日至三十五日，果面现有白粉，外皮硬化，呈赤褐色，果梗变黄，即为成熟之征，此时采收最宜，每亩收量，平均可得南瓜五六百个，约重两千斤，最多可达三四千斤。〔1〕

南瓜在采取时，总要留心，不可损伤茎，若在瓜架上摘下，勿令坠落地上。〔2〕南瓜成熟时，皮现黄色，并有白霜，摘时切不可齐皮将茎摘掉，为存储耐久计，留茎宜长，虽过严冬，也不损坏。〔3〕

民国时期虽然短暂，但我国的南瓜生产技术却取得了空前的发展，其根源固然在于近代农学的传入、近代科技工作者前仆后继地进行南瓜科研，促进了南瓜生产技术与世界接轨，取得了令人瞩目的成就。但是，并不能认为我国传统南瓜生产技术是落后的，从选种育种、播种育苗、定植、田间管理、病虫害防治、采收这一整套技术体系中可以明显看出传统技术深深的烙印。民国时期南瓜生产技术的大发展，与明清南瓜生产技术经验和基本成就的积累是分不开的，古代劳动人民的智慧结晶与近代农学一起为我国南瓜生产技术达到世界先进水平贡献了力量。民国时期南瓜的生产技术与明清南瓜的生产技术一样，是我国重要的农业遗产。

第三节　新中国成立后南瓜生产技术的发展

一、1949—1978年的发展

1949年之后，我国农业科学事业迅速发展，到1966年"文化大革命"开始前的17年是我国农业科学技术发展比较顺利的时期。〔4〕南瓜生产技术亦是如此。首先是专业的蔬菜研究机构陆续建立，全国范围内的蔬菜科研和推广工作陆续展开。1949年华北农业科学研究所在北京成立，1957年改组为中国农业科学院，集中全国的力量开展科研工作，在成立后的第二年就汇编了《中国蔬菜优良品种》，介绍了50种蔬菜的922个优良品种的来源、特征、分布、栽培技术等，其中专门介绍了南瓜的20个品种，这是南瓜第一次在全

〔1〕熊同和：《蔬菜栽培各论》，上海：商务印书馆，1935年，第340页。

〔2〕胡会昌：《南瓜栽培法》，《湖北省农会农报》，1922年第3卷第2期。

〔3〕《老倭瓜种法》，《农村副业》，1937年第2卷第5期。

〔4〕卢良恕，王东阳：《现代中国农业科学技术发展回顾与展望》，《科技和产业》，2002年第4期。

国范围进行品种比较试验、选择优良品种，并着眼全国进行推广工作。地方上也注意收集南瓜的优良品种[1]，对南瓜品种分类也有了较为科学的认识。[2]

我国第一部南瓜科技专著是1935年由我国植物细胞遗传学奠基人、作物育种学家李先闻撰写的一本24页的小册子《番南瓜与南瓜之杂交及其染色体之研究》(中英文合编)，属于实业部中央农业实验所研究报告之一。在1949年之前，仅此一本。新中国成立之后，关于南瓜的科技书籍的编著情况可以看到数量的一个明显增加，而且在专著的出版方面更注重生产实践(表4-2)。

表4-2　1949—1978年南瓜科技著作出版情况

作者	书名	出处
赵荣琛	南瓜丰产栽培法	少年儿童出版社，1956
王斌生	南瓜	安徽人民出版社，1957
甘肃省兰州农校	怎样种植洋芋和南瓜	甘肃人民出版社，1960
新疆八一农学院农学系六零二集体	南瓜栽培技术	新疆人民出版社，1961
王立泽	高产瓜的栽培技术：南瓜、冬瓜、菜瓜、笋瓜、黄瓜、瓠子	安徽人民出版社，1961
熊助功	南瓜	上海科学技术出版社，1962
上海市上海县虹桥人民公社	南瓜	上海人民出版社，1976

从1956年赵荣琛的《南瓜丰产栽培法》开始，相继出版了多部以南瓜生产技术推广为目的的科技专著，反映相关人员开始有意识地总结南瓜生产经验，并上升到理论层次指导实践，这在近代史上是很少有的，几乎不可能专门就南瓜一种作物出版专著。“文革”时期，没有南瓜的科技专著诞生，无甚建树，说明“十年动乱”对南瓜产业的正常发展造成了一定的冲击。

1949年之后科技期刊大量出版。除了《农业科学通讯》《中国农业科学》

---

〔1〕 张德威，曹筱芝：《浙江的南瓜品种》，《浙江农业科学》，1964年第5期。
〔2〕 曹筱芝，张德威：《南瓜品种分类的探讨》，《浙江农业科学》，1964年第11期。

《浙江农业科学》等农业期刊刊登南瓜生产技术相关文章外，还有各类专业园艺期刊如《园艺学报》日渐丰富，对南瓜生产技术的阐述较 1949 年之前数量有大幅度的增加，而且更加专业。

就笔者通过中国知网检索到的情况来说，新中国成立后对南瓜生产技术最早的阐述是 1955 年发表在《农业科学通讯》的两篇文章，分别从繁殖南瓜种苗和抑制南瓜生产过剩的方面叙述，作者的单位分别是江西吉水县农业技术推广站、新会九区农业技术推广站，可见指导生产是第一目的，对南瓜生产技术的研究仍然是地方农业推广机构的主要任务。总体来看，1978 年之前对南瓜生产技术的研究虽然较近代有所增长，但与改革开放后相比，是相当少的，在历年对园艺作物研究的比例中，南瓜虽不处于劣势，但也并未体现出优势。

根据 1949—1978 年论文发表情况可知，对南瓜生产技术的研究主要由农技站、农业局的技术人员进行，目的是促进南瓜增产，这点与南瓜科技著作的编写目的是完全一致的，即使是广大农业院校也以总结南瓜生产技术为主。直到 1960 年代，才有个别以认识南瓜为目的的科研性论文。

这一时期的南瓜生产技术与近代相比更加成熟。不但技术更加先进，也更客观，均是通过实验重新得出的结论，不再单纯以农民的生产经验为出发点。

二、1979—2020 年的发展

改革开放之后，我国南瓜生产技术更多地融合了世界先进技术，发展更加迅速。从中国知网收录的以“南瓜”为篇名的文献情况就可以看出，1978 年之后对南瓜的研究呈现与 1978 年之前完全不同的态势，尤其 1990 年代以来，可以用突飞猛进来形容，可见我国南瓜科研水平的进步，在今天，更是达到了世界先进水平。

刘宜生认为我国南瓜科研的进展是：第一，丰富了南瓜种质资源，优良杂种一代正在向世界先进水平看齐，部分新品种有独特优势，如以蜜本南瓜为代表的杂种一代，成为我国目前南北方大面积推广的重要品种；1984 年山西农科院育成了裸仁南瓜。第二，南瓜生物技术与遗传转化研究不断扩大和深化，如通过 RAPD 等技术为南瓜品种的鉴定、配置杂交组合及遗传育种提供了更多信息，又如研究了南瓜矮化突变体 cga 的遗传、生理生化及相关基因表达。第三，南瓜栽培技术的提高和普及，促进了南瓜生产向高产、稳产方向发展，南瓜从露地栽培发展到多种保护地栽培，基本做到了周年供应，籽用南瓜栽培技术也有很大提高。第四，加强南瓜属作物病虫害防治研究，积极推进无公害和绿色产品生产，目前已经确定了南瓜许多病害的致病机理。[1]此外，唐云等采用文献计量法对1991—2008年申请的南瓜发明专利进行统计，反映了我国近年来知识产权状况和对南瓜的开发利用情况。[2]

因为南瓜生产技术在改革开放之后与国际接轨，更多地受西方现代农学的影响，发展变化日新月异，也由于笔者知识局限，对生产技术前沿科技缺乏足够了解，很难用较短的篇幅做全面的概括；再者，关于南瓜生产技术发展已有诸多更专业的论著详细阐述，此处不再详述。

---

〔1〕 刘宜生等：《我国南瓜属作物产业与科技发展的回顾和展望》，《中国瓜菜》，2008年第6期。

〔2〕 唐云等：《我国南瓜相关发明专利的现状分析》，《广西轻工业》，2009年第2期。

第五章

南瓜利用技术本土化的发展

南瓜的推广本土化非常迅速，与之相适应的是南瓜的利用技术也发展很快，南瓜利用技术的方式非常多样，以贮藏、食用、药用和饲用为主，体现了我国古代劳动人民的智慧。

虽然清代南瓜的利用技术已经有了初步发展，但民国时期随着人们对南瓜认识的深化，南瓜的利用技术发展更快，在贮藏、食用、药用、饲用等方面已经非常成熟，近代农学的传入也为南瓜的加工、利用提供了新的技术和方式。民国时期南瓜的利用技术对今天南瓜产业的发展也起了十分重要的作用。

1949—1978 年南瓜的利用技术与民国时期相比变化不大。1978 年之后南瓜利用技术的发展经过了两个阶段，第一阶段大概从 1978 年到 1990 年代初期，是低潮时期，第二阶段是 1990 年代初期到今天，南瓜产业迅速发展，加工、利用空前繁荣。

第一节　明清时期南瓜利用技术的奠基

如果说南瓜的栽培技术与其他瓜类有一定共性的话，那么南瓜的利用技术体现出的则是南瓜的个性，是对南瓜这种域外作物的一种探索。明清对南瓜的加工、利用的记载主要集中在农书、本草书、医术、饮食书上，其他类型古籍的记载不多；方志虽然记载比较分散，但记载总量比较可观。

一、贮藏

南瓜是典型的夏季蔬菜，南瓜的传入弥补了我国“夏畦少蔬供”的缺陷，奠定了我国茄果瓜豆的夏季蔬菜格局；南瓜也是重要的越冬食粮，对冬春的粮食不足起了缓解作用，因此南瓜的贮藏问题十分重要。

《本草纲目》最早阐述了南瓜的加工、利用，且比较详细，涉及贮藏方面的有：“经霜收置暖处，可留至春……按，王祯农书云：浙中一种阴瓜，宜阴地种之。秋熟色黄如金，皮肤稍厚，可藏至春，食之如新。疑此即南瓜也。”〔1〕南瓜供应期长，耐贮藏，采后可保存数月至次年，虽然成书于元代的王祯《农书》中的“阴瓜”不应该是南瓜，当时哥伦布尚未发现美洲大陆，但到了明代南瓜耐储已经是明人的共识，“可藏至春，食之如新”是南瓜的重要特性，因此说“疑此即南瓜也”。贮藏南瓜，“经霜收置暖处”即可。清代方志多沿袭此说，嘉庆《龙山县志》载：“霜后收藏至春，味如新。”〔2〕同治《来凤县志》载：“霜后收藏，耐久食。”〔3〕道光《辰溪县志》载：“收藏至春，味如新。”〔4〕类似记载很多。

李心衡《金川琐记》载：“两金川俱出南瓜，其形如巨橐，围三四尺，重一二百斤，每岁大宁巡边必携数枚去，每一枚辄用四人舁之。”〔5〕《金川琐记》所述大南瓜既然并不方便携带，巡边路途遥远为何专门携带南瓜？是因为南瓜可保存时间长，适合长途旅行，不但可以果腹充饥，而且可以补充水分。郑光祖《一斑录》曾载：“大水……八月中余家人有至寨角吕家，见其厅尚有水数寸也，本府额公腾伊勘荒至白茆新墅，入一庙见灾黎避水左庙者，所携之食无非御麦、番瓜、豆粞、米糠等物，公一一尝之曰番瓜犹可下咽，糠不堪矣，急返郡，立办抚恤，一赈哀鸿。”〔6〕在灾年，南瓜不但是稀有的补给品，更因其耐贮特性能长期食用，只有“番瓜犹可下咽”。

---

〔1〕(明)李时珍著，张志斌等校注：《〈本草纲目〉校注》卷二十八《菜部》，沈阳：辽海出版社，2001年，第1029页。

〔2〕嘉庆二十三年(1818)《龙山县志》卷八《物产上》。

〔3〕同治五年(1866)《来凤县志》卷二十九《物产志》。

〔4〕道光元年(1821)《辰溪县志》卷三十七《物产志》。

〔5〕(清)李心衡：《金川琐记》卷三《南瓜》，北京：中华书局，1985年，第124页。

〔6〕(清)郑光祖：《一斑录》杂述二，道光舟车所至丛书本。

黄辅辰《营田辑要》载:“南瓜择圆大而赤实者,收干燥处,可畜冬食。”[1]指出南瓜在采收之后需要放置在干燥之处,可留为越冬食粮。如果将南瓜切成细条,晒干,贮藏时间更长。康熙《畿辅通志》载“去皮与瓤瀹食之味颇甘,镂为条曝干可以御冬”[2],康熙《东阳县志》载“若切而干之如蒸菜法,可久贮御荒”[3],道光《清涧县志》载“南瓜,土人以此助食,又作丝晒干为蔬”[4],光绪《邢台县志》载“南瓜倭瓜刮丝曝干名曰瓜条,可以耐久”[5],丁宜曾《农圃便览》还载“番瓜干,晴明日摘,将坏,小番瓜切薄片,即日晒干,美同干笋,不坏者不佳”[6],均反映了南瓜的贮藏技术。

二、食用

菜粮兼用作物南瓜,其救荒价值格外引人注目,栽培容易、产量很高、含有较多的淀粉和蛋白质、味道甘美、便于运输,以及前文提到的耐贮藏特性,可以说仅次于五谷,在“凶岁乡间无收”的时候,南瓜“贫困或用以疗饥”[7],可谓救荒佳品。南瓜食用加工、利用技术多样,丰富了中华饮食文化。

在南瓜传入中国之初,在较早从东南海路引种南瓜的浙江,田艺蘅就指出“今有五色红瓜,尚名曰番瓜,但可烹食,非西瓜种也”[8],可见国人在南瓜传入不久后就发现南瓜不可生食,但可烹食。

《本草纲目》始将南瓜收入《菜部》,并载:“其肉厚色黄,不可生食,惟去皮、瓤瀹食,味如山药。同猪肉煮食更良,亦可蜜煎。”[9]李时珍对南瓜的记载是南瓜最早也是最基本的食用方式,在《本草纲目》成书的1578年的京畿地区,南瓜主要作为一种常见瓜菜,救荒价值并未完全发挥。

---

[1] (清)黄辅辰编著,马宗申校释:《营田辑要校释》第四编《外篇——附考(农事)·种蔬第四十二》,北京:农业出版社,1984年,第261页。

[2] 康熙二十一年(1682)《畿辅通志》卷十三《物产》。

[3] 康熙二十年(1681)《东阳县志》卷三《物产》。

[4] 道光八年(1828)《清涧县志》卷四《物产》。

[5] 光绪三十一年(1905)《邢台县志》卷一《物产》。

[6] (清)丁宜曾:《农圃便览》,北京:中华书局,1957年,第57页。

[7] 张履祥辑补,陈恒力校点:《沈氏农书》下卷《补农书后》,北京:中华书局,1956年,第36页。

[8] (明)田艺蘅:《留青日札》卷三十三《瓜宜七夕》,上海:上海古籍出版社,1992年,第626页。

[9] (明)李时珍著,张志斌等校注:《〈本草纲目〉校注》卷二十八《菜部》,沈阳:辽海出版社,2001年,第1029页。

比《本草纲目》成书稍晚的《群芳谱》中载南瓜“煮熟食，味面而腻；亦可和肉作羹……不可生食”[1]，也是南瓜的基本食用方法，不过不仅限于煮食了，“亦可和肉作羹”。类似记载在方志中沿袭较多，乾隆《赵城县志》载“南瓜可熟食，味面而腻，亦可和肉作羹”[2]，农书中也多有转引，如《授时通考》。也有记载单独做羹的，光绪《岫岩州乡土志》载：“倭瓜，味甘性寒可作羹茹。”[3]同治《荣昌县志》载：“堪作菜羹。”[4]

高士奇《北墅抱瓮录》载：“南瓜愈老愈佳，宜用子瞻煮黄州猪肉之法，少水缓火，蒸令极熟，味甘腻，且极香。”[5]成书于康熙二十九年(1690)的《北墅抱瓮录》较早地诠释了南瓜烹饪文化，将南瓜作为一种可口的食材，通过各种工序，最后制成佳肴，而不单以果腹为目的。事实上，在今天该烹饪手法也是料理南瓜的主要方法之一。光绪《彰明县乡土志》载：“南瓜，和猪肉食补中益气，土人切片晒干和肉蒸食，味甚佳。”[6]将南瓜切片晒干后和肉蒸食，是蒸食南瓜的另一种方法。

乾隆三十年(1765)之前成书的《调鼎集》载：“南瓜瓤肉，拣圆小瓜去皮挖空，入碎肉、蘑菇、冬笋、酱油，蒸。”[7]非常独特，记载了一种新的南瓜食用方式，后世亦未见记载。薛宝辰《素食说略》载“倭瓜圆，去皮瓤，蒸烂，揉碎，加姜、盐、粉面作丸子，朴以豆粉，入猛火油锅炸之，搭芡起锅，甚甘美”，此外，“然切为细丝以香油、酱油、糖、醋烹之，殊为可口。其老者去皮切块，油炒过，酱油煨熟亦甚佳也”[8]。“倭瓜圆”也就是我们今天所说的南瓜丸子，《素食说略》中南瓜丸子的加工十分复杂，但味甚甘美。另一种南瓜加工方式更加罕见，用多种调料烹之或油炒过再加酱油煨熟。成书于清末的《素食说略》作为一本素食谱，对南瓜的特种利用方式极尽记载，体现了中华饮食文化的博大精深。

南瓜全身无废物，老果、嫩果、叶柄、嫩梢、花、种子均可供人食用，并且食

---

[1] (明)王象晋：《二如亭群芳谱》卷二《蔬谱二》，天启元年(1621)刻本。

[2] 乾隆二十五年(1760)《赵城县志》卷六《物产志》。

[3] 光绪《岫岩州乡土志》一卷《物产》。

[4] 同治四年(1865)《荣昌县志》卷十六《物产》。

[5] (清)高士奇：《北墅抱瓮录》一卷，北京：中华书局，1985年，第38页。

[6] 光绪三十二年(1906)《彰明县乡土志》一卷《格致物产》。

[7] (清)童岳荐：《调鼎集》卷二《特牲杂牲部》，郑州：中州古籍出版社，1988年，第104页。

[8] (清)薛宝辰：《素食说略》卷二，北京：中国商业出版社，1984年，第27－28页。

用方式多样。包世臣《齐民四术》指出南瓜“以叶作菹，去筋净乃妙”[1]。同治《邳志补》载：“深秋晚瓜青嫩，切为丝片灰拌阴干俗曰瓜笋，嫩茎去皮瀹为菹俗曰富贵菜，茎老练以织屦及缫作丝为绦紃等物。”[2]何刚德《抚郡农产考略》载：“花叶均可食，食花宜去其心与须，乡民恒取两花套为一卷其上瓣，泡以开水盐渍之，暑日以代干菜，叶则和苋菜煮食之，南瓜味甜而腻，可代饭可和肉作羹。”[3]可见南瓜全身是宝，除果实以外的其他部分，经过一定的处理，味道更佳。

南瓜除了以瓜菜的身份被加工、利用，更多是直接作为粮食食用。清代以来，对南瓜加工、利用的介绍中基本都会提到“代粮救荒”，其次才是其他利用方式，如王士雄《随息居饮食谱》载“蒸食味同番薯，既可代粮救荒，亦可和粉作饼饵，蜜渍充果食”[4]等，这里还提到了将南瓜蜜渍，可作水果点心。

袁枚《随园食单》载：“将蟹剥壳，取肉、取黄，仍置壳中，放五六只在生鸡蛋上蒸之。上桌时完然一蟹，惟去爪脚，比炒蟹粉觉有新色。杨兰坡明府，以南瓜肉拌蟹，颇奇。”[5]夏曾传《随园食单补证》载：“南瓜青者嫩，老则甜，以荤油、虾米炒食为佳，蒸食以老为妙。”[6]分别介绍了南瓜拌蟹、南瓜混合虾米炒食，足见南瓜可与海鲜一起搭配食用。

王学权《重庆堂随笔》载：“昔在闽中，闻有素火腿者。云食之补土生金，滋津益血。初以为即处州之笋片耳，何补之有？盖吾浙处片，亦名素火腿者，言其味之美也。及索阅之，乃大南瓜一枚。蒸食之，切开成片，俨与兰熏无异，而味尤鲜美。疑其壅气，不敢多食，然食后反觉易饿，少顷又尽啖之，其开胃健脾如此。因急叩其法，乃于九、十月间收绝大南瓜，须极老经霜者，摘下，就蒂开一窍，去瓤及子，以极好酱油灌入令满，将原蒂盖上封好，以草绳悬避雨户檐下，次年四、五月取出蒸食。名素火腿者，言其功相埒也。”[7]大篇幅

[1] (清)包世臣撰，李星点校：《包世臣全集·齐民四术》卷一上 农一上《农政·作力》，合肥：黄山书社，1997年，第180页。

[2] 同治二年(1863)《邳志补》卷二十四《物产》。

[3] (清)何刚德：《抚郡农产考略》草类三《南瓜》，光绪三十三年(1907)刻本。

[4] (清)王士雄著，宋咏梅、张传友点校：《随息居饮食谱》一卷《蔬食类》，天津：天津科学技术出版社，2003年，第40页。

[5] (清)袁枚：《随园食单》全一卷《水族无鳞单》，南京：凤凰出版社，2006年，第107页。

[6] (清)夏曾传：《随园食单补证》，北京：中国商业出版社，1994年，第233页。

[7] (清)王学权：《重庆堂随笔》卷下《论药性》，南京：江苏科学技术出版社，1986年，第91－92页。

地介绍了以南瓜为主料的“素火腿”的来源、特点、制作等，可知南瓜味美与可塑性强，经过一定的加工，可与著名金华火腿——“兰熏”相媲美。

南瓜子是非常流行的零食，对其记载非常多。《清稗类钞》就载“南瓜，煮熟可食。子亦为食品”[1]。南瓜子是重要流通商品，在台湾，王石鹏《台湾三字经》特产介绍中有“蒟酱姜，番瓜子，及龙眼，枇杷李”[2]之说，南瓜子是台湾的特产之一。《红楼复梦》《宦海钟》《二十年目睹之怪现状》等文学作品中也均有提及，南瓜子流行程度可见一斑。方志中记载更多，同治《邳志补》载“子可炒食运售亦广”[3]，光绪《彰明县乡土志》载“子，市人腹买炒干作食物”[4]，以及“子亦为食品”[5]“子可炒食”[6]“子亦可食”[7]等。虽然南瓜子煮食也可，但炒食更佳，炒食逐渐成为唯一的加工方式。

南瓜的其他食用方式在方志中有更多体现。光绪《周庄镇志》载：“南瓜，可和米粉作团。”[8]这种“南瓜团”是前文提到的南瓜丸子的简化版，普通百姓制作南瓜丸子不可能像《素食说略》中采用如此复杂的加工工序，同治《湖州府志》记载的加工方式已经是极限：“可煮可炒，或和米粉作饵，曰番瓜圆子，或和麦面油煠，曰番瓜田鸡。”[9]同治《上海县志札记》又载“饭瓜，乡人藏至冬杪和粉制糕，名万年高”[10]，是南瓜糕的代表。光绪《诸暨县志》载“村人取夏南瓜之老者熟食之，或和米粉制饼，名曰南瓜饼”[11]，可见在今天非常普遍的特色食品南瓜饼的名称由来，源于光绪年间。当然，南瓜饼的类似产物早在康熙《杭州府志》中就有记载“南瓜，野人取以作饭，亦可和麦作饼”[12]，光绪《诸暨县志》是第一次定名。嘉庆二十三年(1818)成书的食谱《养小录》记载的“假山查饼”，其实就是南瓜饼的雏形，“老南瓜去皮去瓤切片，和水煮极烂，剁匀煎浓，乌梅汤加入，又煎浓，红花汤加入，急剁趁湿加白面少许，入

---

〔1〕(清)徐珂：《清稗类钞》第四十三册《植物》，上海：商务印书馆，1928年，第250页。
〔2〕(清)王石鹏：《台湾三字经》。
〔3〕同治二年(1863)《邳志补》卷二十四《物产》。
〔4〕光绪三十二年(1906)《彰明县乡土志》一卷《格致物产》。
〔5〕宣统二年(1910)《蒙自县志》卷二《物产志》。
〔6〕光绪三十一年(1905)《铜梁县乡土志》卷三《物产》。
〔7〕光绪三十二年(1906)《富阳县志》卷十五《物产》。
〔8〕光绪六年(1880)《周庄镇志》卷一《物产》。
〔9〕同治十三年(1874)《湖州府志》卷三十二《物产上》。
〔10〕同治《上海县志札记》一卷《物产》。
〔11〕宣统二年(1910)《诸暨县志》卷十九《物产志一》。
〔12〕康熙二十五年(1686)《杭州府志》卷六《物产》。

白糖盛瓷盆内，冷切片与查饼无二”[1]。《养小录》是顾仲取成书于康熙三十七年(1698)的杨子建的《食宪》，录其有关饮食内容，结合己验而成书，所以同样可以追溯到康熙年间。

光绪《崞县志》载：“倭瓜，煮粥佳，独食亦可。”[2]是我们今天常见的南瓜粥。南瓜还可和其他作物一同作粥，光绪《遵化通志》载：“熟食味面而甘，可切块和粟米黍米江豆炊饭作粥……子可炒熟荐茶。”[3]宣统《文水县乡土志》载：“南瓜亦称倭瓜，有长圆扁圆二形，宜和小米作粥，瓜子仁炒食。”[4]历史上最早记载南瓜粥的却是清中期诗人汪学金的诗作《番瓜粥》：“是物尝关岁，丰来挂蔓疏。命悭无过我，年有莫忘渠。佐饭终停箸，为糜得省蔬。俗言能发病，病岂有饥如。”[5]诗中可知南瓜粥亦可以“佐饭”“省蔬”。道光《宣平县志》还介绍了南瓜脯的制作方式：“不可生食，烹味如山药，同猪肉煮更良，亦可蜜煎蒸熟晒干，谓之金瓜脯。”[6]我国最早的一部药粥专著《粥谱》中，南瓜占有一席之地，位列 247 个粥方之一，“南瓜粥，填中悦口，京中谓之倭瓜”[7]，准确地指出了南瓜粥作为药膳的价值。

三、药用

南瓜的药用功能极多，几乎入清以来任何一本著名医书、本草书都有提及，南瓜的传入对中医影响很大，促进了中医学的进一步发展。李时珍很早就认为南瓜“甘，温，无毒。补中益气”[8]，得到了后世医学家的多数认同，南瓜的药用功能也逐渐发扬光大。

晚清时期，鸦片流毒严重，在东南地区和西南地区，南瓜对抑制鸦片起了积极作用。吴其濬《植物名实图考长编》载：“南瓜向无人用药者，近时治鸦片瘾，用南瓜、白糖、烧酒煮服，可以断瘾云。”[9]并不是以往南瓜无人用药，而

〔1〕(清)顾仲：《养小录》卷中，北京：中华书局，1985 年，第 29 页。

〔2〕光绪六年(1880)《崞县志》卷一《物产》。

〔3〕光绪十二年(1886)《遵化通志》卷十五《物产》。

〔4〕宣统元年(1909)《文水县乡土志》卷八《格政类》。

〔5〕(清)汪学金：《娄东诗派》卷九，嘉庆九年(1804)诗志斋刻本。

〔6〕道光二十年(1840)《宣平县志》卷十《物产志》。

〔7〕(清)黄云鹄：《粥谱》，光绪七年(1881)刻本。

〔8〕(明)李时珍著，张志斌等校注：《〈本草纲目〉校注》卷二十八《菜部》，沈阳：辽海出版社，2001 年，第 1029 页。

〔9〕(清)吴其濬：《植物名实图考长编》卷五《蔬类》，上海：商务印书馆，1919 年，第 265 页。

是南瓜对断烟瘾作用很大，是当时的环境下南瓜最重要的作用，对其解毒效用的阐述也主要集中在晚清。李圭在《鸦片事略》中大篇幅说明了南瓜的加工过程："南瓜正在开花时，连其叶与根藤一并取下，用水涤净于石臼中，合而捣之，取汁常服，不数日夙瘾尽去。甫经结瓜者，连瓜捣之，亦可用。谨按《本草》载，南瓜甘温无毒，补中益气，截其藤有汁极清，如误吞生鸦片者，以此治之，即不死。是其解毒如神，故除瘾亦极着效。此物最易蔓生，虽荒僻村野无处无之，惟至冬则藤叶皆枯无汁可取，其在夏秋则取之不穷，并可不费钱而得。凡劝人戒烟者，皆宜多取此汁，广贮坛瓮，留以济人，亦不费之惠。"〔1〕可见南瓜治疗烟瘾不但效果极佳，而且加工技术并不复杂，加之"取之不穷"，所以李圭认为是"不费之惠"。

刘一明《经验奇方》较《鸦片事略》叙述更加详细："凡遇服鸦片毒者，急用生南瓜，又名金瓜，嫩者更好，捣露一小茶杯，服下立解，不必取吐，虽如已死，只要南瓜露灌入喉中，无不立刻起死回生，真仙方也。如汤泡火烧，以南瓜露日敷患处数次，效亦神速。倘无南瓜，而有瓜藤之时，即取瓜藤捣露，用之亦效。但时值冬春，南瓜藤亦无者，须于秋初时，用净坛一筒，放南瓜地上，取南瓜藤五六支，藤尾斩去，不用藤头，塞于坛口内，藤用小竹竿架起，使高于坛，其露自然点滴，次日再将瓜藤斩去数尺，将坛移近，藤仍塞坛口内，如前滴之，仍依前法，数日藤露满坛。用棉纸洋布数层包裹坛口，串绳扎紧，压以厚瓶，放阴冷地方，以备随时救人，无量功德。"〔2〕

方志中对南瓜解鸦片毒的记载也较多。道光《英德县志》载："其白者加糖煮熟，可断鸦片烟瘾。"〔3〕光绪《曲阳县志》载："食瓜与花藤能解罂粟毒。"〔4〕光绪《滦州志》载："能解鸦片烟毒并汤火伤毒。"〔5〕

王士雄《随息居饮食谱》记载的解毒方法中有"生南瓜捣绞汁频灌"一法，此外，"凡吸烟而死，虽身冷气绝，若体未僵硬，宜安放阴处泥地。一经日照，即不可救。撬开牙关，以竹箸横其口中，频频灌以金汁、南瓜汁、甘草膏之类，再以冷水在胸前摩擦，仍将头发解散，浸在冷水盆内，或可渐活"〔6〕。在专门

〔1〕(清)李圭：《鸦片事略》卷上，台北：学生书局，1973年，第202页。

〔2〕(清)刘一明：《经验奇方》卷下，上海：上海科学技术出版社，1985年，第29页。

〔3〕道光二十三年(1843)《英德县志》卷十六《物产略》。

〔4〕光绪三十年(1904)《曲阳县志》卷十《土宜物产考第六》。

〔5〕光绪二十四年(1898)《滦州志》卷八《物产》。

〔6〕(清)王士雄著，宋咏梅、张传友点校：《随息居饮食谱》一卷《水饮类》，天津：天津科学技术出版社，2003年，第13页。

介绍南瓜作用时，认为“解鸦片毒，生南瓜捣汁频灌。戒鸦片瘾，宜用南瓜蒸熟多食，永无后患。火药伤人，生南瓜捣敷，并治汤火伤。枪子入肉，南瓜瓤敷之即出。晚收南瓜，浸盐卤中备用，亦良。胎气不固，南瓜蒂煅存性，研，糯米汤下。虚劳内热，秋后将南瓜藤齐根剪断，插瓶内取汁服”〔1〕。《随息居饮食谱》作为一本食谱，对南瓜药用记载如此详细，难能可贵，除了解鸦片毒、戒烟瘾之外，还提到了治汤火伤、治胎气不固、治虚劳内热，堪称南瓜药用功能全览。

赵学敏《本草纲目拾遗》载“凡瓜熟皆蒂落，惟南瓜其蒂坚牢不可脱。昔人曾用以入保胎药中，大妙。盖东方甲乙木属肝，生气也，其味酸，胎必借肝血滋养，胎欲堕则腹酸，肝气离也。南瓜色黄味甘，中央脾土之精，能生肝气，益肝血，故保胎有效”；还介绍了以南瓜为主药的“神妙汤”，“神妙汤，保胎，用黄牛鼻一条煅灰存性，南瓜蒂一两，煎汤服，永不堕”，治疔疮，“用老南瓜蒂数个，焙研为末，麻油调涂，立效”，治汤火伤，“伏月收老南瓜，瓤连子装入瓶内，愈久愈佳，凡遇汤火伤者，以此敷之，即定疼如神”〔2〕。《本草纲目拾遗》成书于乾隆三十年(1765)，对南瓜的药用及配方记载较为全面，但未提到解毒的效用，说明对南瓜的加工、利用也需要经过一个长时间的认识，与当时的环境关系很大。

无论是《随息居饮食谱》还是《本草纲目拾遗》都提到了保胎和治汤火伤。南瓜蒂是保胎的佳品。陈其瑞《本草撮要》载：“南瓜，味甘温。入手太阴经。功专补中益气。与羊肉同食，令人气壅。瓜蒂一个烧存性研末，拌炒米粉食，每日一个，食数次，治胎滑奇效。”〔3〕陆以湉《冷庐医话》载：“固胎之物，南瓜蒂煎汤服最良，胜于诸药，黄牛鼻煅灰同煎尤妙。”〔4〕俞震《古今医案按》也认为“补气以生血……或南瓜蒂灰，或黄楝头，亦有验者”，有保胎妙用。〔5〕均需将南瓜蒂磨成灰，然后或拌炒米粉食或与黄牛鼻煅灰同煎或直接服用，有奇效，大妙。

---

〔1〕(清)王士雄著，宋咏梅、张传友点校：《随息居饮食谱》一卷《蔬食类》，天津：天津科学技术出版社，2003年，第41页。

〔2〕(清)赵学敏：《本草纲目拾遗》卷八《诸蔬部》，北京：人民卫生出版社，1963年，第337页。

〔3〕(清)陈其瑞：《本草撮要》卷四《蔬部》，上海：世界书局，1985年，第61页。

〔4〕(清)陆以湉：《冷庐医话》卷四《胎产》，北京：中医古籍出版社，1999年，第128页。

〔5〕(清)俞震辑：《古今医案按》卷九《女科》，沈阳：辽宁科学技术出版社，1997年，第168页。

南瓜在治汤火伤方面也有较多建树。文晟《急救便方》载:“凡枪子打入皮肉,用生南瓜切片,贴患处即出。”[1]程鹏程《急救广生集》载“用南瓜蒂烧存性为末,菜油调涂,露顶,愈后腐烂处,即以此末掺之”[2],“用南瓜心贴口上即出。若铅弹入肉,会走,即用水银从疮口灌入,使其不走,然后设法取出”[3]。何京《文堂集验方》载:“秋冬烂南瓜贮瓷瓶中,日久成汁,涂患处,止痛易好,并治一切无名肿毒。”[4]无论是生南瓜切片、用南瓜蒂烧存性为末,还是南瓜日久成汁,可治疔疮、毒物入内伤、铁沙入肉(鸟枪伤),都是诸多医书的共识。

方志对治疗汤火伤同样记载颇多。康熙《漳浦县志》载:“圆而有棱,色黄,肉可疗炮火疮。”[5]光绪《建昌县乡土志》载:“南瓜性凉可作汤火药,凡种瓜之家可于瓜熟时取瓜及藤叶一并捣烂,装入坛内埋地下,过三月悉化为水,遇有被火烧暨开水烫烂皮肤者,取瓜水饮一茶杯,以瓜水搽患处立愈,诚汤火伤简便良方也。”[6]光绪《五河县志》载:“南瓜……其瓤及根叶皆可起炮子愈炮创,军中尤重宝之。”[7]可见不仅南瓜果实可入药,南瓜藤、叶、根均可治伤。

所以说除了南瓜蒂,南瓜其他部分都可加工、利用。叶桂《本草再新》认为:“番瓜藤,味苦辛,性凉,无毒,入肝脾肾三经。走经络、治肝风、滋肾水、和脾胃,和血养血,调经理气兼去诸风。”[8]另有陈修园评《本草再新》版本载:“南瓜藤,味甘苦性微寒无毒,入肝脾二经,平肝和胃,通经络,利血脉。”[9]可见南瓜藤妙用。还有南瓜根与南瓜花,《分类草药性》载:“南瓜根,专治一切火淋火症,行大肠气胀,解烟毒。南瓜花,性凉,治咳嗽提音解毒又达痼疾。”[10]

---

[1] (清)文晟:《急救便方》,同治四年(1865)文氏延庆堂刻本。

[2] (清)程鹏程:《急救广生集》卷七《疡科》。

[3] (清)程鹏程:《急救广生集》卷八《一切伤痛》。

[4] (清)何京:《文堂集验方》卷四《折伤诸症》,上海:上海科学技术出版社,1986年,第168页。

[5] 康熙四十七年(1708)《漳浦县志》卷四《土产》。

[6] 光绪三十三年(1907)《建昌县乡土志》卷十一《物产志》。

[7] 光绪十九年(1893)《五河县志》卷十《物产》。

[8] (清)叶桂:《本草再新》卷六《菜部》,道光二十一年(1841)清介堂藏版白从瀛刻本。

[9] (清)叶天士著,陈修园评:《本草再新》卷六《菜部》,上海:群学社,1931年,下册(卷6—11)第6页。

[10] (清)佚名:《分类草药性》,宣统三年(1911)诚德堂刻本。

清末，对各种药方的总结较多，南瓜的中医保健功能反映在以南瓜为主药的药方中。邹存淦《外治寿世方》载："凡眼珠打出，或触伤，或火炮冲伤，用南瓜瓤捣烂厚敷，外用布包好勿动，渐次肿消痛定，干则再换，如瞳仁未破，仍能视物。瓜以愈老愈佳，如无南瓜，用野三七叶敷，或用生地黄浸酒捣敷亦可。南瓜北人呼为倭瓜"[1]，又"凡枪子打入皮肉，用生南瓜切片，贴患处即出。南瓜瓤敷之亦佳"[2]。

丁尧臣《奇效简便良方》载："南瓜，北方名窝瓜，初开花时，连叶根藤拔取洗净，藤上带有小瓜亦可用，于石臼内捣汁，常饮渐可除瘾。如将汁一两入在烟十两内，吸之亦渐断矣。后一二年内仍须多食南瓜，或多炒瓜子吃"[3]，"眼目打伤青肿。老南瓜，北方呼为倭瓜，用瓤捣烂厚封，外以布包好，勿动，干则再换。眼珠打出或炮伤眼目，倭瓜瓤并治"[4]，"箭镞铜铁炮子并一切杂物入肉。南瓜（北人呼为窝瓜）捶融，四围敷之"[5]，"解吞生洋烟毒。南瓜汁灌，或灌香油，或爬墙草捣汁灌之，煎水亦可"[6]。《奇效简便良方》介绍了南瓜的四个方剂，但与《验方新编》相比仍然相差很多。

鲍相璈《验方新编》成书于1846年，共记载了"眼珠伤损""瓜蒂散""戒洋烟瘾""汤泡火伤""火爆伤眼""打伤眼睛""箭簇铜铁炮子并一切杂物入肉""身痒难忍""遍身瘙痒抓破见血""三日疟方""治坐板疮方""血风疮久不愈"共十二个以南瓜为主药的方剂和疗法[7]，足见南瓜利用范围之广。本研究限于篇幅不再展开叙述。

还有南瓜泡制的酒利于调和保健。赵其光《本草求原》载："蒸晒浸酒佳。

---

〔1〕（清）邹存淦：《外治寿世方》卷二《目》，北京：中国中医药出版社，1992年，第56－57页。

〔2〕（清）邹存淦：《外治寿世方》卷三《诸伤》，北京：中国中医药出版社，1992年，第114页。

〔3〕（清）丁尧臣：《奇效简便良方》卷二《杂症》，北京：中医古籍出版社，1992年，第62页。

〔4〕（清）丁尧臣：《奇效简便良方》卷四《损伤》，北京：中医古籍出版社，1992年，第103页。

〔5〕（清）丁尧臣：《奇效简便良方》卷四《损伤》，北京：中医古籍出版社，1992年，第110页。

〔6〕（清）丁尧臣：《奇效简便良方》卷四《中毒急救》，北京：中医古籍出版社，1992年，第131页。

〔7〕（清）鲍相璈：《验方新编》，天津：天津科学技术出版社，1991年。

其藤，甘苦，微寒。平肝和胃，通经络，利血脉。”[1]张宗法《三农纪》载：“皮浮虚：虚以皮烧存性为末，每酒调服。”[2]梁章钜《浪迹丛谈》记载了用南瓜蒂来治疗牙痛：“世传牙痛方……或用番瓜蒂焙研擦之，亦效。”[3]

四、饲用及其他利用方式

南瓜淀粉和蛋白质含量很高，因此也适合喂养家畜，根据古籍记载，南瓜在喂猪上应用较多，对其他家畜应用不多。其他利用方式也有所涉及，在明清时期个别地区有所体现，如通过加工、利用来观赏、制糖、酿酒、制皂等。

早在康熙《东阳县志》就提到用南瓜“以之饲猪”[4]。道光《城口厅志》载：“可煮可蒸，荒年救饥，可饲豕。”[5]同治《德阳县志》载：“荒年可救饥可喂猪。”[6]全国各地多有南瓜饲猪的记载。《三农纪》也认为南瓜“可饲蜂，可喂猪”[7]，南瓜雌雄同株异花授粉，花粉量丰富，需要昆虫传粉，在南瓜地附近养蜂能实现双赢。南瓜藤与其他植物嫁接可使之成活，抗逆性更强，以凤仙花为例，“接凤仙，用南瓜藤接之，令活可蔓延高架上，五色如锦障”[8]。

利用南瓜来观赏，一种情况是南瓜的一种适于观赏的品种，本身就具有观赏功能；另一种情况是利用南瓜进行雕刻观赏。同治《孝丰县志》载：“南瓜，自南中来，皮色红，供盘中为观，美不堪食。”[9]同治《上海县志》载：“经冬色红，间翠斑甚佳，亦名南瓜，只可供玩不可食，坚老亦可作器。”[10]光绪《浦城县志》载：“南瓜，又有一种色红而小者曰金瓜，亦堪供几案清玩。”[11]以上是属于第一种情况。光绪《姚州志》载：“未熟时土人每雕花草人物之形于其

---

〔1〕(清)赵其光：《本草求原》卷十五《菜部》，转引自朱晓光主编：《岭南本草古籍三种》，北京：中国医药科技出版社，1999年，第352页。

〔2〕(清)张宗法著，邹介正等校释：《三农纪校释》卷九《蔬属》，北京：农业出版社，1989年，第297页。

〔3〕(清)梁章钜：《浪迹丛谈》卷八，福州：福建人民出版社，1981年，第130页。

〔4〕康熙二十年(1681)《东阳县志》卷三《物产》。

〔5〕道光二十四年(1844)《城口厅志》卷十八《物产志》。

〔6〕同治十三年(1874)《德阳县志》卷四十一《物产志》。

〔7〕(清)张宗法著，邹介正等校释：《三农纪校释》卷九《蔬属》，北京：农业出版社，1989年，第296页。

〔8〕(清)赵学敏：《凤仙谱·总论》，昭代丛书本。

〔9〕同治十三年(1874)《孝丰县志》卷四《土产》。

〔10〕同治十年(1871)《上海县志》卷八《物产》。

〔11〕光绪二十五年(1899)《浦城县志》卷七《物产》。

上，迨七夕中秋取以献月，亦古风也。”[1]说的是第二种情况了。同治《上海县志》提到南瓜“坚老亦可作器”，南瓜外壳坚硬，确实可作器皿盛放东西。

崇祯《海澄县志》载：“圆而有瓣，漳人取以供佛，不登食品。”[2]南瓜在传入福建之初，未发挥食用功能，主要用以供佛，至康熙《漳州府志》时也载：“圆而有瓣，漳人取以供佛”[3]，仍然用以供佛，但已经没有了“不登食品”之说。嘉庆《西安县志》载：“南瓜，又有一种金瓜圆而有瓣，朱红色最耐久，人取以供佛。”[4]以上都是南瓜的特殊利用方式，仅存于东南沿海省份。何刚德《抚郡农产考略》载：“或云可煎糖可制火药，泰西人尝为之。”[5]宣统《蒙自县志》载：“可作糖蜜饯。”[6]用南瓜制糖、做火药，与供佛一样，只在部分地区流行。

在明清时期南瓜就开始了深加工。今天我国关于南瓜的大宗出口商品是南瓜粉，商品率高于南瓜酒、南瓜汁等其他所有南瓜制品，早在咸丰《冕宁县志》就记载南瓜“又可为粉”[7]，是我国的独创。咸丰《琼山县志》记载南瓜“可酿酒”[8]。光绪《郁林州志》载：“瓜有金瓜，即南瓜，大金瓜特异，种空地，八九月始熟，大如罂坛重数十斤，皮肉俱黄，煮食甜甚，或切片晒蒸数次放酒瓮中，酒作金色味如饴。”[9]南瓜酿酒，主要集中在华南地区。南瓜在台湾，还成为肥皂的原料，“近时之洋肥皂，其黄色者，即此瓜所制也”[10]。

南瓜与传统作物相比，在明清时期可以说是全新的作物，以京畿地区为例，大概是在16世纪中期传入，而成书于1578年的《本草纲目》已经对南瓜的加工、利用有了较全面的认识，有清一代，对南瓜的利用技术的总结更是在全国范围如雨后春笋般接连诞生，内容涉及贮藏、食用、药用和饲用等多方面，形成了一整套的加工、利用技术体系，速度之快、利用之全面，让人叹为观止。个中原因，固然是因为南瓜引种、推广速度较快，引起了人们的重视；更为重要的是充满智慧的我国古代劳动人民对南瓜的各种特性详加观察，充分

[1] 光绪十一年(1885)《姚州志》卷三《物产》。
[2] 崇祯五年(1632)《海澄县志》卷十一《物产》。
[3] 康熙五十四年(1715)《漳州府志》卷二十七《物产志》。
[4] 嘉庆十六年(1811)《西安县志》卷二十一《物产》。
[5] (清)何刚德：《抚郡农产考略》草类三《南瓜》，光绪三十三年(1907)刻本。
[6] 宣统二年(1910)《蒙自县志》卷二《物产志》。
[7] 咸丰七年(1857)《冕宁县志》卷十一《物产》。
[8] 咸丰七年(1857)《琼山县志》卷三《物产》。
[9] 光绪二十年(1894)《郁林州志》卷四《物产》。
[10] 光绪十八年(1892)《恒春县志》卷九《物产》。

发挥创造性思维，并充分实验，善于总结，才造就了如此丰富的南瓜的利用技术。

第二节　民国时期南瓜利用技术的改进

民国时期南瓜的利用技术的记载主要集中在民国方志和民国期刊上，相关记载都是与生产、生活息息相关的。

一、贮藏

关于南瓜的贮藏技术，民国与明清相比变化不大，因为南瓜耐贮藏，采后可保存数月至次年，民国《辉南县志》载："倭瓜，种来自倭，形圆而扁，赤色者味尤甘，藏之可为御冬旨蓄。"[1]熊同和指出："南瓜亦为一种普通蔬菜，需要甚广，味甘美，宜于煮食，且耐久藏，可以长期供给，距离都市较远之处，栽培此种甚宜。"[2]可见南瓜性耐贮。民国《齐河县志》载："经霜收置暖处，可留至春。"[3]这是转引《本草纲目》的叙述，同样的内容在方志中记载很多，仅民国方志中就有几十处，这里不再频繁引述，这些都说明南瓜的耐贮特性已经成为人们的共识。

近代以来，华工大量出国谋生，一批批乘坐轮船漂洋过海。这些满载华工的越洋轮船被称为"浮动地狱"，南瓜就是这"浮动地狱"中的救命稻草，华工出国总会携带几个大南瓜，不但可以果腹充饥和补充水分，更为重要的是南瓜可以在几个月的远洋航行中保持不坏，能够持久利用，可谓与华工的命运息息相关。

此外，在民国时期将南瓜切成瓜条后再晒干储存的做法越来越普遍。民国《辽中县志》载："倭瓜，有长圆形不一，民间切片晒干谓之倭瓜干。"[4]民国《邢台县志》载："南瓜刮条曝干名瓜条，可耐久食用。"[5]民国《沙河县志》载："北瓜老熟后刮丝晒干名曰瓜条，耐久储。"[6]此法更加延长了南瓜的可利用

---

〔1〕 民国十六年(1927)《辉南县志》卷一《农产》。
〔2〕 熊同和：《蔬菜栽培各论》，上海：商务印书馆，1935 年，第 334 页。
〔3〕 民国二十二年(1933)《齐河县志》卷十七《物产》。
〔4〕 民国十九年(1930)《辽中县志》五编《物产志》。
〔5〕 民国三十二年(1943)《邢台县志》卷一《物产》。
〔6〕 民国二十九年(1940)《沙河县志》卷六《物产志上》。

时间，使其在救荒备荒中发挥了重要作用。南瓜做成南瓜汁也有同样的效果，“番瓜汁……藏久亦不生虫臭”[1]。

齐如山在1956年著有《华北的农村》一书。齐如山在新中国成立前便只身前往台湾，该书主要反映民国时期华北地区的情况，书中指出南瓜[2]老嫩都可食，刚生长拳大便可吃，老成后摘下存放，随时可食，只若不冻，可以保存数月之久；齐如山尤其提到南瓜品种中的圆南瓜，因其皮厚质坚，容易保存，秋后摘下，埋于粮食囤中，可吃一冬季。[3]

此时还兴起了南瓜罐头的加工，主要目的是“长期保藏而不坏，以便随时供给，也利于运销和贮藏”，具体方法为“南瓜洗涤、去皮，除去种子与瓤，乃切成小块，加水煮熟，通过筛子以去滓，再煮之使浓，其比重应在1.06至1.08之间，趁热装瓶”。还可以将南瓜制成干菜贮藏，“南瓜，去皮及子与瓤，乃切片或小方块，或碎切之，通常不预热，但以蒸气预热之，则出品较良”[4]。

二、食用

南瓜的加工、利用方式多样，体现在食用上则是丰富多彩。菜粮兼用作物南瓜，在民国多是作粮食的替代品，但也常作为可口蔬菜。胡会昌认为：“瓜嫩的充蔬食，老的刨去皮充蔬食，晒干和米煮粥，又可救荒。”[5]在革命战争时期，“南瓜汤”可谓家喻户晓。

南瓜的基本食用方式是煮食、蒸食、熬食、炒食和晒干再食，南瓜不可生食是基本常识。民国《牟平县志》载：“不可生食，惟去皮瓤煮食，味如山药。”[6]民国《黑山县志》载：“煮熟可食，子亦为食品。”[7]民国《考城县志》载：“或为菜或煮食蒸食均可。”[8]民国《磁县县志》载：“南瓜，又名北瓜，为富于甘味巨大普通之果菜，煮食烹食皆宜，子可炒食。”[9]民国《万全县志》载：“子

---

[1] 梦觉：《番瓜汁》，《家庭常识》，1918年第4期。

[2] 书中记载：“北瓜亦曰倭瓜，古人称为南瓜，乡间则普遍名曰北瓜。”所以书中对“南瓜”的记载都是用“北瓜”来代替，华北一带民国时期确实常将“南瓜”称为“北瓜”，结合书中的描写，也确定本书中的“北瓜”是“南瓜”无疑。

[3] 齐如山：《华北的农村》，沈阳：辽宁教育出版社，2007年，第237页。

[4] 刘同圻：《实用蔬菜加工法》，上海：上海园艺事业改进协会，1947年，第1、6、13页。

[5] 胡会昌：《南瓜栽培法》，《湖北省农会农报》，1922年第3卷第2期。

[6] 民国二十三年(1934)《牟平县志》卷一《物产》。

[7] 民国三十年(1941)《黑山县志》卷九《物产》。

[8] 民国十三年(1924)《考城县志》卷七《物产志》。

[9] 民国三十年(1941)《磁县县志》章八《物产》。

色白,肉可熬食。”[1]民国《政和县志》载:“煮熟或晒干可以充蔬,其仁亦可炒食。”[2]“炒南瓜,南瓜老熟者,以煮食为宜,但当其嫩时,皮色尚青,味亦不甜,以此切丝炒食,颇为可口,炒时加猪油与食盐,不可炒老。”[3]

南瓜可作羹茹。民国《岫岩县志》载:“倭瓜,种出自倭,故名,味甜性寒,可作羹茹,亦曰窝瓜。”[4]民国《达县志》载:“削皮烹之食羹作金色,子可炒食。”[5]民国《正阳县志》载:“南瓜,配米面做羹饭。”[6]南瓜也可和肉煮食。民国《临泽县志》载:“南瓜,俗名窝葫芦,秋熟,色黄,皮肤稍厚,不可生食,熟食则味面而腻,有客和肉作羹。”[7]民国《西丰县志》载:“肉厚色黄,同肉煮食尤佳。”[8]南瓜与肉相宜相和,一起熟食味道颇佳。民国《献县志》载:“南瓜,实圆而红,俗亦名腥瓜,谓配以腥则味愈美也。”[9]

南瓜除了果实,其他部分均可食用,利用方式各异。民国《来宾县志》载:“花与苗嫩者可食,置馅花中煮汤尤清香。”[10]民国《上杭县志》载:“嫩则并皮煮食,老则去其皮,愈老愈甜,秋熟可收藏至春,取子盐浸炒食,松香适口,叶可作蔬,花和粉煎食极似炒蛋。”[11]民国《桦甸县志》载:“倭瓜,蔓生叶盘许大,开黄色花,瓜黄皮,长者似枕,圆者似斗,可作蔬,又可伴米作粥,花可佐酱,茎去皮寸断,炒食颇嫩脆适口。”[12]可见无论是南瓜花、南瓜苗、南瓜叶、南瓜茎还是南瓜子,无不可食用。以南瓜花为例,作为特种蔬菜,南瓜花加工方式多样,“嫩花油煎和糖食”或“花和粉煎食”或“花可佐酱”,除上述做法之外,胡会昌还认为:“花,鲜的充蔬食,可饲塘鱼,用做钓饵,可钓塘养的鲢鱼、胖头鱼。”[13]民国《桦甸县志》提到的南瓜“伴米作粥”,民国《虞乡县志》所载

---

[1] 民国二十三年(1934)《万全县志》卷二《物产志》。
[2] 民国八年(1919)《政和县志》卷十《物产》。
[3] 孤星:《炒南瓜》,《家庭常识》,1918年第4期。
[4] 民国十七年(1928)《岫岩县志》卷一《物产》。
[5] 民国二十七年(1938)《达县志》卷十二《物产》。
[6] 民国二十五年(1936)《正阳县志》卷二《农业》。
[7] 民国三十一年(1942)《临泽县志》卷一《物产》。
[8] 民国二十七年(1938)《西丰县志》卷二十三《物产》。
[9] 民国十四年(1925)《献县志》卷十六《物产篇四之四》。
[10] 民国二十六年(1937)《来宾县志》卷上《物产》。
[11] 民国二十八年(1939)《上杭县志》卷九《物产志》。
[12] 民国二十一年(1932)《桦甸县志》卷六《物产》。
[13] 胡会昌:《南瓜栽培法》,《湖北省农会农报》,1922年第3卷第2期。

的“南瓜，能作菜吃，亦可和菜熬粥”[1]，是我们今天常见的南瓜粥的雏形。

南瓜的特色食品有南瓜糕、南瓜饼。民国《上海县志》载：“饭瓜，有鹤颈合盘诸种，蓄至年冬和粉为糕团。”[2]民国《南汇县续志》载：“煮熟味甜可作蔬，亦可和米粉作糕。”[3]因为南瓜干物质含量很高，所以经过加工容易制成南瓜糕。此外还有南瓜饼，民国《宝山县志》载：“取以煮面及和粉为饼。”[4]民国《杭县志稿》载：“捣叶和米粉作饼，色青葱可爱。”[5]民国《杭州府志》载：“南瓜饼，杭人摘南瓜老黄者为饼，色香并胜东郊土物。”[6]这也是利用了南瓜可塑性强的特点。民国《杭州府志》还记载文人专门歌颂南瓜饼的诗词：“朱鲇诗：旨蓄谋御穷，阴瓜摘蔓梗。剖刃和粉华，蜡色制成饼。翠釜蒸浮浮，冰盘叠整整。何事夸红绫，风味擅乡井。”[7]沈仲圭指出：“粉食中有所谓南瓜饼者，乃本品和糯米粉白糖制成之一种扁圆形之粉饵也，色作嫩黄，味甚可口，晨起代点，胜于他物。”[8]更有人详细指出了南瓜饼的做法：“南瓜粉饼，取烧熟南瓜和以白糖，调入粉内，(须糯米粉)拌之，然后团粉成饼，实以洗沙馅，剪小箬亲其底，置锅内蒸熟食之，甘美异常，色略带黄，亦颇美观。”[9]

南瓜非常适合作馅。民国《文安县志》载：“蒸食作馅均可。”[10]民国《房山县志》载：“倭瓜，平地蔓生，初生青色，可作馅，老则黄，可煮食……其子可充果品。”[11]民国《房山县志》记载似乎只有南瓜嫩时才可作馅，老熟南瓜直接用来食用。实际上，无论是嫩南瓜还是老南瓜，均可作馅。齐如山介绍包子的馅时就专门阐述：“老北瓜馅，也名曰倭瓜馅，北平则曰老倭瓜馅。北瓜嫩时作馅，本很好吃，亦可加猪肉，当然更好吃，这种说的是老北瓜，长老之后，糖质面质都很多，且可以保存。农家恒用以作馅，用擦床擦成丝，加些葱末、盐便妥。这是寒苦人解馋的食品，稍讲究些，则加上点酱、虾皮、香油，那都好吃得多，若能再加上些韭菜，就更提味了。城镇中在秋末冬初之际，恒有

---

[1] 民国九年(1920)《虞乡县志》卷四《物产略》。
[2] 民国二十五年(1936)《上海县志》卷四《农产》。
[3] 民国十七年(1928)《南汇县续志》卷十九《物产上》。
[4] 民国十年(1921)《宝山县志》卷六《物产》。
[5] 民国三十八年(1949)《杭县志稿》卷六《物产》。
[6] 民国十一年(1922)《杭州府志》卷八十一《物产》。
[7] 民国十一年(1922)《杭州府志》卷八十一《物产》。
[8] 沈仲圭：《南瓜漫谈》，《医界春秋》，1932 年第 72 期。
[9] 非我：《南瓜粉饼》，《家庭常识》，1918 年第 5 期。
[10] 民国十一年(1922)《文安县志》卷一《物产》。
[11] 民国十七年(1928)《房山县志》卷二《物产》。

卖这种烫面饺之小贩，专供劳工人吃者，然亦可以算是解馋。这种馅倒是各样都可以用，如包子、团子、饺子、烫面饺等等。稍殷实之家，多加上些佐料多用以蒸包子、包饺子，贫寒者加上一些盐，便用以蒸团子。"[1]民国《完县新志》载："南瓜，县产分红白绿三种，其形状圆扁者为最多，皮色至美丽，宜去皮切碎加肉作馅则味美，故县志有腥瓜之称。"[2]南瓜和肉一起作馅，味道更佳，与齐如山的说法相同。

南瓜子是非常流行的零食，炒熟食之，很受欢迎。民国《赤溪县志》载："包裹种子甚多，烘熟颇香，可供亲宝小品。"[3]民国《武安县志》载："煮食或炒食，子可佐酒。"[4]"子可炒食"[5]"子亦可食"[6]"子亦为食品"[7]等方志中记载极多。齐如山提到："（南瓜）所生之子，销路也极大……亦曰倭瓜子。因永与西瓜子同时食之，彼黑色，便名曰黑瓜子，此则色白更名曰白瓜子。吃时加盐稍加一些水，入锅微煮，盐水浸入瓜子而干，再接续炒熟，或微糊亦可，味稍咸而干香，国人无不爱食者，故干果糖店中，无不备此。宴会上更离不开他（它），客未到之前，必要先备下黑白瓜子两碟，席间亦常以此作为玩戏之具，此见于记载者很多。因其价贱，且吃得慢，无论贫富皆食之，而且全国通行。不过乡间则只年节下用之，平常则不多见，亦因农工事忙，不比城池中人清闲者多，故无暇多吃零食也。"[8]详细介绍了南瓜子的特征、加工工艺、利用情况等。

南瓜子自然是可口的小点心，南瓜经过加工也可成为点心。民国《米脂县志》载："味甘，调以糖尤佳。"[9]民国《西宁县志》载："可榨油，筵席可作小口食品，近多用之。"[10]民国《宣汉县志》载："肉最厚可煮可蒸，或作蜜饯。子炒食尤香美。"[11]此外，方志中还介绍一些南瓜的特殊利用方式，民国《首都志》载："果实嫩绿时煮羹作蔬，黄熟时和豇豆煮食之，或去瓤皮蒸熟之捣烂和

〔1〕齐如山：《华北的农村》，沈阳：辽宁教育出版社，2007年，第274页。
〔2〕民国二十三年(1934)《完县新志》卷七《物产》。
〔3〕民国十五年(1926)《赤溪县志》卷二《物产》。
〔4〕民国十八年(1929)《武安县志》卷二《物产》。
〔5〕民国三十年(1941)《磁县县志》章八《物产》。
〔6〕民国十一年(1922)《法华乡志》卷三《土产》。
〔7〕民国十九年(1930)《嘉定县续志》卷五《物产》。
〔8〕齐如山：《华北的农村》，沈阳：辽宁教育出版社，2007年，第238页。
〔9〕民国三十三年(1944)《米脂县志》卷七《物产志》。
〔10〕民国二十六年(1937)《西宁县志》卷十四《物产上》。
〔11〕民国二十年(1931)《宣汉县志》卷四《物产志》。

面作饼饵，子干之炒熟可食。”[1]

齐如山对南瓜的食用方式介绍颇多：惟只可熟食，不能生吃，嫩者切片炒食，老者切块熬食，以熬食者为最多……南瓜分长南瓜和圆南瓜两种。其中长南瓜水分多，糖质少，一般作为菜蔬，皮薄可以连皮吃，有绿黄两色，全身都有花纹，绿的水分更大，多是切成片炒食，或加虾皮等卤食，亦可加豆角韭菜面疙疸等物熬食，煮各种汤面，亦多如此，不但提味，亦可俭省面质，此为乡间汤面最俭省的吃法；最好是做馅子，稍加虾皮，味便很美，此亦为乡间极普遍的吃法……至于圆南瓜，面质糖质更多，水分稍少，最宜蒸食，切成厚片蒸熟，面淡而甜，爱吃者都说比甘薯还好吃，煮小米稀饭加此稍加盐，亦曰菜粥，总之秋后，其他菜蔬已过去，白菜正生长不肯拔食，在这个时期中可作菜蔬者，几乎是只有南瓜，因各种豆荚已经霜不能再生，茄子之类虽可保存但不能很久，除腌菜和干菜外，鲜者则只有此物，且所含面糖等质都很多，食此更可节省米面，所以说它是农家重要食品，虽然价格便宜，而贫家无不重视。[2]

齐如山还认为：“老嫩兼食的瓜果有南瓜、冬瓜、西葫芦、辣椒、西红柿等等，其中只有南瓜吃法不一，若用它作为饺子、包子之馅，或熬菜等，则水分大一些，口味也不会坏；若秋后入冬用它熬菜粥，或蒸食等，则水分一大，便不好吃，最好是甜而面，方为合格，北方有一句谚语：倭瓜老了卖白薯。这固然有种子的关系，但水分也极为重要，浇的太多，则水分便大，便不好吃，这是毫无意义的。”[3]

焦东樵子介绍了“面拖南瓜片”的做法：“南瓜配以面粉最为入味，所以一般人家烧南瓜，往往加入面疙瘩。但是南瓜挟疙瘩，只可当点心，或当饭吃，不能当菜吃，而且疙瘩太结实，也不能吸收南瓜的滋味，要烧得入味，可以当菜吃，最好面拖南瓜片。”[4]“面拖南瓜片”作为新发明的一种素菜，焦东樵子专门介绍了其烧法。王从周介绍的“南瓜蟹”与“面拖南瓜片”有异曲同工之妙：“先将灰面和冷水搅和如粃状，再用老南瓜去皮，切成细丝，投入调匀，加食盐酱油等物，用锅铲盛入熬透油内，炸至能浮油面，老嫩合宜为度，味甘而酥，颇可适口。”[5]

---

[1] 民国二十四年(1935)《首都志》卷十一《物产》。

[2] 齐如山：《华北的农村》，沈阳：辽宁教育出版社，2007 年，第 237 - 238 页。

[3] 齐如山：《华北的农村》，沈阳：辽宁教育出版社，2007 年，第 52 页。

[4] 焦东樵子：《面拖南瓜片》，《机联会刊》，1947 年第 213 期。

[5] 王从周：《南瓜蟹》，《家庭常识》，1918 年第 4 期。

还有人介绍了南瓜团子："南瓜团子又名黄金团，南瓜团即系用糯米粉及南瓜和合而做成皮子的团子，蒸熟后，其颜色成为金黄而灿烂，故美其名曰黄金团，其馅心分为甜咸二种，咸者可用猪肉或菜心，随心所欲，甜者，豆沙，麻蓉，百果皆可。"[1]除了阐述南瓜团子的基本情况之外，还重点介绍了南瓜团子的成分和做法。

华铃认为："南瓜煮法有很多种，最普通的，去掉外皮，挖去瓜瓤及瓜子，切成一方寸左右的瓜块，先在锅中注油少许，待沸，把瓜块倾入，略炒，加入盐屑及糖屑，盖着煮透，可作点心，其味极佳。冷却后，味更隽妙，农家们都在这种炒南瓜中，加入虾干少许，用以佐膳佐酒，也是别有风味的。"[2]

黄绍绪指出："我国多以其嫩瓜或成熟之瓜煮食，或烹调为肴馔食之。亦有与米共饮或作为饼食之。更有切为薄片干燥贮藏之，或用糖蜜成瓜片者，其种子可炙食，为优良之消闲品。普通南瓜，多以作饲料之用，仅有一二种可以作瓜排(pumpkin pies)。"[3]陈俊愉认为南瓜的主要食用法如下："一、炸南瓜——老南瓜削皮切细，加面粉和水加盐，在锅里炸透，吃起来又酥又好；二、南瓜饼——老南瓜削皮切煮小块，煮熟，拿出来加糯米粉，放核桃、白糖、猪油作馅子，作饼蒸着吃；三、清炖南瓜——嫩瓜挖出瓤和子，嵌入碎肉、香蕈、蘑菇屑，在鲜汤里煮熟，加味食之，绝美！"[4]

王凌汉提出了"北瓜笋之制法"："北瓜一物，皮青而表厚，富于养分，为农家要品，因瓜老之后，不惟可以作蔬菜，兼可以充饥，不知制为瓜笋，尤为美味。其法，将瓜之生长已成而尚嫩者摘下去其瓜瓤，用刀切为薄片，再用木灰拌匀置于日光下晒之干燥后即贮藏之，无论何时，取用皆可，而冬日为尤佳，用时以水洗去木灰，用清水浸透，而后调和之，清脆异常，饶有佳味，较南方竹笋，尤为甘美，且瓜未熟而摘下，可令瓜秧多结瓜，乘此北瓜累累之际，有菜圃者，盍尝试之。"[5]

三、药用

南瓜的药用方式很多，清代就已经广泛应用，治病救人、医疗保健时常见

---

〔1〕《南瓜团子又名黄金团》,《俞氏空中烹饪：教授班》,年代不详,第3期。
〔2〕华铃：《南瓜》,《紫罗兰》,1945年第18期。
〔3〕黄绍绪：《蔬菜园艺学》,上海：商务印书馆,1933年,第196页。
〔4〕陈俊愉：《瓜和豆》,重庆：正中书局,1944年,第16页。
〔5〕王凌汉：《北瓜笋之制法》,《江苏省公报》,1918年,第1550期。

南瓜的身影，民国时期南瓜的药用更加具体而科学，并且应用广泛，与清代主要体现在医书、本草书的情况不同，民国方志记载颇多。

民国《铁岭县志》载："倭瓜，种出自倭，又名东瓜，皮老有白霜故又曰白瓜，有解鸦片毒力。"[1]民国《阜宁县新志》载："南瓜，有长形晚生者，为本邑佳品，向不作药用，自鸦片流毒，有和白糖烧酒煮食之以治烟瘾。"[2]南瓜能治烟瘾，民国《阜宁县新志》的记载可见南瓜在鸦片流毒以来成为解毒妙品，是南瓜近代以来主要药用方式之一，当然南瓜"向不作药用"之说是不正确的，清代多部医书、本草书都提到了南瓜的其他药用方式。南瓜用来解鸦片毒的技术在民国时期更加成熟，方式更加多样，民国《江阴县志》载："开花时截断其茎，滴出清水，可戒洋烟。"[3]沈仲圭认为："取生者捣汁，或切厚片，嚼食，为戒烟绝瘾妙方。"[4]民国《昆明县志》载："南瓜白糖烧酒煮服可以断鸦片烟瘾，煮食沙而烂味不恶，县属田圃栽者多，尤以莲花池及羊堡头为最。"[5]

南瓜常用于治疗汤火伤、枪炮伤。民国《滦县志》载："倭瓜，一名南瓜……煮食甚佳，能解鸦片烟毒，并汤火伤毒。"[6]民国《大田县志》载："圆而多棱，色有黄绿二种，可疗炮火疮毒。"[7]民国《德化县志》载："肉黄味甘，能□火毒，炮伤砂子入肉，切片敷之立出。"[8]民国《闽江金山志》载："金瓜，有黄红二种，可疗饥并治火毒。"[9]在日常生活中，尤其是在战争年代，在战乱频发的民国时期，南瓜的价值不可估量。

实践证明，南瓜在治炸弹散片伤方面卓有成效："南瓜可治——炸弹散片伤。近有人发明治疗炸弹散片药方一种，极有效验，凡被炸弹所伤，以新南瓜捣烂成饼，敷患处，俟南瓜水分干，即弃而再敷，重伤不过四五次，轻伤只需二三次，即可痊愈，设有弹片陷入肉内，亦可托出。"[10]此文对南瓜的利用方法

〔1〕民国六年(1917)《铁岭县志》卷三《物产志》。
〔2〕民国二十三年(1934)《阜宁县新志》卷十一《物产志》。
〔3〕民国十年(1921)《江阴县志》卷十一《物产》。
〔4〕沈仲圭：《南瓜漫谈》，《医界春秋》，1932年第72期。
〔5〕民国二十八年(1939)《昆明县志》卷五《物产》。
〔6〕民国二十六年(1937)《滦县志》卷十五《物产志》。
〔7〕民国二十年(1931)《大田县志》卷四《物产志》。
〔8〕民国二十九年(1940)《德化县志》卷四《物产》。
〔9〕民国二十三年(1934)《闽江金山志》卷十《物产》。
〔10〕《南瓜可治——炸弹散片伤》，《业余生活》，1941年第5期。

叙述非常详尽。胡会昌指出:“捣融治炮子和一切杂物入肉,围敷伤处,隔日必出;瓜腐烂后,敷无名肿毒,易于消散,用坛装瓜,埋入土内,过几个月,必化成水,擦治汤火毒,极效,擦治打伤的眼睛,也有效,这瓜水做的方子,越陈越好。”[1]可见治疗汤火伤、枪炮伤,无论是用南瓜干敷,还是制成南瓜汁,都有奇效,不拘泥于一种加工方式,视具体情况而定,“番瓜汁,以结而未熟之番瓜,择其嫩黄色者摘下,贮坛内捣烂成汁,可作汤火伤之需”[2]。

民国有人第一次提出南瓜叶能止血:“出血时最适当的处理,自然是用药品,普遍被应用的是涂上一点红药水,但是在今天,药价的昂贵已是尽人皆知的事实,现在介绍一种非常经济的止血药。夏天里,南瓜叶是很容易得到而被认为是卑贱不值一文的东西,可是它却是止血良药。先把摘来的南瓜叶用冷开水洗干净,然后曝晒在烈日下,等晒得干脆之后,放在洁净的器皿里研成细末,就可收藏起来,以备应用了,用法也极简单,只需把伤口用冷开水洗干净后,把研好的粉末敷在伤口,血即可止,而且容易结痂。”[3]详细论述了南瓜叶的加工、利用全过程。胡会昌还认为:“叶,鲜的治癣,先用手搔癣,将叶有毛之一面,紧贴患处,以手拍之,数次必愈。”[4]

南瓜还有其他药用方式,如治疗浮肿、生疮等。民国《建阳县志》载:“有一人通身浮肿,乞钱医治仅乞得数十文,不敷延医购药自分俟死,见市中卖南瓜者买而食之,肿消病愈,盖浮肿症多因弱脾不能克水所致,南瓜味甘色黄为中土之药,故食之而效。叶茎水治火伤及解阿片毒极效,取水之法将蔓茎割断,以一端拧入瓦翁之内,一日夜其茎中之水即吸流入翁。”[5]同南瓜食用的情况一样,不仅是南瓜果实,南瓜叶、南瓜藤都有药用功能。有人专门介绍了南瓜露(叶茎汁)的获取方法:“采南瓜时勿将瓜藤拔去,宜在离根一二尺处,用刀割断,以空坛一个,将瓜藤倒挂入坛口之内,上面用物盖好,勿使雨水渗入,经过数日,则藤上滋水滴于坛中,即为南瓜露,凡患咳嗽者,以碗取露,隔水炖热,连服数天,即有奇效,并去烟积。”[6]

“小儿腿部膝盖上生一疮,经许多医生诊治,皆不见效,有五年之久,去年

---

[1] 胡会昌:《南瓜栽培法》,《湖北省农会农报》,1922年第3卷第2期。
[2] 梦觉:《番瓜汁》,《家庭常识》,1918年第4期。
[3] 《南瓜叶能止血》,《济世日报·医药卫生专刊》,1947年第1期。
[4] 胡会昌:《南瓜栽培法》,《湖北省农会农报》,1922年第3卷第2期。
[5] 民国十八年(1929)《建阳县志》卷四《物产志》。
[6] 红树:《南瓜露》,《家庭常识》,1918年第4期。

经友言，须用南瓜之瓤，去其中瓜子，抹在疮口，每两小时须再换新的，昼夜如此，三礼拜即痊愈，此方能医治长久不合之疮，已有效验云。”[1]南瓜治疮，在临床已经取得不错的效果。“妇女发秃，可剪断瓜藤，以盎盛取其汁，汁涓涓不绝，蘸涂之自有生毛发之功。”[2]当然不止女性，南瓜藤汁对各种人群的发秃之症都有一定的疗效。

四、饲用及其他利用方式

民国时期南瓜的其他加工、利用方式远比明清丰富，如民国《巴县志》概括的“宜蔬宜糖片宜饲豕，嫩薹宜豆汁，子宜佐茗酒”[3]。南瓜虽然在清代已经应用于喂猪，但在民国更加广泛。民国《华阳县志》载：“皮皺泡者曰癞瓜，宜食，不皺泡者曰光瓜，多以饲豕，长者曰枕头瓜，子白色佐茗酒。”[4]民国《嘉定县续志》载：“邑人多以饲豕，亦有销上海者。”[5]民国《麻城县志续编》载：“邑人种多者或以饲养猪。”[6]民国《新繁县志》载：“为蔬为饼或以饲豕，子白，炒食之佐茗酒。”[7]

南瓜的硬皮品种，皮坚硬，可作小瓢或盆盂。民国《辑安县志》载：“南瓜，形如甜瓜而扁，熟时皮红肉黄，皮极坚硬，可作小瓢。”[8]民国《凤城县志》载：“南瓜，熟时红色，皮极坚，大如碗，可作小瓢。”[9]民国《安东县志》载：“南瓜，蔓延数丈，形如甜瓜而扁，熟时色红肉黄，皮极坚硬可作小瓢。”[10]民国《高台县志》载：“去其仁而干之可代盆盂。”[11]

今天我国的大宗出口商品——南瓜粉，商品率高于其他南瓜制品，在民国时期才刚刚起步。民国《都匀县志稿》载：“可澄粉。”[12]当时有人专门梳理出南瓜粉的制作工艺：“将成熟南瓜剖开，去其种子及瓤，切成厚二(寸)许的

---

〔1〕《南瓜瓤治愈五年疮》,《通问报：耶稣教家庭新闻》,1936年第1713期。
〔2〕郑逸梅：《花果小品》,上海：中孚书局,1936年,第188页。
〔3〕民国三十二年(1943)《巴县志》卷十九《物产上》。
〔4〕民国二十三年(1934)《华阳县志》卷三十二《物产第十一之一》。
〔5〕民国十九年(1930)《嘉定县续志》卷五《物产》。
〔6〕民国二十四年(1935)《麻城县志续编》卷三《物产》。
〔7〕民国三十六年(1947)《新繁县志》卷三十二《物产之一》。
〔8〕民国二十年(1931)《辑安县志》卷四《物产》。
〔9〕民国十年(1921)《凤城县志》卷十四《物产》。
〔10〕民国十六年(1927)《安东县志》卷二《物产》。
〔11〕民国十年(1921)《高台县志》卷二《物产》。
〔12〕民国十四年(1925)《都匀县志稿》卷六《物产》。

小块，蒸熟后用火力干燥，磨成细粉，可久藏不坏。用作饼馅或混入粉中作糕团，别具风味。"[1]

南瓜制糖，在部分地区比较兴盛。民国《息烽县志》载："世之研讨植物者皆谓老瓜能制糖，信乎其能制糖也。"[2]民国《三台县志》载："南瓜，种出南番故名，形有长圆可作糖。"[3]民国《来宾县志》载："南瓜有青黄二种，黄者最大种二三十斤，可酿酒味醇美，亦可熬糖。"[4]除了制糖还可酿酒，民国《西乡县志》载："南瓜……可作酒。"[5]南瓜子亦可煮酒，民国《南溪县志》载："熟食炒食或以糖浸，子可煮酒。"[6]

南瓜的部分品种观赏性较强。如民国《宣汉县志》中的"金瓜"，"金瓜，亦南瓜类也，惟体较圆整，纹理较细密，凹痕较停匀，大于碗，老则黄如金红如朱，或陈之客室神龛以为玩具。"[7]民国《溆浦县志》载："又有金瓜，状类南瓜而小，不可食，用以陈设供玩。"[8]民国《泰县志稿》载："南瓜……瀹食味如山药，邑人供玩赏，不恒食。"[9]除了本身具有观赏功能的观赏品种外，还可加工南瓜用于观赏，民国《上海县续志》载："未熟时以小刀刻其皮作书画，熟则凸起，至老撷下供盆皿之陈设品。"[10]南瓜雕在今天更加流行，丰富了我国的食雕文化。

南瓜还有一些特殊、罕见的利用方式。"据化学家研究，南瓜含有养分丰富甘美可口的油质，此油或可为橄榄油部分的代用品，以保藏沙丁鱼以及其他食物；其种子可为杏仁的代用品，油饼则为牲畜之饲料。"[11]南瓜是"夏季养蜂植物"[12]，即可利用蜜蜂为南瓜异花授粉，同时兼为蜜蜂提供丰富的花粉。民国《麻城县志续编》载："络纬，一名莎鸡，俗呼纺织娘，又曰摇纱娘，六

---

〔1〕《园艺品加工》，《新农》，1949 年第 3 期。
〔2〕民国二十九年(1940)《息烽县志》卷二十《方物志》。
〔3〕民国二十年(1931)《三台县志》卷十三《物产》。
〔4〕民国二十六年(1937)《来宾县志》卷上《物产》。
〔5〕民国三十七年(1948)《西乡县志》卷十二《物产第十二》。
〔6〕民国二十六年(1937)《南溪县志》卷二《物产》。
〔7〕民国二十年(1931)《宣汉县志》卷四《物产志》。
〔8〕民国十年(1921)《溆浦县志》卷九《物产》。
〔9〕民国《泰县志稿》卷十八《物产志》。
〔10〕民国七年(1918)《上海县续志》卷八《物产》。
〔11〕格：《南瓜之新种及其用途》，《科学世界》，1934 年第 3 卷第 9 期。
〔12〕民国二十五年(1936)《黄县志》卷一《物产》。

七月间振羽作声，连夜札札不止，如纺织故名，捕养者饲以南瓜花最宜。”[1]可见南瓜花的饲虫功效。南瓜可用来制酱豉，民国《遂安县志》载：“俗人晒干，以制酱豉。”[2]南瓜叶可以染色，民国《宣平县志》载：“叶大如荷叶，汁可染绿。”[3]南瓜蔓结实、易得，在战争年代，“南瓜蔓，扯不断，中条山里都长遍，开黄花，结炸弹，炸死鬼子千千万”[4]。前文提到的华工出国漂洋过海，常有很多人随身带几个大南瓜，除了食用外，如果被人为地扔到海里或者发生海难，巨大的南瓜能充作漂流救生圈。

美国人类学家尤金·N.安德森曾认为中国人没有学到烹饪瓜类的好方法[5]，至少以南瓜为例，即使不说今天，从以上明清、民国时期的南瓜利用技术来看，无法支持其观点。

第三节 新中国成立后南瓜利用技术的发展

一、1949—1978年的发展

新中国成立之后，虽然我国南瓜产业在党的号召下发展迅速，生产技术有一定的发展，但南瓜的利用技术与民国时期相比变化不大。南瓜栽培普遍，产量甚丰，人人爱食。吴耕民就南瓜的食用方面进行了简要概括：“为我国夏秋季节重要蔬菜，既可作肴馔，又可代粮食，其嫩果以炒食或嵌肉清炖为主，成熟果则以蒸食或煮食为主，亦可与米共饮，或作为南瓜饼食之，更有切为薄片干燥贮藏之者。其子为大众化消闲食品。嫩叶及嫩梢去织毛或剥去其表皮，亦可炒或煮食。”[6]

改革开放之前，对南瓜的利用技术的研究并不多，均是直接服务于生产和生活，没有以南瓜商品化为目的加工、利用；相关研究人员或机构要么是农业局、农技站，要么是中医院，研究成果主要发表于农业科学类杂志和中医药类杂志。一方面可知1949—1978年南瓜的加工、利用不以市场为导向，多是

---

〔1〕民国二十四年(1935)《麻城县志续编》卷三《物产》。

〔2〕民国十九年(1930)《遂安县志》卷三《物产》。

〔3〕民国二十三年(1934)《宣平县志》卷五《物产》。

〔4〕陈桥：《南瓜蔓》，《国讯》，1944年第374期。

〔5〕(美)尤金·N.安德森，马孆等译：《中国食物》，南京：江苏人民出版社，2003年，第128页。

〔6〕吴耕民：《中国蔬菜栽培学》，北京：科学出版社，1957年，第364页。

研究人员的个人兴趣，出于解决现实生活中的问题的需要；另一方面在当时看来南瓜的加工、利用传统技术已经比较“成熟”，无论是食用、药用还是饲用，沿用以往经验即可，创新需求不高，无需对南瓜进行进一步的加工、利用。虽然这段时期南瓜的利用技术成果不多，但仍有一些观点在今天也值得借鉴，而且在当时看来颇有创新。

仅根据知网和读秀上检索的文章分析，1949—1978年南瓜的加工、利用主要集中在药用、饲用上。南瓜从明代以来就一直是优良的中药材，即使在西医传入之后，也依然发挥着重要作用，随着新中国成立以来医学的进步，南瓜依然有着难以撼动的地位，如预防麻疹、治疗血吸虫等方面均是前所未有的创新，南瓜蒂、南瓜子等的效用，同样印证了南瓜“全身是宝”的说法。可以说这一时期，南瓜在药用方面的进步还是比较大的。

南瓜的饲用在1949年以来，尤其是“大跃进”时期，尤为引人注目。因为当时全国大力发展养猪产业，南瓜有作为猪的精饲料的诸多优点，所以“南瓜大跃进，才有猪的大跃进”，全国各地把南瓜饲料化作为一项大事。至于其他利用方式，如无性杂交、杀虫、催奶等属于劳动人民创造性地拓展了南瓜的利用技术。

南瓜最重要的加工、利用——食用，无论是在期刊还是在报纸中都所提不多，并不是南瓜的食用在当时不重要，南瓜在1978年之前一直是重要的救荒作物，在三年困难时期中养活了无数人，其他时期也常用来代粮。对食用没有过多说明的原因是1949年之前南瓜的食用方式已经基本上定型，在仅以温饱为主要目的的时代，不以盈利为目标的南瓜利用技术已经达到了一个瓶颈，即使是明清、民国时期，南瓜多样的食用方式都没有完全展现，更没必要推陈出新了。前文吴耕民的叙述基本诠释了1949—1978年南瓜的食用方式。

二、1979—2020年的发展

1978年之后南瓜利用技术的发展经过了两个阶段，第一阶段是低潮时期，大概从1978年到1990年代初期，第二阶段是1990年代初期到今天，南瓜产业迅速发展，加工、利用技术空前繁荣。

改革开放以后，南瓜失去了救荒价值，由于产量高、价格低，到处种植，随处可得，一般被视为粗贱食品，不受人们重视；只有在农村，既当菜又代粮的南瓜才颇有人缘，因此土味十足，难登大雅之堂。在第一阶段尤其如此。

低潮时期的南瓜的利用技术偶尔会有进步。以《人民日报》中的两则记载为例，1984 年江苏省太仓县岳王乡保健食品厂生产疗效食品“糖尿灵”，使一向不受重视的南瓜变为宝贝，这是一种以南瓜粉为主要原料的高纤维复方食品，对糖尿病患者有显著疗效，一百斤南瓜可制成二斤糖尿灵，瓜子和瓜蒂还可以分别加工成炒货和药材，产值更是成倍增加。[1]

谁也没想到，种南瓜竟能富了一个屯，这个屯就是吉林省的卧龙屯，1986 年，桦甸种植加工南瓜子的培训班被列入国家级星火计划，卧龙屯派人参加学习后开始大种特种南瓜，专门收获白瓜子，走向致富。[2]

第一阶段南瓜的加工、利用并不普遍，从“使一向不受重视的南瓜变为宝贝”“谁也没想到，种南瓜竟能富了一个屯”，就能看出南瓜地位较低，不受重视。

表 5 - 1　1979—1992 年南瓜利用技术论文发表情况

单位：次

年份	食用	药用	饲用	其他	总计
1979—1980			1		1
1981—1982	1	1			2
1983—1984		2		2	4
1985—1986		1		2	3
1987—1988	4	1	1	3	9
1989—1990	8	4	6	1	19
1991—1992	10	5	2	3	20
总计	23	14	10	11	58

1979—1992 年作为南瓜利用技术发展的第一阶段，虽然与 1993 年以后相比成果颇少、论述不多，但较改革开放之前还是有所进步，尤其是 1988 年之后的几年，对南瓜利用技术的研究明显增多。根据表 5 - 1 的不完全统计，1979—1992 年南瓜利用技术的论述逐年增加；其中，对南瓜食用的阐述增加最快，这一时期共有 23 次，其次是药用（14 次）、饲用（10 次），可见南瓜利用技术的关注度逐年增加，又以食用功能最为显著；还可发现南瓜的饲用功能

[1] 赵明：《疗效食品问世 南瓜身价倍增》，《人民日报》，1985 年 10 月 3 日。

[2] 刘继贵：《南瓜富了卧龙屯》，《人民日报》，1989 年 4 月 27 日。

正在弱化，一方面是由于饲料的多样化，饲用南瓜的替代物增加，另一方面是因为南瓜的食用、药用方式更加突出，获利更多，没有必要在养殖上消耗。

王克辉等的《素火腿——南瓜》是改革开放后第一篇介绍南瓜的食用方面的文章，从南瓜的别名"素火腿"的来历说起，对南瓜的性味功能大加赞赏，指出民间有"秋瓜抵猪肉"之说，进一步总结"南瓜为食，可饭、可菜、可酿酒、可蜜饯，作菜、馅，鲜美可口，与小米同焖饭，极其养人"，最后又介绍了南瓜肉酱和南瓜八宝饭的做法。[1]

1988 年《南瓜制品的开发》一文是我国现代南瓜利用技术的开端，主要介绍的是以食用为目的的南瓜制品制造工艺，说明在当时南瓜的食用价值已经开始得到人们的肯定，南瓜产业逐渐以此为导向，前瞻性地总结了南瓜众多制品的开发，在当时具有重大意义，甚至可以作为标志南瓜产业肇始的里程碑性质的文章。该文呼吁"应大力开发利用"南瓜，首先介绍了南瓜干、南瓜粉的工艺流程和技术要点，其次分别又介绍了南瓜的颗粒制品、南瓜糖果、南瓜香肠、南瓜饼干、南瓜糕、南瓜饮料，很多南瓜制品都是第一次在文献当中出现。[2]

董亚军又补充了南瓜果脯、南瓜应子和南瓜果丹皮的加工方法。[3] 周汉奎还介绍了奶油南瓜、南瓜营养液、南瓜派、南瓜制果胶、南瓜酱油的全面、综合加工技术与流程。[4] 当然除此之外，还有"南瓜晶、三合味南瓜片、南瓜糊、南瓜酱、南瓜冰淇淋、南瓜糕点、南瓜豆沙、南瓜粉丝、南瓜蛋糕、各种南瓜小吃罐头、速溶南瓜、速溶南瓜茶、南瓜子(南瓜籽)豆腐等"[5]。关于南瓜的药用、饲用等方面，笔者不再阐述。

笔者将 1993 年作为分界点，依据有两个：一是 1993 年以后对南瓜利用技术的研究骤然增多，文献大谈南瓜产品开发与深加工技术，呈现欣欣向荣之势；二是 1994 年胡正强首先对市场需求做了分析，反映了南瓜制品供不应求的状况，另外列举了现已开发的南瓜制品，主要就是南瓜粉和南瓜干，胡正强专门强调"以南瓜制成的食品，近两年来在报纸、杂志上也有少量报道"，可见南瓜制品方兴未艾是 1993 年前后的事情，此外胡正强认为"南瓜产品远远

---

[1] 王克辉，刘元复：《素火腿——南瓜》，《食品科技》，1982 年第 10 期。
[2] 《南瓜制品的开发》，《江苏食品与发酵》，1988 年第 2 期。
[3] 董亚军：《南瓜系列食品的加工法》，《云南农业科技》，1989 年第 5 期。
[4] 周汉奎：《南瓜综合加工技术》，《食品科学》，1991 年第 9 期。
[5] 陈魁元：《开发南瓜系列产品》，《农村实用工程技术》，1991 年第 1 期。

满足不了市场的需求，开发出的产品还很不完善”，总之南瓜的加工、利用还是不成熟的，所以最后在分析开发南瓜可行性时又说“目前南瓜制品是市场需求多、生产厂家少、产品品种少、销售商店少、宣传广告少，‘一多四少’”[1]。

总之，南瓜加工、利用的大发展是在1993年之后。刘宜生也认为“我国南瓜产业的发展经历了发展、衰落、再发展的历程”，与笔者的划分思路不谋而合，“目前的发展，大约是自1990年代初期逐步兴起的”。刘宜生还分析了出现这种情况的原因：一是由于改革开放以来，一批南瓜从国外引入，因其品质优良、营养丰富、粉质高而占领了我国市场，同时，也引起了国内育种家们的关注，相继推出了一批新品种上市；二是南瓜具有较好的加工适应性，国内外已开发出南瓜汁、南瓜粉等数十种南瓜食品；三是在不少治疗糖尿病的药品、保健食品中，其主要成分都有相当比例的南瓜粉，国际市场上南瓜粉也比较走俏。[2]

从1993年到今天，三十年的时间里，南瓜加工、利用盛况空前，仅根据刘宜生对《中国蔬菜》《中国瓜菜》等专业性杂志有关南瓜的研究论文进行统计，1995—2008年共294篇文章，其中加工与贮藏就有35篇[3]，而且比例每一年都在扩大。

随着科技的进步和需求的旺盛，食品加工中南瓜的应用越来越多。2001年“国内外已开发出南瓜粉、南瓜汁等数十种南瓜食品”，到了2008年，“据不完全统计，南瓜加工产品逾90种，大致可分为六大类”[4]。第一大类是南瓜粉（南瓜精粉、南瓜全粉、南瓜营养快餐粉、速溶南瓜粉等），是目前我国南瓜主要的加工制品，制作工序不复杂，出口量、换汇率高于其他南瓜制品，国外需求长盛不衰，南瓜粉除了直接食用外，还大量用于食品、药品的添加剂和配方成分；第二大类是南瓜糕点（南瓜月饼、南瓜蛋糕、南瓜面包、南瓜软糖、南瓜饼干等），在市场上颇受欢迎；第三大类是南瓜饮料（南瓜肉饮料、南瓜子饮料、南瓜复合果蔬饮料、南瓜精口服液、南瓜茶等）；第四大类是南瓜发酵食品

---

〔1〕 胡正强：《南瓜制品，你为什么还不出场?！——南瓜制品市场开发及可行性分析》，《江苏科技信息》，1994年第1期。

〔2〕 刘宜生：《南瓜的开发与利用》，《中国食物与营养》，2001年第5期。

〔3〕 刘宜生等：《我国南瓜属作物产业与科技发展的回顾和展望》，《中国瓜菜》，2008年第6期。

〔4〕 刘宜生等：《我国南瓜属作物产业与科技发展的回顾和展望》，《中国瓜菜》，2008年第6期。

（南瓜果醋、南瓜酒、南瓜复合乳酸发酵饮料、南瓜乳酸菌饮料等），第三类和第四类加工成品总量少于其他大类，但颇具特色；第五大类是南瓜子（膨化南瓜子仁、盐炒南瓜子、绿茶南瓜子、多味南瓜子等），南瓜子在国内外非常畅销，我国有六大产区（以东北产区为首）专门加工、利用籽用南瓜，约占世界籽用南瓜市场份额的70%[1]；第六大类是其他南瓜加工产品，如南瓜果酱、南瓜果胶、速冻南瓜饼、南瓜脆片等，发展前景广阔。

以上六大类是目前南瓜加工、利用的主要形式，以食用为主体，南瓜的药用功能固然很重要，但逐渐融入食用功能当中，以保健食品的形式出现，至于南瓜的饲用和其他利用方式则越来越少。南瓜的加工、利用已经形成了食品加工产业链，产生了一些名优产品和龙头企业，在产业化发展过程中，越来越重视产前、产中、产后的"三位一体"，南瓜栽培专门服务于南瓜的加工、利用，实现了经济效益与社会效益的统一。

---

〔1〕 魏照信等：《中国籽用南瓜产业现状及发展趋势》，《中国蔬菜》，2013年第9期。

第六章

南瓜本土化的动因分析

南瓜引种和本土化的动因，主要是两大类——自然因素和社会因素。笔者又称自然因素为自然生态因素，包括生态适应性和生理适应性，社会因素则较多，如救荒因素、经济因素、移民因素、对夏季蔬菜的强烈需求等，本章主要分析上述几大因素。

其中，自然生态因素与其他因素有所不同。其他因素往往受时间和空间的限制，也就是在一定的历史、地域条件下对南瓜的引种和本土化才会产生促进作用。以移民因素为例，是在南瓜传入原住区且该区发生大规模的移民迁出时，加速了南瓜的本土化；在南瓜本土化完成后，移民因素便没有了太大作用。不是任何时间、任何地区的移民，都有助于南瓜的本土化。一句话，南瓜在中国引种和本土化的动因具有时代性和地域性。

当然并不是说其他因素不重要，相反，如救荒因素是其中最重要的因素。自然生态因素的特殊性在于，无论是南瓜的生理适应性还是生态适应性，都是几乎不变的，南瓜在任何时间传入我国，都适合引种和本土化，因为南瓜的植物学特性、我国的地理环境、人体需求等因素都是基本固定的，经历漫长的历史时期才会出现微小的变化。所以自然生态因素可以从当今已有研究基础上进行分析，而不像其他因素更需要对历史文献进行全面的考察。

由于人们对新作物的口味适应较慢，新作物的明显优势最初都被人们忽视了，因此16世纪就传入西南地区的玉米，直到18世纪仍没有传播开来。[1]根据第三章关于南瓜的引种和推广的描述，南瓜较玉米推广更为迅速，有着深刻的动因。

第一节　自然生态因素

南瓜能够在中国引种和本土化的首要因素或前提因素是南瓜的生态适应性和生理适应性。所谓生态适应性即南瓜对中国地理环境的适应性；生理适应性则是南瓜对人的生理需求的适应性。

一、生态适应性[2]

南瓜的生态适应性比其他瓜类更强，栽培容易，生长强健，在中国绝大部分地区都可以正常栽培。

（一）南瓜的植物学特性

1. 根

南瓜根系强大，南瓜种子发芽长出直根后，每日生长2.5厘米，深达2米，一般直根深60厘米，直根又分生出许多一次、二次和三次侧根，一次侧根有20余条，一般长50厘米；侧根横伸分布于土层的半径可达1米以上，形成强大的根群，主要根群分布在10～40厘米的耕层中。南瓜发达的根系网，具有与土壤接触面积大、吸收水分和养分的能力强、适应性广的特点。

2. 茎

南瓜的茎蔓分主蔓、侧蔓（子蔓）及二次蔓（孙蔓），主蔓一般长达3～5米，个别品种达10米以上。茎上易生卷须，借以攀援，茎中空，无棱形有沟，表面有粗刚毛或软毛，绿色。在南瓜的匍匐茎节上，能发生不定根，可深入土中20～30厘米，起固定茎蔓及辅助吸收水分、养分的作用。

南瓜的植物学特性中，根、茎最能体现南瓜对环境的适应性，叶、花、果实

---

〔1〕（美）李中清著，林文勋、秦树才译：《中国西南边疆的社会经济：1250—1850》，北京：人民出版社，2012年，第194、197页。

〔2〕本部分中的（一）、（二）主要参考：吴耕民：《中国蔬菜栽培学》，北京：科学出版社，1957年；中国农业科学院蔬菜花卉研究所：《中国蔬菜栽培学》，北京：中国农业出版社，2010年；刘宜生等：《冬瓜、南瓜、苦瓜高产栽培（修订版）》，北京：金盾出版社，2009年；巩振辉：《茄子、南瓜栽培新技术》，咸阳：西北农林科技大学出版社，2005年；李海真，李建华等：《西葫芦 南瓜高产栽培与加工技术》，北京：中国农业出版社，2003年。

不再多费笔墨。

（二）南瓜对环境条件的要求

1. 湿度

南瓜根系发达，抗旱能力强，因此南瓜喜干燥，如湿润多雨，会导致生长过盛而结果减少，其花开及结果期更加忌讳下雨，因其能妨碍雌雄异花受精授粉，减少结果，即使结果也会因为多雨而味道不佳；但是南瓜茎多、叶多，叶面面积大，蒸发作用强，为达到丰产，适量的水分是必需的，保持土壤14%的湿度为宜。总之，南瓜在旱地也能正常生长，并获得产量，直播的南瓜抗旱能力更强。

2. 温度

南瓜喜温暖，但较茄子或西瓜可稍低温，较黄瓜则可稍高温，其耐低温与高温的能力，较其他瓜类更强。南瓜适宜生长的温度是18～32摄氏度，种子发芽须在13摄氏度以上，开花及果实生长须15摄氏度以上，15摄氏度以下则大受阻碍。南瓜生长期要求温度稍高，种子发芽的最适宜温度为25～30摄氏度，果实发育最适宜的温度为25～27摄氏度，但如果达到35摄氏度以上，花器不能正常发育，会出现落花、落果或果实发育停滞等现象。

3. 光照

南瓜适合短日照，在长日照下，有利于雄花发育，雌花发育较少，在短日照条件下，雌花量增加、分化提早。在南瓜育苗期间，缩短日照时数，每日给以8小时光照，可以促进早熟，增加产量。多阴雨天气时，光照弱、时间短，植株营养不良，易于徒长。光照过强易引起植株萎蔫，特别在幼苗定植时，光照过强会降低成活率，因此适当套种高秆作物，能减轻直射光对南瓜造成的不良影响。同时由于南瓜叶片肥大，互相遮阴，田间消光系数高，要注意植株调整，充分发挥光合作用。

4. 土质

南瓜对土壤要求不严格，南瓜根系吸收营养能力强，在难于栽培蔬菜的土地上都可种植。最适宜排水条件好且不过于肥沃疏松的沙质土壤，以中性或微酸性土壤（pH 5.5～6.7）为宜。在沙质土壤栽培，能抑制茎叶繁茂，增加结果，尤其适合早熟栽培；在肥沃或黏重的土壤栽培，茎叶过于茂盛，易发生落花落果而影响丰产。南瓜根系发达，吸收土壤中营养的能力也强，即使在较贫瘠的土壤种植，也能生长。但是南瓜的吸肥量并不低，以钾和氮居多，施以厩肥、堆肥等有机肥料利于丰产。

此外，南瓜病虫害极少，且不如茄类之多土壤传染病，故可连作，且连作时能抑制生长，增加结果，提高品质，促进早熟，但不宜施肥过多，以连作两三年后休栽为佳，前作可以是禾本科植物，如麦子，菠菜、芥菜等，后作可为萝卜、白菜等。

南瓜的植物学特性和对环境的要求反映了其在原产地形成的自然特性。南瓜起源于美洲热带干旱地区，那里地形复杂、干旱土瘠，在这种恶劣的条件下形成了南瓜适应性强的特性。南瓜管理容易，耐粗放管理，既可爬地栽培也可搭架栽培，还可以在贫瘠的山坡、道旁的零星隙地、十边地、院前屋后种植。因此，南瓜除了大面积栽培外，国内各地农村均有零星栽培，是国内主要的庭园蔬菜作物，在我国分布十分广泛。

（三）优越的地理环境因素

南瓜地域分布广，我国东西南北中均可栽培，这与我国优越的地理环境息息相关。国家的位置与疆域决定了国家自然地理面貌的基础，中国历史上的核心区域始终没有偏离今天的国家疆域。[1] 在南瓜引种和本土化过程中，我国疆域基本没有太大的变化。

中国划分为东西和南北两大区域，界线分别是400毫米等降水量线（长城一线）和秦岭—淮河一线，东西区域差异较大，形成了农耕文明和游牧文明的差别，南北差异属于农耕文明内部水田和旱地的差异。在这样的基础上，新中国成立后做出了更加科学的划分方式，将中国划分为三大自然区域——东部季风区、西北干旱区和青藏高寒区。

我国幅员辽阔、气候多样，其中以东部季风区为主，占全国面积的46.0%，其次是西北干旱区（27.3%）和青藏高寒区（26.7%）；自北向南横跨寒温带、温带、暖温带、亚热带和热带，大部分处于温带和亚热带。世界上其他亚热带地区往往降水量稀少，我国水热却配合很好，大部分地区夏季降水占全年降水量的一半以上，冬季则在10%以下。

东部季风区是中国的主要农耕区，夏季盛行偏南风，冬季盛行偏北风，雨热同季，为南瓜的周年生产、供应创造了良好条件，是南瓜从引种到推广、以点带面发展的主要自然原因，决定了南瓜栽培的广泛性。我国南北两大区域的划分主要体现在东部季风区中，主导因素是纬度地带性，自南向北，农作物从水田到旱地，从一年三熟、一年两熟到两年三熟、一年一熟，

---

〔1〕 韩茂莉：《中国历史农业地理》（上），北京：北京大学出版社，2012年，第14页。

南瓜却完全适应了这种情况，从海南到黑龙江，遍布南瓜的痕迹，无处不可栽培。

西北干旱区，受经度地带性变化控制，年降水量不足 400 毫米，自东向西，植被从森林向草原、荒漠转化，降水量越来越少，在干旱缺水的环境下，失去灌溉的农作物很难生存，然而一年生草本作物却能够适应干旱，而且西北多地"俱系沙地，土不宜种麦，向植枣、梨、瓜、豆"[1]，南瓜均是其中的典型，成为这一地区的优势作物。即使是青藏地区，也留下了南瓜栽培的记录，同样说明了南瓜的适应性强，即使在高寒区的部分地区都可以栽培。

我国地形复杂，总轮廓西高东低，呈阶梯状分布，平原山地交错分布。以大兴安岭—太行山脉—巫山—雪峰山一线为界，东部以平原、低山丘陵为主，西部多高山、高原，阶梯状的地形一方面使得东部季风气候更加显著，另一方面有利于夏季海洋湿润气流进入内地，改善内陆植物的水热条件。山地占国土面积的大部，约 33%，高原占 26%，盆地占 19%，平原占 12%，丘陵占 10%。其中平原主要分布在东部季风区，相对来说北方耕地连片分布，南方多数耕地面积较小，零星破碎。东部平原的水热资源变化多呈现出自南向北的带状区域，西部山地则更多展现出垂直地带性，在我国西南地区最为明显，然而西南地区却是我国南瓜的重要产区之一。

具体来说，比如长江以南广大的东南丘陵地区(即使是长江中游地区，平原也是与山地相间分布，四周山岭环绕，平原之间也为丘陵、山地所分割，丘陵山区约占总面积的四分之三)，从湖南、江西、安徽一直延伸到浙江、福建、广东、广西，虽然是海拔不到 1 000 米的低山丘陵，与平原、河谷之间仍然形成了巨大的环境反差，历史时期这里是经济作物的重要产区，南瓜传入以后，在山区也占据了一席之地。黄土高原地面非常破碎，沟谷密度和地面分割度两项数值很高，利用率不高，南瓜又是一个例外。

总之，正是因为南瓜的生态适应性，所以中国绝大部分地区均适宜南瓜栽培，无论是"天下之山，萃于云贵，连亘万里，际天无极"[2]的云贵高原、"七山一水两分田"的江南丘陵，还是干旱半干旱的西部地区，南瓜均可栽培，"农

---

[1] (清)卢坤：《秦疆治略 · 渭南县》，台北：成文出版社，1970 年，第 27 页。

[2] (明)王守仁：《王阳明全集》卷二十三《外集五 记》，上海：上海古籍出版社，1992 年，第 896 页。

家多种之，最易生”[1]，“南瓜北瓜最易生”[2]，“春间随处可点种，极易生长”[3]，“少水可收，至春间亦可切条晒干致远”[4]，“瓜品中惟北瓜(南瓜)易生，且可佐餐，最宜多植”[5]，“用不着许多工作，自己便能生长”[6]。“今年春天，我们曾在荒地上撒下几颗南瓜的种子……慢慢地成长起来，透出了泥土”[7]。南瓜是适合荒地的为数不多的可任意栽培的作物，还可以充分利用山地，“山田隙地多种之”[8]，“栽种南瓜之地，除了沙漠之外，其余大约全很相宜，它的繁殖，也比别种植物容易”[9]。瓜类中南瓜的产量最多，地不问南北，夏秋间农村遍地都是。[10]

南瓜“宜园圃宜篱边屋角”[11]，在十边地、瘠薄地、零星隙地、房前屋后均可栽培，“倭瓜，一名南瓜，十区全有，其味甘，人家往往种于墙头篱角”[12]，“南瓜是农村最常见的蔬菜了，它好长，易管，深受农家的喜爱，家前屋后，只要有空地，就栽上几棵，到了秋天，总要收获一筐金黄的南瓜……我的家还在滩涂边，土壤较为贫瘠，喜肥的庄稼长不起来，而南瓜，不要怎么样侍弄，也能长得很好”[13]，“人们在地头山脚屋后种了秧苗，瓜藤就会慢慢沿着山坡、围墙边向上延伸了，不必太多打理，秋季一来，瓜藤上便会挂出一个个丰硕的果实”[14]，“这东西不金贵、产量高，旱地高田里正经种的不用说，就是屋畔石隙边自长的瓜秧藤，到了时日，也有收获”[15]，“菜园子里，田埂上，房前屋后，树坑里，猪圈边，只要有适宜的土壤，随处丢几粒种子，就可以扎根发芽开花生长，生命力极为顽强，它对周围环境要求甚少”[16]。

---

〔1〕 民国二十四年(1935)《商河县志》卷二《物产》。
〔2〕 康熙十八年(1679)《宁晋县志》卷一《物产》。
〔3〕 民国二十九年(1940)《广元县志稿》卷十一《物产》。
〔4〕 乾隆三十七年(1772)《新疆回部志》卷二《五谷》。
〔5〕 光绪三十一年(1905)《束鹿县乡土志》卷十二《物产》。
〔6〕 齐如山:《华北的农村》,沈阳: 辽宁教育出版社,2007 年,第 236 页。
〔7〕 张高鋆:《南瓜(自然)》,《儿童杂志》,1936 年第 4 期。
〔8〕 民国二十五年(1936)《东平县志》卷四《物产志》。
〔9〕 《播种南瓜的法子》,《绥远农村周刊》,1935 年第 53 期。
〔10〕 向清文:《南瓜的营养价值》,《家庭医药》,1947 年第 13 期。
〔11〕 (清)何刚德:《抚郡农产考略》草类三《金瓜》,光绪三十三年(1907)刻本。
〔12〕 民国二十六年(1937)《滦县县志》卷十五《物产志》。
〔13〕 《难忘的南瓜饭》,《建湖快报》,2009 年 10 月 17 日。
〔14〕 《乾潭名镇的“饭瓜”》,《钱江晚报》,2007 年 11 月 2 日。
〔15〕 宜兴老丁:《南瓜,饭瓜》,《宜兴日报》,2012 年 12 月 7 日。
〔16〕 赵春花:《悠悠南瓜情》,《牛城晚报》,2012 年 8 月 11 日。

二、生理适应性

南瓜能较好地适应人的生理需求是其引种和本土化的又一个重要原因。南瓜性甘温，有补中益气的作用。李时珍早在1578年就指出“南瓜，甘，温，无毒。补中益气”[1]。清代更多文献显示“南瓜，味甘温，入手太阴经，功专补中益气”[2]，“南瓜，味甘淡性温，无毒补中气”[3]，“味甘温平，充饥甜美”[4]等。所以南瓜在生理上容易被人所接受，消化吸收后不会感觉不适。而且“金灿灿的南瓜，通常给人嘴馋的感觉，但若将它作为主食，那吃不上多少便容易饱腹、腻口，很快让人达到半饱状态”[5]，让人易饱。

南瓜“味甘适口”[6]，“熟食面腻适口”[7]，“煮熟则绵而味甜美”[8]，南瓜口感较好，而且味甜好吃，煮食兼有番薯和鸡蛋的味道，受到众多人的喜爱，符合国人口味，儿童尤其爱吃，“味甘，小儿最喜食之”[9]。南瓜的其他食用方式同样可口，可同其他食物搭配食用，“宜去皮切碎加肉作馅则味美，故县志有腥瓜之称”[10]；南瓜子富含脂肪，炒食香脆可口，“可充果品”[11]，“番瓜种类颇多，瓤皆黄赤，味甜，核炒食佳”[12]，“子炒食尤香美，款宾上品也，茶房酒舍食者甚多”[13]；南瓜茎“茎去皮寸断，炒食颇嫩脆适口”[14]。南瓜可食用部分口感均佳。

南瓜的主要食用部分是肥厚果肉，嫩瓜味道鲜美，老瓜味甜，可食部分含有蛋白质、脂肪等多种营养成分，又属于低脂肪、高膳食纤维食物，综合营养作用在世界上常见的129种蔬菜作物中排在前列，是一种既可食用又

---

〔1〕(明)李时珍著，张志斌等校注：《〈本草纲目〉校注》卷二十八《菜部》，沈阳：辽海出版社，2001年，第1029页。

〔2〕(清)陈其瑞：《本草撮要》卷四《蔬部》，世界书局，1985年，第61页。

〔3〕(清)何克谏：《增补食物本草备考》上卷《菜类》。

〔4〕(清)徐大椿：《药性切用》卷四中《菜部》，刻本不详。

〔5〕《南瓜饭是如何“炼”成的》，《台州商报》，2009年8月12日。

〔6〕民国十四年(1925)《兴京县志》卷十三《物产》。

〔7〕民国二十三年(1934)《清河县志》卷二《物产》。

〔8〕民国十五年(1926)《澄城县附志》卷四《物产》。

〔9〕民国二十五年(1936)《安达县志·物产》。

〔10〕民国二十三年(1934)《完县新志》卷七《物产》。

〔11〕民国十七年(1928)《房山县志》卷二《物产》。

〔12〕光绪九年(1883)《江儒林乡志》卷三《物产》。

〔13〕民国二十年(1931)《宣汉县志》卷四《物产志》。

〔14〕民国二十一年(1932)《桦甸县志》卷六《物产》。

具有保健功效的功能性蔬菜。俗话说:“冬至吃南瓜,长命百岁。”因为在新鲜蔬菜缺少的冬天,吃南瓜可以补充胡萝卜素和维生素,这是一种饮食智慧。[1]

南瓜含有多种养分,其中南瓜含水 90.24%、碳水化合物 6.08%、纤维素 2.15%、灰分 0.73%、脂肪 0.13%、蛋白质 0.65%。同时还含有丰富的胡萝卜素,维生素 B、维生素 C、维生素 E,以及各种氨基酸、果胶、腺嘌呤、甘露醇、葫芦巴碱、叶黄素、叶红素及钙、铁、锌、钾、磷等矿物质,特别是果胶含量占南瓜干物质的 7%～17%,稀有氨基酸瓜氨酸含量达 20.9 毫克/100 克;其中,几种对人体的代谢调节最为重要而在其他食品中含量又往往不足的维生素,在南瓜中的含量都很高,尤其维生素 A 含量居瓜菜之首。[2] 不过南瓜营养成分的含量因单株和品种的差异有所不同。[3]

与其他瓜类蔬菜相比,南瓜干物质含量较高,为 11.42%～15.23%,碳水化合物含量占整个干物质的三分之二左右,果实中各种营养成分含量由高至低依次是:可溶性糖、淀粉、果胶、粗蛋白、粗纤维。以果胶为例,含量为 1.14%～2.03%(干重的 9.98%～15.49%),比富含果胶的西红柿(2%～7%)和胡萝卜(8%～10%)都高。[4]

据分析,南瓜每 100 克可食部分含有蛋白质 0.6～0.8 克,脂肪 0～1 克,碳水化合物 2～7 克,粗纤维 0.5～1.2 克,无机盐 0.5～0.7 克,钙 11～27 毫克,磷 22～47 毫克,铁 0.2～0.6 毫克,胡萝卜素 0.01～0.57 毫克,硫胺素 0.02～0.04 毫克,核黄素 0.02～0.03 毫克,尼克酸 0.2～0.7 毫克,抗坏血酸 1～5 毫克,热量 10～32 千卡。[5]

南瓜中含有人体所需的 17 种氨基酸,其中赖氨酸、苏氨酸等必需氨基酸含量较高(表 6－1)。

---

[1] 丁云花:《南瓜的食疗保健价值及开发前景》,《中国食物与营养》,1998 年第 6 期。

[2] 崔进梅,任永新:《浅谈南瓜保健啤酒的开发》,《山东食品发酵》,2009 年第 1 期。

[3] 吴增茹,金同铭:《用高效液相色谱法测定不同品种南瓜中的 β-胡萝卜素的含量》,《华北农学报》,1998 年第 3 期。

[4] 刘洋等:《南瓜营养品质与功能成分研究现状与展望》,《中国瓜菜》,2006 年第 2 期。

[5] 张世田,何泽成,张洪杰:《南瓜 西葫芦 笋瓜》,郑州:河南科学技术出版社,1989 年,第 1 页。

表 6-1 南瓜中各类氨基酸含量(南瓜中蛋白质含量为 1.1%)

单位: 毫克/100 克

成分	色氨酸	亮氨酸	苏氨酸	异亮氨酸	赖氨酸	瓜氨酸	缬氨酸
含量	0.02	0.06	0.02	0.04	0.05	0.04	0.04
成分	丙氨酸	精氨酸	组氨酸	蛋氨酸	谷氨酸	苯丙氨酸	丝氨酸
含量	0.03	0.08	0.02	0.01	0.144	0.04	0.32

资料来源: 崔进梅,任永新:《浅谈南瓜保健啤酒的开发》,《山东食品发酵》,2009 年第 1 期。

南瓜是一种高营养食品,所含蛋白质相当于菜豆,热量相当于玉米,维生素 A 相当于西红柿,维生素 C 相当于黄瓜,所以历史时期南瓜常被用来救荒、作为粮食代用品的生理原因就是它让人更加易饱。昔日农村妇女把南瓜当作补品[1],适合给病人食用,乾嘉年间文人钱维乔的《竹初诗文钞》有载:"太夫人体羸多病,恒磨粗粝杂南瓜为饭,强茹之。"[2]另外,猪特别喜食南瓜,南瓜是畜牧业的良好饲料,甚至其茎叶也可加工成为饲料。

南瓜果实硬度大、皮厚,在运输中损耗极低,所以人们又称南瓜为"长了腿的蔬菜"。南瓜供应期长,耐贮藏,采后可保存数月,直至第二年,"经霜收置暖处,可留至春"[3],"霜时辄置暖处至春不腐"[4]。南瓜"佳者味甜如栗子,宜煮食,夏藏至冬味不变,诚园圃上品也"[5],味道适口,烹饪简单,可长期保存而不变质。康熙时人高士奇《高士奇集》卷五《扈从古今体诗共三十九首》中有一首诗作名为《赐御馔倭瓜 论曰塞上此公不可得故特赐也》:"裹糇愁屡尽,饱食仰天家。侑饭每尝肉,充肠复得瓜。香日宜烂煮,姜桂法微加。塞上何能至,疑从博望槎。"该诗信息量颇大,裹糇也就是裹糇粮,谓携带熟食干粮,以备出征或远行,御赐南瓜,一方面因为"塞上此公不可得",可能当时在塞上尚未普及;另一方面就是南瓜可"充肠"且便于携带与长期保存。

〔1〕 张绍文等:《南瓜·西葫芦四季高效栽培》,郑州: 河南科学技术出版社,2003 年,第 3 页。

〔2〕 (清)钱维乔:《竹初诗文钞》卷五《传状》,嘉庆年间刻本。

〔3〕 (明)李时珍著,张志斌等校注:《〈本草纲目〉校注》卷二十八《菜部》,沈阳: 辽海出版社,2001 年,第 1029 页。

〔4〕 乾隆三十年(1765)《将乐县志》卷五《土产》。

〔5〕 民国三十八年(1949)《安宁县志·物产》。

表 6-2 民国时期测量南瓜成分表

脂肪	醣	熱量 卡	鈣	燐	鐵	維生素 甲 國際單位	乙	丙
0.16	2.37	15	0.021	0.032	0.0006	0—76	33	274
0.10	4.39	25	0.018	0.039	0.0009	725	++	220
0.03	2.09	10	0.021	0.033	0.0006	微量	20	500
0.09	3.07	16	0.011	0.022	0.0003		++	260
0.07	3.16	15	0.024	0.099	0.0004			
0.40	5.63	26	0.021	0.029	0.0006	多量	20	500

試列表證明於下：

资料来源：向清文：《南瓜的营养价值》,《家庭医药》,1947 年第 13 期。

南瓜良好的生理适应性，是南瓜很快登上了我国食物结构的历史舞台的原因之一，其食用味佳且益处颇多，虽然当时人们并不知道南瓜的科学成分，但食用优势在长期能够体现，所以人们乐于食用，纷纷引种、推广，而不是像古代的“五菜”葵、韭、藿、薤、葱，多数重新回归野生状态。早在民国时期就有人认为瓜类中，不管是冬瓜、丝瓜、黄瓜还是甜瓜、瓠瓜，没有哪一种的营养成分比南瓜强(表 6-2)。[1]

第二节 救荒因素

救荒，是南瓜在中国引种和本土化的最重要的因素或根本因素。南瓜救荒、备荒价值颇高，是最重要的菜粮兼用作物之一，在美洲作物中的救荒价值仅次于玉米和番薯。明代后期以来人口激增，粮食供应紧张，民生问题突出，在这样的背景下，加速了南瓜的引种和本土化。

明初我国人口不过 6 000 万，明代后期人口激增，入清之前，达到 1 亿至 2 亿之间，人地矛盾突出。曹树基认为，明代人口在 1630 年达到峰值，约有 1.9 亿人，1644 年约有 1.5 亿人。[2] 明末清初农民战争、清军入关、三藩之乱，加上灾荒、瘟疫等，人口急剧下降，从崇祯元年(1628)以来平均每年下降 1.9%，到顺治末年到达谷底。[3] 经过“康乾盛世”的发展，人口骤增，葛剑雄

---

〔1〕 向清文：《南瓜的营养价值》,《家庭医药》,1947 年第 13 期。
〔2〕 曹树基：《中国人口史 第四卷：明时期》,上海：复旦大学出版社,2000 年,第 452 页。
〔3〕 葛剑雄：《中国人口发展史》,福州：福建人民出版社,1991 年,第 263 页。

认为康熙三十九年(1700)人口即达到1.5亿。[1] 乾隆中期升到2亿,乾隆末年再到3亿,道光十三年(1833)突破4亿。清朝人口的增长一反历史时期人口的波浪式增长形态,呈现斜线上升趋势。晚清由于太平天国运动、捻军起义、回民起义,以及天灾不断,如华北地区的"丁戊奇荒"导致的饥荒与暴乱,加之海外移民风气日盛,清朝灭亡时约有人口4.3亿[2],与道光三十年(1850)人口数量相当。到1939年,估计人口为5.1亿,已经占了当时世界人口的四分之一。新中国成立后,在计划生育政策实行前,人口增长肆无忌惮,导致中国人口严重过剩。

与人口增加密切相关的是人口密度的不断上升,从顺治十八年(1661)的4.93人/平方公里,上升到乾隆十八年(1753)的24.06人/平方公里,再到嘉庆十七年(1812)的67.57人/平方公里以及咸丰元年(1851)的80.69人/平方公里。[3] 土地问题日益突出,虽然耕地面积也在不断扩大,但远赶不上人口增长的速度,人均耕地在不断减少,嘉庆十七年(1812)全国人均耕地仅为2.19亩。[4]

人地矛盾激化,粮食严重不足,必然带来饥荒问题,但中国农业却依然支撑了人口的增长,原因是多方面的:提高土地生产率的多熟种植制度的高度发展;以肥料技术为中心,一系列精耕细作农耕技术的发展;耐瘠高产美洲作物的引种与推广;有助稳产高产的农田水利建设的发展;生态农业与多种经营的高度发展。[5]

耐瘠高产美洲作物的引种和推广是明代以降的亮点,在现代生物学理论和化学技术可资利用之前,耐瘠高产的美洲作物的引种和推广,充分利用了原来贫瘠的山区、沙地等边际土地,改善了我国农业生产资源的状况。清末美洲作物在我国粮食生产中的比重已超过20%,耐瘠高产的美洲高产作物中有代表性的是玉米、番薯、马铃薯、南瓜,南瓜的重要性不亚于另外三者。南瓜分布区域甚广,为果菜中需要最多者。[6] 美国环境史学的开辟者之一克罗斯比(Alfred W. Crosby)就发现随着欧洲人口压力在18、19世纪开始增

[1] 葛剑雄:《中国人口发展史》,福州:福建人民出版社,1991年,第249页。
[2] 曹树基:《中国人口史 第五卷:清时期》,上海:复旦大学出版社,2001年,第832页。
[3] 梁方仲:《中国历代户口、田地、田赋统计》,上海:上海人民出版社,1980年,第272页。
[4] 梁方仲:《中国历代户口、田地、田赋统计》,上海:上海人民出版社,1980年,第400页。
[5] 王思明:《如何看待明清时期的中国农业》,《中国农史》,2014年第1期。
[6] 颜纶泽:《蔬菜大全》,上海:商务印书馆,1936年,第455页。

大,玉米及南瓜、马铃薯的种植也开始扩张。[1] 把南瓜放到了与玉米、马铃薯的同一层次,可见南瓜的救荒因素,加速了它的推广。下面主要分地区阐述作为动因的救荒因素。

一、南方地区

(一) 东南沿海

明清时期东南沿海人地矛盾突出,主要原因是人口迅速增长的压力(表 6-3),东南沿海人口密度均高于全国水平,尤以江浙为甚,高居全国第一、二位,因此有清一代东南沿海粮食不足的问题尤为突出,嘉庆十七年(1812)全国人均耕地为 2.19 亩,而江浙两省却只有 1.90 亩与 1.77 亩;闽粤分别为 0.98 亩、1.67 亩,形势更加严峻。[2]

表 6-3　清代东南沿海的人口密度

单位:人/平方公里

区域	康熙二十四年(1685)	乾隆五十一—五十六年(1786—1791)平均数	咸丰元年(1851)
全国	5.43	55.49	80.69
广东	4.76	69.34	121.69
福建	11.96	108.43	172.31
浙江	28.29	227.61	309.74
江苏	26.89	322.88	448.32

资料来源:梁方仲:《中国历代户口、田地、田赋统计》,上海:上海人民出版社,1980 年,第 272 页。

唐宋元时期,太湖平原是天下粮仓,"东南岁输五百余万,而江南所出过半"[3],占据了运往京师漕粮的一半,是为天下根本,"苏、常、湖、秀,膏腴千里,国之仓庾也"[4],作为全国经济中心,农业生产是其富庶的根本,"江浙钱粮数倍各省,取办之本多出农田"[5]。

---

[1] (美)艾尔弗雷德·W.克罗斯比著,郑明萱译:《哥伦布大交换:1492 年以后的生物影响和文化冲击》,北京:中国环境出版社,2010 年,第 105 页。

[2] 梁方仲:《中国历代户口、田地、田赋统计》,上海:上海人民出版社,1980 年,第 400 页。

[3] 《续资治通鉴长编》卷四十《太宗至道二年六月壬辰》。

[4] (宋)范仲淹:《范文正公集》卷一《答手诏条陈十事》。

[5] (元)周文英:《周文英书》,转引自归有光:《三吴水利录》卷三。

然而明清时期东南沿海农作物种植结构进入转型期，从以粮食作物为主转向以经济作物为主，从“苏湖熟，天下足”转变为“湖广熟，天下足”，桑稻争地、棉稻争地严重。仅棉花一项，在明末就占上海县耕地的50%、太仓州的70%和嘉定县的90%。[1] 清代长三角一带棉花平均占有的耕地面积已达60%～70%[2]，从而严重地排挤了水稻的种植空间，缺粮现象突出，“江浙百姓全赖湖广米粟”[3]，据李伯重统计，1850年前后江南地区粮食输入总量(1 700万石)约占总消费量(13 600万石)的13%[4]。

明末清初东南沿海人口激增，江南地区反而从粮食输出地变成粮食输入地，增加了本区的压力，由于南瓜可以充分利用不适宜栽培作物的各种边际土地，南瓜的“代饭”价值在明末的江浙就凸显出来，在全国中最早，反映了江浙的粮食问题凸显最早。入清后对南瓜救荒的记载比比皆是，就连文人诗词中也能体现南瓜在江浙救荒一事，如雍正年间陈梓《别金方行迭韵》末句为“饱饭咽南瓜”[5]；福建原本地狭人稠，全力种植五谷尚且难以满足需要，何况将农田改种经济作物，因此“闽之属……生齿日繁，民不足于食，仰给他州”[6]；清代广东亦因经济作物的种植也变成了粮食输入地，仰仗“西粮东运”和“外粮内运”，南瓜在道光年间的广东已开始作为救荒作物[7]。

(二) 长江中游地区

长江中游地区在明代人地矛盾尚不突出，清初也只有江西、安徽在全国平均人口密度之上，湖广可谓地广人稀，后移民等因素导致长江中游地区人地矛盾日渐突出，尤以安徽、湖北、江西为甚。

清初有“湖广熟，天下足”一说，到乾隆时期演变为“湖南熟，天下足”，湖北产米并不多，湖南才是大宗粮食的输出地，但湖广耕地与人口的变化趋势直接影响了余粮数额和稻米输出的数量。从康熙二十四年(1685)到乾隆三十一年(1766)，湖南耕地面积增长了147.6%，湖北仅增长8.3%；但从乾隆

---

[1] (日)西嶋定生：《中国经济史研究》，北京：农业出版社，1984年，第541页。

[2] 程厚思：《清代江浙地区米粮不足原因探析》，《中国农史》，1990年第3期。

[3] 《清圣祖圣训》卷二三，康熙三十八年(1699)六月戊戌。

[4] 李伯重：《江南农业的发展：1620—1850》，上海：上海古籍出版社，2007年，第123页。

[5] (清)陈梓：《删后诗存》卷七，嘉庆二十年(1815)胡氏敬义堂刻本。

[6] 嘉庆二十一年(1816)《云霄厅志》卷三《风土》。

[7] 道光二十三年(1843)《英德县志》卷十六《物产略》。

二十六年(1761)到道光三十年(1850),湖南人口增加了 1.3 倍,湖北为 3.2 倍。[1] 这就导致嘉庆十七年(1812)湖南、湖北二省的人均耕地是 1.69 亩和 2.21 亩,均低于华北地区的人均耕地水平;安徽、江西分别是 1.21 亩和 2.05 亩,均低于全国平均水平 2.19 亩,安徽在全国甚至是倒数(表 6-4)。[2]

表 6-4　清代长江中游地区的人口密度

单位:人/平方公里

区域	康熙二十四年(1685)	乾隆三十二年(1767)	嘉庆十七年(1812)	咸丰元年(1851)
全国	5.48	49.14	67.57	80.69
江西	11.72	63.60	127.02	135.12
湖南	1.36	39.84	83.43	92.35
湖北	2.44	46.29	150.85	186.34
安徽	8.10	143.88	210.49	231.83

资料来源:梁方仲:《中国历代户口、田地、田赋统计》,上海:上海人民出版社,1980 年,第 272 页。

长江中游地区多山地丘陵,经济作物是山区棚民的主要选择,但这与传统自给自足的小农经济的生产目的背道而驰,使缺粮成为必然,必须通过出售产品换取食粮,于是土著会在附近种植粮食出售给棚民,出于安全的考虑,棚民也可能自己种植少量的粮食。受自然条件限制,山区种植的均是旱地作物,以多山的江西为例,"邑山多田少,高坡种杂粮"[3],随着高产美洲作物的传入,山区原有的杂粮被取代。

可救荒的南瓜在拓展农业生产的空间、满足日益增长的人口的需求方面成效显著。即使是产粮大省湖南,因为南瓜便宜易得,成本很低,农民也往往会选择食用南瓜,而将米粮出售,其他省份自不必说。"岁饥,此瓜结实独繁,接济民食其功不浅"[4],这是南瓜能够在瓜类中脱颖而出的原因。南瓜可充分利用闲置土地,缓解粮食不足的问题,"南瓜,村旁地角多种之,可为食品之补助"[5]。

(三) 西南地区

明代西南地区除了成都平原这样的主要经济区外,广大地区均处在开发

[1] 蒋建平:《清代前期米谷贸易研究》,北京:北京大学出版社,1992 年,第 56 页。
[2] 梁方仲:《中国历代户口、田地、田赋统计》,上海:上海人民出版社,1980 年,第 400 页。
[3] 道光五年(1825)《宜黄县志》卷十一《风俗》。
[4] 同治五年(1866)《来凤县志》卷二十九《物产志》。
[5] 民国九年(1920)《英山县志》卷一《物产》。

水平极其低下的状态，甚至多数地方还保持原始尚未开发，西南地区成为内地剩余人口迁移的理想区域。政府渐次推行招抚逃亡、奖励垦荒等政策鼓励移民进入西南地区，更加促进了人口的增加。

西南地区人口数量大幅增加的情况从清初一直持续到清末。1700 年，西南（这里指云南、贵州和四川南部）人口从明末的 400 万增长到 500 万；1775 年，又增加了一倍多，达到 1 100 万以上；1850 年又是一倍，接近 2 100 万，最终形成了云南 1 000 多万，贵州 700 多万，四川南部 400 多万的人口分布格局。[1] 也就是说，在一个半世纪中，人口增长了四倍多，比全国的人口增长率快了一倍多。

除了人口迁移带来的人口增长，清代西南地区的人口自然增长率也很高，带来了人口危机。四川在乾隆中期以后就结束了人口规模性入川，但人口自然增长率却保持着 2%的高速度，高于全国平均水平将近三倍，四川人口在乾隆十六年（1751）达到明代人口的峰值 500 万，嘉庆二十五年（1820）增长到 2 000 万，清末又翻了一番。可见乾隆后期开始出现人口压力，嘉庆年间进一步飞跃，晚清严重恶化。所以彭县在乾隆末年已经“山坡水涯，耕垦无余”[2]，嘉庆年间的马边厅“户口滋增，到处地虞人满”[3]，南瓜就是在乾嘉年间在四川大肆推广的。

因为南瓜具有推广价值，所以才能在短期内迅速推广，才不会发生“然物有同进一时者，各囿于其方，此方兴而彼方竟不知种”[4]的情况。南瓜在云南、贵州主要是作为一种高产的多用性蔬菜，用于日常食用；在四川、广西的很多地区被视为重要的救荒性蔬菜。在云南“南瓜则有缅瓜、青瓜、长瓜、柿饼瓜、削皮瓜五种，此外，尚有剿瓜洋瓜均可伴食”[5]，在贵州“煮熟食味面而腻，亦可和肉作羹”[6]，在广西“南瓜一名番瓜，又名饭瓜，以其可代饭也”[7]，

---

〔1〕(美)李中清著，林文勋、秦树才译：《中国西南边疆的社会经济：1250—1850》，北京：人民出版社，2012 年，第 313 页。

〔2〕光绪四年(1878)《彭县志》卷十《文章志》。

〔3〕嘉庆十年(1805)《马边厅志略》卷四《风俗》。

〔4〕(清)檀萃辑，宋文熙等校注：《滇海虞衡志校注》卷十一《志草木》，昆明：云南人民出版社，1990 年，第 289 页。

〔5〕民国三十七年(1948)《姚安县志》卷四十四《物产志二》。

〔6〕道光二十五年(1845)《黎平府志》卷十二《物产》。

〔7〕同治六年(1867)《藤县志》卷五《物产》。

在四川“煮食味甘,荒年可救饥”[1]。南瓜即使作为普通蔬菜都有其优势,“是蔬食之美者”[2],作为救荒性作物,南瓜产量甚高。

二、北方地区

(一) 华北地区

华北地区是我国的中原地区,我国的中心之所在,但因我国人口总量在晚明之前一直不多,加上历史上“永嘉之乱”“安史之乱”“靖康之难”导致的三次大规模的人口南迁,华北地区人口不多,有很多农田被抛荒,户部在崇祯七年(1634)调查后发现北直隶抛荒田最多[3],徐光启指出天津地区“尚有无主无粮的荒田,一望八九十里,无数,任人开种,任人牧牛羊也”[4]。

入清以后,华北人口迅速增长,可见表6-5。此时,华北人口的平均增长率与长江下游同属于人口自然繁殖的苏浙皖赣相比,还相差不少。虽然人口压力低于江南,但超过华北历史上任何一个时期,华北地区乾隆五十一年到五十六年(1786—1791)与顺治十八年(1661)相比平均人口增长率为128‰,道光二十年到三十年(1840—1850)与乾隆五十一年到五十六年(1786—1791)相比增长率是167‰。[5]

表6-5 清代华北地区的人口密度

单位:人/平方公里

区域	康熙二十四年(1685)	乾隆十八年(1753)	嘉庆十七年(1812)	咸丰元年(1851)
全国	5.48	24.06	67.57	80.69
直隶	9.83	28.82	86.05	72.10
山东	14.22	86.43	196.01	225.16
河南	8.99	44.63	144.52	150.11
山西	10.93	34.19	92.75	103.94

资料来源:梁方仲:《中国历代户口、田地、田赋统计》,上海:上海人民出版社,1980年,第272页。

[1] 民国十二年(1923)《丹棱县志》卷四《物产》。
[2] 民国三十五年(1946)《龙津县志》第六编《经济 农林》。
[3] 程民生:《中国北方经济史:以经济重心的转移为主线》,北京:人民出版社,2004年,第573页。
[4] (明)徐光启撰,王重民辑校:《徐光启集》,北京:中华书局,1963年,第487页。
[5] 梁方仲:《中国历代户口、田地、田赋统计》,上海:上海人民出版社,1980年,第258、262页。

即使是情况相对较好的直隶，人口数量与耕地面积在同时增长，但在此过程中人均耕地占有量趋于减少，亩产粮食变化不大，势必造成人均粮食占有量减少；供养一人年需粮 411 斤，乾隆中期人均大约占有粮 1 138 斤，到嘉庆中期以后不足 900 斤，咸丰末年约为 738 斤，土地供养力在持续减弱，于是民生状况出现整体下降的趋势。[1] 即使人均占有粮食在 1 000 斤以上，扣除日常口粮、饲料粮、税粮等，所剩粮不会太多，一旦发生天灾人祸，便入不敷出，危机承受力很弱。

受自然与社会因素制约，华北地区需要更多的口粮。新作物南瓜，能够充分利用闲置土地，"实可供饱食，子亦可食，此种植于野地以能供饱食，种者较多"[2]，充分发挥了南瓜的"代粮"价值，"南瓜总名倭瓜，可为蔬并可饱贫人，以之代饭故俗曰饭瓜"[3]，"县境田园皆产之，第三四区山乡产尤多"[4]。

（二）西北地区

西北地区向来地广人稀，因为西北干旱区的大部分地区不具备农业发展条件，除了灌溉较好的地区，其他地区水资源短缺，只适合发展畜牧业。西北地区的农业经营主要集中在农牧交错带，耕地呈不连续分布。明清时期，西北人口开始增加，人口增加的动力是屯田和自发性移民，屯田主要是在明代和清初的新疆地区，自发性移民在清初以降，以"走西口"最为典型，使西北人口大量增加。

"自乾隆二十五年起，陆续由陕甘调拨绿营兵驻守开屯……至三十三年共有六千三百八十三户"[5]，乾隆四十二年(1777)新疆有各族人民 31 万余人，有移民 35 万，汉族移民及后裔占全疆人口的 53%。[6] 晋陕人去归化和河套一带，冀晋人多由张家口、独石口、喜峰口、古北口等处进入草原，"走西口"流民以山西人为主流，他们走西口、过长城，就可到达蒙古草原和河套一带；左宗棠率领湘军收复新疆后，曾在巴里坤和哈密等地屯田，有一部分湖南人由此留在新疆，陕甘人进入新疆的也较多。

---

〔1〕 薛刚：《从人口、耕地、粮食生产看清代直隶民生状况——以直隶中部地区为例》，《中国农史》，2008 年第 1 期。

〔2〕 民国二十五年(1936)《馆陶县志》卷二《实业》。

〔3〕 光绪七年(1881)《唐山县志》卷一《物产》。

〔4〕 民国二十九年(1940)《武安县志》卷二《物产》。

〔5〕 道光元年(1821)《新疆识略》卷六《屯务》。

〔6〕 曹树基：《中国移民史 第六卷：清 民国时期》，福州：福建人民出版社，1997 年，第 494－495 页。

清初以来，宁夏、甘肃、陕西、内蒙古等处涌入大量移民，如陕西镇安“湖北人来迁者日众”[1]，察哈尔张北“系新辟土地，开垦日增，人口亦陆续日加，自雍正年间坝下初行开辟，人口不过三万余口，延至十七年人口增至二十万以上”[2]，内蒙古清水河厅“原系蒙古草地，人无土著，所有居民皆由口内附近边墙邻封各州县招徕开垦而来，大率偏关、平鲁两县人居多”[3]。

南瓜在西北地区或早或晚都有用于救饥的记载。明末清初以来人口日渐增多，缺粮少食的现象时有发生，高产、耐旱、可长期保存的南瓜很自然地发挥了救饥作用。在民国内蒙古的赤峰县，专门记载南瓜产量，竟达 6 000 斤[4]，超过其他瓜类，在赤峰以北的林西县载“倭瓜，立夏前布种……(西葫芦)不及倭瓜之肉厚穰脆，故农人有以倭瓜救饥者”[5]。尤其在陕西，道光以来，南瓜在多地被视为代粮专用，“南瓜，有青黄圆长数种，土人以此为饭，又作丝曝干为蔬”[6]，因此“南瓜，亦曰饭瓜”[7]。而且南瓜可以作为储备粮食，用作备荒，结果如同在民国绥远省，“番瓜、倭瓜，尤为出产、输出大宗”[8]；南郑县“南瓜，亦呼北瓜，全境均产之”[9]。

（三）东北地区

清代东北农业人口伴随着“闯关东”的浪潮大量增加。东北地区地广人稀，耕地资源丰富，人口越多，土地开垦面积越大，即使是 1949 年东北地区人口达到 4 365 万人[10]，也依然没有达到土地承载力极限，却使东北的耕地面积和粮食产量不断增加，东北地区的耕地面积在 1812 年为 2 287 万亩，1949 年达到 23 755 万亩[11]，耕地净增 9.39 倍，与之相应的是，1924—1940 年东北的粮食产量提高，提供了大量剩余粮食，除个别年份外，每年的产量均在

---

〔1〕 乾隆十八年(1753)《镇安县志》卷六《选举》。
〔2〕 民国二十四年(1935)《张北县志》卷五《户籍志》。
〔3〕 光绪九年(1883)《清水河厅志》卷十四《户口》。
〔4〕 民国二十二年(1933)《赤峰县志略·出产》。
〔5〕 民国十九年(1930)《林西县志》卷四《物产志》。
〔6〕 道光二十六年(1846)《安定县志》卷四《物产》。
〔7〕 民国十七年(1928)《葭县志》卷二《物产志》。
〔8〕 民国二十二年(1933)《绥远概况》第一编《总论·物产二·植物类》。
〔9〕 民国十年(1921)《续修南郑县志》卷五《物产》。
〔10〕 许道夫:《中国近代农业生产及贸易统计资料》,上海：上海人民出版社,1983 年,第 4 页。
〔11〕 许涤新,吴承明:《中国资本主义发展史》(第二卷),北京：人民出版社,2003 年,第 1004 - 1005 页。

1 600 万吨以上。

东北地区可以说是全国为数不多的人地矛盾不突出、粮食供应不紧张的地区，在笔者划分的全国六大区中属于比较特殊的区域。但是即使是东北地区，也有如“农家冬日之常食也”[1]“土人割作长条，晒干用以御冬”[2]这样的记载，说明南瓜在东北粮食短缺的季节、收成不好的年景，还是具有重要的食用价值。东北如此，全国其他大区更是如此。

救荒因素是南瓜引种和本土化的最重要推动因素，人地矛盾越突出，南瓜的推广速度越快；尤其在天灾人祸时，原本就紧缺的粮食更加稀缺，南瓜成了紧急情况下唯一可活命的食物。崇祯十五年(1642)李光壂《守汴日志》载：“今日第一急务木料人工本厅自备借重门下督造可也，一只之外不妨多造，黄推官发榆皮四十斤，麸面二十斤为匠作食，壂复措杂粮四斗、南瓜一个。”[3]民国期刊载：“武进有老儒吴氏，贫无隔宿之储，室前有隙地丈许，偶种瓜数本，时顺治九年东南大旱，饿殍抱金钱珠玉以死者甚多，而老儒独以瓜熟累累，活其一家七八人。”[4]“那时，我还只有九岁，因为父亲正在失业，家里的经济困难得很。起先是吃粥，后来粥也渐渐吃不起，竟把南瓜来充饥，因为南瓜价钱很便宜，并且用不到菜肴。所以每天吃南瓜，连着约有一个月。”[5]该回忆录发表在民国时期，反映的现实估计是在清末民初。

文昭《紫幢轩诗集》中有一首诗叫《晚饭食倭瓜》：“留得瓜如斗，经冬用意藏。削条长作线，挂壁贮盈筐。最称家常饭，浑疑蜜汁汤。吾儿宿所嗜，分半与之尝。”[6]歌颂了南瓜救荒的种种优点，高产、耐贮、便宜、可口等。郑光祖著于 1843 年的《一斑录》多次就南瓜的救荒因素进行了诠释：“番瓜即南瓜……二三月即有”[7]，“十二月米一石钱至六千、麦四千，民相率以豆饼充饥，若御麦子豇豆赤豆菉豆亦可充饥，高粱不能舂白性涩为粮下品。此下番瓜即南瓜犹可食也，若至米糠豆渣麦麸则不堪矣，大江以南四府一州惟镇江

〔1〕 民国八年(1919)《拜泉县志》卷一《物产》。

〔2〕 民国二十二年(1933)《黑龙江志稿》卷十四《物产》。

〔3〕 (明)李光壂:《守汴日志》,道光年间刻本。

〔4〕 蔡佩衡:《南瓜之栽培法》,《江苏省立第二女子师范学校校友会汇刊》,1918 年第 7 期。

〔5〕 陶文俊:《吃南瓜(记事)》,《儿童世界》,1948 年第 4 卷第 1 期。

〔6〕 (清)文昭:《紫幢轩诗集·石盂集》,雍正年间刻本。

〔7〕 (清)郑光祖:《一斑录》杂述三,道光《舟车所至》丛书本。

之荒较轻”[1]。南瓜不但早熟(二三月)可食,以接青黄,而且在灾年有举足轻重的作用。李鸿章《朋僚函稿》叙述:“各军赶到,贼未他窜,趁水势以图之,可望歼除,贼中日以南瓜充饥,我军亦然。”[2]太平天国运动期间,交战双方都用南瓜来充饥,南瓜几乎是唯一的补给品。综上所述,无论是在明末、清初、清中期、晚清,还是在清末民初,无论是在战争年代、天灾时期,还是在正常年景,南瓜的救荒因素都是南瓜本土化的重要因素。

以上,分别阐述了南瓜在不同地区本土化的救荒因素,时间从明末到民国时期。新中国成立之前,南瓜在全国已经无人不知无人不晓,成了中国极其普通的蔬菜,从推广本土化的角度,已经论述完成。

1949 年之后,由于南瓜依然存在救荒价值,所以救荒因素或多或少对南瓜本土化还产生了一定的影响。笔者简要强调下 1949 年之后的南瓜救荒价值,不再分地区叙述。

在新中国成立前夕,《人民日报》以“囤糠采菜抢种南瓜 太岳农民普遍备荒”为题,介绍了山西开展的“节约备荒运动”,许多村庄平均每人抢种十苗南瓜,采集十斤野菜,每天省一合米。[3] 林华记述了发生在昭阳湖(位于山东省微山县和江苏省沛县交界处,是我国北方最大的淡水湖泊,全国十大淡水湖之一)的故事《一个南瓜渡了荒》:昭阳湖东岸以种植高粱为主,黄河泛滥,满坡的高粱、谷子、豆子都被淹没了,于是人们纷纷逃荒,只剩小林家,小林想起上年前从家南豆地边上摘来的两个南瓜,只吃了一个小的,还有一个大的,足有六斤,真是“饥了有一口,强似饱了有一斗”,平时谁也不拿这南瓜当好东西,娘俩靠这个南瓜,在湖上采菱角,采了整整一个月,一个南瓜换来了一船的菱角,度过了荒年。[4]

1950 年浙江义桥乡第一村就提出了“多种南瓜好渡荒”的想法,他们认为南瓜是早熟作物之一,除了种夏南瓜外还可以种冬南瓜,门前屋后,树旁河边,只要是空地都可搭棚生瓜,是度荒的一种好食粮,结果成了当年夏荒的一大补助。[5] 1961 年“四川省委号召大种早玉米红苕和南瓜 千方百计增产早熟粮菜”,种植这些作物,既可以充分利用山坡、隙地、田边地边等土地,提高

---

〔1〕 (清)郑光祖:《一斑录》杂述四,道光《舟车所至》丛书本。
〔2〕 (清)李鸿章:《朋僚函稿》卷十,光绪年间刻本。
〔3〕 《囤糠采菜抢种南瓜 太岳农民普遍备荒》,《人民日报》,1947 年 6 月 16 日。
〔4〕 林华:《一个南瓜渡了荒》,《田家》,1949 年第 16 卷第 8 期。
〔5〕 郭尚汉,竹明山:《多种南瓜好渡(度)荒》,《浙江日报》,1950 年 4 月 23 日。

复种指数,又可紧接小春收获后增收一批粮食。[1] 可以说,改革开放前出生的那一代人,很多是把南瓜当饭吃长大的,“祖父种了一辈子南瓜,父亲是吃着南瓜长大的,先入为主,童味难改”[2]。“那时,正是三年困难时期,瓜菜成了唯一的救命‘食粮’。”[3]“上世纪六十年代,我家的一日三餐,总以南瓜为主……有时一根藤结瓜数十个,其盛况甚是喜人。收获后的南瓜又极易储存,经年不腐。于是,一家人靠着南瓜的添补,尚能填饱肚子。”[4]

总之,明代后期以来我国人口激增,粮食供应紧张,土地的人口承载力到达极限,美洲作物的传播为拓展农业生产的空间、满足日益增长的人口的需求起到了至关重要的作用。[5] 其中的救荒类作物尤受青睐。南瓜虽在引种之初被视为普通瓜菜,但随着缺粮现象时有发生,高产、耐旱、可长期保存的南瓜很自然地发挥了“代粮”作用,入清以来更是被称为“饭瓜”,这一称呼在全国被迅速而广泛地使用。通过对不同地区的比对可发现,人地矛盾越突出的省份,南瓜的救荒作用就发挥得越早,如江浙人口密度长期以来在全国领先,因此在明末南瓜就用于救荒。南瓜在清代的整个中国,都或迟或早、或多或少地发挥了救荒作用,民国时期以及新中国成立后,全国更是如此,所以才说救荒因素是南瓜引种和本土化的最重要因素。即使是情况相对较好的直隶,由于人均粮食占有量在不断减少,民生状况出现整体下降,因此有许多这样的记载:“南北瓜,亦名倭瓜,可为蔬并可饱贫人,以之代饭故俗曰饭瓜,诗所谓七月食瓜,食我农夫是也。”[6]

第三节 移民因素

移民在南瓜引种和本土化的过程中起了加速器的作用,南瓜的推广史与中国移民史密切相关。几乎南瓜每从一个地区引种到另一个地区都或多或少有移民的身影,尤其是跨省的长距离引种,更能清晰看到移民的痕迹。本

[1] 《四川省委号召大种早玉米红苕和南瓜 千方百计增产早熟粮菜 抓住当前有利形势作好宣传动员工作 因地制宜层层落实》,《人民日报》,1961 年 3 月 7 日。

[2] 《南瓜饭》,《阳泉晚报》,2007 年 11 月 2 日。

[3] 崔良好:《故乡南瓜分外甜》,《中国林业报》,1996 年 6 月 4 日。

[4] 左怀利:《南瓜饭》,《农村金融时报》,2013 年 9 月 2 日。

[5] 王思明:《美洲原产作物的引种栽培及其对中国农业生产结构的影响》,《中国农史》,2004 年第 2 期。

[6] 光绪元年(1875)《元氏县志》卷一《物产》。

节主要探讨典型的移民潮——西南移民潮、东南棚民潮、东北大迁移，与南瓜引种和本土化之间的关系。

三大移民潮发生的时间段是从明末开始，直到民国时期，尤以清代为主，这也是本节的侧重点。新中国成立之后，国内移民减少，尤其是自发的大规模移民几乎停止，只是在新中国初期存在农民盲目流入城市的现象，以 1958 年的《中华人民共和国户口登记条例》为标志，政府对人口自由流动实行严格限制和政府管制，迁徙均是按照国家分配，更重要的是南瓜在 1949 年之前已经基本完成了在中国的引种和本土化。所以 1949 年之后，本节不再讨论。

南瓜引种和本土化的动因之一就是移民，实现了南瓜由点到面的变动，有移民必然会有物种的推广、技术的交流，移民为南瓜的推广提供了人力资源，而且随着移民进入地人口的增多，人们会发现种植南瓜的优势，如最重要的救荒备荒意义等，提升了种植南瓜的欲望，随着南瓜的推广，与之相关的文化、技术等方面也会实现本土化。当然，历史上移民的最重要原因是“年饥”，也就是所谓的灾荒性移民，明代以降灾荒最为严重，移民也特别突出。所以，南瓜引种和本土化的动因之间也是有一定联系的，不是孤立地存在。

一、西南移民潮:“湖广填四川”与“改土归流”

西南地区虽然是南瓜最早传入的地区之一，但推广速度很慢，一方面由于清代中期之前，西南地区人烟稀少，既影响了人们栽培南瓜的欲望，也限制了南瓜推广所需要的人力资源；另一方面，由于西南地区地形复杂，山地、平原、河谷交错分布，山地和丘陵占绝对比重，不但由于交通不便不利于南瓜的推广，而且受地形影响，各地水热条件差异很大，对南瓜的正常生长造成了一定的影响。所以西南四省最早记载南瓜的时间分别是云南 1556 年、四川 1576 年、贵州 1612 年、广西 1673 年，虽然四省是一个整体的西南地区，但不同省份之间引种时间相差较远，最早的云南和最晚的广西相差一百余年。较其他地区诸如东南地区、华北地区等，南瓜在西南地区引种所花的时间更长久。

水田和旱地是西南地区农业土地利用的主要方式。历史时期，土地的开发利用总是先集中于盆地、平坝区域，随着清中期以来移民的迁入，人们开始向高山进军，加速了南瓜的推广。

明末清初的西南地区经历了明末农民战争和清初“三藩之乱”，本来西南地区就不多的人口更是大量死亡，民生凋敝，农业发展屡遭破坏，全无积极经营开发可言。在这样的历史条件下,便有了政府的招民垦荒和移民的自发迁入,清代移民史上,西南移民潮最为引人注目,人口增长十分迅速,李中清认为,清代康熙末年以后各省向西南地区的自发性移民浪潮可称为历史上的第二次大移民。[1] 由于移民的迁入,西南地区农业稳步恢复与发展,南瓜的引种和本土化特别引人注目。

清代以降,内地人口激增最为明显,人地矛盾突出,而西南广大地区处在尚未开发的状态,对移民有强烈的吸引力。其中又以四川最为突出,四川是清代前期接受移民最多的地区。清初四川由于灾荒战乱等因素,人口约有几十万,其中丁额不过在1.5万～3.0万之间,约与东南省区一县相当[2],这样的情况下南瓜自然难以推广。

康熙初年制定了四川的招垦政策,大规模移民入川由此开始,康熙中期政府又宣布"凡流民寓愿垦荒居住者,将地亩给为永业"[3],还准许移民入籍弟子可参加科举,为大规模移民入川创造了条件。"三藩之乱"结束后移民大量涌进四川,直到乾隆后期才减缓步伐。康熙五十二年(1713)有人在奏疏中说:"查楚南入川百姓,自康熙三十六以迄今日,即就零陵一县而论,已不下十余万众。"[4]入川移民以湖广为主,雍正时期广东、江西、福建的移民也加入其中,雍正五年(1727)有记载:"湖广、广东、江西等省之民,因本地歉收米贵,相率而迁移四川者不下数万人。"[5]移民入川的高潮在雍乾之际形成。乾隆四十一年(1776)"渠县、什邡、长宁等县民人段万儒等十二户,情愿携眷赴金川……又有洪雅、天全、打箭炉等厅州县民人王文琳等三十户,情愿自备资斧,携眷赴金川屯垦"[6],川西高原被纳入了开发范围,这一时期南瓜成了金川的特产。

移民既加快了本地原有南瓜的推广速度,也促进了从别省二次引种南瓜

[1] (美)李中清:《1250—1850年西南移民史》,《社会科学战线》,1983年第1期。

[2] 曹树基:《中国移民史 第六卷:清 民国时期》,福州:福建人民出版社,1997年,第78页。

[3] 嘉庆二十一年(1816)《四川通志》卷六十三《田赋》。

[4] 中国第一历史档案馆:《康熙朝汉文朱批奏折汇编》第5册,北京:档案出版社,1984年,第336页。

[5] 嘉庆二十一年(1816)《四川通志》卷首之二《圣训二》。

[6] 中国科学院民族研究所,四川少数民族社会历史调查组:《金川案》,北京:中国科学院民族研究所,1963年,第120页。

至四川，正是“南瓜，种出南番，转入闽浙，移种入蜀”[1]。郭声波认为在四川农业开发的第三阶段(元代至近代)，蔬菜谱系发生了较大变化，一些由东南地区传来的菜种如南瓜等物种，由于移民生活习惯的影响，逐渐得到普及。[2]

表6-6　清中期西南地区人口增长统计表

区域	人口(万人)		增长倍数	区域	人口(万人)		增长倍数
	1713年	1820年			1722年	1812年	
云南	92.93	604.81	6.5	四川	231.6	2 071.0	8.94
广西	108.05	742.91	6.9				
贵州	18.77	355.16	18.9				

资料来源：韦丹辉：《清至民国时期滇黔桂岩溶地区种植业发展研究》，南京农业大学，2013年，第150页；曹树基：《中国移民史 第六卷：清 民国时期》，福州：福建人民出版社，1997年，第95页。

雍正年间的改土归流，掀起了西南边疆(滇、黔、桂)开发的高潮。雍正四年至雍正九年(1726—1731)，清廷基本完成了对滇、黔、桂三省的改土归流。五年间由土司改成流官的地区达309处[3]，云南绿营驻防的塘、汛、关、哨，更是达3 500余处[4]，不仅加强了中央对地方的控制，更重要的是对西南山区的经济开发起到了促进作用。

“其客观效果，则分防士卒安家立业，流民随之而至，广事垦殖，山区经济加速发展”[5]，改土归流完成后，结束了西南土司封闭的环境。乾、嘉、道时期是移民涌入三省的高峰期，西南人口空前增加，边远山地的人口增长尤为显著，一改以往开发水平极低的状态，改土归流后先是军屯，再是更多自由迁入的移民纷至沓来。19世纪中期，中国西南(滇、黔、川南)的总移民人口至少是300万～400万，占1850年西南人口总数的六分之一到五分之一。[6]通过表6-6也可见人口的显著增加，一些府州在康熙末年时大多还属于人口

[1] 民国九年(1920)《绵竹县志》卷八《物产志》。
[2] 郭声波：《四川农业历史地理》，成都：四川人民出版社，1993年，第203页。
[3] 付春：《尊王黜霸：云南由乱向治的历程(1644—1735)》，昆明：云南大学出版社，2011年，第243页。
[4] 成崇德：《清代西部开发》，太原：山西古籍出版社，2002年，第368页。
[5] 方国瑜：《云南史料目录概说》第2册，北京：中华书局，1984年，第600页。
[6] (美)李中清著，林文勋、秦树才译：《中国西南边疆的社会经济：1250—1850》，北京：人民出版社，2012年，第98页。

相对稀少的地区，百余年间却获得了极大的人口增长，加速了滇、黔、桂的开发，而且在开发中，山区吸纳了更多的移民，传统农业区接近饱和。除了云南是南瓜最早引种的地区外，其他地区主要由客民肩负起南瓜推广的主要任务，所以有“种出交广，故名南瓜”[1]一说。

西南移民潮与南瓜的推广速度呈正相关的关系，云南因引种南瓜最早、四川因移民迁入最早，均是在光绪之前已经推广完毕，贵州、广西则是在民国时期才基本覆盖全省。

二、东南棚民潮：“客家棚民”与“江西填湖广”

明清时期长江中游地区的丘陵山区进入全面开发阶段，人口快速增长，原因在于移民的大量迁入。此时此地的移民活动常被称为棚民运动。棚民是在强大的人口压力及王朝的新垦殖政策下入山垦殖的移民。“棚民开种山场由来已久，大约始于前明，沿于国初，盛于乾隆年间……该民等籍隶怀宁、潜山、太湖、宿松、桐城等处，间有江西、浙江民人”[2]，安徽棚民以省内移民为主，省内移民是南瓜在安徽引种后迅速推广的重要原因之一，在皖南山区最为明显。

虽然安徽因距离浙江较近较早地引种了南瓜，清初已经少有地区未见南瓜栽培，但南部山区依然没有推广完毕，皖南山区在乾嘉年间才遍种南瓜，归功于在皖南山区活动的安庆棚民，“近多不业农而罔利者，招集皖人，谓之棚氓，刊伐山水……虽屡严禁，里胥得规隐庇，满山遍鸿，驱除为难”[3]，反映了乾隆年间“皖人”（即安庆人）租山垦种的情况。嘉庆以来，棚民垦山造成严重的水土流失，加之嘉庆七年（1802）休宁县等地发生棚民占山扰害等案，朝廷采取“驱棚”的措施[4]，足见棚民数量之多，客观带动了南瓜的种植。

明代大量闽、粤移民迁入江西，至清代前期一直不断，平原地区土著众多，移民无法融入，最早进入赣南山区的移民，主要是来自相邻的粤北、闽西的客家人，如南瓜明代引种、清代推广的核心区域都是在宁都州，道光《宁都直隶州志》载：“闽广及各府之人，视为乐土，绳绳相引，侨居此地，土著之人，

[1] 民国二十四年（1935）《恭城县志》四编《产业》。
[2] 道光七年（1827）《徽州府志》卷四《水利》。
[3] 嘉庆十五年（1810）《绩溪县志》卷一《风俗》。
[4] 中国第一历史档案馆：《嘉庆朝安徽浙江棚民史料》，《历史档案》，1993年第1期。

为士为民，而农者、商者、市侩者、衙胥者，皆客籍也。”[1]同一时期迁入赣南山地的闽粤客家人又穿过赣中、赣北平原，进入赣西北山地，规模较大，较同期赣南山区的移民活动有过之而无不及，以万历年间就有南瓜栽培的袁州府为例，“袁州接壤于南，为吴楚咽喉重地，百年以前，居民因土旷人稀，招入闽省诸不逞之徒，赁山种麻，蔓延至数十余万”[2]；清代前期又有客家人经闽北移入赣东北。清代客家人迁入的规模超过了明代。南瓜在江西最早记载的地区就是赣西北和赣东南的山区，并在清代推广较快。

闽粤山区有种植蓝靛、甘蔗、苎麻等经济作物的传统，进入江西山区的客民也大都种植经济作物，这些作物成为山地的主要作物。山地种植五谷困难，随着移民的不断涌入，乾隆中期仅赣南山区的人口已达 260 万左右，嘉庆更是达到 397 万之多[3]，缺粮现象比较严重，南瓜这种适合在山地广植的“代粮”作物，得以充分发挥优势，推广很快。明清无论是赣南还是赣北山区的流民均以闽南、粤东客家人为主体，移民输入了一系列新作物、新品种和新技术[4]，南瓜就是其中的典型。

湖广之人主要来自江西，虽然江西移民主要是在洪武大移民时期，但整个明代、清代并未间断，明人邱浚《江右民迁荆湖议》记载：“荆湖之地田多而人少，江右之地田少而人多，江右之人大半侨寓于荆湖。”[5]所以湖南、湖北万历年间的南瓜引种很有可能来自江西，到了清代其他省份（诸如福建）的流民也加入了移民大军，清初湖广一带南瓜推广颇为迅速，与移民潮息息相关。“江西填湖广”为湖广山区提供了大量劳动力，在移民之前，湖广多地处于未开发阶段，移民进入后，逐渐开发了山区，进入了农业发展阶段。值得一提的是，虽然有“江西填湖广”的说法，但三省之间的开发并不存在时间差。

湖北在洪武大移民之后，移民进入数量减少，但也有“自元季兵资相仍，土著几尽，五方招徕，民屯杂置，江右、徽、黄胥来附会”[6]的记载。荆襄地区是明中叶最大的一个流民聚集区，鄂西郧阳府就是为处置鄂、豫、陕三省流民

---

〔1〕 道光四年(1824)《宁都直隶州志》卷三十一《艺文》。

〔2〕 康熙二十二年(1683)《宜春县志》卷十二《风俗》。

〔3〕 曹树基：《中国移民史 第六卷：清 民国时期》，福州：福建人民出版社，1997 年，第 221 页。

〔4〕 曹树基：《明清时期的流民和赣北山区的开发》，《中国农史》，1986 年第 2 期。

〔5〕 (明)邱浚：《大学衍义补》卷一三《治国平天下之要》，北京：京华出版社，1999 年，第 125 页。

〔6〕 万历《湖广总志》卷三十五《风俗》。

而建，开设于成化十二年(1476)，明中叶进入郧阳山区的流民竟达200万之多[1]，与郧阳府成为湖北最早记载南瓜的地区不无联系。湘、鄂、皖、赣四省中湖北在晚清之前对南瓜的记载最少，直到太平天国时期，湖北人口损失严重，战后周边省份移民填补湖北，湖北掀起了南瓜推广的新高潮。

赣西北、赣东南一带是江西南瓜最早引种的地区，湘西北、湘东南一带是湖南南瓜最早引种的地区，这与谭其骧所述的江西移民的流向——"江西北部之人大都移居湖南北部，江西南部则移居湖南南部"是基本一致的。在清代，湘东地区是南瓜的大面积栽培区，这与湘东成为棚民活动区域有关，明末清初湘东地区由于战乱人口锐减，来自粤北山区和赣南山区的棚民随之涌入，乾隆年间始有南瓜记载的桂东县，有"邑邻徭峒，其所居皆悬峰峻岭，不可攀跻，又与酃之万阳山接壤，绵亘数百里，鸟道崎岖，为人迹所不经。且境内佃田之人，或多外来无赖之辈，最易生事……所招佃人，半江广贫民"[2]的记载，可见湘东在清代前期就已经招民垦荒，且多是广东、江西流民；同属于湘东的浏阳，康熙年间始见南瓜栽培，此时棚民潮早已波及浏阳，"浏鲜土著，比闾之内，十户有九皆江右之客居也"[3]的记载。

三、东北大移民："招民开垦"与"闯关东"

辽金之前，东北地区地广人稀，农耕开发只局限于辽河平原，未能形成成片稳定的农业区域。辽金以降，虽然不断向北推进，但规模依然不大。清代以降，尤其是清初招垦政策实施以来，移民不断迁入，土地得到了大量的开垦，东北从一个粮食输入地变成了粮食输出地。乾隆年间，东北的粮食产量超过了历史上的任何一个时期。顺治康熙年间，东北粮食重要产区在柳条边以南的盛京地区，乾隆年间，由于移民大量进入热河蒙地，粮食主要产区除盛京外，还应该加上热河地区。[4]

顺治六年(1649)至康熙六年(1667)间，清政府屡次颁布招民开垦的各种法令，从顺治六年(1649)"山海关外荒地甚多，有愿出关垦地者，令山海道造

---

[1] 邹逸麟：《中国历史地理概述》，上海：上海教育出版社，2013年，第27页。
[2] 同治五年(1866)《桂东县志》卷七《兵防志》。
[3] 康熙十九年(1680)《浏阳县志》卷十四《拾遗志》。
[4] 张士尊：《清代东北移民与社会变迁：1644—1911》，长春：吉林人民出版社，2003年，第411页。

册报部，分地居住”[1]开始，尤其以顺治十年也就是 1653 年的《辽东招民开垦则例》意义最大，“是年定例，辽东招民开垦”[2]，使得盛京地区移民数量和土地开垦数量在康熙初年达到高峰，即使在康熙七年(1668)“罢招民授官之例”[3]后依然如此。从顺治十五年(1658)到康熙二十年(1681)前，辽东地区新增 28 724 丁，143 620 口，新增地 312 859 亩；[4]从康熙二十四年(1685)到雍正二年(1724)，盛京地区又新增民田 268 908 亩，新增 15 983 丁。[5] 由于无地少地，作为主要移民源的直隶、山东等省移民在乾隆五年(1740)封禁政策实行以前使盛京获得了极大的开发，但因康熙十九年(1680)设柳条边划定旗界、民界，所以在晚清东北放垦之前开发主要局限在盛京进行。

乾隆五年(1740)首先颁布了针对盛京的封禁令，又分别于乾隆六年(1741)、乾隆七年(1742)颁布了针对吉林和黑龙江的封禁令，封禁政策持续一百余年，但其间仍有大量移民涌入，如乾隆十二年(1747)记载“闻流民前则殆近二十万，今则三十万”[6]，垦殖数量也增长很快，雍正十二年(1734)的吉林将军辖区只有民田 272 顷 55 亩，到了乾隆四十五年(1780)，则有民田 11 619 顷[7]，只是减慢了对东三省的开发速度，封禁政策在嘉道咸年间延续下来。但嘉道年间盛京人口相对饱和，于是清政府在柳条边以北地区进行了有组织的移民活动，往柳条边以北迁移旗人，抢在民人之前占领土地资源；鸦片战争后，内外形势发生巨大变化，咸丰十年(1860)以后从限制东北移民到积极鼓励东北移民的进入，被迫放弃了实行百余年的虚边封禁政策，转而采取移民实边的措施来巩固边防。清代后期北疆的放垦，仅东北三省招徕的移民及其后裔总数就高达 1 344 万人，其中吉林与黑龙江合计 844 万人，奉天 500 万人。[8]

---

〔1〕 陈梦雷编，蒋廷锡校订：《古今图书集成·食货典》卷五一，北京：中华书局，1985 年，第 82767 页。

〔2〕 乾隆元年(1736)《盛京通志》卷二十三《户口志》。

〔3〕《清圣祖实录》卷二三，康熙六年(1667)七月丁未。

〔4〕 衣兴国，刁书仁：《近三百年东北土地开发史》，长春：吉林文史出版社，1994 年，第 9 页。

〔5〕《清朝文献通考》卷二，上海：商务印书馆，1936 年，第 4865 页。

〔6〕 吴晗：《朝鲜李朝实录中的中国史料》下编卷九，北京：中华书局，1980 年，第 3735 页。

〔7〕 乾隆四十四年(1779)《盛京通志》卷三七《田赋一》。

〔8〕 曹树基：《中国移民史 第六卷：清 民国时期》，福州：福建人民出版社，1997 年，第 495－502 页。

表 6 - 7　清代以来东北人口统计

单位：人

年份	奉天	吉林	黑龙江	总计
1771 年	750 896	44 656	35 284	830 836
1780 年	781 093	114 429	80 000	975 522
1907 年	8 769 744	3 827 862	1 273 391	13 870 997
1914 年	12 924 779	9 258 655		22 183 434
1928 年	14 999 000	6 764 000	3 501 000	25 264 000
1930 年	16 366 175	7 339 944	3 655 590	27 361 709

资料来源：吴希庸《近代东北移民史略》,《东北集刊》,1941 年第 2 期。

清末对东北地区的放垦大体分为两个阶段：从咸丰十年(1860)到光绪六年(1880)为局部开禁时期,光绪六年(1880)到宣统三年(1911)为全面开放时期。[1] 先是 1860 年开放了黑龙江的呼兰地区,光绪五年(1879)盛京海龙县围场正式开放,然后是光绪七年(1881)吉林西围场开放,光绪十年(1884)以后吉林东部边疆全部放垦,最后在光绪三十年(1904)黑龙江也全部解除了封禁,在光宣年间的东北移民达到了高峰,即使到了民国时期仍未停止。具体情况可见表 6 - 7。此外,至 1912 年,进入内蒙古地区的汉族人口也已超过了 400 万人。[2]

另有统计,以辽宁为例,乾隆六年(1741)仅有 35.96 万人,乾隆四十六年(1781) 增加到 79.2 万人,增加了一倍多。嘉庆二十五年(1820),再增加了一倍多,达到 175.72 万人。道光二十年(1840)又增至 221.3 万人,从道光三十年(1850)至宣统二年(1910),辽宁人口从 257.1 万人增长为 1 101.9 万人。[3] 近百年是东北人口增长最快的时期(表 6 - 8),1912—1945 年从关内流向东北的移民总计为 991 万[4],耕地面积从 1924 年的 815 万公顷增长到

〔1〕 贺飞:《清代东北土地开发政策的演变及影响》,《东北史地》,2009 年第 5 期。

〔2〕 闫天灵:《汉族移民与近代内蒙古社会变迁研究》,北京：民族出版社,2004 年,第 34 页。

〔3〕 许道夫:《中国近代农业生产及贸易统计资料》,上海：上海人民出版社,1983 年,第 4 页。

〔4〕 侯杨方:《中国人口史 第六卷 1910—1953 年》,上海：复旦大学出版社,2001 年,第 489 页。

1944 年的 1 518 万公顷[1]，几乎拓展了近一倍，堪称“人类有史以来最大的人口移动之一”。[2]

表 6 - 8 1923—1930 东北迁入人口数

单位：人

年份	1923 年	1924 年	1925 年	1926 年	1927 年	1928 年	1929 年	1930 年
移民	434 000	479 000	645 000	1 044 000	967 000	942 000	673 000	417 000

资料来源：王成敬：《东北移民问题》，《东方杂志》，1947 年第 43 卷第 14 期。

南瓜这种新作物的推广速度如此之快，除了其本身具有栽培价值之外，移民在南瓜的引种推广中的作用十分明显。造成如此大规模的移民活动的原因有政府的优惠移民政策、艰难的生存环境迫使大批农民离开华北另谋生路、东北地区相对优越的生活条件等因素，而清政府、民国地方政府长期以来推行的鼓励政策是形成移民高峰的主要推动力。“封禁”则限制了内地人口大规模地向东北迁移，延缓了东三省的开发，间接影响到南瓜的推广，因此南瓜在东北大规模推广还是在光宣年间、民国时期。

第四节 夏季蔬菜

在我国现有主要农作物中，源自本土的大概有 300 种，另有 300 种来自域外，源自域外的约有 50 种是主要农作物。粮食作物引进不多，以明清引进的玉米、番薯、马铃薯为主。但我国古代源自本土的栽培蔬菜却较少，夏季蔬菜更是少之又少。由于受到气候条件、栽培制度、栽培技术、蔬菜特性等因素的制约，夏季蔬菜供应短缺的现象时有发生。夏季高温、多雨，不仅使一些蔬菜的生长发育受到抑制，也会对蔬菜作物造成机械性伤害，并容易引发病虫害[3]，可以说炎热的气候是蔬菜淡季形成的主要原因，《农桑辑要》多次提到夏季“园枯”。因此适于夏季供给食用的蔬菜在我国古代一直处于缺乏的状态，主要通过引进的方式增加夏季蔬菜品种，在历朝历代的引进蔬菜中夏季蔬菜都占有一定的比重。夏季蔬菜的品种随着时间的推移发生了巨大的变化，这种变化一方面是由于新的夏季蔬菜的不断引进，尤其是明清美洲蔬菜

[1] 东北物资调节委员会：《东北经济小丛书 农产》，东北物资调节委员会，1948 年，第 8 - 10 页。

[2] 夏明方：《民国时期自然灾害与乡村社会》，北京：中华书局，2000 年，第 91 页。

[3] 曾雄生：《史学视野中的蔬菜与中国人的生活》，《古今农业》，2011 年第 3 期。

的引进，另一方面是由于一些原有蔬菜被进一步开发作为夏季蔬菜食用，充分发挥了本土蔬菜作为夏季蔬菜的潜力。于是，在清代最终形成了以茄果瓜豆为主的夏季蔬菜结构。

一、中国古代夏季蔬菜的品种增加

《诗经》《夏小正》记载的食用蔬菜有20余种，大部分是野菜，人工栽培的只有甜瓜、芸、瓠、韭、葑、葵，可以肯定为夏季蔬菜的就是甜瓜和瓠，它们的利用可以追溯到新石器时代，《诗经·豳风·七月》已有记载："七月食瓜，八月断壶。"甜瓜和瓠在先秦不但是栽培蔬菜的代表，而且是我国最早的夏季蔬菜。葵，东汉《四民月令》载：正月"可种葵"，六月"六日，可种葵"，"中伏后，可种冬葵"，葵全年可食，可作为广义上的夏季蔬菜，王祯《农书》也认为葵"备四时之馔……春宜畦种，夏宜撒种，然夏秋皆可种也"，随着栽培技术的进步，人们有意识地将其作为夏季蔬菜培育。

外来蔬菜包括夏季蔬菜的传入首先主要来自亚洲西部。亚洲西部传入的蔬菜是随着张骞出使西域，"凿空"之后通过丝绸之路逐渐引入中国的。据汉代《氾胜之书》《四民月令》《南都赋》等的统计，我国汉代的栽培蔬菜有20余种，史游的《急就篇》亦有"葵韭葱薤蓼苏姜，芜荑盐豉醯酢酱，芸蒜荠芥茱萸香，老菁蘘荷冬日藏"[1]的记载。汉代的栽培蔬菜，有8种(表6-9)是从域外引进的，其中夏季蔬菜有苜蓿、黄瓜、茄子、豌豆、豇豆5种。苜蓿在引进之初是作为优良牧草，后逐渐演变为夏季蔬菜，《齐民要术》记载苜蓿做蔬菜与饲料并用；苜蓿与黄瓜、豌豆、豇豆均是来自西域，茄子起源于印度和东南亚地区[2]，或经西南之路传入中原。

北魏《齐民要术》明确记载栽培方法的蔬菜增加到30余种，其中夏季蔬菜占到了7种，即甜瓜、冬瓜、黄瓜、越瓜、瓠、茄子。有的夏季蔬菜如冬瓜，并不是南北朝才开始种植的，但以前未见其栽培方法的明确记载；越瓜是甜瓜的变种，《齐民要术》载"越瓜、胡瓜，四月中种之"，茄子"九月熟时摘取"。来自西域的莙荙虽然在南朝已著录其名，但迟至元代《农桑辑要》才叙述其栽培方法，"春二月种之，夏四月移栽，园枯则食"。

唐末五代成书的《四时纂要》按月讨论了30余种蔬菜的栽培方法，但记

---

〔1〕(汉)史游：《急就篇》，长沙：岳麓书社，1989年，第11页。
〔2〕彭世奖：《中国作物栽培简史》，北京：中国农业出版社，2012年，第222页。

载的夏季蔬菜与《齐民要术》相比基本没有变化。这一时期来自域外的夏季蔬菜有西瓜、刀豆。西瓜原产于非洲，五代经回纥引种到契丹；刀豆起源于亚洲热带地区，唐代始见记载。根据南宋《梦粱录》，仅临安一地蔬菜就有 40 余种，蔬菜繁荣之趋势可见一斑。丝瓜是这一时期新增加的夏季蔬菜，我国丝瓜可能由印度引入。另外，蚕豆记载始见于成书 1057 年的北宋宋祁的《益部方物略记》，但在浙江吴兴新石器时代晚期遗址出土了蚕豆籽粒，说明我国或为蚕豆原产地，北宋以前未见记载可能是与“胡豆”混淆。

元代《农桑辑要》、王祯《农书》载有栽培方法的蔬菜亦有 30 余种，记载的夏季蔬菜较《齐民要术》有所增加，增加了菠菜、莴苣、茼蒿、人苋、蓝菜、莙荙 6 种。而且一些我国原产的古老蔬菜已经可以作为广义的夏季蔬菜了。关于蔓菁，《齐民要术》只提到蔓菁“七月初种之……九月末收叶”，指出七月初种植最佳，可“根叶俱得”，而王祯《农书》认为“四时均有，春食苗；夏食心，谓之薹子；秋可为菹；冬，根宜蒸食”，充分发挥了蔓菁作为夏季蔬菜的潜力。萝卜与蔓菁类似，萝卜“四时皆可种”。菠菜是唐代引自西域的广义的夏季蔬菜，《农桑辑要》载“春正月、二月，皆可种，逐旋食用。食不尽者，滚汤内掠熟，晒干，遇园枯时，温水浸软调食，甚良”，王祯《农书》亦赞其“以备园枯时食用，甚佳，实四时可用之菜也”，一方面说明菠菜已经是重要的夏季蔬菜，另一方面说明古人已经认识到了夏季“园枯”的问题。莴苣亦在唐代引自西域，《农桑辑要》最早记载其栽培技术，“春正月、二月种之，可为常食……正月、二月种之，九十日收”。原产于我国的茼蒿唐代见于记载，《农桑辑要》载“春二月种，可为常食，秋社前十日种，可为秋菜”，反映了其生长期短的特性，也可作为夏季蔬菜。原产于我国的苋菜种类繁多、分布极广，《农桑辑要》记载了适合作为夏季蔬菜、供应夏季蔬菜淡季的人苋，“五月种之，园枯则食。今人有三四月种者”。《农桑辑要》转引《务本新书》中的蓝菜即芥蓝，“二月畦种……五月园枯，此菜独茂，故又曰‘主园菜’”。

到了明代，蔬菜作物尤其是夏季蔬菜的引进和传播占了相当大的比重，基本都是来自美洲的蔬菜作物，也有少数如原产于岭南的蕹菜被广泛引种。清代《农学合编》共总结了 57 种栽培蔬菜，其中夏季蔬菜多达 17 种，即白菜、菜瓜(越瓜)、南瓜、黄瓜、冬瓜、丝瓜、西瓜、甜瓜、瓠子、苋菜、蕹菜、辣椒、茄子、刀豆、豇豆、菜豆、扁豆；《植物名实图考》的蔬菜记载进一步增至 176 种，其中夏季蔬菜数量也很可观，而且多为明清引进的美洲作物，弥补了夏季蔬菜品种单一的缺陷，丰富了人们的饮食结构，南瓜就是其中重要的夏季蔬菜。

成书于清末的《救荒简易书》可以反映我国业已形成的夏季蔬菜结构。《救荒简易书》虽是"为救荒而作"的北方救荒书，但卷一《救荒月令》记载蔬菜十分详细，列举了正月至十二月可种之蔬菜，并对各种蔬菜的名称、性状及种植方法做了详细介绍，通过笔者比对发现记载蔬菜数量之多仅次于《植物名实图考》，而且诸如《三农纪》等南方农书所收蔬菜较之亦有所不如。《救荒简易书》记载的夏季蔬菜有：蚕豆、豌豆、小扁豆、南瓜、笋瓜、假南瓜、搠瓜、豇豆（红子豇豆、白子豇豆、华黧子豇豆）、菜角豆（长秧菜角豆、短秧菜角豆）、青茄菜、紫茄菜、蔓菁（圆蔓菁、长蔓菁、山蔓菁、洋蔓菁）、白萝卜（出头白萝卜、埋头白萝卜、多汁白萝卜、无汁白萝卜、圆蛋白萝卜）、胡萝卜（黄色胡萝卜、红色胡萝卜）、油菜、擘蓝菜、苜蓿菜、莙荙菜、冬葵菜、扫帚菜、苋菜（尖叶苋菜、圆叶苋菜）、罂粟苗菜、红花苗菜、蒝荽菜、茼蒿菜、菠菜、菘菜（春不老菘菜、黄菘菜、白菘菜、黑菘菜、面菘菜）。当然，其中部分蔬菜可常年供应，如《群芳谱》曰"春不老菘菜四时皆可种"；《农政全书》指出茼蒿菜、蒝荽菜、菠菜"四时皆可种而种之也"，都是广义的夏季蔬菜。

从夏季蔬菜的种类来看，《齐民要术》中记述的 7 种夏季蔬菜中，瓜类占了 5 种，另一种是茄果类。《农学合编》的 17 种夏季蔬菜中，瓜类达 8 种，茄果类 2 种，豆类 4 种，其余 3 种属叶菜类。瓜类是我国栽培历史悠久的夏季蔬菜，茄果类中的茄子也是一种较古老的夏季蔬菜，豆类则是明代才进入夏季蔬菜行列的，也就是说，今天这种以茄果瓜豆为主的夏季蔬菜结构是明清之际形成的。[1] 我国古代引进的主要蔬菜（包括菜粮兼用、蔬果兼用）可见表 6－9。

表 6－9　来自域外主要蔬菜作物一览表

秦汉	魏晋南北朝	隋唐五代	宋元	明	清
苜蓿（西汉・司马迁《史记・大宛列传》）	茴香（魏・嵇康《怀香赋》）	胡椒（唐・段成式《酉阳杂俎》）	胡萝卜（宋・绍定《澉水志・物产门・菜》）	*辣椒（明・高濂《遵生八笺》）	*菜豆（清・康熙四川《嘉定州志》）

〔1〕叶静渊：《我国茄果类蔬菜引种栽培史略》，《中国农史》，1983 年第 2 期。

续表

秦汉	魏晋南北朝	隋唐五代	宋元	明	清
*黄瓜（西汉·刘向《列仙传》）	魔芋（西晋·左思《蜀都赋》）	莴苣（唐·杜甫《种莴苣》）	*丝瓜（宋·杜北山《咏丝瓜》）	*西红柿（明·赵崡《植品》）	马铃薯（清·光绪山西《光浑源州续志》）
*豌豆（东汉·崔寔《四民月令》）	莳萝（晋·顾微《广州记》）	菠菜（北宋·王溥《唐会要·杂录》）	苦瓜（南宋·普济《五灯会元》）	球茎甘蓝（明《明一统志》）	*西葫芦（清·康熙陕西《靖边县至》）
*茄子（西汉·王褒《僮约》）	莙荙（南梁·陶弘景《名医别录》）	*西瓜（北宋·欧阳修《新五代史》）	洋葱（元·熊梦祥《析津志·物产》）	番薯（清·陈世元《金薯传习录》）	*笋瓜（清·赵学敏《本草纲目拾遗》）
胡葱（东汉·崔寔《四民月令》）	*扁豆（南梁·陶弘景《名医别录》）	*刀豆（唐·段成式《酉阳杂俎》）		*南瓜（明·范洪整理《滇南本草图说》）	结球甘蓝（清·杨宾《柳边纪略》）
*豇豆（东汉·崔寔《四民月令》）					西芹（清末农工商部农事试验场档案）
大蒜（晋·郭义恭《广志》）					花椰菜[民国七年（1918）《上海县续志》]
香菜（晋·陆翙《邺中记》）					豆薯（清·乾隆广东《顺德县志·物产》）

注：本表蔬菜作物后的历史文献为最早记录该蔬菜的典籍或该典籍记录着该蔬菜引入的最早时间。*符号标注的为典型夏季蔬菜。

二、中国古代夏季蔬菜品种增加的原因

中国古代夏季蔬菜品种增加的原因是多方面的。

第一，一直在不断拓展新的交通路线，新的夏季蔬菜品种通过不同的渠道渐次传入。由于栽培蔬菜缺乏，故从西汉开始从西域引进，大部分来自亚洲西部，也有一部分来自印度、地中海、非洲，基本上是通过丝绸之路，少部分

通过蜀身毒道、海上之路传入。汉代就有通过丝绸之路从西域引进的大蒜、胡葱等品种，几乎占到了当时我国栽培蔬菜总数的一半，而其中引进的夏季蔬菜又占到了引进蔬菜总数的一半。蜀身毒道可能在引进茄子、丝瓜等夏季蔬菜方面起了重要作用。中唐以来，吐蕃崛起，西夏、回纥割据，控制了陇右和河西，丝绸之路受到了阻断，加上航海技术发展、瓷器宜水运等因素，汉代以来就开辟的海上贸易通道空前繁荣，海上贸易十分频繁。中唐以后引进的夏季蔬菜如南瓜、辣椒等大多是通过海路传入。可以说陆上丝绸之路连接了我国与西域乃至欧洲，海上丝绸之路连接了我国与世界。

第二，历朝历代夏季蔬菜都在引进蔬菜中占有一席之地，然而却一直难以完全满足人民需要，明代之前，我国夏季蔬菜一直处于缺乏状态，很长时期蔬菜总量没有大的增加，夏季一直是蔬菜供应的淡季，夏季"园枯"颇为常见。明代之前，我国引进的蔬菜包括夏季蔬菜大部分来自亚洲西部；明清以来，随着我国同世界交流愈发紧密，来自美洲、欧洲的夏季蔬菜大量引入。其标志性事件就是哥伦布在 1492 年发现了美洲新大陆，美洲独有的重要的农作物接连被欧洲探险者发现，并被陆续引进到欧洲再传遍旧大陆，极大地改变了作物栽培的地域分布。原产于美洲大陆的夏季蔬菜向外传播也应该是通过哥伦布及以后的商船。我国直接或间接从美洲引进了不少夏季蔬菜，如南瓜、辣椒、笋瓜、西葫芦、西红柿、菜豆等，才最终在明清形成了以茄果瓜豆为主的夏季蔬菜结构。

第三，满足我国对夏季蔬菜的需求，不单是从域外引进的夏季蔬菜的功劳，也归功于充分发掘本土蔬菜或较早引进的蔬菜作为夏季蔬菜的可能性。纵观我国古代蔬菜种类，发生了较大变迁。一些蔬菜如蓼、蘘荷、牛蒡、荠等重回了野生状态，西汉《灵枢经・五味》载"五菜：葵甘，韭酸，藿咸，薤苦，葱辛"[1]，指的就是当时最常见的五种蔬菜——葵、韭、藿、薤、葱，后来多半回归野生。还有一些蔬菜，如葵、蔓菁、白菜、萝卜等，它们的栽培比重发生了很大的变化，成了重要的夏季蔬菜，《本草纲目》载："古者葵为五菜之主，今不复食之，故移入此(草部)……葵菜古人种为常食，今之种者颇鲜"[2]，白菜取代葵成为百菜之主，萝卜亦取代蔓菁成为南北广为栽培的根菜。可见夏季蔬菜结构是引进蔬菜与本土蔬菜共同作用形成的，当然本土蔬菜中能够开发成夏

[1] 河北医学院校释：《灵枢经校释》，北京：人民卫生出版社，1982 年，第 137 页。

[2] (明)李时珍著，张志斌等校注：《〈本草纲目〉校注》，沈阳：辽海出版社，2001 年，第 647 页。

季蔬菜的，还是比较少的。

第四，夏季炎热漫长，我国对夏季蔬菜有较多的需求，南方需求更多。随着我国经济重心的南移，南方日益发达，商品经济发展较快，人口增加较快，除了粮食作物外，对蔬菜作物的要求也日益增加，促进了各种适宜夏季食用的蔬菜的发展。如南宋《梦粱录》记载临安一地就有蔬菜40余种，远超北方一地拥有的蔬菜数量，或可说明对蔬菜南方比北方有更高的需求，其中记载的可作夏季蔬菜的有：夏菘、紫茄、水茄、稍瓜、黄瓜、瓠子、冬瓜，以及菠菜、莴苣、萝卜。而且我国一向重视种植业的发展，蔬菜周年供应不平衡的问题应该很早就被注意到了，在"夏畦少蔬供"的条件下，适合在夏季供应食用的蔬菜就自然地受到人们的重视。

在这样的背景下，明清之际引进的南瓜作为典型的夏季蔬菜自然大受欢迎与关注，"多生于夏季"[1]，"高人夏秋之间以此为常蔬"[2]，"早熟之种约在六七月间"[3]，较好地满足了人民对夏季蔬菜的需求。另外，南瓜充分利用了中国最稀缺的资源——土地，一方面不适宜栽培原有蔬菜的土地被进一步开发，南瓜能适应相对恶劣的自然条件，另一方面南瓜与本土作物进行了间作套种以及形成了新的轮作复种体系。

第五节　经济因素

任何作物的推广都离不开经济因素的作用，"天下熙熙，皆为利来；天下攘攘，皆为利往"，自古如此。域外作物尤其如此，诸如南瓜一样的域外作物能够在短期内实现引种和本土化，利益的驱动更是必不可少。明清时期，随着商品经济的发展，作物的栽培更多是出于经济目的，这为南瓜的迅速引种和本土化创造了条件。

蔬菜的种类较粮食多得多，所以古有"百谷""百蔬"之说。中国蔬菜包括三大类：一类是介于粮食和蔬菜之间，营养成分主要为淀粉的薯芋类；第二类是富有维生素和矿物质营养，含大量液汁的瓜瓠、菌类和叶菜；第三类是具有各种挥发油和生物碱，含特殊芳香气味的芥、蓼、韭等。第一、二类蔬菜的

---

〔1〕民国二十四年(1935)《茌平县志》卷九《物产》。
〔2〕民国二十二年(1933)《高邑县志》卷二《物产志》。
〔3〕民国二十一年(1932)《南皮县志》卷三《物产》。

主要作用是助食和佐餐，第三类的主要作用是开胃和调味。[1] 第二类蔬菜是典型的蔬菜，南瓜也属于这一类。

蔬菜虽然在填饱肚子方面远远不如粮食，但胜在多滋多味，而且“越开化的民族，越文明的民族，吃水菜越多”[2]，在大城镇，吃蔬菜的很多，米面粮食可以由远处运来，蔬菜则多是左近所产，民国《奉天通志》载：“园圃为农家之副业，全境亩数约占农田千分之十五，而省会商埠各县城市镇诸附近之专业园圃者尚不在此数，统计约不下百万亩。”[3]种植蔬菜可以获利更多，在某种意义上来说，蔬菜作物可以算作经济作物。所以全国有很多菜园，除了正式的菜园，还有很多临时的菜园，“因为有许多菜蔬，用项太大，销路太多，光靠这种菜园（正式菜园），绝对是供不应求，且差得太多，所以每年都有临时种者，例如白菜、茄子、萝卜、倭瓜等等，都是一种就是几亩或几十亩不等，种法各有不同”[4]。

一、南瓜的相对经济优势

明清以来近城邑之地常存在园圃菜蔬与五谷争地的现象，无锡“不植五谷，而植圃蔬，惟城中隙地及附郭居者为多，其冬菜一熟，可抵禾稼秋成之利”[5]，而瓜类获利尤多，“瓜之利厚于种稻，瓜熟一利也，摘瓜而即种菜二利也，半年之中两获厚利，故武山之佃田者多种瓜”[6]，“老圃析而畦之，夏日利于种瓜，朝夕经营以此谋生，而沿街担售，取之不竭矣”[7]，南瓜又是瓜类中的大宗和佼佼者。

蔬菜作物效益高于粮食作物，自然出现了菜粮争地的现象，但是为什么不将田地全种植蔬菜？原因是“比方一家有五六口人，有田十余亩，便不能都种菜园，因为用工太多，须雇人不合算，这必须分出一部分来种谷类，田再少也不能光种费工之菜”[8]。但是可以种植南瓜，“因此物种好之后，只有浇

---

〔1〕 罗桂环：《从历史上植物性食物的变化看我国饮食文化的发展》，《饮食传播与文化交流》，台北：中华饮食文化基金会，2009 年，第 44 - 45 页。

〔2〕 齐如山：《华北的农村》，沈阳：辽宁教育出版社，2007 年，第 189 页。

〔3〕 民国二十三年(1934)《奉天通志》卷一百十三《农业》。

〔4〕 齐如山：《华北的农村》，沈阳：辽宁教育出版社，2007 年，第 42 页。

〔5〕 (清)黄印：《锡金识小录》卷一《备参上》。

〔6〕 乾隆十五年(1750)《太湖备考》卷六《物产》。

〔7〕 民国十五年(1926)《阆中县志》卷十六《物产志》。

〔8〕 齐如山：《华北的农村》，沈阳：辽宁教育出版社，2007 年，第 54 页。

水，等到下霜之后，成总再摘，中间虽也有卖嫩者，但是另一种种法”[1]，这是不费工的南瓜在种植方面的相对经济优势。此外，如《成都通览》中的“成都之四时菜蔬”中，五月有“新南瓜”，六月有“南瓜”，七月有“南瓜”，八月有“南瓜”，九月有“南瓜”[2]，可见南瓜从五月一直吃到九月，不单在成都，全国大部分地区都是这样，南瓜在蔬菜中属于生长期短、收获期长的一类，可以随用随种、随用随取，这也是南瓜的相对经济优势之一。

“倭瓜。华北普通名曰北瓜，北平则名曰倭瓜。此乃水菜或瓜类最便宜的一种，但口味亦很好，所以大家吃得很多，但因为价钱便宜，所以正式园业都不种他（它），大约都是有闲的院落，或边沿地方才种，偶尔也有大块田地种者，但不过图省人工耳，此瓜刚一生长就可以吃，因为长老则面性大，糖质多，再较适口。”[3]“正式园业都不种他（它）”，此结论过于武断，根据前引《华北的农村》的记述显然是比较矛盾的结论，南瓜“价钱便宜”却是比较客观的结论。南瓜需求量很高，不仅因为可以代粮，也是鉴于“口味亦很好”，所以即使南瓜价钱便宜，获利总量却不少，可谓薄利多销，取得的经济利益还是比较可观的；南瓜种植成本极低，在生产资料上几乎没有花费，人力成本亦很低，放着不管自己就可生长，小学生也能够种植并收获，“萧山东狱第一学区辅导会议，曾于本年六月间议决，每校每一学生，须种植南瓜一株，将其收获，慰劳前线将士……共集南瓜五百余斤”[4]。不需多少人力，不需多少成本，这是南瓜成本方面的相对经济优势。

南瓜存在相对经济优势，需求旺盛，使其本土化进程很快。南瓜“可切条晒干，煮食味与瓠条相似，远近负贩土人因以为利”[5]，南瓜种植形成了规模，能产生规模效益，于是出现了大规模种植南瓜的“业圃者”，所以“有鬻于市者”[6]，“滇中所产甚大，与冬瓜相似，市上切片出售”[7]。从乾隆时期开始，南瓜成为苏南太仓州的大宗交易商品，“番瓜，亦出塘岸，苏人大舸来贩

---

[1] 齐如山：《华北的农村》，沈阳：辽宁教育出版社，2007年，第54页。
[2] （清）傅崇矩：《成都通览》，成都：成都时代出版社，2006年，第400页。
[3] 齐如山：《华北的农村》，沈阳：辽宁教育出版社，2007年，第45页。
[4] 《萧山各小学种植南瓜慰劳将士》，《进修》，1939年第2卷第3期。
[5] 乾隆二十六年（1761）《太康县志》卷三《物产》。
[6] 民国二十九年（1940）《沙河县志》卷六《物产志上》。
[7] （清）吴大勋：《滇南闻见录》下卷《物部》。

之”[1]，一直到民国仍是如此，“南瓜，俗名番瓜，邑种最繁，苏人大艑贩载而去”[2]，使种植南瓜的农民获利，上海亦是如此记载。

从另一个层面上看，南瓜能“代粮”，且价格又低于五谷，“每斤以数十文计，是平民化食品”[3]，就是说食用南瓜可以少食甚至不食五谷，在荒年是不得不如此，在丰年可以俭省粮米。“多稻田，州人率一岁三月食麦、薯、包、瓜，入谷卖钱，不以田为食”[4]，节省出粮食，用来商品交换，等于依靠南瓜间接增加了一笔收入，米贵之时尤其如此。“乡间的风气，以能俭省粮米为第一要义，但除粮米外又无可食之物，南瓜面质极多，糖质也不少，可以代米面而饱人，到冬季熬此，再加些面疙瘩，稠稠的吃两碗，又饱又暖，实为寒家救济之品，可以不吃干食，因无重要工作，即此便算很够营养。”[5]南瓜（尤其嫩瓜）本身可作为蔬菜，食用南瓜也等于减少了蔬菜消费。

南瓜作蔬抑或作粮，都可节省消费、增加收入。《湘湖通讯》的记载体现的也是这一层面：“本年古市粮食蔬菜，异常缺少，价贵而难买，吾辈处身其间，不第兴在陈绝粮之感，且将作食将无蔬之歌，吴云程有鉴于斯，乃倡为种植南瓜运动。无论导师学生工友，均需利用隙地，种南瓜两三株，秧由农艺馆供给，地区由农艺指定，至灌溉施肥除虫收获等事，均由各人自任，将来每人献瓜十斤于学校，其余收获仍由各人自享，实为公私兼顾。瓜之嫩者可充蔬菜，老者可代粮食，而瓜子可充作同乐会用之茶点，诚一举而三得也。目前广因寺内外，瓜瓞蔓蔓，遍地皆是，有因秧苗不足，以豆代瓜者，仍须得吴先生同意云。”[6]

二、南瓜加工、利用的经济优势

南瓜的加工、利用包括简单加工利用与深加工。深加工虽然获利更多，但加工程序也更加复杂，所以在新中国成立之前只占了一小部分，以南瓜的简单加工利用为主，二者的共同点是都有利益驱动，从而加快了南瓜的本土化。

---

〔1〕 乾隆十年(1745)《镇洋县志》卷一《物产》。

〔2〕 民国八年(1919)《太仓州志》卷三《物产》。

〔3〕 郑逸梅：《花果小品》，上海：中孚书局，1936年，第187页。

〔4〕 同治《桂阳直隶州志》卷二十《货殖》。

〔5〕 齐如山：《华北的农村》，沈阳：辽宁教育出版社，2007年，第237页。

〔6〕 《一人十斤南瓜运动》，《湘湖通讯》，1940年第13期。

（一）南瓜的简单加工、利用

南瓜常常被应用于饲用，在1949年前后均是如此。“在欧美各国，栽培者颇多，产量亦丰，故多有用为家畜饲料，此不过就其通常之用途而言。”[1]在欧美国家南瓜充当饲料是最常见的用途。中国也不遑多让，在清代就已经将南瓜用来养猪、养蜂，广泛用作饲料的南瓜，促进了农村畜牧业的发展，“邑人多以饲豕”[2]，“即以之饲豕，亦易肥腯云”[3]，“可饲蜂，可喂猪”[4]。南瓜加工、利用的经济优势为增加了农民的收入，促进了南瓜的进一步推广。

南瓜还被用来养殖动物。南瓜的饲养业，不限于传统家禽，还有其他动物，如樊增祥《樊山集》记载的“深处饲瓜花，蝼蝈食南瓜花”[5]；方旭《虫荟》则记载了“络纬又名梭鸡，好事者畜之樊中，饲以南瓜花及丝瓜花”[6]。

（二）南瓜的深加工

吴越之地广为流传的《岁时歌》曰：“正月嗑瓜子，二月放鹞子，三月种地下秧子，四月上坟烧锭子……”“嗑瓜子”何以位列诸事之首？中国人历来喜食瓜子，该传统不知始于何时，但明清已经非常流行。康熙年间文昭的《紫幢轩诗集》中《午夜》有诗：“漏深车马各还家，通夜沿街卖瓜子。”[7]乾隆年间潘荣陛《帝京岁时纪胜》在《元旦》条目中记载了北京的正月初一：“卖瓜子解闷声，卖江米白酒击冰盏声……与爆竹之声，相为上下，良可听也。”[8]

南瓜子因“子可炒食”[9]“子亦可炒作果”[10]成为重要商品，清中期以来颇为流行，跻身“瓜子”行列。“子可炒熟荐茶”[11]，“其子可作果，土人名倭瓜

---

〔1〕 李治：《南瓜栽培法》，《农话》，1930年第2卷第5期。
〔2〕 民国十九年(1930)《嘉定县续志》卷五《物产》。
〔3〕 唐自华：《种南瓜》，《家庭常识》，1918年第2期。
〔4〕 (清)张宗法著，邹介正等校释：《三农纪校释》卷九《蔬属》，北京：农业出版社，1989年，第296页。
〔5〕 (清)樊增祥：《樊山集》卷二十六，光绪十九年(1893)渭南县署刻本。
〔6〕 (清)方旭：《虫荟》卷三《昆虫》，光绪年间刻本。
〔7〕 (清)文昭：《紫幢轩诗集》，雍正年间刻本。
〔8〕 (清)潘荣陛：《帝京岁时纪胜》，北京：北京古籍出版社，1981年，第7页。
〔9〕 民国二十六年(1937)《歙县志》卷三《物产》。
〔10〕 光绪十七年(1891)《上虞县志》卷二十八《物产》。
〔11〕 光绪十二年(1886)《遵化通志》卷十五《物产》。

子”[1]，“俟老剖取其子曰瓜子可啖”[2]，“瓜子仁炒食”[3]，“子亦为食品”[4]，“子亦可食”[5]等。川西北高原的金川还成了南瓜子的著名产区，“子白色佐茗酒，产金川者贵”[6]。南瓜子是南瓜获得经济效益的主要方式之一，是零食佳品，为获得南瓜子，各地区争先恐后地栽培南瓜。南瓜子便宜易得，美味营养，吃食方便，对于精于饮食的中国人来说，又岂能错过？国人喜欢吃瓜子，是源于节俭的理念，后逐渐发展深入饮食文化层面。南瓜子迅速加入了“瓜子”的行列，进而带动了南瓜的发展，而且南瓜子更有推广优势：“瓜瓤有子，较西瓜子为大，盐汁炒之，可供消闲咀嚼，予以不擅食西瓜子故，乃对于南瓜子有特嗜，盖南瓜子易于剥取其仁也。”[7]

以成都地区为例，清末成都地区百科全书《成都通览》中记载了“外来农业陈列出产品”，介绍了所属各县的著名产品，与南瓜相关的有：什邡县“大南瓜子”，筠连县“南瓜子”，井研县“南瓜子”，彰明县“金瓜”，南江县“南瓜子”，璧山县“南瓜子”，垫江县“南瓜”，西昌县“南瓜子”，梁山县“南瓜子……癞瓜”，新津县“南瓜种”，盐源县“金瓜”，富顺县“南瓜片……花南瓜子”，渠县“南瓜子”，南部县“南瓜米”，邛州“南瓜子”，遂宁县“南瓜子”，温江县“南瓜子”，万县“南瓜子”，隆昌县“南瓜”，会理州“南瓜子”，乐至县“南瓜”，双流县“癞瓜子”，彭山县“大南瓜”，合州“南瓜”，石柱厅“南瓜子”，成都县“南瓜子”，华阳县“南瓜、南瓜子、癞瓜子、光南瓜子”，江油县“南瓜”，冕宁县“南瓜子”，奉节县“南瓜子”，马边厅“南瓜子”，忠州“南瓜”，大足县“南瓜子”，射洪县“南瓜子”，绵竹县“南瓜”，简州“南瓜子”，巴州“南瓜种”，理番厅“白瓜子”，昭化县“南瓜子、金瓜”，灌县“白瓜子”，西充县“南瓜子”，巴县“大南瓜种”，天全州“金瓜”。[8] 可见南瓜子是成都重要的出产品，几乎各县均产，用于自食和销售，地位高于南瓜本身，甚至存在种植南瓜只为获得瓜子的情况，这与社会上普遍流行的“嗑瓜子”习俗密切相关。南瓜子已经可以与流行了几百年的西瓜子争雄，规模出产南瓜子可以获得较高的利润。

---

[1] 光绪十一年(1885)《顺天府志》卷五十《物产》。
[2] 民国十四年(1925)《都匀县志稿》卷六《物产》。
[3] 宣统元年(1909)《文水县乡土志》卷八《格政类》。
[4] 民国二十年(1931)《成安县志》卷五《物产》。
[5] 民国二十五年(1936)《馆陶县志》卷二《实业》。
[6] 民国二十三年(1934)《华阳县志》卷三十二《物产第十一之一》。
[7] 郑逸梅：《花果小品》，上海：中孚书局，1936 年，第 188 页。
[8] (清)傅崇矩：《成都通览》，成都：成都时代出版社，2006 年，第 403－425 页。

南瓜用途广泛，除了南瓜子之外，诸多深加工方式均可产生经济效益。“瓜有金瓜，即南瓜，大金瓜特异种空地，八九月始熟，大如罂坛重数十斤，皮肉俱黄，煮食甜甚，或切片晒蒸数次放酒瓮中，酒作金色味如饴”[1]；南瓜“又可为粉”[2]，“可澄粉”[3]；“宜蔬宜糖片宜饲豕，嫩薹宜豆汁，子宜佐茗酒”[4]。南瓜酒、南瓜粉、南瓜汁这些在今天颇为流行的南瓜产品，早在近代时期，已经颇有影响，虽然没有形成产业链，但增加了人们种植南瓜的欲望。

还有南瓜重要的深加工产品——南瓜酱，从民国时期开始一直流行到今天，是南瓜的代表性创收渠道，在南瓜产业中占有一席之地。民国时人刘启贤专门阐述了南瓜酱制法：“南瓜不必用上等品，即二至三回所结之瓜价廉味劣者均可使用。先用水洗，到开，剥皮，除去种子，放于锅中加水约占瓜量四分之一煮之，然后搅拌之。每百瓦加入同重之砂糖，杞缘酸一瓦，寒天（千瓦用一株），以及柠檬酸，生姜汁，橙皮油，及其他香料少许而煮之，后凝固即成。”[5]

经过特殊加工的南瓜干，也是生财之道。“番瓜一物，到处皆有，南方谓之南瓜，北方谓之北瓜，其色青，其形圆，其实甜，农家最喜煮食，以其价廉而易果腹也，至肉食之人，则视为粗品，每每厌之，不知此物。有一种特别制法，揭出比人人嗜之，宜于五六月间，取新鲜番瓜，刮去老硬皮，直剖数瓣，横切薄片，趁日光极足之期，平排席上，晒至七八成干，用木灰（即灶内柴灰秫楷灰）加盐拌匀瓜片，凉透装入磁罐，冬际取出，洗净木灰，和猪肉炖食则猪肉味，和鹅肉炖食则鹅肉味，香美且脆，几若竹笋，制而售之，亦生财之道也。”[6]

南瓜的药用方式，也是南瓜深加工的一种手段，南瓜的药用价值越高，越能激发人们对南瓜本土化的热情，无形中减少了人们看病就医的成本和医务人员行医的成本。这里仅针对南瓜的药用价值举一例：“南瓜。把很熟的南瓜肉切碎，在日光下晒干，磨成细粉，可以治绦虫病。服法：每天用白开水服两三钱，那绦虫就从粪便中下来。如把南瓜子晒干（不可用水洗擦）用冰糖煎汤，每天服二三钱，可以治小儿咽喉痛，又把南瓜的蒂头，煅灰成性，每天用白

---

〔1〕 光绪二十年(1894)《郁林州志》卷四《物产》。
〔2〕 咸丰七年(1857)《冕宁县志》卷十一《物产》。
〔3〕 民国十四年(1925)《都匀县志稿》卷六《物产》。
〔4〕 民国三十二年(1943)《巴县志》卷十九《物产上》。
〔5〕 刘启贤：《葡萄，西瓜，南瓜，枝豆桃之加工法》，《农业进步》，1936 年第 4 卷第 8 期。
〔6〕 《番瓜干之制法》，《河南实业周刊》，1923 年第 2 卷第 4 期。

开水吞服二三钱，有化痰的功效，比街肆中所售的什么半夏为效还大”[1]。

三、南瓜其他利用方式的经济优势

无论是南瓜的相对经济优势还是南瓜的加工、利用经济优势，都是南瓜本身直接决定的。还有一些其他的经济价值，也促进了南瓜的本土化。

南瓜在我国传统文化中的地位，提高了南瓜的经济价值。中国古代重视子嗣的传承，而且重男轻女，为求一子往往无所不用其极。

南瓜与求子相联系，成为求子民俗的一部分。笔者所见最早的记载是乾隆年间安徽文人吴梅颠的《徽城竹枝词》："八月中秋偷北瓜，相逢不当贼来拿。芋头多子亦遭窃，佳贼原非饱自家。昂然戴角望中流，镇压涣梁铸钱牛。玉手纤纤好摩抚，新娘求子自中秋。亲邻笑语敢喧哗，妇女相过玩月华。百步踏回还拜月，滚圆月饼托南瓜。"该诗以歙县为中心，以竹枝词这种诗体介绍了"求子于南瓜"的民俗文化。后来该民俗越来越流行，在全国多地均很流行，尤其集中在南方地区。时间除了八月十五，有的地方在三月初三。

由于"食瓜祈子"愈演愈烈，到了近代，南瓜身价倍增，尤其在八月十五或三月初三前，南瓜奇货可居，供不应求，有钱而难觅，往往采取竞价的方式，价高者得之。

1897年《益闻录》记载："番瓜巨价。淮安府风俗于三月三日，凡妇女数年未孕者，必于此日购番瓜煮食，谓可得子，几于香草宜男同一想象，今届番瓜之价飞涨异常，东乡某农藏有一瓜已许价四百文，有某甲从旁添价愿出钱二千文，事未成交，适某显官派役觅此闻信而至，出青蚨十四千文携之将行，甲等与之口角用武头破血流，甲大怒，赴县控诉未稔若何了结。"[2]

1917年《余兴》也有记载："丙辰清明适逢阴历三月初三，先数日，余见街上时有人以布果南瓜，郑重挟之，踯躅游行，异之，未暇询焉。一日见路旁有十余人，群集围观，乃拼众人视，则见一人如前状，挟一南瓜，口中呼云，非洋八元不售，有买者愿出值五元，而卖者持之，坚买者加至七元，始得其瓜，余大惑，求解于友人。某友人当地人也，为余解曰，今年清明适为三月初三，是为真清明，百年罕遇，此地故老相传，乏子嗣者，觅一南瓜于真清明日，全瓜入

---

[1] 《农林常识：瓜类药性谭》，《农声》，1933年第169期。

[2] 《番瓜巨价》，《益闻录》，1897年第1670期。

锅,烂煮于午时,取出陈诸案上,夫妻并肩坐,同时举箸尽量食之,必然得子。此种迷信不值识者一笑,而妇女信之甚坚。七元一瓜尚不为贵,前邻某家昨以十二元购一瓜,备于清明日如法煮食,其亲串中已有向之预贺弄璋喜者,可笑孰甚,余闻之亦大噱。另有一友则谓真清明日食南瓜,非种子也,三月初三而逢清明,是年疫必盛,如于是日得食南瓜,可以避疫,故人家多出重价购食,盖为祛疫计耳,二说不同,俱为无稽则一。后阅报纸,见沪上亦有老圃以南瓜居奇而获巨资者,则知此风不独鸠江一隅为然也。”[1]文中还记载了南瓜身价倍增的另一原因——“可以避疫”。但无论是何种原因,“以南瓜居奇而获巨资者”绝对不是个别现象,也可以推断,因为这种风气的盛行,有心人必然会在节前大肆种植、囤积南瓜,客观上带动了南瓜本土化的发展。

---

〔1〕 懊莽:《三月三清明吃南瓜》,《余兴》,1917年第28期。

第七章

南瓜本土化的各色影响

我国乃至世界的主要农作物在300种以上，几乎每种都可以作为作物史的研究对象，所以粮食作物的研究成果汗牛充栋。即使把研究范围缩小到蔬菜作物，可下笔的蔬菜作物也不少。本研究的着眼点在南瓜的引种和本土化上，很大程度上是因为南瓜在不同历史时期的重要程度都很高，但往往被今人所忽视，所以本章重点阐述南瓜本土化的影响。

南瓜可救荒、备荒是南瓜本土化最大的影响。众多记载南瓜的典籍（农书、医书、方志等）都对南瓜的救荒、备荒作用大加描述，堪称是南瓜的"第一要义"。南瓜是典型的菜粮兼用作物，明清以来养活了大量人口，意义非凡，非常具有研究价值。此外，南瓜对农业生产的影响、对经济的影响、对传统文化的影响、对传统医学的影响，都是非常重要的。

第一节 救 荒 要 品

南瓜在荒年、凶年"代粮""代饭"的功用很大，即使在丰年也可以俭省粮米。可以说，南瓜在从引种之初到改革开放之前的中国，主要扮演了救荒的角色，只是在不同地区发挥作用的时间或早或晚，有的在明末，有的直到晚清才用来救荒。在不同地区发挥作用的程度或大或小，在某些地区几乎等同于粮食作物的价值，在某些地区远不及粮食作物的价值。

清末文人吴趼人在宣统二年（1910）上海《舆论时事报》连续刊载小说《情

变》,该书共十回,在第一回"走江湖寇四爷卖武 羡科名秦二官读书"中,曾大篇幅讲述了南瓜救荒的故事,说的是在扬州府南门外三十里的一座小村庄八里铺发生的故事。

原来秦亢之、绳之的父亲秦谦,是一位务农力穑的长者。每年在自己菜园的隙地上,种了许多南瓜。到了秋深的时候,南瓜成熟了,那大的足有三四十斤一个,小的也不下十来斤。他是个小康之家,还不至于拿南瓜当饭吃,当蔬菜呢,也吃不了多少。所以他每年南瓜成熟时,便都将来削了皮,切了块,煮个稀烂,打成了糊,却拿来糊在竹篱笆上,犹如墙上加灰一般。年年如此,糊得厚了,便把他剥下来,堆存在仓里。有了新南瓜,重新再糊。如此积存了两大仓。家人们都不知他作何用处,他也并不说明。直到临终的时候,方才吩咐儿子说:"你们享尽了太平之福,不曾尝着荒年的苦处。我积了几十年的南瓜,人人都当它是一件没用的东西,我死之后,你们千万不可把它糟蹋了。万一遇了荒年,拿出来稍为加点米,把它煮成粥施赈。这是我闲时备了作急时用的,你们千万在心。"亢之、绳之两个受了遗命,年年也照样收存。这一年恰遇了荒年,所以他弟兄提议起来,喜得志同道合,没有异言。只等认真过不去的时候,便举办起来。[1]

笔者只截取了一段,小说前后文与南瓜相关的还有很多,不再抄录。文学创作都是根植于现实的,吴趼人能够对南瓜有这样的认识,说明社会上对南瓜是有这样普遍认知的,如《情变》中所说,南瓜是用来"备作荒年之用"[2],结果是"老大一个荒年,一座八里铺,竟没有一个失散逃亡的"[3],在荒年中养活了全村人口,解决人们吃饭的问题,避免了村民逃荒。

通过笔者摘录的内容,至少可以看出南瓜作为救荒作物的几点优势:第一,南瓜可以充分利用土地资源,田间隙地、院前屋后这些不适合种植作物的土地都可以种植南瓜,因为南瓜生长力强、适应性好,而且南瓜抗逆力强、耐粗放管理,不需要许多工作,自己便可生长;第二,南瓜产量很高,一般几十斤上百斤不等,每顿也吃不了多少,非常适合果腹充饥;第三,南瓜在乡间很常见,种植得很多,十分易得,物以稀为贵,所以南瓜价极便宜,小康之家不会拿南瓜当饭吃,贫贱之家却视为主食,非常重视;第四,南瓜耐储藏,能够保存很长时间,尤其经过适当加工,供应期更长,特别适合备荒。

---

〔1〕(清)吴趼人:《恨海·情变》,天津:天津古籍出版社,1987年,第9-10页。
〔2〕(清)吴趼人:《恨海·情变》,天津:天津古籍出版社,1987年,第11页。
〔3〕(清)吴趼人:《恨海·情变》,天津:天津古籍出版社,1987年,第12页。

南瓜在《情变》中的荒年中立下了汗马功劳，书中记述乡人开始靠南瓜度荒的时间是当年的五月，“直到年下，秦家积了几十年的南瓜也吃尽了”，吃了整整半年。再结合《情变》中前文，可知饥荒发生的原因是“这一年恰好麦熟的时候，遇了几十天的大雨，把麦都霉了，接着又是淮水大涨，从上流头冲将下来，淮安府以南一带，尽成泽国”[1]。扬州府一带是稻麦两熟制，冬小麦歉收，晚稻还没到播种的时间，自然需要仰仗南瓜，而南瓜作为夏季蔬菜，即使没有往年的存量，在青黄不接的时期，靠当年的收获亦有救荒奇效。《情变》中对南瓜的诠释姑且作为本节的引言。

明清以来我国人口激增，人地矛盾突出，食物供给紧张，米贵伤民时有发生，遇到天灾人祸，饿殍遍野、流民似水几乎成为必然。南瓜虽然在平时也常用来果腹，但在凶年、饥岁救荒作用发挥得可谓是淋漓尽致，“田家一饱之需，孰过于此”[2]，备受推崇。南瓜是“至贱之品”[3]，但在贫民中非常受欢迎，几乎不耗费多少成本即可获得。南瓜十分高产，“重至有数百斤者”[4]，“其形如巨橐，围三四尺重一二百斤，每岁大宁巡边必携数枚去，每一枚辄用四人舁之”[5]，也可见南瓜可长期保存、携带而不坏、不损，所以“巡边必携数枚去”。

“饭瓜”是南瓜最常用的别称之一，该称呼始于明末，在清代民国十分流行，如“南瓜，一名女瓜，俗名饭瓜”[6]等，“饭瓜”一称传神地表达了南瓜虽是瓜类却可代饭的事实，“南瓜含有多量的糖分和维生素，而且产量高，耐贮存，是农村主要杂粮之一，因此又有饭瓜之称”[7]。南瓜作为救荒作物优势明显，除了前文列举的优势之外，南瓜的生长期不长，是为“速效多收”，因此一些士大夫劝农广种南瓜而不是其他作物，“南瓜，味甚甘，蒸食极类番薯，亦可和粉作饼饵。功能补中益气。饥岁可以代粮，先慈劝人广种以救荒”[8]，“广种”到底种了多少，固然不知，但料想不会是零星的偶种一二，可能会大面积栽培，甚至有可能挤占大田作物。在粮食不足、米贵伤民时南瓜即正餐，“南

[1] (清)吴趼人：《恨海·情变》，天津：天津古籍出版社，1987 年，第 7 页。
[2] (清)高士奇：《北墅抱瓮录》一卷，北京：中华书局，1985 年，第 38 页。
[3] (清)张璐著，赵小青等校注：《本经逢原》卷三《菜部》，北京：中国中医药出版社，1996 年，第 152 页。
[4] (清)陈鼎：《滇游记》一卷，北京：中华书局，1985 年，第 7 页。
[5] (清)李心衡：《金川琐记》卷三《南瓜》，北京：中华书局，1985 年，第 124 页。
[6] (清)徐大椿：《药性切用》卷四中《菜部》，刻本不详。
[7] 《说南瓜》，《杭州日报》，1960 年 6 月 15 日。
[8] (清)王学权：《重庆堂随笔》卷下《论药性》，北京：中医古籍出版社，1987 年，第92 页。

瓜即番瓜，黄老者佳，米贵之时以为正餐，颇熬饥”[1]。

南瓜味佳，救荒方式（食用方式）多样，“蒸食味同番薯，既可代粮救荒，亦可和粉作饼饵。蜜渍充果食”[2]。革命年代的“红米饭、南瓜汤”，不但揭示了南瓜在井冈山等革命根据地的一种利用方式，更加说明了在困难时期南瓜的救荒价值，尤其在不适合五谷种植的山区，南瓜优势明显。新中国成立后的“瓜菜代”代食品时期，南瓜功不可没，在“三年困难时期”，南瓜被称为“保命瓜”，以瓜代粮度荒，“老百姓生活就靠这些南瓜了”“百姓编出了不少赞颂南瓜的歌谣”，有诗《昌乐县六一年生产救灾记事》曰：“受命营陵负重任，救灾生产克时艰。寒冰未解理瓜畦，飞雪护秧保大田。作业推行责任制，自谋建设小家园。购销不失民为本，天道酬勤喜过关。”[3]改革开放之前，常有所谓的“南瓜山”“南瓜岭”“南瓜坡”，它们最重要的存在意义就是备荒，“以前年岁不好的时候，不少农民就在山脊溪岸、杂树林边种南瓜，才免于饥馑……想当年，如果粮食不够吃，百姓便会把老南瓜存放起来，一般几个月都不坏。春夏‘青黄不接’时，拿出来蒸熟了当粮食吃。因而乾潭人又将南瓜称作‘饭瓜’”[4]。

《情变》的作者吴趼人在其最著名的谴责小说《二十年目睹之怪现状》第二十六回“干嫂子色笑代承欢 老捕役潜身拿臬使”中提到：“有人问那孩子：‘你到外婆家去，吃些甚么？’孩子道：‘外婆家好得很，吃菜当饭的。’你道甚么叫‘吃菜当饭’？原来乡下人苦得很，种出稻子都卖了，自己只吃些杂粮。这回几天，正在那里吃南瓜，那孩子便闹了个吃菜当饭。”[5]即使是正常年景，甚至丰年，农民都不舍得吃粮米，杂粮的代表南瓜常被用来“代饭”，粮米则用来出售，从这个角度来说南瓜的救荒影响不限于荒年，即使方志等古籍中记载南瓜为常用蔬菜，从“吃菜当饭”的角度，可以推及南瓜对救荒、备荒的影响，俗话说的“瓜菜半年粮”正是如此，诚如古人所说“园菜果瓜助米粮”[6]。何况并不是每种蔬菜都适合代粮，仅从代粮方面来看，能够超越南瓜的蔬菜几乎没有。

---

[1] （清）刘汝骥：《陶甓公牍》卷十二，宣统三年（1911）安徽印刷局排印本。

[2] （清）王士雄：《随息居饮食谱》一卷《蔬食类》，天津：天津科学技术出版社，2003年，第40页。

[3] 张箭：《南瓜发展传播史初探》，《烟台大学学报（哲学社会科学版）》，2010年第23卷第1期。

[4] 《乾潭名镇的“饭瓜”》，《钱江晚报》，2007年11月2日。

[5] （清）吴趼人：《二十年目睹之怪现状》，北京：大众文艺出版社，1999年，第108页。

[6] （汉）史游：《急就篇》卷二，长沙：岳麓书社，1989年，第11页。

文学作品中对南瓜救荒的记载颇多，典型例子还有笔记小说百一居士的《壶天录》："客有自江右来者，言某方伯以清廉率属，某巡检，姑苏人，缺瘠苦，以方伯故，敛手不敢为非分。一夕，仆役无以为餐，饔无升斗储，不得已以南瓜代食。翌日，仆辞去，投兄所（兄故在方伯幕友处服役），以南瓜代饭苦况告兄。时方伯潜过窗外，窃听之甚悉。不数日，有著名典史优缺出，方伯以某巡检调焉。一时谓方伯之公，而不知实南瓜之力也。或曰：某巡检刻木肖南瓜形，朝夕供奉，亦可笑已。"〔1〕从这些文段中均可窥见南瓜的救荒情况。

清末河南救荒书的集大成者《救荒简易书》对南瓜阐述最多，南瓜所占篇幅为救荒书之最，"南瓜俗人呼为倭瓜，老而切煮食之，甚能代饭充饱"，虽然"南瓜若立春日种，芒种、夏至节即可食也"，但也可根据实际需要调整栽种和收获期，"南瓜二月种，小暑可食……南瓜三月种，大暑可食……南瓜四月种，立秋可食……快南瓜五月种，处暑后十日可食……救荒权宜之法也"〔2〕。四月、五月实际上已经不是种植南瓜的最佳时期，但根据救荒需求依然可行，五月的"快南瓜"，处暑后十日采摘，更堪称救荒一奇，所以备受该书作者郭云陞推崇。

民国时人齐如山指出"南瓜老嫩都可食，刚生长拳大便可吃"，南瓜可人为缩短生长时间，达到速收救荒的目的；尤其提到南瓜中的圆南瓜，"因其皮厚质坚，容易保存，秋后摘下，埋于粮食囤中，可吃一冬季"〔3〕，这反映了南瓜因不会轻易变质的特性，备荒价值很高。有人指出："如果说一部二十四史，几无异于一部中国灾荒史（傅筑夫语），那么，一部中国近代史，特别是 38 年的民国史，就是中国历史上最频繁、最严重的一段灾荒史。"〔4〕南瓜在民国时期发挥了比以往更重要的救荒作用。

新中国成立之后，南瓜救荒、备荒影响仍然存在，且在某些特殊时期愈演愈烈，直到改革开放之后，南瓜才逐渐丧失了救荒价值。因为 1949 年之后的资料分散，且在南瓜已经基本完成在中国的引种和本土化的前提下，没有必要再分地区一一详细叙述，概括性说明南瓜救荒、备荒的影响即可。

不少专家、学者等在回忆中都提到了自己以南瓜充饥的经历。如张分田说："1961 年暑假，在乡下的姥姥家，我也经历过主要靠菜饼子和蒸南瓜充饥

---

〔1〕（清）百一居士：《壶天录》卷中，光绪申报馆丛书本。
〔2〕（清）郭云陞：《救荒简易书》卷一《救荒月令》，光绪二十二年（1896）刻本。
〔3〕齐如山：《华北的农村》，沈阳：辽宁教育出版社，2007 年，第 237 页。
〔4〕夏明方：《民国时期自然灾害与乡村社会》，北京：中华书局，2000 年，第 5 页。

的一段日子。这是没有法子的事，不吃就会饿肚子……若遇饥馑，都得以南瓜充饥，否则就会饿死。”[1]张箭回忆：“1960年代初的三年，尽管笔者生在一个干部兼知识分子家庭，为了度荒充饥，也栽种南瓜缓解粮荒。”[2]

更多的记载反映在老百姓的回忆录当中。“那些上了年纪的老人总喜欢把南瓜称作‘饭瓜’，他们这样称谓，只因在那粮紧张、吃不饱肚的年月，南瓜都是当饭吃的……南瓜成了一家老小度荒救命的宝贝金疙瘩……正因为有南瓜，再困难的年月也难得饿死人。”[3]“以前粮食不够的时候，就在饭里加些南瓜、番薯、芋头等凑数。”[4]“所幸的是南瓜物美价廉产量高，菜饭兼用。爷爷每年在自留地和菜园边上种许多南瓜，到了秋季，收获的上千斤南瓜能占去半间房子。望着高高的南瓜堆，妈妈就能松下一口气：有这，一秋一冬吃的就不再愁了……又可主食又当菜，一物多用。那时候家家都缺粮食，家家都吃南瓜。”[5]“记得小时候，南瓜却是当作粮食来吃的，粮食不够吃，没办法，只好多长点南瓜来衬肚子。”[6]“一般的人家，少则四五十个，多则上百个，面对那么多的南瓜，主人们往往是一半喂猪，另一半人吃。用南瓜块煮饭，或者南瓜熬粥，便经常成为家里的主食，从头年的秋天吃到次年的春季。”[7]“粤东客家民谣：‘四月吃南瓜。’在过去那‘一穷二白’的日子里，在南方，尤其在粤东山区，南瓜一直是和青黄不接、仓中乏粮的‘四月荒’联系在一起的……是农家最看得见、摸得着的度荒食物……好多农家甚至基本要靠南瓜充饥度日。”[8]相关记载数不胜数。总之，在粮食供应紧缺、人民生活困苦的年代，即使是1949年之后，南瓜也依旧发挥着救荒作用。

分区具体的救荒影响，第六章第二节之“救荒因素”多有阐释，不再赘述，另可详见笔者《中国南瓜救荒史》[9]一文。

---

〔1〕张分田：《“儒家民本”与“南瓜之喻”——关于现代中国人是否应当研读儒家经典之我见》，《历史教学(高校版)》，2009年第2期。

〔2〕张箭：《南瓜发展传播史初探》，《烟台大学学报(哲学社会科学版)》，2010年第1期。

〔3〕宜兴老丁：《南瓜，饭瓜》，《宜兴日报》，2012年12月7日。

〔4〕香金群：《忆苦思甜南瓜饭》，《东江时报》，2013年11月1日。

〔5〕李旭斌：《南瓜饭》，《随州日报》，2009年12月9日。

〔6〕《难忘的南瓜饭》，《建湖快报》，2009年10月17日。

〔7〕《南瓜饭》，《恩施日报》，2009年3月21日。

〔8〕杨文丰：《本色南瓜》，《人民日报》，2011年10月17日。

〔9〕李昕升，王思明：《中国南瓜救荒史》，《西部学刊》，2016年第11期。

第二节　农业生产结构

南瓜从引种至我国以来，强化了精耕细作的农业传统，提升了土地的利用率，对农业生产产生了重要影响，不但改变了我国的作物结构尤其是蔬菜作物结构，而且迅速融入了我国的种植体系，形成了新的农业种植制度，主要体现在对轮作复种和间作套种制度的影响。

一、改变了蔬菜作物结构

我国古代一般论及农业就是"耕田种谷"的种植业，我国最早的农学刊物《农学报》的办刊宗旨就是"以明农为主，兼及蚕桑畜牧，不及他事"，可见即使到了传统社会末期，言及农业也还是狭义的农业，蚕桑畜牧被排除在外。我国虽然自古以来就有"六畜"饲养，但唐宋时期畜牧业由盛转衰，家禽饲养发展；明清时期畜牧业进一步衰落，更为重要的是明清时期以南瓜为代表的大量高产作物传入中国，畜牧业在农业中的比重大大降低，改变了传统农业的生产结构和人们的饮食结构。

所以中国这种畜牧业不发达的"跛足农业"，是随着种植业的发展而形成的。以牛的放牧方式为例，经过了一个由牧牛到放牛再到縻牛的过程，原因在于用于养牛的土地面积减少，用于作物种植的土地面积增加。[1]

表 7－1　《中国古典食谱》[2]中植物、动物类食谱比例变化表

种类	朝代									
	周	汉	晋	北魏	唐	宋	元	明	清	历代
谷物蔬菜类	0%	0%	0%	14%	12%	75%	37%	54%	38%	39%
禽兽鱼介类	100%	100%	100%	86%	88%	25%	63%	46%	62%	61%

资料来源：蓝勇：《中国古代辛辣用料的嬗变、流布与农业社会发展》，《中国社会经济史研究》，2000 年第 4 期。

---

〔1〕 曾雄生：《跛足农业的形成——从牛的放牧方式看中国农区畜牧业的萎缩》，《中国农史》，1999 年第 4 期。

〔2〕 刘大器主编：《中国古典食谱》，西安：陕西旅游出版社，1992 年。表 7－1 为蓝勇根据该书记载的菜谱统计而成。

从表 7-1 中可见，我国古代食谱中肉类食谱比重在不断下降，谷蔬类食谱比例不断上升，有人认为宋代以后"国人肉食生食明显减少，蔬食熟食日渐增多，烹饪方法也愈益精细"[1]，明清时期基本趋于稳定，清代肉类食谱与谷蔬类食谱的比例约为 3∶2。宋代比较异常，谷蔬类所占比例最高，可能是因为宋代偏于南方一带，版图较小，北方的畜牧业大头未入宋人的统计。总之，明清时期谷蔬类食谱大增，《调鼎集》《随园食单》等饮食类著作等也均有以南瓜为主料的菜肴。

中国人蔬菜的消费量并不像谷物类主食一样，随着动物性食品的增加而减少，却会因主食和肉食的不足而增加[2]。珀金斯(Perkins)曾经指出："过去和现在都大量消费的唯一的其他食物是蔬菜，在 1955 年中国城市居民平均每人吃了 230 斤蔬菜，差不多占所吃粮食的一半。由于缺乏冷藏、容易腐烂，因而问题更加复杂。在中国，它们总是在大城市附近的郊区栽培的，它们在当天就可实现收割和销售，倘使不是具有蔬菜的亩产量要比粮食高得多这个事实，那就会将城市的食物供应问题变得很复杂。"[3]历史上蔬菜的栽培面积和产量是相当高的，在农业生产中占有重要地位。而瓜菜又是典型的蔬菜，兼有助食、佐餐和代粮功能，可以说是最重要的蔬菜，因为瓜菜在蔬菜中所占的份额也是相当高的。古代对瓜菜非常重视，在方志中，常常将瓜菜独立出来，列为"瓜之属""瓜之类"等。"瓜之属，可佐蔬者，治圃人随时种之"[4]，是社会上对瓜菜的共识。

南瓜传入我国后，由于巨大的自然因素优势和社会因素优势，迅速成为瓜类大宗，产量和面积都后来居上，几乎成了最重要的瓜菜，因此必然对蔬菜作物结构产生重大影响。美洲作物产量高，营养好，而且只需很少的劳力，对恶劣的气候也有很强的抵抗能力，从而广受欢迎[5]。南瓜的推广极大地改变了我国农作物尤其是蔬菜作物的种植结构，在园圃中南瓜占了相当大的比

---

〔1〕 王利华：《中古华北饮食文化的变迁》序，北京：中国社会科学出版社，2000 年，第 2 页。

〔2〕 曾雄生：《史学视野中的蔬菜与中国人的生活》，《古今农业》，2011 年第 3 期。

〔3〕 (美)德·希·珀金斯著，宋海文等译：《中国农业的发展：1368—1968 年》，上海：上海译文出版社，1984 年，第 187 页。

〔4〕 乾隆四十二年(1777)《分宜县志》卷二《物产》。

〔5〕 (美)李中清著，林文勋、秦树才译：《中国西南边疆的社会经济：1250—1850》，北京：人民出版社，2012 年，第 193 页。

例，挤占了原有蔬菜作物的生存空间，“南瓜、倭瓜等类，则农圃多种之”[1]，“境内种者甚多，几乎为家家皆种，人人皆食之佐餐品”[2]，“北瓜，即南瓜也……田家无不有之”[3]，南瓜已经成了农家不可或缺的作物，几乎上升到了粮食作物的地位。

万历年间姚旅的《露书》就提到了南瓜：“汝南赵太宰，贤有清操子方伯寿祖颇营产业，一日享客寿祖侍坐适食南瓜，太宰曰北瓜不良，在城则占人屋，在野则占人地，客向寿祖曰尊言可绎。”[4]赵太宰所言能够说明南瓜在万历年间已经种植颇多，繁殖迅速，无论在园圃还是在野地，均与其他作物争地。崇祯（山东）《历城县志》载：“番瓜，类南瓜皮黑无棱，近多种此宜禁之。”[5]“宜禁之”的原因不明，但是已经到了文人提倡禁止的地步，可见明末南瓜在山东的种植是相当多的，对传统作物结构造成了冲击。

嘉庆二十一年（1816）金士潮的《驳案续编》记载了山东司“起为报明事据山东巡抚觉罗吉咨称，宁海州徐十，因姜谭氏偷瓜，辱骂逼脱衣裤，致令自缢身死一案”，案件基本情况是“徐十籍隶该州种地度日，与姜谭氏同村认识，徐十村外岗地种有高粱䅗子并南瓜地一亩”。徐十以种地度日，南瓜不但是徐十的口粮而且也能满足姜谭氏填饱肚子的需求，所以“姜谭氏带同□子姜顺，赴徐十地内偷摘南瓜一个”[6]，需要留意的是“外岗地种有高粱䅗子并南瓜地一亩”，能证明南瓜对环境的适应性强，在“外岗地”也种植自如，竟然达到了一亩之多，与高粱等传统山地粮食作物争地的情况可见一斑。

同治九年（1870）成书的《梅庄诗钞》中有诗《田家》：“领略田家味，新秋乐可寻。倭瓜延砌角，扁豆覆墙阴。瘦蝶藏花宿，孤蝉抱叶吟。金风犹未起，凉信试清砧。”[7]该诗简单描绘了田家的生活，短短四十字，却仍见南瓜，可见南瓜在田家生活中举足轻重的地位。

美国公理会传教士明恩溥（Arthur Henderson Smith）在华的晚清见闻：“山东秋季的农作物有各种各样的小米、高粱、蚕豆、玉米、花生、甜瓜和南瓜、甜薯和其他的蔬菜（其他的蔬菜大部分种在小块地上）。当然还有许多其他

---

[1] 光绪三十三年（1907）《东安乡土地理教科书》全一卷《物产》。
[2] 民国二十三年（1934）《井陉县志料》五编《物产》。
[3] 民国十八年（1929）《新绛县志》卷三《物产略》。
[4] （明）姚旅：《露书》卷十二，天启年间刻本。
[5] 崇祯十三年（1640）《历城县志》卷五《方产》。
[6] （清）金士潮：《驳案续编》卷四，光绪七年（1881）刻本。
[7] （清）华长卿：《梅庄诗钞》卷十六《于役草》，同治九年（1870）刻本。

的种类,但上面这些是主要的。”[1]无论中外所见,南瓜都已经在农作物中占有了主要地位。

民国时期,卜凯(John Lossing Buck)对安徽怀远县124农户1925年全年南瓜消费的调查显示,每家消费量为24公斤,仅次于一些主要粮食作物;安徽宿县386户农户1924年全年平均消费南瓜15.4公斤,100%的农户由田场供给;河北盐山县1922年共150农户,平均每家消费南瓜32.4公斤,100%的农户都购买南瓜;江苏江宁县217农户,1924年年均消费16公斤[2]。

卜凯在探讨山西武乡县的饮食习惯时,发现冬季的中餐种类如下:第一,将高粱粉与黄豆粉合做之面条,煮于小米、南瓜与马铃薯合煮之粥汤中,外加盐、醋、生葱、蒜等;第二,糯小米与普通小米,南瓜与马铃薯等,混合煮食,农人称为“甜食”,蔬菜如白菜、腌菜与腌萝卜干等;第三,和和饭系南瓜、马铃薯、小豆等与小麦、小米粉合制之面条子合煮而成之饭食,农人认其为最佳之食品。春天中餐常有风干的南瓜和北瓜,至暮春时,每每多加面条子于烩菜中……七八月间则用油水煮南瓜……农人很喜爱这种食法。晚餐是蔬菜、小米、南瓜及各种豆类混合煮食,同时亦掺和几根面条子在里面[3]。卜凯的调查充分说明南瓜在民食结构中的重要地位远远超过了一般的蔬菜作物。

二、影响了农业种植制度

南瓜在我国大规模的种植,对农业种植制度产生了潜移默化的影响,丰富了我国多熟种植和间作套种的内容,与原有作物进行了很好的合作,符合我国农业精耕细作传统特点的要求,对我国调整农业种植结构、农民增收具有重要的现实意义。当然,对农业种植制度的影响也随着南瓜大面积在田园甚至大田中栽培而越来越明显,如果南瓜像其他瓜类一样多数是在庭园、宅旁零星栽培的话,是不容易融入农业种植制度中去的,也很难对多熟种植和间作套种产生影响。

---

〔1〕(美)明恩溥著,陈午晴、唐军译:《中国的乡村生活》,北京:电子工业出版社,2012年,第107页。

〔2〕(美)卜凯著,张履鸾译:《中国农家经济》,上海:商务印书馆,1936年,第488－494页。

〔3〕(美)卜凯著,张履鸾译:《中国农家经济》,上海:商务印书馆,1936年,第506页。

(一)轮作复种

南瓜成为我国重要的蔬菜作物后,人们在长期的实践中,发现了南瓜的特性,为了充分利用土地,提高复种指数,增加经济效益,南瓜生产多以秋茬作物收获后的冬闲地(露地)为主,21世纪以来各种形式的保护地栽培也不断涌现。在北方地区一般为一年一茬,在南方地区可一年栽培多茬,主要有春季栽培、夏季栽培和秋季栽培,每茬适宜的播种期各有不同,需要结合当地气候条件的差异和前茬作物的腾茬时间确定播种期。

早在民国时期,南瓜就融入了各地的种植体系。安徽宿县在高地第一年是生长冬小麦和春豌豆,冬小麦收获后,夏季种植山薯,冬季依然种植冬小麦,来年夏季冬小麦收获后种植大豆,冬闲田,来年春季再种植南瓜和玉米[1]。山西武乡县第一年春种南瓜、玉米和扁豆,第二年同样如此,第三年第四年均种植马铃薯[2]。山西武乡县的春种作物中南瓜和马铃薯种植面积占比3%,仅次于谷子、高粱和绿豆[3]。据记载,东北沦陷时期,南瓜可从事连作,品质、收获均能增加,唯连作多年则有害;南瓜的前作可以种豆科作物或茄子、芋头等作物,多施肥料的地种南瓜则生育不良;南瓜和秋葡萄可以轮作。

(二)间作套种

南瓜植株较大,瓜蔓较长,栽培株行距大,常常在生长前期套作其他蔬菜或粮食作物,增加了土地利用率。南瓜喜温,前期生长较慢,植株低矮,立体空间占据小,因此可以和多种耐寒或半耐寒性的蔬菜、粮食间作套种,充分利用光热资源和空间地力。再与轮作复种结合起来,收入产出大大增加。

第三节 经济收益

南瓜引种和本土化的原因之一是经济因素,有利可图则自然会提高南瓜本土化的效率,南瓜的本土化进程又进一步促进了经济的发展。南瓜在传入我国不久即对经济产生了影响,同其他作物一样,主要表现在南瓜被用来售卖,参加商品交换,获得了经济效益。随着南瓜本土化的加深,南瓜的商品率

〔1〕(美)卜凯著,张履鸾译:《中国农家经济》,上海:商务印书馆,1936年,第225页。

〔2〕(美)卜凯著,张履鸾译:《中国农家经济》,上海:商务印书馆,1936年,第231-232页。

〔3〕(美)卜凯著,张履鸾译:《中国农家经济》,上海:商务印书馆,1936年,第266页。

也逐渐提高。

种植南瓜的记载在明代比比皆是，但交易南瓜的史料不多。任何一种可食用作物的种植必定首先是满足自我的饮食需求，在满足自我需要后，出现的剩余产品很可能拿来交易，所以在众多记载南瓜的明代史料中，南瓜的商品化应该不会占少数。

一、直接南瓜贸易对经济的影响

销售南瓜的最早记载见于万历四十一年（1613）成书的《露书》："长者买瓜，卖瓜者曰一两，长者曰安得十倍其直？卖瓜者曰税钱重，十里一税，宁能不如是！及蒙正来卖瓜者语如前，蒙正曰吾穷人买不起，指旁南瓜曰买黄的罢，卖者怒曰黄的亦要钱，时上觉其规已，落其两齿，落齿者火者，姓火。"[1]在万历年间，南瓜就已经作为商品被出售。姚旅虽是福建人，但长期周游各地，见多识广，非常留心风土人情，所见之事都有记述。

明清之交的文人吴骐的《颇颔集》中有最早歌颂南瓜的诗篇《题画南瓜》："连年螟螣苦无收，所喜瓜壶略有秋。记得卞梁围正急，百金高价竞相酬。"[2]明末清初由于天灾、战乱粮食无收，但南瓜生长力超强，依然获得了丰收。清军围困开封对城内兵民来说是雪上加霜，南瓜成了唯一可食用品，价值百金。这种情况只有在凶年才会出现，但是在改革开放之前，各地天灾人祸并不罕见，无粮食可食时，南瓜身价倍增，"百金高价竞相酬"的情况也不会是少数，囤货之人必然获得丰厚利润。

乾隆《太康县志》载："可切条晒干，煮食味与瓠条相似，远近负贩土人因以为利。"[3]民国《太康县志》又载："种而能代谷者曰南瓜。"[4]可见南瓜因能"代谷"且价格又低于五谷而能够使种植南瓜的农民减少五谷的消耗，获得差额利润。正如民国《三河县新志》载："窝瓜，又名南瓜……为夏秋日用菜品，子可炒食，凡有园者均于篱边墙下种之，少者自用，业圃者售于村镇。"[5]种植南瓜的人很多，只是种植规模有所差别，种得少则主要是自家食用，节约了粮米，种得多就可"售于村镇"，牟取利润。

---

〔1〕（明）姚旅：《露书》卷十二，天启年间刻本。

〔2〕（清）吴骐：《颇颔集》，康熙年间刻本。

〔3〕乾隆二十六年（1761）《太康县志》卷三《物产》。

〔4〕民国二十二年（1933）《太康县志》卷二《物产》。

〔5〕民国二十四年（1935）《三河县新志》卷七《物产篇》。

南瓜虽然与其他蔬菜相比并不昂贵，但因产量很高，收益比较可观。1949 年之前关于南瓜的统计资料较少，但一些零星资料仍可窥见一斑。

表 7-2 民国六年(1917)奉天瓜类蔬菜种植面积与产量

种类	亩数/亩	收获/斤	种类	亩数/亩	产量/斤
黄瓜	81 103	7 939 651	菜瓜	910	263 385
南瓜	3 942	1 609 433	冬瓜	859	196 345

资料来源：民国二十三年(1934)《奉天通志》卷一百一十三《农业》。

从民国奉天省的情况来看，南瓜栽培面积虽远不及黄瓜，但远超菜瓜、冬瓜，而且南瓜单产很高，亩产 408 斤，领先其他瓜类及大部分蔬菜，所以综合效益较高。很多家庭是随处种植南瓜，房上篱下、过道田间，这些面积和产量是无法统计的，其他瓜类则没有这种优势，总之南瓜种植面积与产量应该比统计数据更多。

表 7-3 民国三十年(1941)吉安县瓜类产销概况一览表

品种	冬瓜	南瓜	苦瓜	丝瓜	葫芦
栽培面积/亩	195	216	155	86	78
全年产量/担	4 836	4 849	2 232	1 120	156
每担价格/元	0.7	0.6	0.5	0.7	0.6
备考	近城多产	近城多产	近城多产	近城多产	近城及水东多产

资料来源：民国三十年(1941)《吉安县志》卷二十六《农业》。

从江西吉安县的民国时期情况来看，南瓜在瓜类中处于优势地位，不但单产较高，总产量、栽培面积均领先于其他瓜类，在蔬菜中也是名列前茅。南瓜虽然单价并不高，但胜在高产，能够获得规模效益，因此南瓜的栽培面积并不小。

在苏南太仓州从乾隆开始一直到民国都有记载"南瓜，俗名番瓜，邑种最繁，苏人大艑贩载而去"[1]，上海亦是如此，"南瓜，俗名番瓜，邑种最繁，苏人大艑贩载而去"[2]，可见南瓜在当地这两百年间一直是大宗出口商品。"南瓜即番瓜也，有三种：(一) 瓜形极大，甚美观，其味薄；(二) 斯古押烧，上下

---

〔1〕 民国八年(1919)《太仓州志》卷三《物产》。

〔2〕 光绪十四年(1888)《月浦志》卷九《物产》。

尖，绿色，味佳良；（三）马布路，瓜伟大而丰收，味亦佳良，每袋银六毛。”[1]清末南瓜产销体系已经非常成熟，根据不同地区的不同品种有不同的定价标准。

1920年代日本人普查了各省部分市县的物产运销情况，其中的一些记载反映了当时部分地区南瓜的运销情况。如江苏南京南瓜与笋瓜、冬瓜、菜瓜的全年运销量为5 000万公斤，南瓜高产且在江苏一带种植颇多，保守估计至少占据了总量的四分之一；广东中山瓜菜的运销量为5万公斤；四川金堂瓜片为15 000公斤等。遗憾的是对南瓜的具体统计不多，即使在改革开放以后的今天，《中国农业年鉴》也一直没有南瓜的专门统计数据，这是历史遗留问题，不统计不代表不重要。南瓜从清代以降就一直是瓜类产量中的大宗，农村家家户户都喜欢种上一些，自食自销。即使笔者是1980年代生人，小时候奶奶家（黑龙江宝泉岭农场）依然靠出售南瓜补贴家用。

1934年青岛市政府采取行政手段，分发南瓜种子给村民种植南瓜，政府通过行政措施干预农业，必然含有促进经济增长的目的。

青岛市政府指令（第5994号）

令阴岛乡区建设办事处

呈一件为呈报分发南瓜种子请鉴核备案由

呈表均悉准予备案此令表存

中华民国二十三年七月七日

附原呈

查本处前以各村宅边地畔隙地话荒芜可惜经呈准

农林事务所发给南瓜种子二十斤转发村民种植在案，现此项南瓜种子已由本处按村之大小酌定数量饬各村村长领回分种矣，除分呈外理合缮造分发南瓜种子表一份备文呈请。[2]

通过表7-4可以直观地看出台湾南瓜的收益是非常可观的，且日益增加，收益增加的原因在于栽培面积的不断扩大和单价的逐年增加。通过与其他瓜类对比可以发现，南瓜的栽培面积完全领先于其他瓜菜，南瓜的栽培面

---

〔1〕《瓜部》，《农工商报》，1908年第36期。
〔2〕《青岛市政府指令：第五九九四号》，《青岛市政府市政公报》，1934年第60期。

积从 1936 年的 904.06 公顷到 1945 年的 1 298.21 公顷,冬瓜的栽培面积从 1936 年的 701 公顷到 1945 年的 518 公顷,西瓜则是从 1895 公顷到 592 公顷,葫瓜从 777 公顷到 663 公顷。众多瓜类唯有南瓜栽培面积不断增加,支撑了南瓜规模效益的增加。农民无利可图的话不可能盲目扩大生产,其他瓜类栽培面积萎缩也成了证明。再看南瓜的单价,从 1936 年百公斤 2.63 元到 1945 年的百公斤 23.01 元,单价增加了 7.7 倍;冬瓜从 2.28 元到 16.43 元,单价增加了 6.2 倍;西瓜从 3.42 到 20.44,增加了 5.0 倍;葫瓜从 4.51 到 28.89,增加了 5.4 倍。当然价格的增加肯定有物价上涨的原因,不过在同一时段,南瓜是单价上涨最快的,栽培面积越扩大,相对获利也就越多。

表 7-4 台湾南瓜产销统计(1936—1945)

时间	栽培面积/公顷	收获量/公斤	一公顷平均收获量/公斤	价额/元	百公斤平均价额/元
民国二十五年(1936)	904.06	8 976 952	9 930	236 060	2.63
民国二十六年(1937)	871.80	8 319 499	9 543	226 655	2.72
民国二十七年(1938)	869.16	8 945 065	10 292	268 274	3.00
民国二十八年(1939)	795.10	7 997 056	10 058	301 610	3.77
民国二十九年(1940)	796.48	7 610 074	9 555	379 463	4.99
民国三十年(1941)	840.20	7 702 988	9 168	557 067	7.23
民国三十一年(1942)	927.46	9 992 872	10 774	595 875	8.97
民国三十二年(1943)	1 054.39	10 347 401	9 814	1 135 419	10.97
民国三十三年(1944)	1 282.91	13 020 969	10 150	2 904 823	22.31
民国三十四年(1945)	1 298.21	13 032 761	10 039	2 999 234	23.01

资料来源:《台湾农业年报》,1946 年第 1 期。

表7-5是民国三十四年(1945)台湾主要地区的南瓜产销情况。台北、新竹、台中、台南四大县,南瓜栽培面积就超过了1 000公顷,几乎占到了总栽培面积的80%,又以台北和台南最多,都在300公顷以上,呈南北相望之势,其实经过清代一两百年的发展,南瓜已经在台湾遍种,但栽培主要集中在台湾西部平原。南瓜在台北县的单位面积产量为每公顷14 265公斤,为台湾最高,因此台北县是名副其实的台湾南瓜第一生产大县。台中县单产仅次于台北县,也在每公顷10 000公斤以上。台南县南瓜单产并不高,或许是南瓜质量略差于台北县等地,所以百公斤平均单价也仅为22元,低于全省平均水平。这些南瓜主要生产大县的南瓜定价水平基本也决定了全省南瓜价格。高雄县单价最低仅为14.5元每百斤,但因栽培面积(89.73公顷)和一公顷平均收获量(8 080公斤)都不高,所以对整体南瓜销售情况产生不了大的影响。

表7-5　台湾南瓜产销统计(1945)

县市别	栽培面积/公顷	收获量/公斤	一公顷平均收获量/公斤	价额/元	百公斤平均价额/元
台北县	343.74	4 752 528	14 265	1 164 369	24.50
新竹县	180.97	1 201 614	6 640	294 395	24.50
台中县	157.26	1 596 936	10 154	351 326	22.00
台南县	325.84	2 413 484	7 407	530 966	22.00
高雄县	89.73	725 015	8 080	105 127	14.50
台东县	40.06	312 468	7 800	73 430	23.50
花莲县	34.63	395 700	11 427	92 990	23.50
澎湖县	48.20	781 389	16 211	207 068	26.05
台北市	15.71	126 360	7 942	30 958	24.50
基隆市	97.00	6 600	680	1 617	24.50
新竹市	8.08	85 164	10 540	20 865	24.50
台中市					
彰化市	5.30	57 240	10 800	12 593	22.00
台南市	12.61	196 500	15 583	43 230	22.00
嘉义市	15.71	199 260	12 584	43 837	22.00
高雄市	14.55	135 000	9 278	19 575	14.50
屏东市	4.85	47 502	9 794	6 888	14.50

资料来源:《台湾农业年报》,1946年第1期。

新中国成立之后的南瓜对经济的影响见第三章第七节。

二、南瓜子对经济的促进

“南瓜这东西,都市中人,或许是不怎么熟悉的……但我们一提到南瓜子,大致是任谁都知道的吧。这南瓜子便是南瓜中的子实,正如西瓜中的西瓜子一样。”[1]民国时期不管部分都市中人对南瓜熟悉与否,南瓜子却是家喻户晓。南瓜子直到今天依然是南瓜产业的重要一环,也是南瓜获利的主要渠道和对经济的重要影响途径之一。

南瓜子,又称白瓜子,是较为普遍的“瓜子”食品之一。全国各地方志屡有记载。以开发较晚的东三省为例,民国《开原县志》载“种子可炒食曰白瓜子”[2],民国《珠河县志》载“其子可炒食”[3],民国《黑山县志》载“子亦为食品”[4];尤其是民国《桦甸县志》载“其子甚繁,可炒食,田家多种之,隙地距县山远之田冀获瓜子种者甚多,每岁产量约在二三万之斤之谱”[5],这条记载不单能说明南瓜在吉林种者甚多,而且说明南瓜子是重要的农副产品,否则不可能“冀获瓜子”,产量如此之高,除了销售外难以想象有其他用途。同为美洲作物的向日葵在我国大范围栽培利用应该是 20 世纪之后的事情了,我国关于向日葵大范围种植的记载是民国《呼兰县志》中“葵花,子可食,有论亩种之者”[6],在 20 世纪之前在全国各地应该只是零星种植[7]。而炒南瓜子作为一种干果零食佳品,应该在葵花子之前便比较流行了。另外,根据表 7 - 2,1917 年奉天的南瓜种植面积仅次于黄瓜,其他子可食用的瓜类或种植面积小于南瓜(如冬瓜),或未曾见于《奉天通志》记载(如丝瓜)。而黄瓜子、丝瓜子一向作为药材,不曾作为零食大量食用;食用性西瓜子只有打瓜才可,但打瓜在东三省的记载凤毛麟角。综上所述,南瓜子在民国时期就已是东三省重要的输出型农副产品了。

---

〔1〕 华铃:《南瓜》,《紫罗兰》,1945 年第 18 期。
〔2〕 民国十八年(1929)《开原县志》卷十《物产》。
〔3〕 民国十八年(1929)《珠河县志》卷十二《物产志》。
〔4〕 民国三十年(1941)《黑山县志》卷九《物产》。
〔5〕 民国二十年(1931)《桦甸县志》卷六《物产》。
〔6〕 民国十九年(1930)《呼兰县志》卷六《物产志》。
〔7〕 叶静渊:《“葵”辨——兼及向日葵引种栽培史略》,《中国农史》,1999 第 2 期。

南瓜子“可充果品”[1]，“其子如冬瓜子而厚较大”[2]，非常适合作为“瓜子”食用，是南瓜创收的一个重要渠道。除了上述东三省的记载之外，“北方饷客尚倭瓜子”[3]，无论南方北方，南瓜子都是流行零食，“南瓜，境种最饶，子可炒食”[4]，“子亦为食品”[5]，“为农家佐餐要品，子供茶果”[6]，“子亦为食物”[7]，“子亦可食”[8]，“子亦可炒食”[9]等。南瓜子应该从清中期开始流行，在全国任何地方都比葵花子流行得更早，至迟在道光年间“南瓜子、西瓜子同售于市”[10]，方志中对南瓜子的最早记载是咸丰（贵州）《兴义府志》：“郡产南瓜最多，尤多绝大者，郡人以瓜充蔬，收其子炒食，以代西瓜子”[11]，以及同治（浙江）《湖州府志》同样较早：“子亦可炒作果”[12]，同治《上海县志》亦称：“子亦可食”[13]。南瓜子是零食中的上品，“南瓜……子炒食尤香美，款宾上品也，茶房酒舍食者甚多，而宾筵则必以陕西之瓜子为贵，忽近图远良可慨矣”[14]，陕西瓜子“为贵”，可见南瓜子的流行程度，四川本身多产南瓜与南瓜子，陕西产的南瓜子却成了四川的款宾上品，说明已经诞生了名优产品，所以才“忽近图远良”。“子，市人腹买炒干作食物，终年市于茶坊酒肆，人竞买食之。”[15]流行程度均可见一斑，几乎与当时最为流行的西瓜子相比肩。

民国时期还专门有专栏报道不同品牌南瓜子的价格行情。“南瓜子价俏。湘莲见新，尚有二月，近存底颇丰，惟产地存底薄弱，故价格尚能维持现状，今日价格如左：

---

〔1〕 民国十七年(1928)《房山县志》卷二《物产》。

〔2〕 光绪二十一年(1895)《汉川图记征实》五册《物产下》。

〔3〕 光绪三十三年(1907)《南昌县志》卷五十六《风土志》。

〔4〕 民国十六年(1927)《简阳县志》卷十九《土产》。

〔5〕 民国二十四年(1935)《德县志》卷十三《物产》。

〔6〕 民国二十九年(1940)《武安县志》卷二《物产》。

〔7〕 民国三十四年(1945)《青海志略》第五章《农产》。

〔8〕 民国二十四年(1935)《麻城县志续编》卷三《物产》。

〔9〕 民国十年(1921)《江阴县志》卷十一《物产》。

〔10〕 (清)吴其濬：《植物名实图考》卷二十九《群芳类》，北京：商务印书馆，1963 年，第 696 页。

〔11〕 咸丰四年(1854)《兴义府志》卷四十三《土产》。

〔12〕 同治十三年(1874)《湖州府志》卷三十三《物产上》。

〔13〕 同治十年(1871)《上海县志》卷八《物产》。

〔14〕 民国二十年(1931)《宣汉县志》卷四《物产志》。

〔15〕 光绪三十二年(1906)《彰明县乡土志》一卷《格致物产》。

名称	日新本牌	衡州莲	湘潭正牌	湘潭副牌
价格	53 元	42 元	50 元	48 元
名称	本湖莲	九溪莲	常德莲	饶州莲
价格	46 元	44 元	40 元	48 元

成昌开出南瓜子数十包，肉实饱满，价开十四元五角，少红枣开六元六角，成交百数十包。”[1]

“南瓜子市价回跌，烟台子 18.50 元至 18 元，威海子 17.50 元至 17 元，寿庄子 17 元至 16.50 元，太谷子 16.50 元至 16 元，六合子 16 元至 15.50 元，获鹿子 15.50 元至 50 元，河南子 13.50 元至 13 元。”[2]

籽用南瓜是以种子作为主要食用器官或加工对象的南瓜。近三十年来，籽用南瓜形成了“育种、繁殖、加工、推广、销售一体化”的产业体系，据统计，我国籽用南瓜约占世界市场的 70%。

三、南瓜众多深加工产品成为经济增长的亮点

民国《南皮县志》载：“其用途嫩者可煮食可作羹作馅，老者蒸食，煮食可用以代饭，种子炒熟食之为嗜食品，嫩花油煎和糖食之亦佳。”[3]南瓜功用颇多，如果利用得当，通过深加工，就会产生较高的产品附加值，成为经济增长点。

乾隆年间王鸣盛的《西庄始存稿》记载了这样的史实：“乡人用豆作乳弃其渣，太淑人取为糜粥，或杂以南瓜作饼，啖之，其攻苦食淡至此，以故，凶岁反得稍赢余，而田芜价贱，乃以其间买得数十亩，及岁丰虽有赎去者，其未赎者遂享其利。”[4]乡人依靠“南瓜饼”为食，省下了不少钱粮，然后购地从而盈利，南瓜起了关键性的作用。南瓜饼就是南瓜深加工的最初产物。

宣统元年(1909)成书的《成都通览》中有“七十二行现相图”，描述了当时社会上流行的七十二种行业，其中就有“南瓜担子”[5]，是小贩用扁担挑着两筐南瓜沿街贩卖。“成都之席桌菜品”的蔬品类中有“瓤小南瓜”“鸡丝南瓜

[1] 商情报告(二十五年五月二十一日)：南北货，《商情报告》，1936 年第 516 期。
[2] 商情报告(二十五年四月二十五日)：南北货，《商情报告》，1936 年第 494 期。
[3] 民国二十一年(1932)《南皮县志》卷三《物产》。
[4] (清)王鸣盛：《西庄始存稿》卷三十八，乾隆三十年(1765)刻本。
[5] (清)傅崇矩：《成都通览》，成都：成都时代出版社，2006 年，第 202 页。

尖"[1];"成都之食品类及菜谱"的各样包子中有"窝瓜包子",各样饺子中有"南瓜饺子"[2];"成都之茶食名目及价值"中淡香斋之点心价目有"红皮金瓜八头一百二十八"[3];"成都之杂货铺售品"中有"白瓜子"[4]。仅仅是成都一地,南瓜作为商品就有如此之多的利用方式,深加工南瓜利润之高可见一斑。

南瓜糖分含量较高,南瓜制糖的文献记载不少。"此瓜初结如拳如碗时清松适口,圃人摘卖于市得值较多,群呼小瓜或呼嫩瓜。崽志皮坚肉黄时味尤甘,圃人多剖而卖之,群呼老瓜,世之研讨植物者皆谓老瓜能制糖,信乎其能制糖也。"[5]除了说明获利较多外,也可见南瓜是制糖的重要原料,相关记载还有"每斤三四钱,或云可煎糖、可制火药,泰西人尝为之"[6],"小瓜作菜,老瓜切块煮作饯,为糖食大宗"[7]等。

1850年代或更早,就有深加工南瓜"可酿酒"[8]的说法,"宜蔬宜糖片宜饲豕,嫩蔓宜豆汁,子宜佐茗酒"[9],南瓜酒作为一种嗜好饮料,因其保健功能和与众不同性(与传统酒类相比),能够取得较高的利润。在晚清台湾,南瓜还可作为肥皂的原料,"近时之洋肥皂,其黄色者,即此瓜所制也"[10]。在民国浙江,南瓜又可制作酱豉,"嫩时色绿老则朱红,俗人晒干以制酱豉"[11],均能增加收入。上述深加工产品在清代民国时期尚属罕见,到了当代真正形成了巨大产业链。

1949年之后人们对南瓜深加工有了更为深刻的认识。"南瓜用途很广,除能代替粮食外,还是营养丰富的蔬菜,也是制糖、酿酒、榨油等轻工业的重要原料。"[12]随着对南瓜认识的加深,南瓜深加工产品已经不限于清代民国

---

[1] (清)傅崇矩:《成都通览》,成都:成都时代出版社,2006年,第383页。
[2] (清)傅崇矩:《成都通览》,成都:成都时代出版社,2006年,第391-392页。
[3] (清)傅崇矩:《成都通览》,成都:成都时代出版社,2006年,第396页。
[4] (清)傅崇矩:《成都通览》,成都:成都时代出版社,2006年,第399页。
[5] 民国二十九年(1940)《息烽县志》卷二十《方物志》。
[6] (清)何刚德:《抚郡农产考略》草类三《南瓜》,光绪三十三年(1907)刻本。
[7] 宣统二年(1910)《通海县乡土志合编》卷中《物产》。
[8] 咸丰七年(1857)《琼山县志》卷三《物产》。
[9] 民国三十二年(1943)《巴县志》卷十九《物产上》。
[10] 光绪十八年(1892)《恒春县志》卷九《物产》。
[11] 民国十九年(1930)《遂安县志》卷三《物产》。
[12]《人人动手 见缝插针 大种南瓜 四川为即将下生的大批仔猪准备充足的饲料 江西六百多万人掀起种瓜热潮已种六亿多窝》,《人民日报》,1960年4月16日。

时期史料中记载的寥寥几种。在今天，据统计，南瓜饮料就包括了南瓜全肉饮料、南瓜豆奶饮料等25种；南瓜发酵食品包括了南瓜酱油、南瓜果醋等14种；还有南瓜月饼、南瓜面包等10种属于南瓜糕点；南瓜粉又有南瓜速溶粉、南瓜全粉等6种；其他南瓜食品亦有南瓜果酱、南瓜脯等31种[1]。综上所述，共有86种南瓜加工产品，这还只是2004年仅仅一本书的统计，如今南瓜产业发展迅速，加工技术日新月异，估计会将近100种了。南瓜深加工制品必然或多或少地促进经济的发展。市场需求是技术进步的动力。

近些年，南瓜菜大量兴起，一改20世纪凤毛麟角的局面，有人把此归功于南瓜饼，认为它使人们重新发现南瓜。南瓜食法很多，20世纪初的《成都通览》便记载了一些南瓜菜的雏形，南瓜可炒、可蒸、可烧、可做汤、可包包子、可包饺子、可与米面做成南瓜饭或南瓜饼等，今天甚至还有将小南瓜切成丝后用清油爆炒的做法，清炒南瓜叶也是“天然去雕饰”的菜中佳品。目前南瓜菜已经红遍大小酒店，是餐桌的常见菜肴，花样别出，味美可口。人们对南瓜饮食文化有了新的认识，更重要的是开发了南瓜潜力，从南瓜身上获取了更多的利润。有人专门收集整理了26道南瓜菜谱，包括南瓜鱼羹、南瓜豆豉腐乳鸡翅等[2]。目前南瓜在食品加工上应用最为广泛，但仍有部分人认为南瓜是“粗粮”，难登大雅之堂。南瓜在烹饪产品的开发方面还有很大的发展空间。

最值得一提的是南瓜粉，在近代时期，已有南瓜“又可为粉”[3]“可澄粉”[4]的记载，但是长期以来未受重视，直到改革开放后，才被发掘了市场潜力。除了直接食用外，南瓜粉还可以重要配料的身份应用于各种保健品和药品中。南瓜粉是目前南瓜制品中需求量、出口量和换汇率最高的产品。我国南瓜粉在东南亚、北美、北欧等地区，以及韩国、日本等地有广泛的需求市场，常常脱销。日本是南瓜粉的生产大国，也是消费大国，从1989年开始，每年从我国进口大量南瓜粉，经过更精细的加工后，又返销我国。南瓜粉生产技术简单，且投资少、效益高、见效快，是我国重要的出口创汇商品之一。

---

[1] 杜连起：《南瓜贮藏与加工技术》，北京：金盾出版社，2004年。

[2] 李光普：《南瓜实用加工技术》，天津：天津科技翻译出版公司，2010年，第47－67页。

[3] 咸丰七年(1857)《冕宁县志》卷十一《物产》。

[4] 民国十四年(1925)《都匀县志稿》卷六《物产》。

四、南瓜与养殖业发展

南瓜可用于饲养家畜，南瓜藤蔓是很好的饲料。无论荒年与否，南瓜都被用来代粮以及作为一种美味的蔬菜食用。尤其在非荒年，南瓜高产，必然会有不少剩余，不知从何时开始，人们开始用南瓜来饲养家畜，尤其针对家猪，既满足了猪对饲料的需求，又节省了其他饲料。

康熙（浙江）《东阳县志》最早提到南瓜“以之饲猪”[1]，想来在明末应该已开始把南瓜与养殖业联系起来，清代在多地被用来饲猪，民国时期更加普遍，已经成为共识。“邑人多以饲豕，亦有销上海者”[2]，“除食用外亦可供家畜之饲料”[3]等记载常见于各类农书、方志。将南瓜用作饲料，节约了成本，促进了畜牧业的发展。

新中国成立之后，在国家计划经济体制的干预下，南瓜与养殖业的发展联系更加密切。“大跃进”时期，养殖业聚焦养猪业，掀起高潮。猪饲料短缺，南瓜成为首推的猪饲料，在“猪的大跃进”中发挥了巨大作用，虽然有盲目的色彩，但确实极大地促进了养殖业的发展。

为什么猪饲料首选南瓜，不仅在“大跃进”时期，历史时期的选择同样不变。“各地经验证明，南瓜不仅可以人吃，而且是一种很好的猪饲料。第一，南瓜既是精饲料，南瓜藤叶又是很好的青饲料，而且是高产饲料。只要种得好、管得好，每窝南瓜就能产五六十斤到一百斤，高的可达千斤以上。第二，南瓜多汁、味甜，猪爱吃，容易消化，生喂熟喂都可以；而且用南瓜喂猪，长肉快、长油多。第三，南瓜的适应性强，屋前屋后，田边、地角，到处都可种植，不占耕地，而且容易栽培，人人都会种。第四，南瓜含有猪只生长发育最需要的丰富的蛋白质和糖类等营养成分。第五，南瓜易于保管，可以贮存一两年不坏。”[4]除了第一点中的南瓜产量被夸大，其他叙述是比较符合实际的，“在粮食奇缺的年代能养好猪，主要靠南瓜”[5]。

所以才说“全民大种南瓜是四川高速度发展养猪事业中解决猪饲料的一

---

〔1〕 康熙二十年(1681)《东阳县志》卷三《物产》。

〔2〕 民国十九年(1930)《嘉定县续志》卷五《物产》。

〔3〕 民国三十八年(1949)《新纂云南通志》卷六十二《物产考五》。

〔4〕《人人动手 见缝插针 大种南瓜 四川为即将下生的大批仔猪准备充足的饲料 江西六百多万人掀起种瓜热潮已种六亿多窝》,《人民日报》,1960年4月16日。

〔5〕 章兵:《南瓜情》,《浙江日报》,1991年2月27日。

项战略性措施……大种南瓜就成为猪只大发展的重要物质基础……为了充分满足猪只高速度发展所需的饲料和解决猪饲料与粮食耕地之间的矛盾，特别是去冬以来，各地都狠抓了猪只配种工作，今年夏秋之间将有大量仔猪出生，目前种植南瓜，就正好赶上这批新生仔猪食用"〔1〕。"这些作物(南瓜等)的藤叶稿秆又是猪牛的好饲料。"〔2〕南瓜因为对养殖业的巨大贡献成为促进国民经济发展的重要作物。

从清初到民国，到"大跃进"，到改革开放，再到 21 世纪的今天，南瓜对畜牧业的发展一直具有举足轻重的影响。

〔1〕《人人动手 见缝插针 大种南瓜 四川为即将下生的大批仔猪准备充足的饲料 江西六百多万人掀起种瓜热潮已种六亿多窝》，《人民日报》，1960 年 4 月 16 日。

〔2〕《四川省委号召大种早玉米红苕和南瓜 千方百计增产早熟粮菜 抓住当前有利形势作好宣传动员工作因地制宜层层落实》，《人民日报》，1961 年 3 月 7 日。

第八章

南瓜文化本土化遗产

从南瓜传入我国到今天已有五百年左右的历史，看似时间很长，实际上在漫长的作物史中并不长久。我国是世界作物的起源中心之一，本土作物纷繁芜杂，历史悠久，诞生了丰富的作物文化，对中国乃至世界影响很大。游修龄认为中国文化史，是谷物生产孕育出来的精神遗产[1]。笔者认为将“谷物”换为“作物”更加确切。即使是域外作物，因为传入中国的时间有早晚，也决定了作物文化诞生的早晚、深度各有不同。

明代中期才传入的南瓜，在我国主要栽培作物中无疑属于“晚辈”。但是，毕竟南瓜在我国也经历了长期的引种和本土化的过程，还是诞生了丰富的南瓜文化。与谷物文化丰硕的研究现状截然不同，南瓜文化尚无人涉及，除了传入时间相对较晚之外，学术界对非典型粮食作物的文化关注不多也是重要原因，但是南瓜文化绝对不是单薄和不重要的，亟须梳理以填补空白。

南瓜文化是以南瓜生产为主要活动的社会群体物质财富和精神财富的总和，是南瓜生产史孕育出来的文化遗产，是中国农耕文化的组成部分之一。南瓜文化的主要内容，是围绕着生产、加工利用南瓜而形成的生产方式、习俗观念、制度文化等，属于广义的“文化”概念，既包括物质创造活动，也包括精神创造活动。南瓜文化的物质创造活动部分，在之前的章节叙述较多，本章主要阐述南瓜的精神创造活动及其结果。反映在文字记载上的南瓜文化丰

---

〔1〕 游修龄，曾雄生：《中国稻作文化史》，上海：上海人民出版社，2010 年，第 1 页。

富多彩，创造了不同的文化内涵，造就了多样的文化符号，这些南瓜文化本土化遗产实际上也是“南瓜本土化的各色影响”，尤其文化影响最为深远与宏大，更能体现我们的文化自信，单拎出来作为一章。

第一节 南瓜精神

德国作家于尔克·舒比格(Jürg Schubiger)的经典作品《当世界年纪还小的时候》结尾的最后一句话是：“洋葱、萝卜和番茄不相信世界上有南瓜这种东西，它们认为那只是空想，南瓜默默不说话，它只是继续成长。”[1]这句话极其传神地描绘了“南瓜精神”。但南瓜精神并不只是诞生在国外并从国外传入，在我国的本土化过程中也诞生了“南瓜精神”，其精髓是默默地成长。“沉默而坚韧”是南瓜精神的最好诠释。

南瓜精神主要包括三层含义。第一层含义是说成就一番事业，能力和见识固然重要，心态和性情也很关键，道出了成功的一般规律。有些人心浮气躁、好高骛远、急功近利，以如此心气为人、做事，或许能有小的成绩，却终归难有大成就。诚如剧作家吴祖光的《南瓜诗》：“苦乐本相通，生涯似梦中。秋光无限好，瓜是老来红。”

南瓜精神的第二层含义是“不争论”，映鉴着信念、信心之坚定。当南瓜被臆断为“只是空想”后，南瓜固然可以为自己辩解，可它却选择了“默默不说话”。“不说话”并非理屈词穷的木讷，而是明确追求目标后的执着；不是胆怯畏缩，而是坚定理想信念后的沉稳。做任何事情，想赢得所有人的认同和百分百的支持，既不现实也无必要。对自己认准的事、确定的路，毫不动摇地坚持，不懈怠地努力，才能有所作为。

南瓜精神的第三层含义代表了艰苦朴素的精神和不忘根本的精神。这与南瓜长期以来的救荒作用密切相关，南瓜往往是贫家用以代饭的食物。在革命年代，尤推革命根据地的“红米饭，南瓜汤”，它们养活了无数的革命战士，并且代表了那个年代艰苦朴素的精神，正因为有这种精神，才解放了全中国。在倡导“勤俭节约”“艰苦奋斗”作风的今天，南瓜的艰苦朴素精神具有重要的象征意义。同时，革命先辈抛头颅、洒热血，换来了今天的美好生活，一

[1] (德)于尔克·舒比格：《当世界年纪还小的时候》，成都：四川少年儿童出版社，2006年，第190页。

碗“南瓜汤”，忆苦思甜，不忘根本，一首歌“红米饭哪，南瓜汤……”从井冈山流传到四面八方，唱出了“艰苦创业打天下”的雄壮声音[1]。如同诗歌《南瓜与红米》中所说：“红米饭南瓜汤/是一首歌谣/是一种底蕴/为华夏的脊梁补钙/将偌大的中国撑起/红米饭啊南瓜汤/耐几代人寻味与回味/中华民族的那段岁月/假如不是南瓜与红米/如今/我们可能还要天天吃着/南瓜与红米。”[2]在中国全面脱贫的今天，“红米饭，南瓜汤”其实更值得传唱，提醒我们发扬历史主动精神，依然需要具有革命性。此外，革命根据地群众巧妙地将鸡蛋装进掏空了瓜瓤的南瓜送来慰劳红军，红军始料不及，因而有了“南瓜生蛋”的传奇故事，流传至今。

除了以上三点典型的南瓜精神之外，南瓜还会让人联想到一种特殊的精神文化韵味。潘衍桐是较早(1798)单独歌颂南瓜的诗人，诗名《寄慨》。该诗通过南瓜寄托了潘衍桐归隐田园、淡泊闲适的情感：“岁暮剖南瓜，瓜即卒岁资。颜色亦自好，中有子离离。来年子复子，依旧绕东篱。东篱有嫣花，非不美及时。一经秋霜来，零落辞故枝。瓜瓞庆绵绵，物类恒如斯。”[3]“南瓜大于瓮，豆花纷上屋。平生爱闲适，长此愿已足。借人书一瓻，誊写未暇读。”[4]这是乾嘉年间文人严元照的诗。清末民初黄小帆有《清园诗话》：“南瓜未种雨霏霏，小麦含烟碧四围。陇上流连翘首望，膏田水足谷芽肥。”“客来索画语难通，目既朦胧耳又聋。一瞬未终年七十，种瓜犹作是儿童。”这是画家齐白石的《南瓜》诗。在这些诗作中一股乡土之风带着浓浓的闲适之情扑面而来，诗人的心志、趣味都令人向往。南瓜在某种情境下成了田园生活的代名词，提到南瓜心里便涌起一种回归自然的悸动。

第二节　中国的南瓜节

一般提起南瓜节，我们首先想到的都是西方的南瓜节，广泛分布于欧美各国。该节一般具有两层含义：一是作为农业节庆的典型，类似于中国的丰收节，常举行南瓜博览、南瓜评比等大型活动；二是作为万圣节的代名词，盖因南瓜在“鬼节”中的特殊地位，南瓜文化成为一种节日(万圣节)文化。无论

〔1〕《陈毅与“南瓜宴”》，《杭州日报》，1996年8月12日。
〔2〕肖韶光：《南瓜与红米》，《人民日报》，1998年7月14日。
〔3〕(清)潘衍桐：《两浙輶轩续录》卷六，光绪浙江书局刻本。
〔4〕(清)严元照：《柯家山馆遗诗》卷三，光绪湖州丛书本。

如何，南瓜在西方都有着不同于在中国的特殊地位，以北美为例，早有学者认为南瓜不仅是食物，更是一种文化现象的标志，甚至同美国的国家认同观念相互关联。

南瓜的引种和本土化形成了具有中国特色的民俗文化，成为中国文化和农业文化遗产的组成部分，以各地区的“南瓜节”最有特色。历史时期不同地区形成多姿多彩的南瓜民俗，这是一种典型的民众造物过程。在这些国内丰富多样的南瓜节中，我们看到南瓜成为一种礼仪标签。我们或许可以根据“逆推顺述”洞悉这种“结构过程”。

一、毛南族南瓜节

农历九月初九是岭西土著毛南族的“南瓜节”。在这个节日中，家有老人的要给老人添粮补寿。南瓜节这天也是重阳节。用南瓜拌小米煮着吃，谓之“南瓜节”。当天，家家户户便把从地里收获的形状各异的大南瓜摆满楼梯，供人观赏，由年轻人到各家走门串户，评选出“南瓜王”，评选过程不单要看外观还要看质地。待众人意见达成一致选出“南瓜王”后，主人掏出瓜瓤，把南瓜籽留作来年的种子，然后把瓜切成块，放进小米粥锅里，用文火煮得烂熟，先盛一碗供在香火堂前敬奉“南瓜王”，而后众人一齐享用。毛南族的南瓜节与当地的敬老传统很好地结合在了一起[1]。所以毛南族的重阳节又被称为南瓜节。

二、侗族南瓜节

农历八月十五是广西壮族自治区三江程阳一带“程阳八寨”侗族的南瓜节，主要是由儿童们打南瓜仗。节日前夕，由少男少女自由参加，分别组成南瓜队和油茶队。南瓜队第一个任务是偷南瓜，为打南瓜仗做准备，偷南瓜在晚上进行，看到菜地里的南瓜，摘下一个瓜，在那里插一朵花，以示瓜已被偷，人们都认为南瓜节偷瓜不算偷。南瓜队备足了南瓜，然后去找煮茶对象，负责煮茶的被称为油茶队，由少女组成。南瓜队在八月十五这天挑选几个最大、圆顶最平的南瓜，按由大到小的顺序串在一根竹竿上。瓜上插着许多彩色的小旗和小花，顶上要插一朵大红花。南瓜队浩浩荡荡地将插满小旗小花的南瓜抬往邻村去找油茶队，一踏进油茶队村庄，便遭到村民抢花，南瓜队要

〔1〕 周舟：《毛南族“南瓜节”》，《民族论坛》，2003年第6期。

拼命护花，若花被打落或抢去越多，南瓜队越无脸面。晚上人们吃南瓜、喝油茶，茶足饭饱后开始投入打南瓜仗的战斗，嬉笑打闹，通宵达旦。

据说当地由于地形、地势原因种植其他作物产量不高，唯有南瓜最丰收，并逐渐成为当地的主食，甚至衍生出一系列南瓜传说：据说很久以前，侗族祖先部分人迁徙到此地开始安营扎寨，由于不熟悉当地的环境，所以收成年年不高，人们食不果腹。就在大家为此事愁烦的时候，天空中飞来了两只神鸟，两只神鸟嘴里衔着种子。种子被撒落在土里，没过多久就发芽并快速长大，几个月后就结出了两个巨大的瓜，足有半人高。一开始没人敢去碰这个巨大的瓜，有一天晚上，村里有个小孩实在饿得不行，好奇之下就跑去偷吃大瓜。第二天人们发现大瓜开裂了，瓜肉变少了，人们找到村里偷吃大瓜的那个小孩，发现小孩并没有什么异样，还说瓜肉味道甜美，非常好吃，大家便把大瓜分吃了，还将里面的瓜子保存下来。〔1〕

三、惠州南瓜节

惠州南瓜节，俗称“金瓜节”，是广东省惠州市惠城区芦洲镇东胜村（原蔡屋围）为纪念赵侯爷，于每年农历二月十三举行的盛大节日，2013 年入选市级非物质文化遗产项目〔2〕。传说，600 多年前，赵、侯、蔡三户人家来到东胜村开基落户，几家人因田地纠纷，关系闹得很僵。有一年，三家中间的空地上长出一株南瓜苗，后来结出一个南瓜，每天都能增长数斤。为了得到这个异乎寻常的南瓜，三家人闹到了官府。为了公平起见，最终官差决定把南瓜分成三等份。当南瓜被剖开时，竟然发现里面有一个男孩，因赵家条件较好，故男孩由赵家养大，称之为赵侯爷。这个男孩聪明伶俐，时常到侯、蔡两家串门，慢慢地便消除了赵、侯、蔡三家的矛盾与隔阂，从此三家和睦相处。相传，赵侯爷本领非凡，为东胜村做了不少好事。他故去后，村民认为他是神仙下凡，来为民众调解矛盾的，因此将他“升天”的时间——农历二月十三定为南瓜节来纪念他，延续至今。南瓜节是东胜村最热闹的节日，重视程度甚过春节。节庆活动全由村民自己操办，开场仪式过后，还有进村巡游环节，巡游环节是三年一次，每当巡游队伍经过自家门前时，各家各户都燃放鞭炮、悬挂彩旗庆贺。村里专门推举出一群热心又德高望重的村民，成立了理事会负责具

---

〔1〕 常丽：《程阳八寨南瓜节》，《三月三》，2020 年第 5 期。
〔2〕 肖岳山：《发现城市之美 惠城》，深圳：海天出版社，2017 年，第 268 页。

体筹备、操办，现场助兴的舞狮队、锣鼓队则都是村民自发组织的。近年来，南瓜节被注入更多文明健康的内涵，仪式期间，村里会放电影，还举行唱歌、舞蹈、知识竞赛等丰富多彩的文娱活动。此外，南瓜节也是村民回乡聚会、探亲访友的好机会，其间，外出村民纷纷回乡，拜亲祭祖，并捐款捐物，支持家乡的公益事业建设。如今，随着时代的变迁，南瓜节作为东胜村村民情感深处的纽带，新添了更多的时代印记，这也将更好地传承淳朴的民风民情。〔1〕

四、辽西南瓜节

辽宁西部（医巫闾山山脉、凌河流域）多称南瓜为窝瓜，农历十月二十五是窝瓜节（老窝瓜生日）。与上文南瓜节的热闹非凡相比，这里的南瓜节更加朴素、平实、低调，或许与辽西人简单惜物、不喜花哨的品性有关。每年秋收，家家会挑一个最大的南瓜保存好，到南瓜节这天，或蒸或煮着吃。当地人认为这天的南瓜最甜、最绵软可口，老幼皆宜。同时这天吃南瓜也有免灾、强体御寒、多子多福之意。东北冬季严寒，为御寒会在窗外糊一层窗户纸（东北十大怪之一便是窗户纸糊在外），为了保暖房屋较少通风，生病容易传染，一家（窝）子一家（窝）子的俗称“窝子病”，所以靠窝瓜来防病。当然，冬季其他蔬菜不多，用南瓜来果腹也是自然而然。这里的南瓜，平日是饭桌上的常菜，到了南瓜节这天，就得做出另一番滋味才显郑重。其实，辽西走廊不仅是辽宁乃至东北引种南瓜最早的地区，也是东北近代以来南瓜分布最广、栽培最多的地区。当地能够诞生这种关于南瓜的仪式感，也就不奇怪了。

五、其他南瓜节

上述南瓜节多数均与地方社会的起源、中兴有关，所谓的“很久以前”“600 多年前”等其实均是建构的，是对历史的形塑。其实我们很容易前推到这些南瓜节有历史可证的起点。如道光时人王培荀在《听雨楼随笔》中记载：“嘉定有南瓜会，或数年或七八年，忽南瓜中结一最巨者，集众作会赛神，沈珏斋曾见之长约二丈，横卧高五六尺，观者骇绝。”〔2〕可见上海嘉定的“南瓜会”或是中国最早的南瓜节，与迎神赛会结合到了一起。

〔1〕《传统南瓜节有望成非遗》，《惠州日报》，2012 年 3 月 7 日。

〔2〕（清）王培荀：《听雨楼随笔》卷三，道光二十五年（1845）刻本。

万圣节的节日风俗，包括杰克南瓜灯的传说也从国外传入中国，获得了国人的认同。

而民国河北《沙河县志》记载南瓜“遇有婚丧可用以作蔬”[1]，属于别样的婚丧文化，或许是中外南瓜节交叉的起点（死亡文化），民国贵州《镇宁县志》亦记在七月中元节时：“妇女以彩纸南瓜制为各种灯，放河中荡漾以复溺鬼；青年辈则喜扎孔明灯放升高空或制走马灯为戏”[2]，可谓异曲同工。

在南瓜文化本土化的影响下，近年也诞生了一些新的“南瓜节”，这些南瓜节其实具有丰收的意涵，特别是2018年设立（国函〔2018〕80号）的“中国农民丰收节”，节日时间为每年“秋分”，比南瓜节更加兴旺，也具有了更丰富的意义。如：

1999年9月19日，黑龙江桦南县举办的“中国桦南首届金南瓜节”，或是中国最早的新型丰收、旅游意义的南瓜节。

2010年9月1日，黑龙江宝清县首届南瓜文化节启幕，2012年又举办了一次。

2010年6月29日，在安徽合肥还隆重举办了首届长丰南瓜节，2012年举办了第二届。

2016年9月初，为江西德兴首届南瓜节，2018年为第三届。

2018年9月5日，内蒙古呼和浩特赛罕区黄合少镇格此老村举办首届“南瓜节”，至2022年9月7日，已经连续举办五届。

2020年安徽合肥植物园秋季花展暨首届南瓜节于10月1日拉开帷幕，至2022年已经开展了三届。

此外，甘肃天水秦州区藉口镇至2022年也已经连续举办五届南瓜节，河北秦皇岛集发农业梦想王国、上海奇迹花园、陕西榆林芹河镇、广东省阳江合山镇、贵州纳雍县锅圈岩乡等地新兴南瓜节如雨后春笋，中华大地呈现多点开花之势。毕竟南瓜非常适合与旅游、文化、丰收相结合，与其他作物相比，观赏性、参与性、趣味性、保存性较强。

这些新时代的南瓜节“以瓜为媒、以节为友”，不但推广了南瓜文化，也带

---

〔1〕 民国二十九年(1940)《沙河县志》卷六《物产志上》。

〔2〕 民国三十六年(1947)《镇宁县志》卷三《民风》。

动了南瓜产业的发展，在2018年之后与“中国农民丰收节”结合，增加了丰收节的底蕴与趣味。

第三节 祈子民俗

传统中国流行着中秋“食瓜祈子”的风俗，是中秋重要礼俗，在各地非常流行，最早始于何时，已不可考，此瓜最早或是甜瓜，或是葫芦瓜，早在宋代，孟元老在《东京梦华录》中记述：“八月秋社，各以社糕、社酒相赍送贵戚……人家妇女皆归外家，晚归，即外公、姨舅，皆以新葫芦儿、枣儿为遗。俗云宜良外甥。”[1]立秋后第五个戊日，即秋社，出嫁妇女回娘家，当日归去之时，外公与姨舅等会以葫芦瓜、枣之类的食物相送，代表了美好的寓意。可能由于“瓜瓞绵绵”隐喻了多子多福之意涵，加之瓜的形状类似于孕妇胎中的婴儿（瓜的外形）、瓜内结子较多（瓜的内部特征）等原因，瓜常与生子联系起来，瓜还常被用来作为年画的题材，据说以前吃瓜时会问：“有子没有?”“有!”“多不多?”“多!”以此表达祈子的愿望。

包括汉族在内的诸多少数民族，如壮族、侗族、黎族、土家族、白族、怒族、傣族、达斡尔族、傈僳族等广泛流传着瓜孕育出人的神话，譬如我们在附录4中就提到南瓜与畲族、黎族的创世神话密切相关，导致了这些民族对瓜的崇拜，所以很难说“食瓜祈子”与“瓜生人”神话之间完全没有联系。

后来瓜的崇拜的主角逐渐演变成其他瓜类，如冬瓜就是“食瓜祈子”的常见主角。徐珂在《清稗类钞》中就介绍了湖南衡阳“有送瓜之俗。凡娶妇而数年不育者，则亲友必有送瓜之举。先数日，于菜园中窃冬瓜一个，须不使园主知，以彩色绘人之面目，衣服裹其上，举年长者抱之，鸣金放爆，送至其家。年长者置冬瓜于床，以被覆之，口中念曰：‘种瓜得瓜，种豆得豆。’受瓜者设盛筵款之，若喜事然。妇得瓜，即剖食之”[2]。待有南瓜之后，可能由于南瓜之丰产，逐渐取代了冬瓜的地位，“食瓜祈子”可窥不同瓜类在日常生活中影响嬗变之大端。但为什么多是偷瓜？瞿明安解释说：“久婚不育与偷瓜‘难’之间存在着类似的关系，既然生育困难，那么采取特殊的致孕方式来获得再生的机会，也

〔1〕（宋）孟元老著，邓之诚注：《东京梦华录》，北京：中华书局，1982年，第152页。
〔2〕（清）徐珂：《清稗类钞》第三十四册《迷信》，上海：商务印书馆，1928年，第4页。

是理所当然的事”[1],可备一说。至于偷瓜时间,多为中秋,个别据说在清明,《中国风俗大辞典》说:“安徽芜湖一带古俗,在‘真清明’清明节刚好是三月初三这一天时,无子嗣的人家,买一南瓜,当日将整个南瓜放入锅里煮烂,午时置于桌上,夫妻并肩而坐,同时举筷子,尽量饱食,不久即可得子。”[2]不知资料来源为何。

早在清代中期,湖南醴陵就有:“南瓜,蔓生开黄花,实圆而扁,醴俗好事者于中秋夜盗瓜,鼓吹至人家,名曰送瓜兆生子”[3]之说,或“中秋晚,有送瓜”中南瓜扮演祈子角色。嘉庆十二年(1807)陈文述《颐道堂集》的《瓜辞》亦反映这样的大型风俗:“汉镇中秋夕,以金翠饰南瓜,具衣冠音乐,送少妇望子者,亦禖祝遗意也,赋此以补荆楚岁时之缺。”诗云:“种瓜南山下,瓜瓞何绵绵。亦如母生子,根蒂相钩连。汉皋十万户,户户罗婵娟。生男岂不好,闻言心喜欢。八月十五夕,明月光团圆。摘瓜择美好,金翠登绮筵。媵以多子榴,配以同心莲。导以明灯烛,从以杂管弦。送之入洞房,宝床馥青烟。婵娟出拜嘉,罗袖娇翩翩。明年当此夕,瓜仍满中田。怀中牙牙雏,解看圆月圆。”[4]陈文述自言《瓜辞》“补荆楚岁时之缺”。《荆楚岁时记》是对南北朝时期荆楚地区岁时活动的记录,当时早于南瓜传入近一千年,自然没有该习俗,既然陈文述能够补缺,说明“南瓜得子”的习俗不但影响很大,而且是年年如此。

嘉庆二十年(1815)黄钺《壹斋集》有诗:“纵偷为戏莫相嗤,瓜压茅檐豆绕篱。生子居然南有兆,可知女亦是蛾眉。”紧接着黄钺对该诗解释说:“中秋妇女如郊原篱落闲随意摸索,得南瓜宜男,得扁豆生女,谓之摸秋,白扁豆谓之蛾眉豆,《松漠纪闻》金最严治盗,惟正月十六日,纵偷一日以为戏。”[5]道光《繁昌县志》可以佐证,“妇女联袂出游,遇菜圃辄窃南瓜为宜男兆,名曰摸秋,其有中年乏嗣者,亲友于是夕亦取南瓜,用鼓吹爆竹饷之谓之送子”[6]。其实,全国各地多有中秋偷瓜送子习俗,瓜也多是南瓜,浙江湖州“是夜人静后,竟

〔1〕 瞿明安:《隐藏民族灵魂的符号:中国饮食象征文化论》,昆明:云南大学出版社,2001年,第58页。

〔2〕 申士垚,傅美琳:《中国风俗大辞典》,北京:中国和平出版社,1991年,第284页。

〔3〕 嘉庆二十四年(1819)《醴陵县志》卷七《物产》。

〔4〕 (清)陈文述:《颐道堂集》诗选卷二十五,嘉庆十二年(1807)刻本。

〔5〕 (清)黄钺:《壹斋集》卷七《古今体诗七十四首》,咸丰九年(1859)许文深刻本。

〔6〕 道光《繁昌县志》卷二《风俗》。

出偷取饭瓜，得者以为得子之兆”[1]等，此外，类似现象在黎族、土家族、布依族、苗族、侗族等中亦存在，是一种普遍风俗。胡朴安的《中华全国风俗志》多有记述。

晚清上海人张祥河在《小重山房诗词全集》桂胜集中记载：“中秋……宜男心愿岂终赊，一曲杉湖是妾家，小屐弓弓更尽后，阳桥南去摘南瓜。”[2]此诗也把得子的愿望寄托在南瓜上。近代时期这种习俗更加流行，尤其在农村中广泛流传着送南瓜得子的习俗，以上海为例，“所食为南瓜，且谓必须夫妇同食一瓜也”[3]。

民国有人专门记载：“送南瓜。庐县习俗。凡妇人之久不孕者，其亲属于中秋夜送以新折南瓜，谓可生子，富贵之家则穷极奢侈以耀市井，有旗、锣、轿、伞、皂、隶等仪仗，瓜连叶、蒂盛盒中，二人扛之，前又有二人抬一莲花灯亦极美丽，最后则送瓜人坐轿随之，受礼之家设筵款待，所费不资。”[4]与嘉庆年间相比，民国对该民俗既有继承也有发展。时间是“中秋夜”没有变化，但从“盗瓜”发展为光明正大“折瓜”。该民俗也变得越来越繁琐，从简单的“鼓吹至人家”到“富贵之家则穷极奢侈以耀市井”。从民国记载中可以清晰地看到“送南瓜”的复杂习俗。

祈子之外，还有一些特殊民俗，河北沙河记载南瓜“遇有婚丧可用以作蔬”[5]，就属于别样的婚丧文化。

第四节　观 赏 文 化

南瓜本身美观、可爱，适合观赏，甚至还有专门用于观赏的品种，因此南瓜具有十足的观赏价值。南瓜的观赏文化也包括作玩品和贡品。“南瓜……邑人供玩赏不恒食”[6]，“南瓜，色赤而小可为供”[7]，“南瓜类，能经久，圆形，有红绿白各色，颇美观”[8]，“南瓜……一名番瓜，又有红瓜，形圆扁有瓣，色

〔1〕 同治《长兴县志》卷十六《风俗》。
〔2〕 (清)张祥河：《小重山房诗词全集》桂胜集，道光修本。
〔3〕 (清)徐珂：《清稗类钞》第三十四册《迷信》，上海：商务印书馆，1928年，第4页。
〔4〕 王嘉烈：《送南瓜》，《妇女杂志》，1917年第3卷第12期。
〔5〕 民国二十九年(1940)《沙河县志》卷六《物产志上》。
〔6〕 民国《泰县志稿》卷十八《物产志》。
〔7〕 嘉庆八年(1803)《合肥县志》卷八《物产》。
〔8〕 民国二十三年(1934)《静海县志》卯集土地部《物产志》。

红土人戏作灯，呼为灯瓜，亦可煮食”[1]，“金瓜，三月种八月食，老则色红可观”[2]，“南瓜，俗名金瓜，又名倭瓜……今邑未有食者，仅作供玩”[3]等，全国各地均重视南瓜的观赏文化价值。南瓜作为贡品尤以福建最为突出，以光绪福建邵武厅神明庆典中的饮食为例，惠安祠三王诞辰庆寿仪品，由乡民负担的公派果子号数，其中五号果子中就有南瓜干[4]。

形态多样的南瓜，往往因其特殊的形态更加引人注目，成为一奇，一时间猎奇者观赏者不绝于路，《山斋客谭》载1700年事：“瓜龙。康熙庚辰，东城下章孝家所植南瓜，忽生龙形首口，耳目爪鬣粗具领，前一瓜特大为其宝珠，观者履满。”[5]巧合的是，清末扬州府同样有“番瓜幻龙”[6]，一时间参观者不绝，声名大噪。《清史稿》也曾有“（咸丰）九年春，麻城民间番瓜成人形”[7]的记载。长成人形的南瓜当时也引起了不小的风波，否则不足以被《清史稿》收录。民国掌故作家郑逸梅也记：“粤南隘口乡莫和园，有南瓜一株，迩日结一瓜如龙形，首身四足俱备，长四五尺，颔须称之，宛然潜影九渊飞跃天庭之物也，斯亦奇已。”[8]还有湘潭县“咸丰二年，万嘉寨农圃有南瓜蔓结成龙形，或言此神藤有神可治人疾，惑者祈焉，疾果愈，请祷者，日数百，知县有疾亦往祷之，无应，瓜蔓亦萎”[9]，龙形南瓜蔓不单具有观赏价值，还因迷信色彩，使之具有了一种信仰文化。

南瓜非常适合食雕，是雕刻（食雕）文化的一部分。“未熟时土人每雕花草人物之形于其上，迨七夕中秋取以献月，亦古风也”[10]，“南瓜其形浑圆，其色红润，颇觉可爱，结实时，苟以小刀画成文字之类，及刀痕涨满，而花纹具在，古雅可观”[11]，南瓜雕亦有较高的审美价值。南瓜灯其实也是南瓜雕的一种，在西方南瓜灯未传入我国时，已有人将南瓜用于雕刻观赏，充分说明了

---

〔1〕 道光十一年(1831)《延川县志》卷一《物产》。

〔2〕 民国二十一年(1932)《华亭县志》卷一《物产》。

〔3〕 民国十四年(1925)《漳县志》卷四《物产》。

〔4〕 李军：《宋代以降闽北邵武和平地区的信仰与生活》，《第二十八届历史人类学研讨班论文集》，未刊，2014年11月1日—2日，第169页。

〔5〕 (清)景星杓：《山斋客谭》卷七，乾隆抱经堂钞本。

〔6〕 符节：《番瓜幻龙》，《点石斋画报》，1897年第496期。

〔7〕 赵尔巽等：《清史稿·卷四十一·志十六·灾异二》。

〔8〕 郑逸梅：《花果小品》，上海：中孚书局，1936年，第187页。

〔9〕 光绪十五年(1889)《湘潭县志》卷九《五行第九》。

〔10〕 光绪十一年(1885)《姚州志》卷三《物产》。

〔11〕 不署：《南瓜》，《家庭常识》，1918年第4期。

古代劳动人民的智慧。

随着西方文化的传入，西方节日文化也影响到了我国，与南瓜密切相关的万圣节在我国日渐流行，南瓜灯（掏去南瓜种子，刻成人面形，眼睛、鼻子、嘴巴都镂空，在里面点灯）也不再陌生，成为一种文化符号。南瓜灯制作的简洁性和参与的趣味性使其完全融入了人们的生活。笔者最早所见南瓜灯的记载是民国时期的图文滑稽故事《番瓜救了小松鼠》[1]，图中的南瓜样貌就是完整的南瓜灯。

图 8－1　居廉《南瓜花》，作于 1873 年，现藏于广州艺术博物馆

居廉（1828—1904），广东省广州府番禺县隔山乡（今广东省广州市海珠区）人，字士刚，号古泉、隔山樵子、罗湖散人，和其从兄居巢并称“二居”。擅画花鸟、草虫，注重写生，是“岭南画派”代表人物之一，画作具有浓郁的岭南乡土气息。《南瓜花》一图景物清疏，却充满了生气，画面上只有一朵南瓜花和几片瓜叶、一株瓜蔓，此外还有两只草蜢攀缘在花叶丛中，可见南瓜花与两只草蜢和平共处，描绘了岭南乡野的瓜圃菜畦那竞肥争绿、花繁叶茂的景象，体现了天地万物平等共生的意涵。

---

〔1〕 宏修：《番瓜救了小松鼠(附图)》，《儿童知识》，1947 年第 15 期。

第五节　名称文化与民间文学

南瓜在明代中期引种到我国之前，名称文化与民间文学中必然没有南瓜的影子，随着南瓜在我国的引种和本土化的不断深入，名称文化与民间文学中频繁出现南瓜。这种现象不但能够说明南瓜种植已经流行到了一定程度，更为重要的是，这反映了通过南瓜的引种和本土化，丰富了创作的思想，提供了一种新的创作思路，增加了趣味性和可读性，为创作增色不少。客观上说，南瓜的引种和本土化属于中华农业文明的一部分，而这种农业文明又在名称文化与民间文学中得以表现。如在前文中已经出现的吴趼人的《二十年目睹之怪现状》《情变》等。

一、名称文化

南瓜的多样名称[1]，属于佳蔬的名称文化，反映了各地多样的风土。如南瓜的重要别名“金瓜”，在前文已经解释过系以色名，然而张宗法写道：“典故：《集异传》云：一妇性至孝，家甚贫，夫出死，妇养姑甚勤，时年遭蝗饥，谷贵，妇惟种南瓜一畦，妇采食梗叶，以其瓜奉姑，又择其可货者易米以养，虫亦不害，结实亦繁，中有一瓜堪熟，妇怀归剖之，内子尽暴黄金，时人以为孝感所致，号其名曰金瓜。”[2]这其实是人为建构的，但是也赋予了南瓜新的名称文化。

南瓜的不同称谓带有一定的附属意义，这些附属意义蕴含着与历史学（原产地信息、民族交流信息、人口流动信息、时代信息、饮食文化信息），语言学和修辞学（方言分区信息、与修辞格相关的语义信息、与修辞相关的语音信息），认知心理学（对颜色的认知信息、对生长期的认知信息），生物学（品种变异信息、时令信息）等相关的信息[3]。“其瓜蒂正方形有柄甚似印尔，俗因称官印曰饭瓜蒂头”[4]，用南瓜蒂来形容官印，十分形象而生动，也是一种名称

〔1〕详见第二章第一节。

〔2〕(清)张宗法撰、邹介正等校释：《三农纪》卷九《蔬属》，北京：中国农业出版社，1989年，第296页。

〔3〕余康发：《方言词“南瓜”的文化色彩考察》，《江西科技师范学院学报》，2007年第5期。

〔4〕民国十三年(1924)《定海县志》卷七《物产志》。

文化;"料质烟壶。有倭瓜瓤。西瓜水(红色)各色……"[1],用南瓜瓤来形容陶制烟壶,也是如此。

南瓜在地名文化中也有所体现,在湖北省宜城市东北十五公里处,有绵绵数十公里的长山,山脚下有一小村庄名南瓜店(现为宜城市板桥店镇罗屋村),相传民国初年,当地农民何氏兄弟为谋生计,在此开店,因土地贫瘠,无酒食可卖,专煮南瓜卖与往来行人,因此得名"南瓜店"。1940 年,我国抗日战争中以身殉国最高将领(也是世界反法西斯战争中牺牲的最高将领)张自忠上将,在此殉国,该战役即名为"南瓜店之战"。

"瓜"有时作为一种蔑视甚至谩骂的词语,如"傻瓜""呆瓜",称日本人为"倭人"或"倭寇",在抗日战争期间,有将日本人称为"倭瓜"的习惯,"倭瓜"本来就是南瓜的常用别称。如民国时有文章载:"三百余伤兵在震旦大学大礼堂治疗,这些身受了国仇与私仇的人们,伤愈后还不是把倭瓜杀一个干净!"类似记载还有"北站阵地:大刀队匍匐前进,预备砍杀倭瓜,以享国人"[2]。黎庐的原创故事《矮南瓜》[3]就是用南瓜指代柏生这个人的,属于一种蔑称。

乾隆《元和县志》载"南瓜,贫家用以代饭,元宋有诗:西风茅屋卧寒瓜"[4],虽然诗中描绘寒瓜并不是南瓜,是作者的误判,却赋予了南瓜文化意义。

二、民间文学

南瓜在文学创作中深受文人爱戴,早在万历年间《西游记》第十回中就提到了"刘全以死进贡南瓜"的故事:《西游记》第十一回:十殿阎王同意放唐太宗还阳,太宗非常感激,说,我回阳世,无物可酬谢,唯答瓜果而已。十王喜曰:"我处颇有东瓜、西瓜,只少南瓜。"太宗说,我一回去即送来。于是,招募到刘全,让他"头顶一对南瓜,袖带黄钱,口噙药物",到阴司给阎王送南瓜。阎王非常高兴,收下南瓜。《西游记》是最早提及南瓜的文学作品,可知《西游记》的定型必然在嘉靖以后。其实,早在元代,就出现了杨显之杂剧《刘全进瓜》,此时之"瓜"自然不是南瓜,到了《西游记》编纂之时,可能仅保留了故事内核而已,"瓜"已经被替换成了南瓜。吴承恩一生主要在南方活动,知晓南

---

[1] (清)陈浏:《匋雅》卷下《匋雅十六》。
[2] 《血战画报》,1937 年第 2 期。
[3] 黎庐:《矮南瓜》,《新亚》,1943 年第 9 卷第 6 期。
[4] 乾隆二十六年(1761)《元和县志》卷十六《物产》。

瓜是可能的，但是毕竟南瓜尚不普遍，所以地府“只少南瓜”，至于北方相对偏少，如《金瓶梅》中记载了不少美洲作物，就没有南瓜。

到了清初，北方南瓜也已充分融入日常生活，康熙四十三年（1704）蒲松龄《日用俗字》“菜蔬章第五”载：“金酒刀蚕皆豆种，东西南北有瓜名。”“庄农章第二”载：“磅砟炭又无铜碛臭，旺炉烤饼蹦粘。秦椒烂煮南瓜菜，腊油新熬萝白干。”清初“南瓜”已经是齐鲁一带非常常用的词汇。

在清初的京畿地区，南瓜同样非常流行。初创于乾隆初期（1742—1743）《红楼梦》三次提到了南瓜。第三十九回：“又有两三个丫头在地下，倒口袋里的枣儿、倭瓜并些野菜。众人见他进来，都忙站起来。”第四十回：“刘老老两只手比着，也要笑，却又掌住了，说道：‘花儿落了结个大倭瓜’，众人听了，由不的大笑起来。只听外面乱嚷嚷的，不知何事，且听下回分解。”第四十一回：话说刘老老两只手比着说道：“‘花儿落了结个大倭瓜’，众人听了，哄堂大笑起来。”《红楼梦》的各种续传、后传、新传以及其他多部文学作品均提到南瓜。

总之，以《西游记》为始，南瓜对文学创作的影响日益加深，在清一代影响更甚，一些著名的文学作品中多提到南瓜，而且越来越频繁，南瓜也从文学作品中“单纯作物”的身份演变为“形容词”“拟态词”等，可见在民间影响广大，展现在文学作品中是五花八门。南瓜子从乾隆末年开始流行，同样间接反映到了文学作品中。详见附录 2 与《明代以降南瓜引种与文学创作》[1]。

另外，广义的文学也不应只包括小说，其他形式还有民间传说、歌曲歌谣等，在其中南瓜形象层出不穷。与南瓜相关的民间传说也很多，民国时期就有“今科解元老南瓜也”[2]的故事，又如前文提到的“尽暴黄金”的金瓜传说。革命根据地群众巧妙地将鸡蛋装进掏空了瓜瓤的南瓜送来慰劳红军，红军始料不及，因而有了“南瓜生蛋”的传奇故事，流传至今。

南瓜在绘画领域也留下了浓墨重彩的一笔。乾隆四年（1739）张庚《国朝画征录》：“今所传南瓜图、荷汀白鹭图、瓶莲图、霜倒半池莲图、雏鸡图、芦洲鸿雁图、果品杂花册皆妙绝一时。”可见早在清初就已有画家以南瓜为题材绘画，实际上从清以来的诸多蔬果图册/卷中，我们也都可以看见南瓜的身影，知名作者如汪承霈、于宗瑛等。

享誉世界的《灰姑娘的故事》具有多来源与多版本，南瓜、仙女和水晶鞋

---

〔1〕 李昕升，胡勇军，王思明：《明代以降南瓜引种与文学创作》，《中国野生植物资源》，2017 年第 6 期。

〔2〕《灵异述文：老南瓜》，《道德月刊》，1936 年第 3 卷第 7 期。

成为最为人熟知的元素，故事大概在民国时期传入中国，赵景深的《童话概要》(北新书局，1927 年)已见讨论。民国时期杰克南瓜灯的传说也从国外传入中国，获得了国人的认同。

民国时期还流行一些歌颂南瓜的歌曲或歌谣。如《煮番瓜》F 调："番瓜开黄花，花谢结番瓜，公婆嘴儿馋，叫媳妇快煮瓜，先饱皮，后削瓜，忙的汗沙沙，才把番瓜煮熟啦，公一碗，婆一碗，姑娘小叔合一碗，媳妇没得吃，爬到灶上啃锅铁。"[1]苏州歌谣《南瓜棚》："南瓜棚，着地生，外公外婆叫我亲外甥，娘舅叫我堂前坐，舅母叫我灶下坐，一碗饭，冷冰冰，一双箸，水淋淋，一盆菜，三两根，勿关得我娘舅事，总是舅母搅家精。"[2]鲁西民歌《南瓜叶》："南瓜叶厚顿顿，俺在老娘家住一春，老娘看见怪喜欢，妗子看见光瞅俺，妗子妗子你别瞅，麦子黄了俺就走。"[3]

第六节　饮 食 文 化

"饭瓜，乡人藏至冬，杪和粉制糕，名万年高"[4]，随着人们对南瓜认识的不断深入，南瓜糕被赋名"万年高"，具有步步升高的文化意向。"村人取夏南瓜之老者熟食之，或和米粉制饼，名曰南瓜饼"[5]，在今天非常普遍的特色食品南瓜饼，可见在我国源于清末，饮食文化源远流长。南瓜饼在今天非常流行，其特殊性在于，除了饮食文化之外，更形成了一种认知文化与传播文化。南瓜饼在西方的感恩节和圣诞节菜谱中是一种传统甜食，但在中国也有在中元节用来祭祖的说法，在越地尤其流行[6]。

民国作家郑逸梅很欣赏南瓜饮食文化，并做了详细介绍："瓜什九为扁圆形，间有垂垂而长者，表皮粗陋异常，瘿赘累累，食必削去之。取其瓤肉，和于粉中，并以豆沙为馅，可制南瓜团子，以充点心，殊耐饥可口也。又煮南瓜分甜咸二种。甜者用糖霜猪油，咸者用盐及虾米，然咸者不及甜者之佳，以瓜本微带甘味也。南瓜之花，亦有烹而食之者，居停但杜宇家，曾于清晨摘花朵若

[1] 徐仲纯：《煮番瓜》，《儿童世界》，1925 年第 16 卷第 8 期。
[2] 陆星如：《南瓜棚》，《苏州振华女学校刊》，1930 年 5 月。
[3] 尹承管：《南瓜叶》，《民众》，1948 年第 2 卷第 7 期。
[4] 同治《上海县志札记》一卷《物产》。
[5] 宣统二年(1910)《诸暨县志》卷十九《物产志一》。
[6] 邱庞同：《中国面点史》，青岛出版社，2020 年，第 369 页。

干，和以面粉蔗糖，入沸油中煎之，微焦，勺之起，登盘充饵，尝之腴隽甘芳，无可言喻，时老画师钱病鹤亦在座，为之赞不绝口，谓如此佳品味，请纪述之，以补古人食谱之不足。"[1]南瓜花在此被上升到了一个极高的地位，味美"无可言喻""赞不绝口"，"以补古人食谱之不足"反映了南瓜饮食文化的发展。

南瓜在城乡间的主要食用方式颇同，多是简单的蒸食、煮食，或加工为"南瓜团""南瓜糕""南瓜派""南瓜粥"等大众食品。在活跃于城镇的文人名士眼中，南瓜有着精致的烹饪方式。高士奇《北墅抱瓮录》、袁枚《随园食单》、童岳荐《调鼎集》、薛宝辰《素食说略》、王士雄《随息居饮食谱》、夏曾传《随园食单补正》、王学权《重庆堂随笔》等文人食谱中多有关于南瓜的烹饪技艺。各种食用方式尽管粗细有别，却共同构成了南瓜烹饪文化，丰富了城市饮食生活。南瓜作为价格颇低的平民蔬菜，通常不受富贵人士重视，"文人化食谱"[2]中关于南瓜的精致烹饪技艺，多是明清士大夫群体以选择性的摄食来表达自己的"品位"，以利于和其他社会群体进行区分的体现。这其实就是"食物的阶级性"，即于同一种食物，不同阶级和阶层所持的态度及行为方式不同。

不同社会群体关于南瓜的食用方式，反映着彼此之间的消费文化差异，这种差异又促成了不同社会群体的自我认同。最原始的分划是贫富差异，一句话，穷有穷的吃法，富有富的吃法。概言之，南瓜的不同食用方式，既是分划不同社会群体的一种标准，也是部分社会群体用以自我标榜的一种方式，古今皆同。极端时期，随着食物资源减少，在生存需要下，食物的阶级性逐步削弱，不同阶层由下至上逐渐增加对南瓜的备荒性食用。到了食物资源极其短缺之时，人类出现饥不择食的"无边界"饮食，食物的阶级性方才被短暂打破。

中国传统医学博大精深，食疗、食补理论层出不穷，而且兼收并蓄，明代中期方传入我国的南瓜同样为其发展贡献了力量。古人云"医食同源"/"药食同源"，南瓜既是美食又是良药。在长期实践的过程中，南瓜的角色

---

〔1〕 郑逸梅:《花果小品》，上海:中孚书局，1936年，第187－188页。

〔2〕 巫仁恕将明清以来部分把饮食与味觉提高到理论层次的食谱称为"文人化食谱"，其共通点是批判当时社会的饮食风俗；强调追寻食物的"本味""真味"；食材分级以素食蔬菜为先，肉食次之(参见巫仁恕:《品味奢华 晚明的消费社会与士大夫》，中华书局，2008，第276、284页)。前述袁枚《随园食单》、薛宝辰《素食说略》、夏曾传《随园食单补正》等均可归为"文人化食谱"。

之一——中药材发挥了越来越大的作用，不但充实了我国传统医学的理论基础，更在救死扶伤方面建树颇多。甚至有人指出广西壮族某地很多人超过了100岁，这里的主要食物就是玉米、南瓜、毛瓜（冬瓜）以及野生的蔬菜，认为这种保健饮食肯定与长寿有某些联系〔1〕。这些当然也可以归类为饮食文化，展开可见《南瓜传入中国对传统医学的影响》〔2〕。

又南瓜饮食文化在本土化中的成为中国文化的一部分，尤其体现在南瓜的加工、利用技术中，详见第五章。

总之，经过五百年的历史，南瓜在我国的引种和本土化对传统文化产生了巨大的影响，实现了南瓜文化的本土化，成为中华民族传统文化中不可或缺的一部分。在今天的日常生活中随处可见南瓜文化。即使是祖国最西北角的新疆军区某边防团，“南瓜文化”开展的丰富多彩，令人惊叹，有“南瓜文化闹边关”的赞叹，具体活动如“硕果累累迎金秋”“背南瓜练俯卧撑新鲜刺激”“威风锣鼓震军营”“看谁拍（南瓜）拍得好”“团长给知识竞赛获胜者颁发南瓜”“让南瓜也学点唐宋词”等〔3〕。

---

〔1〕（美）尤金·N.安德森，马孆等译：《中国食物》，南京：江苏人民出版社，2003年，第175页。

〔2〕李昕升，卢勇：《南瓜传入中国对传统医学的影响》，《山西农业大学学报（社会科学版）》，2017年第1期。

〔3〕韩柱栓，刘是何：《“南瓜文化”闹边关》，《军营文化天地》，2006年第4期。

第九章

明代以降南瓜引种的生态适应与协调

本章在已有研究的基础上，探索南瓜的延展性视域，也是笔者之前忽略的关键问题——南瓜引种的生态适应与协调。以南瓜为中心，探究人与自然的互动关系。

今之显学环境史脱胎于传统史学，主要归功于前人对农业史、历史地理做出的努力。环境史经过十几年的发展，结合学者们对国外环境史理论的引介，已经有了较为成熟的理论架构和学科界域，更多的是结合生态学的话语体系进行前瞻性研究。然而毕竟中国环境史研究导源于本土学者在相关领域的前期研究，具有浓厚的本土性，个人并不认为采取“老一套”的问题意识和理论方法就是“新瓶装旧酒”的旧思路和旧方法。

本章整合南瓜史研究的诸多成果，笔者解读和运用的主要史料，首推方志。如方万鹏所言的对方志中环境结构要素的提取〔1〕，从整体史观的角度升华，希冀展示南瓜环境史的新思维，从南瓜这一特有的细部之“物”作为突破口，透过南瓜来考察人与自然的互动乃至人类社会变迁和新陈代谢，进而深化环境史研究。

---

〔1〕 方万鹏：《〈析津志〉所见元大都人与自然关系述论：兼议环境史研究中的地方史志资料利用》，《鄱阳湖学刊》，2016 年第 6 期。

第一节　环境亲和型作物

南瓜在16世纪初叶的嘉靖年间传入我国，在美洲作物中堪称最早进入中国，之后以迅雷不及掩耳之势传遍我国大江南北，南瓜与其他美洲作物相比，最突出的特点就是除了个别省份外基本上都是在明代引种的，17世纪之前，除了东三省、新疆、青海、台湾、西藏，其他省份的南瓜栽培均形成了一定的规模。虽然玉米、番薯在清中期之后在产量、面积上绝对超越南瓜，后来又有烟草、辣椒在产值上后来居上，但是不可否认，南瓜是美洲作物中的"急先锋"。而且在改革开放之前，南瓜都一直是重要的口粮，具有超越绝大多数蔬果作物之重要地位，与今天反差鲜明。我们不禁要追问：南瓜为什么如此与众不同？

1. *南瓜对环境的迎合*

南瓜的初生起源中心是墨西哥和中南美洲，即美洲热带干旱地区。这里地形复杂、气候变化多样，以干旱土瘠为主要特征，在这种复杂的环境条件下形成了南瓜抗逆性强、适应性强的特性。以根、茎为例：

南瓜的根系强大，直根深达2米，侧根横伸分布于土层的半径可达1米以上，形成强大的根群，具有与土壤接触面积大、吸收养分的能力强、适应性广的特点。

南瓜的主蔓一般长达3～5米，个别品种达10米以上。南瓜的匍匐茎节上，能发生不定根，可深入土中20～30厘米，起固定茎蔓及辅助吸收养分的作用。

南瓜的植物学特性决定了其抗旱能力强，在旱地也能正常生长，并获得产量，直播的南瓜抗旱能力更强；耐低温与高温，较其他瓜类更强，适宜生长温度是13～35摄氏度；对土壤要求不严格，根系吸收营养能力强，在较贫瘠的土壤也能生长，最适宜排水条件好且不过于肥沃疏松的沙质土壤，中性或微酸性土壤均可；此外，南瓜病虫害极少，且不如茄类之多土壤传染病，故可连作，且连作能抑制生长，增加结果，提高品质，促进早熟，反而不宜施肥过多。

南瓜的植物学特性和对环境的要求反映了其在原产地形成的自然特性，在那种恶劣的环境条件下形成了南瓜这种环境亲和型作物。南瓜栽培容易、管理便利、耐粗放管理，既可爬地栽培也可搭架栽培，还可以在贫瘠的山坡、道旁的零星隙地、十边地、院前屋后种植。因此，南瓜除了大面积(大田)栽培外，各地均有零星栽培，是主要的庭园蔬菜作物，在世界各地尤其我国分布十分广泛。

2. 南瓜对环境的塑造

每一个特定的时空断面的物产分布都是最基本的，它们所构成的景观正是往日一个个时间断面业已日渐消失的物产地理面貌之基本图景。人地关系的多样性和环境条件的复杂性决定了农业景观的时空差异，因此环境景观伴随着作物组合的调整和经济方式的变革肯定不是一成不变的。

从历时性、全局性来看，美洲作物在我国以玉米、番薯形成的景观最为宏大，清代南方是玉米、番薯的主产区，西部玉米种植带与东南番薯种植带相对峙，民国二者进一步向北方扩展。总之，传统社会玉米、番薯即给人一种“处处有之”的景观印象，其对环境的塑造无疑是非常明显的。南瓜亦是如此。

南瓜，并不只是想象中的只种植在园圃、篱边、屋角，如此形成的景观必然只是奥景，但是实际上南瓜在大田中并不罕见，已经成为旷景。一是密集分布在山田，这是美洲作物的共性，配合了移民入山，“可以充饥，乡人每种于山田中”[1]“沿边山地种者尤佳”[2]。二是进军大田，展现其重要性，然常被学者所忽略，“果菜圃出为黄瓜、西瓜、甜瓜……等，田出南瓜、搅瓜、笋瓜等”[3]，南瓜在阳城县被称为“田蔬”，“农家比户种瓜，至秋红实离离，有以北瓜补粟之缺者”[4]，南瓜(在山西即北瓜)不是出自“圃蔬”部或“山蔬”部而是“田蔬”部，可见南瓜在当地已经在田地中栽培，反映出“补粟”的重要地位。青浦县光绪时人总结南瓜挤占良田的四弊，提出“舍本逐末竟以稻田为瓜田”的质疑[5]。三是在荒地野生，经常可得，所以张璐称南瓜为“至贱之品，食类之所不屑”[6]，“临淮一军，偪处其间，势最微，饷最乏。兵勇求一饱而不得，夏摘南瓜，冬挖野菜，形同乞丐”[7]，与野菜一样，南瓜随处可得，分布颇广，不需耗费人力专门照看。

景观塑造之外，我们也能看到玉米、番薯对环境产生的不利影响，棚民垦山种植玉米、番薯造成的水土流失现象，此间论述甚多，不再赘述。南瓜的负

---

〔1〕 光绪三十四年(1908)《新会乡土志辑稿》卷十四《物产》。

〔2〕 光绪十二年(1886)《遵化通志》卷十五《物产》。

〔3〕 民国六年(1917)《河阴县志》卷八《物产》。

〔4〕 同治十三年(1874)《阳城县志》卷五《物产》。

〔5〕 光绪五年(1879)《青浦县志》卷二《土产》。

〔6〕 (清)张璐著，赵小青等校注：《本经逢原》卷三《菜部》，北京：中国中医药出版社，1996年，第152页。

〔7〕 (清)曾协均：《请开皖北屯田疏》，转引自盛康：《皇朝经世文续编》卷三十九《户政》十一《屯垦》。

面影响则从未见记载，有一种观点是，即使南瓜构成了“全景式”的景观，也是局限在个别区域，不能与玉米、番薯这样的美洲粮食作物相颉颃。这是低估了我国的“南瓜热”，尤其在集体化时期，种植南瓜的热潮空前绝后，南瓜是重要的“跃进”产物，主要驱动力是行政管控，在计划体制、国家命令下推动南瓜产业发展。“人们对南瓜为什么这样感兴趣呢？因为它产量高，用处广，人吃是好菜，喂猪是好粮。既可煮酒，又可制糖。猪全身是宝，南瓜全身也是宝”〔1〕。当时的口号是“南瓜大跃进，才有猪的大跃进”，掀起了全民大种南瓜的群众运动。于是，全国各地出现了许多南瓜山、南瓜岭、南瓜坡，一时全国“一片黄”，漫山遍野皆南瓜。

然而南瓜景观并未对环境造成不利影响，这是我们称南瓜为环境亲和型作物的精要所在。南瓜爬地生长，根系颇深，抓地牢固，反而起到了稳固、改善土壤的作用。植株低矮立体空间占据小、栽培株行距大，无需将原地植株替换殆尽，完全可以与高秆作物套作组合立体农业。早在民国时期涡阳县就采用与棉花或芝麻间种的方法栽培南瓜，“县地园圃及瓜地棉花芝麻地皆杂种之”〔2〕。在前哥伦布时代的美洲，南瓜就与菜豆、玉米间作套种，菜豆固定土壤中的氮元素和稳定秸秆，南瓜为玉米的浅根提供庇护，玉米则提供天然的格架，三者被称为三姐妹作物。

所以集体化时期的“南瓜热”非但没有产生环境问题，反而在“三年困难时期”因为南瓜种得多，不知道挽救了多少人的生命。“瓜菜代”核心作物南瓜被称为“保命瓜”，以瓜代粮度夏荒。

第二节　南瓜衍生的生态智慧

我们用大量篇幅实证了南瓜与自然和人的和谐，这些逻辑因素造就了南瓜在推广速度、价值影响等方面的“急先锋”地位。在人与自然相互平等、和谐共存的思想指导下，我们既要摈弃以人为中心的观念，也要反对以环境为中心的观念，南瓜正是人与自然多元交汇展演的角色之一，南瓜史正是人与自然交互作用的历史界面之一。下面我们就南瓜衍生的生态智慧做一些学理求索。

---

〔1〕 石秀华：《南瓜满山猪满圈》，《人民日报》，1960 年 5 月 18 日。

〔2〕 民国十三年(1924)《涡阳风土记》卷八《物产》。

（一）土宜

中国精耕细作的农业传统历来倡导集约的土地利用方式，正是土地生产率、利用率的不断提高，才促使传统社会一再打破马尔萨斯神话，突破想象中的人口上限。黄宗智的“过密化”理论固然有其合理性，然而也受到越来越多的挑战，归根结底中国社会的主要矛盾不是人口而是耕地，因为耕地是限制农产生成的短板，而且人口压力或劳动生产率的判断标准是复杂的。总之，传统社会末期的经济增长和社会发展主要归因为耕地产出率的提高，即以作物组合调整为核心的耕地替代型技术。

耕地产出率的提高，或靠集约经营或靠扩大耕地，南瓜生产可以说兼而有之，这就暗合了一句古话——种无闲地。

从集约经营上说，中国的复种指数和土地单产举世闻名：通过轮作复种、间作套种的连作制和堤塘综合利用（生态农业）大大提高了土地利用率；创造代田法、区田法、亲田法等耕作法有效促进高产栽培；“用粪如用药”“惜粪如惜金”，广辟肥源、粮肥轮作，实现土地的用养结合、“地力常新壮”。

从扩大耕地上说，国人在与山争地、与水争田上很有一套，各式的土地利用形态琳琅满目。湖田、圩田（柜田）、涂田主要防止海潮、洪水的侵袭，沙田、葑田、架田，则是利用水面的创举。耕地向高处发展，则是最主要的扩大耕地的方式，梯田可以旱涝保收，可谓对山地水土资源的高度利用。

总有一些土地无法充分利用，我们称之为边际土地。对部分边际土地，古人采取低产田改造的措施，针对盐碱田、冷浸田等，下了不少功夫，甚至发明出“砂田”这种利用模式，堪称农田利用史的奇迹。但是，还有一些边际土地，无论如何改造也无法利用，或是改造、利用成本过高，无奈便一直闲置或种植一些低产作物。美洲作物的大举引种无疑充分利用了这些边际土地，南瓜是其中的最杰出代表之一。

土宜概念自古有之，古人很早就知道“相地之宜”，根据不同的土地类型、土壤生态安排农业生产。“五地”——山林、川泽、丘陵、坟衍、原隰，适合不同的作物，多数不适合大田作物。南瓜因其强大的生命力，在“五地”均可栽培，亦可高产。曾雄生在《中国南瓜史》序中说：“有些农民也会在自家的坟头四周种上南瓜，将瓜蔓引向坟顶。因为有了南瓜这种作物，使人们担心的‘死人与活人争地’的土葬对于农地的占用限缩至最小，使坟堆有了生态和生产功能，而南瓜也借助于坟头这种特殊的农地得以生长、结实”[1]，是对南瓜土宜

〔1〕 曾雄生：《〈中国南瓜史〉序》，《中国农史》，2016年第3期。

观的完美诠释。

（二）物宜

环境决定技术选择，人类对环境利用形成的技术形态彰显对环境的适应或改造。适应是“盗天地之时利”，即土宜思想；改造是“参天地之化育”，提高农作物自身的生产能力，即物宜思想。

农作物各有其不同的特点，需要采取不同的栽培管理措施，这就是最朴素的物宜观。南瓜物宜观主要体现在两个方面：

一是在南瓜传入我国后，劳动人民通过长期人工选择与自然选择培育出高产、优质的诸多南瓜品种资源，给我们留下了丰富的种资质源，构成了今天南瓜号称多样性之最的局面，也是今天中美南瓜形态、生态、口味等特性产生巨大分野的原因。仅《中国蔬菜品种志》就收录 120 个优质南瓜品种。据中国农业科学院蔬菜花卉研究所国家蔬菜种质资源中期库的报道，中国南瓜种质资源共有 1 114 份。如南瓜品种“盒瓜”在方志中的最早记载是乾隆《会同县志》，可见“盒瓜”是海南会同县（今琼海市）在清代中期培育而出的新品种，“盒瓜”仅存广东、海南一带也印证了这个观点。

南瓜品种资源最丰富的地区是华东地区、华北地区和西南地区。历史上这些地区南瓜栽培欣欣向荣，而且栽培历史比较悠久，形成许多各具特色的地方品种和地方种质资源，反映了南瓜栽培繁盛的面貌。

二是在南瓜栽培和管理过程中，人们根据南瓜特性采取相应的技术措施。域外传入的南瓜仅仅是一个作物品种。美洲虽已有较为成熟的南瓜栽培技术体系，但并没有与南瓜一同传入中国。国人完全是在传统瓜类技术的基础上，后发地创造出一整套的栽培技术体系。

南瓜田间管理的技术要点是整枝、压蔓、保花坐果。整枝可改善光照、通风，提高光合作用和坐果率，《马首农言》最早介绍了南瓜单蔓整枝的技术措施，“其性蔓生，且多支节。叶下皆有一头，以手切去，方不混条”〔1〕，《抚郡农产考略》最早集中阐述多蔓整枝的办法，“瓜藤长八九尺时宜断其杪，则藤从旁生结瓜更多”〔2〕；花期不遇是南瓜落花落果的主要原因，乾隆《澎湖纪略》最早记载了人工辅助异花授粉，“土人取公花之心插在母花心之中，方能结

〔1〕（清）祁寯藻著，高恩广等注释：《马首农言注释》全一卷《种植》，北京：农业出版社，1991 年，第 16 页。

〔2〕（清）何刚德：《抚郡农产考略》草类三《南瓜》，光绪三十三年（1907）刻本。

瓜。盖瓜亦有雌雄。此澎地之所独异也”[1];民国时期多有压蔓记载,“长成条后将条之中间用土压之,俟开花结瓜后将结瓜前之条剪去,每颗可成一瓜”[2],待被压蔓生根后与母株割离,形成新植株的方法,属于无性繁殖技术。以上技术体系都十分先进,虽不一定是首创,却乃国人独创,俱是劳动人民在南瓜这个作物的种植生产实践中体现出来的农耕生态智慧。

(三)三才

天、地、人“三才”理论是中国传统农学思想的核心和总纲,贯穿所有农书,是传统农学立论的依托,“三才”理论应用到农学领域,最早见于《吕氏春秋》审时篇:“夫稼,为之者人也,生之者地也,养之者天也”,体现了农业生产与人与自然的和谐统一,亦即自然再生产与经济再生产的统一。清人马一龙在《农说》中首次把时宜、地宜、物宜“三宜”思想纳入“三才”理论。本质上“三才”是前文的基础和总结,我们努力的方向是着力把南瓜推向观察人与自然整体的前台,力图透过南瓜来解剖整体的历史,同时,也要从整体史的角度来考察南瓜,“三才”理论正是提供了这样一个支撑点。

农业本就与自然、与人相互依存、相互制约。以南瓜为例,南瓜不仅具有自然性,还有社会性,具有明显的二重性特征。一方面,它有鲜明的自然特征,南瓜是大自然的一部分,其形态、生态、用途都是自然形成的;另一方面南瓜经过人类的社会性劳动——栽培、采收、加工、传播,成为人类社会不可或缺的农产,接着进入交换、消费、使用领域,有突出的社会性特征。

“三才”中农业生产的诸多因素堪称有机联动的整体,正是在这种整体观的指导下,我们发现历史时期南瓜“全身是宝”,南瓜的各个部分都有足够的用途,并与畜牧业协调发展;南瓜打顶等技术措施,体现了对物质循环和能量流动的基本表达;“美洲三姐妹作物”是一种合理的作物群体结构,变无序为有序,三者形成的共生关系是一种典型的可持续的农业。

在某种意义上,人居于“三才”的主导地位,但不是自然的主宰,而仅仅是自然的参与者,“和”始终是人的追求,人只能在顺应自然规律的前提下,趋利避害,争取稳产高产,而不能异想天开。南瓜虽然抗逆性强,但并不适合在沙漠、高寒气候下生长;“大跃进”时期能放出亩产万斤以上的南瓜“卫星”,是个天大的笑话;曾有报道山东省园艺科学研究所利用苹果的幼果,嫁接在正在

〔1〕 乾隆三十一年(1766)《澎湖纪略》卷八《土产纪》。
〔2〕 民国二十四年(1935)《张北县志》卷四《物产志》。

生长期间的南瓜上(在南瓜上戳一小孔,然后把苹果柄插入瓜内,一般一个南瓜可接四个苹果),实现了瓜果双丰收[1],如同天方夜谭。

传统社会"风土论"观点,指导着域外作物的引种,但是我们不能唯"风土论"。南瓜在传入中国后,种、形等特性与美洲本土南瓜相比发生了一些变化,这就是南瓜在中国这种非原产地环境下发生的自然变异,南瓜确实具有适应新环境的能力,突破了风土限制。在尊重规律的基础上,可以充分发挥主观能动性,化不利为有利。

南瓜与衣食住行日常生活的关系,还可揭示南瓜的生命与人的生命的关系,这也是环境史关注的对象。笔者建构的南瓜生命史,其实暗合王利华提出的"生命中心主义"和"生态认知系统"。

通过剖析民众对南瓜形而上的"描绘"和"想象",可以揭示南瓜与民间信仰、地域文学、地方政治的复杂关系。笔者获悉福建畲族的祖先创世神话与南瓜息息相关。在畲族方言中南瓜的读音是"pʌmpkɪn"(庞肯),与英文读音完全一致,让人非常吃惊。福建正是南瓜最早登陆中国的地区之一,或是因为畲族人民食用南瓜较多,或是南瓜在畲族最为常见(福建山区尤多南瓜),奠定了南瓜在畲族的重要地位,于是,畲族人民自发建构了以南瓜为主角的创世神话。

又见黎族民歌《南瓜的故事》:盘古开天造人世/人类分排男与女/老当老定两兄弟/南瓜开花育男女/天灾地祸毁万类/南瓜肚内存后裔/老先荷发造人纪/传下三族创天地。《南瓜的故事》大意为远古时有老当、老定两兄弟的妻子怀孕三年,却生不下孩子,按白发老人的指示,种了一颗南瓜,后来南瓜结果那天,果然生下老先、荷发两兄妹,他们靠吃南瓜长大,南风把老先的阳气吹进荷发体内,荷发就怀了孕,三年才生下一团肉包,老先用刀把肉包分成三份,就是海南岛汉族、苗族、黎族三个民族的祖先[2]。

总之,环境亲和型作物南瓜体现了人与自然的和谐统一,三者三位一体,代表了中国的传统农业发展水平。南瓜充分利用了边际土地,基本不与大田作物争地,对环境几乎无负面影响,又无碍农忙,具有高产、营养、适口、耐贮等天然口粮和救荒备荒的优势,极大地提高了土地利用率、劳力利用率,增加了食物供给,为养活数量众多的中国人口做出了巨大的贡献。

---

[1] 山东省园艺科学研究所:《苹果寄生在南瓜上 果园隙地可以充分利用》,《人民日报》,1958年12月1日。

[2] 陶阳、钟秀编:《中国神话》(上册),北京:商务印书馆,2008年,第374－377页。

结　语

15 世纪中后期至 17 世纪末期，也就是“地理大发现”时期，开辟了新航路，发现了新大陆，加强了亚、非、欧、美之间的联系。“地理大发现”最重要的意义之一就是发现美洲，美洲作物开始向世界传播，南瓜即其中最重要的美洲作物之一。南瓜是美洲乃至世界最古老的栽培作物之一，南瓜与菜豆、玉米并称为前哥伦布时代的“美洲三大姐妹作物”，三者间作套种、互利共生，栽培技术非常成熟，加工、利用技术也达到了很高的水平。欧洲人的殖民活动将南瓜从美洲带到了欧洲再向世界各地扩散，伴随着亚洲航路的开辟，葡萄牙人很早就将南瓜引种到了中国。16 世纪初期，南瓜在东南沿海地区最先引种，福建、广东几乎同时引种；16 世纪上半叶，西南边疆的云南也独立从南亚、东南亚引种，然后自东南向北向西、自西南向北向东推广，南瓜以领先于其他美洲作物的速度在全国推广；明代南瓜已经在全国大部分省份引种完毕；清初更是在诸多省份内部完成推广；到了民国时期，除了西藏，南瓜已经在全国推广结束，形成了南瓜稳定产区和主要栽培区域，又经过新中国成立之后的发展，奠定了今天中国作为世界南瓜最大的生产国、消费国和出口国的地位。

几乎与南瓜在我国的引种和推广同时进行，南瓜的生产技术、加工利用技术进步迅速，我国劳动人民在吸收传统技术精华的基础上，认真观察、善于总结，创新了一整套的技术体系，还注重融合国外先进科技，中西合璧、与时俱进，逐渐向世界一流水平看齐。南瓜引种和本土化过程中也有曲折，但与其他美洲作物比较而言已经相当迅速，受到自然和社会的双重动因的制约。

往往不同时代、不同地域的动因各有不同，也就是动因具有“时代性”和“地域性”。南瓜引种和本土化是中外农业交流史上最有重要意义的活动之一，对人民生活和社会经济产生了深远的影响，历史上首推南瓜的救荒影响。在今天南瓜在产业结构中具有更重要的地位，而且南瓜在中国的发展前景还必将更加广阔。

（一）南瓜产业发展面临的机遇和挑战

南瓜在新中国成立后经历了发展、衰落、再发展的历程。历史上南瓜从发展走向衰弱的原因就是随着粮食生产的发展和饮食生活的不断改善，南瓜的角色从传统的救荒作物转变为一般性蔬菜，南瓜消费量急剧下降。如前文分析，南瓜在蔬菜中也不受重视。我国科研和教学单位对其栽培、育种、生理方面的基础研究很少，除部分优良地方品种在生产上使用外，优良一代杂种很少有人选育和推广。正如李植良等对粤北山区的南瓜资源调查发现，农家种仍占相当大的比例，而且品质较差。目前南瓜品种除了蜜本南瓜外，还没有其他大面积栽培的可替代品种。

除了国民重视程度不够，更为重要的原因是“南瓜不是国家重视的主要农作物”，最直接的表现就是我国南瓜的家底尚未摸清，除了联合国粮农组织(FAO)对中国的南瓜属作物的总体统计外，国内少有我国南瓜的生产、消费情况的统计，《中国农业年鉴》历来没有南瓜的具体数据，只有个别单位进行粗略统计，如农业农村部农业司、中国园艺学会南瓜分会的科学大估，或者是个别地区进行的小范围统计，如山东省农业的部门统计等。

以上这些问题都是南瓜产业发展面临的挑战。机遇与挑战并存，20 世纪 90 年代以来，南瓜这个被人冷落的作物在我国又引起了广泛关注，南瓜成为蔬菜业中的新增长点，南瓜的种植面积、产量、消费量有了显著的增长，南瓜加工业也有了长足的发展。我国南瓜产业逐步走出困窘的局面，成为当今正在发展中的大作物。

南瓜的发展机遇带来了南瓜产业的再一次发展，原因是多方面的。首先是人们科学观念提高。南瓜中的胡萝卜素、维生素 C、糖分、果胶含量很高。南瓜高钾低钠，含有较多的碳水化合物和蛋白质。南瓜的药用价值很高，有着良好的保健功能，是一种含有丰富营养成分的蔬菜。这些已经成为消费者的共识，在注重食疗的今天，南瓜的价值自然愈发突出。此外，南瓜还是具有平衡营养作用的优良蔬菜，有辅助降血糖、降脂的作用。诸如南瓜优点的介绍很多，本研究不再赘述。

其次是南瓜育种技术及栽培技术的进步。从20世纪90年代开始，有关南瓜研究和试验的文章稳步增加。中国园艺学会南瓜分会自2001年成立以来，举办了多次学术交流和新品种展示活动。随着我国保护地生产的迅速发展，特别是日光温室的大力推广，冬、春季蔬菜生产种类多样化成为可能，促进了南瓜新品种不断问世。而且，国外的优良品种涌入我国，引起了国内育种专家的关注，相继推出了一批南瓜新品种。近年来，国内科研机构在裸仁南瓜和无蔓南瓜的选育方面取得了一些成果；以蜜本南瓜为代表的杂种一代，因具有品质优良、产量高、耐贮运等优点。在我国南方大面积推广，并成为我国北方地区秋冬季节上市的主要南瓜品种之一。南瓜种质资源进一步丰富，部分新品种具有独特优势，达到世界先进水平。

再次，南瓜中干物质含量高，适宜制作成各种类型的加工食品，具有较好的加工适应性。南瓜粉、南瓜子在国内外均有较大的市场。目前我国籽用南瓜的生产、加工占世界籽用南瓜市场的70%。早在1994年就有人撰文呼吁推动南瓜加工业的发展，并分析其可行性。事实证明此呼吁是十分具有远见的。目前，已开发的南瓜产品有南瓜粉、低糖南瓜脯、南瓜面包、南瓜醋、南瓜汁、南瓜酒等，尤以南瓜粉为主。南瓜粉是我国的重要出口商品，换汇率高于马铃薯、玉米的相关产品。

最后，南瓜产业的发展还与当地的历史、自然、经济条件有关。如东北是我国籽用南瓜最早的产区，也是最大的产区和加工出口基地，占全国出口总量的60%。虽然东北受自然条件的限制，一年一作，但栽培籽用南瓜的经济效益要比种植粮食作物的效益好，加之发展最早，当地群众有种植的经验，改革开放后也就顺势而发了。山西、陕西的南瓜栽培历史悠久，如万历《山西通志》就将南瓜列为全省通产，明代的太原府和汾州府记载南瓜颇多，成为山西最早的南瓜产区。山西、陕西的南瓜生产一直发展不错，因为当地经济发展相对落后，自然条件一般，高档蔬菜难于发展，南瓜自然是最好的选择。

今天南瓜的产业化链条中鲜食用南瓜产业链、籽用南瓜产业链、南瓜种业产业链、南瓜食品加工产业链、观赏南瓜系列产业链都已经比较成熟。科研人员需要大力开展基础性研究，根据南瓜不同产业链要求，选育适于规模化基地生产的新品种；加强南瓜保健功能研究；加强南瓜属作物高效、高产栽培技术研究；大力开展可持续控制南瓜病虫害关键技术研究。

(二)中国南瓜史研究之展望

中国南瓜史研究对南瓜的“推广本土化”“技术本土化”和“文化本土化”[1]有深入的探讨。南瓜由“进入”到“融入”中国社会,呈现一个不断塑造与被塑造的过程,对明清以降中国经济社会发展起到巨大的推动作用。行文由此立足展开论述,将南瓜这一“物”研究置于明代以降南瓜文献的梳理来考察这一“物”的历史,以期超越一般作物史的研究,将之还原到日常生活中,置于传播史、文化史、生活史、科技史等的学术脉络中展开,呈现南瓜在日常生活中的价值和意义,进而钩沉作物史发展的状貌。由于笔者专业方向和知识储备的局限,本研究更多地着墨于中国南瓜推广史、南瓜生产、加工利用史、南瓜本土化的动因及影响,对于某些问题的讨论还不够深入,具体来说:

第一,南瓜文化还可深入挖掘。南瓜文化的意涵十分深刻,外延十分宽泛。南瓜文化是南瓜生产孕育出的精神遗产,而本研究只涉及了南瓜节庆、祈子民俗、观赏文化、名称文化、民间文学,还可以继续探讨南瓜地域文化。本研究对南瓜文化的研究都是将不同地域杂糅到一起的,把不同地域相似的南瓜文化归到一类,没有考虑地域的特殊性,实际上“一方水土养一方人”,即使是同一文化,在进入地域小环境后必然会被二次改造,形成具有当地特色的文化,尤其是少数民族地区,更加值得关注,应该结合更多的田野调查。另外,南瓜的名称文化,本研究做了考证,但并未涉及南瓜名称的时空演变问题(历史上南瓜别称众多,有的别称沿用到了今天。南瓜在不同地域文化共同体存在名称变迁),还有南瓜文化与其他作物文化相互交融的情况等。

第二,南瓜引种和本土化的动因有很多,本研究只展开论述了其中一部分,但是还有一些因素没有展开。如饮食文化因素,中国是食之大国,将一种新作物进行充分的开发、料理,成为一种可口的佳肴,必然是该作物本土化的重要动力。南瓜由于有诸多推广价值,官方必然对其推广持支持态度,民间论调包括士人著书的介绍、广大农民的推崇、工商阶层的褒扬等都引导社会对南瓜本土化的重视。民国以降,科技进步对南瓜本土化的影响越来越大,尤其是近代遗传育种技术、栽培技术、病虫害综合防治技术等,加速了南瓜本土化。还有西方传教士对南瓜推广的作用等。以上这些动因,包括本土化影响,并不是在本研究当中没有提及,只是没有单独地大篇幅阐述。

[1] 樊志民曾把这一过程概括为风土适应、技术改造、文化接纳,实与笔者提出的“本土化三段论”有异曲同工之妙,详见樊志民:《农业进程中的“拿来主义”》,《生命世界》,2008年第7期。

第三，南瓜引种和本土化的影响涉及了方方面面。在饮食方面，南瓜的传入增添了人们的饮食情趣和食物营养。南瓜的食用方法十分多样，在中餐和西餐中均占有重要的地位，催生了众多与南瓜相关的菜肴；在科学研究方面，南瓜不仅是园艺科学中研究比较深入和广泛的蔬菜品种，而且是遗传学、生物化学、植物生理学和生物工程等学科研究中的重要研究对象，目前南瓜也是基因工程研究重要的实验材料。此外，南瓜能在山地种植，在开山的过程中，盲目垦殖对环境造成了什么样的影响？过去不适合作物生长的瘠土砂砾、高岗坡地、田边地角，因为适应性强的南瓜成为宜农土地，增加了多少耕地面积？南瓜生产、救荒与人口增长有一种怎样的内在联系？南瓜对粮食市场价格的调节作用大小，是否能够平抑物价？这些问题都需要进一步的研究。

第四，南瓜的生产与发展状况还有待进一步考察。本研究主要采用历史研究方法，农学、园艺学知识相对欠缺，因此对当代南瓜生产情况，尤其是和南瓜有关的前沿科技，缺乏一定的论述。而且由于某些客观因素，就连南瓜在全国的具体栽培面积和产量也还不是很明晰，正如中国园艺协会南瓜分会名誉会长刘宜生在给笔者的信件中所说："因为南瓜不是国家重视的主要农作物，没有专门统计南瓜生产数据，我们可采取的办法是：① 通过文献尽量查找一些有关资料；② 找些近现代的、重点产区的地方志，做些推测；③ 联系现在的一些生产、经营南瓜的大公司和产区，请他们协助推测一下目前发展的现况和今后发展的趋势。"除此以外，还有很多专业的技术性问题有待解决。

第五，本研究的依据是史学，即史料学，因此虽然史料工作是本书的亮点之一，但未能将自己的研究置于国际学术发展的脉络中展开，面对浩如烟海的外文文献，往往不知如何下手。所以笔者一直处于大陆的学术语境之中，在新理念、新方法、新思维方面略显不足，缺乏史学理论的实践，更多的是历史经验的呈现，有"以史带论"的意味。本研究以全国为视野，在时序上跨越了明、清、民国、新中国，具有了新社会史、新文化史和日常生活史的研究取向，但缺乏全球视野，也就无法充分凸显"新史学"的价值，这是笔者日后研究的努力方向。

中国南瓜史的内容广泛而复杂，本研究未尽其详，尚有很多需要完善的地方，希望本研究能抛砖引玉，引起相关学者的关注，共同投入中国南瓜史的研究中来。更为重要的是，希望借此能吸引更多的学者关注中国蔬菜史和中国果树史的研究，因为本研究是第一篇单独以一种蔬菜（果树）为研究内容的博士论文，专著当中也无此先例，本研究是对粮食作物史研究向蔬菜（果树）作物史研究的一个转移，希望能促使作物史这个研究方向更加繁荣。事实上，确有很多非粮食作物值得深入研究，诸如白菜史、西瓜史、花生史、烟草史等，每个作物都有相关的专题研究，论文数量比南瓜多得多，但并无全面、系统的梳理的专著，不得不说是一个遗憾。西瓜、辣椒、高粱、花生等相关博士论文的作者们坦言受到了我的正面影响，有人将之戏称为"南瓜现象"，对此我是很欣慰的，确实起到了抛砖引玉的作用。

附　录

附录1　不同时期方志记载南瓜的次数

单位：次

省份	嘉隆	万崇	顺治	康熙	雍正	乾隆	嘉庆	道光	咸丰	同治	光绪宣统	民国
河北	1	14	3	83	12	66	6	12	7	14	67	81
山东	1	24	8	61	3	36	8	20	7	6	58	49
内蒙古									2	1	5	7
河南	1	7	22	33	1	46	7	13		3	21	47
山西	1	20	10	56	19	39	6	9		3	35	29
陕西		3	4	18	8	29	7	13	2	1	31	39
甘肃				6		18		5			8	26
青海												3
宁夏			1	1		3	1	2			1	3
新疆						1	1	1			1	3
四川		2		9	3	52	51	32	12	35	64	74
云南	2	2		31	11	23	5	19	4		27	34
贵州		1		2		9	5	14	4	2	14	23
湖北		1	3	22	1	27	3	7	5	39	29	15
湖南		3	1	26	5	38	36	15		46	30	12

续表

省份	嘉隆	万崇	顺治	康熙	雍正	乾隆	嘉庆	道光	咸丰	同治	光绪宣统	民国
江西	2	7	2	34	3	35	8	35	3	64	15	15
安徽	2	16	13	37	3	27	16	18		11	16	14
江苏	1	15	2	32	8	38	15	13	2	6	42	45
浙江	4	17	2	47	7	32	15	14	3	16	42	39
福建	2	8	1	24	2	38	10	16	2	8	15	41
台湾				5		5		1	1	1	7	1
广东	1	10	2	41	8	35	15	25	3	11	30	31
海南				7		5	3	1	2		8	6
广西				6	3	16	7	15		4	17	54

注：以今天政区为标准。本资料除个别资料引自有关文献外，均出自各地(或相当于)县志，同一地区不同时期修纂的方志，凡有南瓜记载者均统计在内。各省份的通志、府志、乡土志等，凡与县志重复者均不采用。

附录 2　古籍记载南瓜一览表

分类	作者及成书时间	书籍名称及出处	作者及成书时间	书籍名称及出处
农书类	明·王芷(胡道静考证为嘉靖、万历之间)	《稼圃辑》不分卷	明·王世懋(1587)	《学圃杂疏》不分卷《瓜疏》
	明·周文华(1620)	《汝南圃史》卷十二《瓜豆部·冬瓜》	明·佚名(1644前)	《致富全书》不分卷《蔬部》
	清·张履祥(1658)	《沈氏农书》下卷《补农书后》	清·胡煦(1731)	《农田要务稿》不分卷
	清·鄂尔泰、张廷玉等(1742)	《授时通考》卷六十一《农余·蔬三》	清·张宗法(1750)	《三农纪》卷九《蔬属》
	清·丁宜曾(1755)	《农圃便览》不分卷	清·郑之侨(1760)	《农桑易知录》卷一《种瓜》
	清·包世臣(1801)	《齐民四术》卷一上农一上《农政·作力》	清·祁寯藻(1836)	《马首农言》不分卷《种植》

续表

分类	作者及成书时间	书籍名称及出处	作者及成书时间	书籍名称及出处
农书类	清·黄辅辰(1864)	《营田辑要》第四编《外篇——附考(农事)·种蔬第四十二》	清·郭云陞(1896)	《救荒简易书》卷一《月令》,卷二《土宜》,卷四《种植》
	清·陈恢吾(1902)	《农学纂要》卷二	清·何刚德(1907)	《抚郡农产考略》草类三
	清·杨巩(1908)	《中外农学合编》卷六《农类 蔬菜》	清·邹存淦(1912前)	《田家占候集览》卷六
本草类	明·兰茂,范洪整理(1556)	《滇南本草图说》卷八	明·李时珍(1578)	《本草纲目》卷二十八《菜部》
	明·江瓘(1591)	《名医类案》卷十二	明·王象晋(1621)	《二如亭群芳谱》卷二《蔬谱二》
	元·李杲编辑,明·李时珍参订,明·姚可成辑(1621)	《食物本草》卷七《菜部二·瓜菜类》	明·倪朱谟(1624)	《本草汇言》卷十六《菜部·瓜菜类》
	明·山野居士(不详)	《验方家秘》不分卷	清·张璐(1695)	《本经逢原》卷三《菜部》
	清·浦士贞(1697)	《夕庵读本草快编》卷四《瓜菜类·诸瓜总论》	清·汪灏、张逸少等(1708)	《佩文斋广群芳谱》卷十七《蔬谱五》
	清·尤乘(1710前)	《寿世正编》卷下	清·陶承熹(1734)	《惠直堂经验方》卷二《肿胀门》
	清·何克谏(1738)	《增补食物本草备考》上卷《菜类》	清·徐大椿(1741)	《药性切用》卷四中《菜部》
	清·叶桂(1746前)	《本草再新》卷六《菜部》	清·吴仪洛(1757)	《本草从新》卷十一《菜部》
	清·汪绂(1758)	《医林纂要》卷二《蔬部》	清·顾世澄(1760)	《疡医大全》卷二十六,卷三十四
	清·赵学敏(1765)	《本草纲目拾遗》卷八《诸蔬部》	清·黄宫绣(1769)	《本草求真》卷九《食物》
	清·何京(1775)	《文堂集验方》卷四《折伤诸症》	清·俞震(1778)	《古今医案按》卷九《女科》

续表

分类	作者及成书时间	书籍名称及出处	作者及成书时间	书籍名称及出处
本草类	清·赵学敏(1790)	《凤仙谱》总论	清·程鹏程(1803)	《急救广生集》卷七,卷八,卷十
	清·王学权(1810)	《重庆堂随笔》卷下《论药性》	清·刘一明(1817)	《经验奇方》卷下
	清·谢堃(1820)	《花木小志》不分卷	清·姚澜(1840)	《本草分经》菜类四
	清·吴其濬(1844)	《植物名实图考》卷六《蔬类》	清·吴其濬(1844)	《植物名实图考长编》卷五《蔬类》
	清·鲍相璈(1846)	《验方新编》卷一,卷十一,卷十二,卷十三,卷十六,卷十八,卷二十四	清·赵其光(1848)	《本草求原》卷十五《菜部》
	清·陆以湉(1858)	《冷庐医话》卷五《药品》	清·文晟(1865)	《急救便方》不分卷
	清·刘仕廉(1873)	《医学集成》卷三	清·邹存淦(1877)	《外治寿世方》卷二,卷三
	清·丁尧臣(1880)	《奇效简便良方》卷二,卷四	清·徐士銮(1889)	《医方丛话》卷三
	清·吴汝纪(1896)	《每日食物却病考》卷之上《菜类》	清·赵濂(1897)	《医门补要》卷上
	清·陈其瑞(1901)	《本草撮要》卷四《蔬部》	清·佚名(1906)	《分类草药性》不分卷
	清·太医院(不详)	《太医院秘藏膏丹丸散方剂》卷二	日·浅田宗伯(不详)	《先哲医话》卷下
笔记类	明·田艺蘅(1572)	《留青日札》卷三十三《瓜宜七夕》	明·谢肇淛(1615)	《五杂组》卷十《物部二》
	明·姚旅(1619)	《露书》卷十二	明·冯梦龙(1637)	《寿宁待志》卷上《物产》
	明·李光壂(1642)	《守汴日志》不分卷	清·陈鼎(1671)	《滇游记》不分卷
	清·屈大均(1678)	《广东新语》卷二十七《瓜瓠》	清·高士奇(1690)	《北墅抱瓮录》不分卷

续表

分类	作者及成书时间	书籍名称及出处	作者及成书时间	书籍名称及出处
笔记类	清·景星杓(1720前)	《山斋客谭》卷七	清·黄叔璥(1722)	《台海使槎录》卷三《赤嵌笔谈》
	清·图理琛(1723)	《异域录》卷下	清·郑元庆(1734前)	《湖录》卷二
	清·王鸣盛(1765)	《西庄始存稿》卷三十八	清·厉荃(1776)	《事物异名录》卷二十三《蔬谷部上》
	清·吴大勋(1782)	《滇南闻见录》下卷《物部》	清·周裕(1790)	《从征缅甸日记》不分卷
	清·石韫玉(1795)	《独学庐稿》初稿卷七	清·李心衡(1798)	《金川琐记》卷三《南瓜》
	清·檀萃(1799)	《滇海虞衡志》卷十一《志草木》	清·西清(1810)	《黑龙江外记》卷八
	清·索绰络·英和(1831)	《卜魁纪略》不分卷	清·魏源(1842)	《海国图志》卷五十六《北洋》
	清·郑光祖(1843)	《一斑录》附编	清·王培荀(1845)	《听雨楼随笔》卷三，卷四
	清·俞正燮(1847)	《癸巳存稿》卷十一	清·梁章钜(1847)	《浪迹丛谈》卷八
	清·梁章钜(1848)	《浪迹续谈》卷四	清·奕赓(1850前)	《括谈》卷上
	清·徐宗干(1852)	《斯未信斋杂录》卷五《壬癸后记》	清·何秋涛(1860)	《朔方备乘》卷二十九
	清·沈兆澐(1861前)	《篷窗续录》卷下	清·叶廷管(1870)	《鸥陂渔话》卷一
	清·徐时栋(1873前)	《烟屿楼笔记》卷六	清·史梦兰(1878)	《止园笔谈》卷二
	清·许起(1885)	《珊瑚舌雕谈初笔》卷四	清·郭柏苍(1886)	《闽产录异》卷二《蔬属》
	清·李圭(1895)	《鸦片事略》卷上	清·唐赞衮(1895)	《台阳见闻录》卷下
	清·俞樾(1899)	《春在堂随笔》卷七	清·震钧(1903)	《天咫偶闻》卷十《琐记》

续表

分类	作者及成书时间	书籍名称及出处	作者及成书时间	书籍名称及出处
笔记类	清·富察敦崇(1906)	《燕京岁时记》不分卷	清·冯煦(1910)	《皖政辑要》农工商科·卷八十七·垦牧树艺
	清·刘汝骥(1911)	《陶甓公牍》卷十二	清·徐珂(1916)	《清稗类钞》第八册《师友》,第三十四册《迷信》,第四十三册《植物》
	清·张德彝(1866—1918)	《航海述奇》《再述奇》《三述奇》《四述奇》直至《八述奇》		
饮食类	元·贾铭(1368前)	《饮食须知》卷三《菜类》	清·童岳荐(1765前)	《调鼎集》卷二《特牲杂牲部》
	清·徐文弼(1771)	《寿世传真》修养宜饮食调理第六《瓜类》	清·袁枚(1792)	《随园食单》不分卷《水族无鳞单》
	清·顾仲(1818)	《养小录》卷中	清·章穆(1823)	《调疾饮食辨》卷三《菜类》
	清·王士雄(1861)	《随息居饮食谱》不分卷《水饮类》《蔬食类》《毛羽类》	清·夏曾传(1877)	《随园食单补证》不分卷
	清·黄云鹄(1881)	《粥谱》不分卷《蔬类》	清·薛宝辰(1926)	《素食说略》卷二
文学类	明·吴承恩(1592)	《西游记》第十回,第十一回	明·毛晋(1644前)	《六十种曲·白兔记》
	清·丁耀亢(1668)	《续金瓶梅》第十八回	清·陈确(1677前)	《乾初先生遗集》诗集卷九
	明·朱之瑜(1682前)	《舜水先生文集》卷十一	清·刘璋(1688)	《斩鬼传》第一回
	清·褚人获(1695前)	《坚瓠集》卷二	清·吴骐(1695前)	《颇颔集》
	清·陈士斌(1696)	《西游真诠》不分卷	清·高士奇(1704前)	《高士奇集》卷五
	清·蒲松龄(1704)	《日用俗字》菜蔬章第五,《日用俗字》庄农章第二	清·朱彝尊(1709)	《曝书亭集》卷第二十八词

续表

分类	作者及成书时间	书籍名称及出处	作者及成书时间	书籍名称及出处
文学类	清·蒲松龄(1715前)	《草木传》第七回	清·蒲松龄(1715前)	《聊斋俚曲集》禳妒咒 招妓
	清·文昭(1722前)	《紫幢轩诗集》石盂集	清·曹雪芹(1743)	《红楼梦》第三十九回,第四十回,第四十一回
	清·郑方坤(1754)	《全闽诗话》不分卷	清·唐英(1756前)	《灯月闲情十七种》巧换缘
	清·陈梓(1759前)	《删后诗存》卷七	清·汪绂(1759前)	《理学逢源》卷五内篇
	清·钱德苍(1764)	《缀白裘》三集	清·李绿园(1780)	《歧路灯》第九十七回
	清·吴梅颠(1795前)	《徽城竹枝词》不分卷	清·王廷绍(1795)	《霓裳续谱》卷八《乡老庆寿》
	清·逍遥子(1796)	《后红楼梦》第十九回	清·潘衍桐(1798)	《两浙輶轩续录》卷六
	清·陈少海(1799)	《红楼复梦》第四回,第十五回,第十八回,第二十五回,第二十九回,第五十九回	清·汪学金(1804)	《娄东诗派》卷九
	清·海圃主人(1805)	《续红楼梦新编》第九回	清·钱维乔(1806前)	《竹初诗文钞》文钞卷五《传状》
	清·陈文述(1807)	《颐道堂集》诗选卷二十五,卷三十	清·临鹤山人(1814)	《红楼圆梦》第二十六回
	清·黄钺(1815)	《壹斋集》卷七《古今体诗七十四首》	清·严元照(1817前)	《柯家山馆遗诗》卷三
	清·李汝珍(1817)	《镜花缘》第十二回,第七十回	清·归锄子(1819)	《红楼梦补》第四十回
	清·王有光(1820)	《吴下谚联》卷三《续目》	清·檀园主人(1821)	《雅观楼》第一回
	清·张祥河(1850前)	《小重山房诗词全集》朝天集,福禄鸳鸯集	清·多隆阿(1864前)	《毛诗多识》卷七
	清·华长卿(1870)	《梅庄诗钞》卷十六《于役草》	清·汤贻汾(1874)	《琴隐园诗集》卷四

续表

分类	作者及成书时间	书籍名称及出处	作者及成书时间	书籍名称及出处
文学类	清·文康(1878)	《儿女英雄传》第十五回	清·石玉昆(1879)	《三侠五义》第十一回
	清·百一居士(1881)	《壶天录》卷中	清·贪梦道人(1891)	《康熙侠义传》第六十八回
	清·樊增祥(1893)	《樊山集》卷二十六	清·云江女史(1894前)	《宦海钟》第十一回
	清·佚名(1894)	《刘墉传奇》第七回	清·黎汝谦(1899)	《夷牢溪庐诗钞》卷二
	清·王石鹏(1900)	《台湾三字经》不分卷	清·樊增祥(1902)	《樊山续集》卷十二《西京酬唱集》
	清·吴趼人(1903)	《二十年目睹之怪现状》第二十六回	清·蘧园(1904)	《负曝闲谈》第二十四回
	清·王闿运(1908前)	《湘绮楼全集》文集卷一	清·吴趼人(1910)	《情变》第一回
	清·赵熙(1918)	《香宋词》卷三	清·佚名(不详)	《温凉盏鼓词》不分卷
	清·佚名(不详)	《大八义》第三十回	清·何恭弟(不详)	《苗宫夜合花》卷二
	清·西周生(不详)	《醒世姻缘传》第二十四回,第九十一回	清·梦笔生(不详)	《金屋梦》第十六回
	清·郭小亭(不详)	《济公全传》第一百十八回		
其他类	明·方以智(1643)	《物理小识》卷六《饮食类 衣服类》	清·张庚(1739)	《国朝画征录》不分卷
	清·陈元龙(1777)	《格致镜原》卷六十三	清·嵇璜、刘墉等(1785)	《续通志》卷一百七十五《昆虫草木略二》
	清·元成(1816)	《续纂淮关统志》卷七《则例》	清·金士潮(1816)	《驳案续编》卷四
	清·秦笃辉(1826)	《经学质疑录》卷十七	清·许连(1834)	《刑部比照加减成案》卷三十
	清·林则徐(1850前)	《林文忠公政书》湖广奏稿卷四	清·朱璐(1854)	《防守集成》卷十五

续表

分类	作者及成书时间	书籍名称及出处	作者及成书时间	书籍名称及出处
其他类	清·方浚(1875)	《梦园书画录》卷二十二	清·袁世俊(1876)	《兰言述略》卷三
	清·李鸿章(1886)	《朋僚函稿》卷十	清·葛士浚(1888)	《皇朝经世文续编》卷八十五《刑政二律例上》
	清·方旭(1890)	《虫荟》卷三《昆虫》	清·邵之棠(1901)	《皇朝经世文统编》卷四十三《内政部十七 刑律》
	清·盛康(1897)	《皇朝经世文续编》卷三十九《户政》十一《屯垦》	清·甘韩(1902)	《皇朝经世文新编续集》卷七《农政上》
	清·陈浏(1906)	《匋雅》卷下《匋雅十六》	清·闲园鞠农(1906)	《燕市货声》不分卷
	赵尔巽等(1920)	《清史稿》卷四十一·志十六·灾异二		

注：标注的时间为成书时间，也就是书籍的完成时间，如不详，则选择书籍的初刻时间，均不详，则选择大概的时间，即某某年“前”。

附录3　农史研究中“方志·物产”的利用
——以南瓜在中国的传播为例

方志取材丰富，分门别类，为研究历史特别是地方史的重要参考资料。与方志同时诞生的方志·物产，提供了大量的一手资料，在农史研究中具有极高的史料价值。方志·物产的沿革经历了漫长的历史时期，内容和体例形成于宋，完善于明。对于方志物产的利用，有许多需要注意的问题。只有充分利用方志·物产，才能达到以史为鉴的目的。

有“一方之全史”之称的我国方志，据《中国地方志联合目录》的统计，现存有8 264种，当然实际数量不止于此。方志是地方文献的大宗，为学术研究之绝佳文献。方志所记述的内容极其广泛，举凡一地的建置、沿革、疆域、山川、津梁、关隘、名胜、资源、物产、气候、天文、灾异、人物、文化、教育、民族、风俗等情况都为其所包容[1]。“物产”几乎是方志必载之项目。物产史料是农史研究的基础，物产史料分布在各种各样的古籍中，以农书最为集中，但数量偏少，方志·物产的记载最多、最丰富，我国绝大多数的物产史料都在方志·物产中有所反映。

一、方志·物产的沿革

早在先秦时期，方志的雏形《禹贡》和《山海经》就记载了各地的物产，《禹贡》共记载70多种植物和贡物，《山海经》记载草、木、鸟、兽、虫、鱼、食物共599个[2]。以后历代方志多载以物产，朱赣撰著的《地理书》是成书于西汉末年的一部记述地理风俗的总志，经班固辑录，收入《汉书》卷二十八下《地理志》，其内容述及星野、疆域、物产和风俗。魏晋南北朝时期，以全国区域为范围编纂的总志以晋挚虞《畿服经》的体例较为完备，《隋书·经籍志》载：“《畿服经》，其州郡及县分野封略事业、国邑山陵水泉、乡亭城道里土田、民物风俗、先贤旧好。”《隋书·经籍志》还载：“隋大业中，普诏天下诸郡，条其风俗、物产、地图，上于尚书。”可见隋代方志十分重视对物产的记载。隋代的方志尤其是《诸郡物产土俗记》以采录各地风土民俗为主，是专门的物产志。现存最早最完整的全国性方志——唐代的《元和郡县图志》（后因图佚，改名《元和郡县志》），分镇记镇府、州、县、户、沿革、山川、道里、贡赋（物产）。

方志在宋代趋于成熟，后世关于物产门类的设置多师法于此，所记物产或详或略，张国淦在《中国古方志考·叙例》中指出方志在宋代体例始备，物产与其他门类汇于一编。宋代著名的舆地志《太平寰宇记》，改变了我国地志只记沿革地理、轻视经济文化的风习，书中着重叙述了土产、风俗、人物、艺文等目。元代亦多列物产门，体例沿袭宋志。明代永乐年间颁布的《纂修志书凡例》规定，志书应包括土产等目，这是现存最早的关于地方志编纂体例的政府条令，物产的内容和体例也被规定下来。清代方志的编修仍承继明例，不论是统志、通志、府志、厅志、县志、乡土志、镇志、关卫志还是乡土教科书，都或多或少包括物产的内容。民国也与明清一样，但关于物产的记载更加详细，一般除了记载物产的名称之外，还会叙述物产的性状、用途等内容。

1949年之后我国方志事业进入崭新的历史阶段，开始新志的纂修和旧

---

〔1〕 来新夏：《方志学概论》，福州：福建人民出版社，1984年，第1页。

〔2〕 贾雯鹤：《〈山海经〉专名研究》，四川大学学位论文，2004年，第46－88页。

志的整理工作。就方志·物产的整理来说，规模最大的是1955年中国农业遗产研究室的万国鼎主任，组织研究人员奔赴全国40多个大中城市，从各地8 000多部方志中，摘抄其中的农史资料，整理为《方志物产》431册[1]。地方上的主要成就见附表1－1。

附表1－1　地方上对方志·物产的整理成果

编者	书名	出版信息
上海市文物保管委员会	《上海地方志物产资料汇辑》	中华书局1961年版
《江西地方志农产资料汇编》编辑委员会	《江西地方志农产资料汇编》	江西人民出版社1964年版
甘肃省中心图书馆委员会	《甘肃河西地区物产资源资料汇编》	甘肃省中心图书馆1987年版
	《甘肃中部干旱地区物产资源资料汇编》	甘肃省中心图书馆1986年版
	《甘肃陇南地区暨天水市物产资源资料汇编》	甘肃省中心图书馆1987年版
广西通志馆旧志整理室	《广西方志物产资料选编（上下册）》	广西人民出版社1991年版
山西省农业厅农业志编写组	《山西方志物产综录》	山西省农业厅1995年版

二、方志·物产的利用

方志·物产对于研究农史有十分重要的意义。南瓜原产于美洲，明代传入我国，但我国南瓜史研究极少，只有赵传集《南瓜产地小考》、张箭《南瓜的发展传播史》及笔者的相关研究，但均没有涉及在中国各省的引种推广研究。为研究这一问题，笔者翻阅了大量的现存方志，以南瓜在中国的引种为例，分析农史研究中方志·物产的利用。

（一）方志·物产的识别

宋元时期的物产目多命名为“物产门”，方志·物产的命名不尽相同，如

---

〔1〕 王思明、陈少华主编：《万国鼎文集》，北京：中国农业科学技术出版社，2005年，第401页。

物产、物产志、方产、方物、方物志、产物、物产门、农产、农产物、土产、土产志、土产叙、土物、志物产、志方物、物产类、物产叙、物产略、物产篇、物产考、物产谱、论物产、庶物、民物，包括先秦出现的贡品、贡物以及民国出现的物产表、土产表、产业、产业志等，以"物产"的出现频率最高，虽然名称多样，实际上本质是相同的。而且部分"物产"是单独成一卷或者多卷，部分是与其他门类共同组成一卷，卷名如食货(志)、舆地(志)、货殖、风俗、风土、农业、田赋等。甚至还有的方志，在目录中并未提及物产，却在某卷(如田赋)的卷末附及物产，如康熙《顺义县志》卷二《田赋》附物产，所以在利用方志·物产的过程中需要仔细识别，避免遗漏。

(二) 方志·物产记载的同名异物和同物异名问题

我国现有主要农作物源自本土的大概有300种，另有300种来自国外，新引进的作物，新的名称是必不可少的，新的名称一般从旧名称里脱胎而来，但不同地区往往又难以统一，久而久之，很容易产生同物异名和异名同物的现象。为什么难以统一？我国地大物博，民族、方言众多，地域差异十分明显，体现在南瓜上这种情况尤为明显。南瓜本身品种、形态多样，并且通过多渠道进入我国，造成了南瓜名实混杂、称谓混乱，以及正名与别称长期共存的现象，南瓜在我国不同地区甚至在同一地区都有不同的称谓，在方志·物产中的记载是纷繁芜杂。

南瓜在方志中的最早记载是嘉靖十七年(1538)的《福宁州志》载："瓜，其种有冬瓜黄瓜西瓜甜瓜金瓜丝瓜"[1]，这里的"金瓜"实际上就是南瓜，"金瓜"是南瓜的常用别称之一，有时也指甜瓜，在今天更多指西葫芦的变种搅丝瓜(金丝瓜)或西葫芦的变种红南瓜(看瓜、观赏南瓜)，或指笋瓜的变种香炉瓜(鼎足瓜)，但是《福宁州志》所载确为南瓜无疑。崇祯《寿宁待志》载："瓜有丝瓜、黄瓜，惟南瓜最多，一名金瓜，亦名胡瓜，有赤黄两色。"[2]寿宁县位于福宁州内北部，而且以后历朝历代的府志均未载"南瓜"一词，仅有"金瓜"，在南瓜已经引种到当地多年但无记载的可能性极小，只有一种解释，此金瓜即南瓜。乾隆《福宁府志》载："金瓜，味甘，老则色红，形种不一"[3]，根据性状描写也确实是南瓜。南瓜在方志·物产中记载的其他别称及考释情况可见第二章第一节。

---

〔1〕 嘉靖十七年(1538)《福宁州志》卷三《土产》。

〔2〕 (明)冯梦龙：《寿宁待志》，福州：福建人民出版社，1983年，第45页。

〔3〕 乾隆二十七年(1762)《福宁府志》卷十二《物产》。

（三）物产的记载时间一般都晚于在当地的出现时间

如《禹贡》和《山海经》中记载的物产均是我国原产，多数甚至早于人类诞生的历史。方志的编纂人员多是文人墨客，他们并不直接参加农业生产，如果一种物产，尤其是新的物产，诸如南瓜，能够被编纂者注意到，必定是在社会上已经流行了一段时间并形成了一定的栽培规模。所以如果南瓜在嘉靖十七年(1538)就被《福宁州志》记载，那么至少在16世纪初叶，南瓜就引种到了中国。此外，因为不同地区方志编纂时间不一致，即使事实上两地同时在万历年间引种南瓜，也不能保证两地在同一时间段，如都在万历年间记载南瓜。所以，如果两地记载南瓜的时间没有相差半个世纪或者半个世纪以上，是不能断定引种先后顺序的，也不能判断两地之间的物产传播流向，如果记载相差半个世纪或以上则可以。

万历二十二年(1594)《望江县志》在安徽首次记载南瓜[1]。安徽与江苏和浙江接壤，安徽望江县位于皖南，更靠近浙江，浙江是在嘉靖三十年(1551)《山阴县志》[2]中始见南瓜记载，两省最早对南瓜的记载相差43年，那么一般来说安徽南瓜是引种于浙江。根据方志记载也确实如此，嘉庆《宁国府志》载："饭瓜，即南瓜，宁国向无此种，明嘉靖中仙养心官浙之严州，归携种植之，味甘可代饭，今六邑俱有。"[3]这段史料不但可以表明安徽南瓜最早由官方从浙西引种到皖南，而且也印证了文献记载确实落后于南瓜的实际栽培时间，安徽宁国府应该在嘉靖末年首先引种，但直至万历中期在安庆府的望江县才见记载。如果相距较远的两地在短时间内同时出现一种新的物产，那么两者之间没有直接的关系，应是分别从其他地区引种。云南引种南瓜的最早时间是在1556年，见于汤溪范行准收藏的兰茂著、范洪整理的《滇南本草图说》，云南与福建关于南瓜的最早记载时间只相差18年，相距2 000多公里，两省中间、周边省份最早记载南瓜的时间均晚于二省，故南瓜是通过东南沿海和西南边疆两条路线几乎同时从国外引入中国的。

（四）方志缺失的问题

我国现存的近万余的方志绝大部分为明代以后的，宋元方志凤毛麟角，因此明代之前的方志仅能反映个案的情况，现存明代方志1 014种，约占明志

〔1〕万历二十二年(1594)《望江县志》卷四《物产》。
〔2〕嘉靖三十年(1551)《山阴县志》卷三《物产志》。
〔3〕嘉庆二十年(1815)《宁国府志》卷十八《物产》。

总数的 29%[1]，散佚很多，不能覆盖全国所有府县。清代、民国时期的方志数量则是相当可观，几乎县县有方志并且连续性很好。南瓜最早见于元末明初贾铭《饮食须知》，与兰茂《滇南本草》一样，均成书于 1492 年之前，但如果仅仅两本典籍记载，没有南瓜的野生种在中国发现以及没有同一时期方志的佐证，那么就不能肯定地认为南瓜在 1492 年之前就引种到中国，这两部典籍也就只能算是孤证。学术界也多认为《饮食须知》内容有后人托名贾铭擅自增删的现象，如彭世奖、张箭等皆认为关于南瓜的记载是后人窜入的。笔者查阅 1492 年之前的寥寥数本方志的确无南瓜记载，虽然可能是由于方志缺失原因未能发现更早的记载，但是这种可能性微乎其微，一般来说，在前哥伦布时代美洲并没有与世界发生联系，南瓜自然也就不可能引种到中国。南瓜在嘉靖十七年(1538)《福宁州志》中的记载就是在中国的最早记载。

即使在清代、民国方志大量保存的前提下，方志缺失的情况依然存在。这里说的缺失不只是散佚，还有未修的情况存在。贵州的思南府和松桃厅，在道光年间均载有南瓜[2]，道光以来二府未修方志，因此无法判断清末、民国时期黔东北地区是否继续栽培南瓜；又如余庆县是贵州南瓜引种最早的县城之一[3]，但现存方志除了康熙修本就是民国修本，中间的三百年间南瓜是持续栽培还是推广失败后二次引种至该地，根据方志记载难以判断。但一般来说，南瓜这种栽培容易、生长强健、功用突出的菜粮兼用作物，无论是思南府、松桃厅还是余庆县，在引种之后便会成为重要的物产，一直栽培到今天。

(五) 方志中的物产缺失

从宋代开始无论是总志还是区域志，大都列有物产，明代更是进行了明文规定，但不是所有方志都载有物产。原因主要有三：第一，本地物产与他处(尤其是邻县)物产相比没有特殊之处，在他处物产叙述详尽的情况下，没有必要再赘述，只写与某某县同即可；第二，本地物产确实非常稀少，或是荒凉偏僻，或是人迹罕至，无物产可载；第三，新修方志的物产与前志相比没有可增补之处，直接“同前志”，不再抄录。如光绪《娄县续志》不载物产，属于第三种情况。朱锁玲对台湾、福建、广东三省的方志 · 物产来源志书做了统计，

---

[1] 巴兆祥：《论明代方志的数量与修志制度——兼答张升〈明代地方志质疑〉》，《中国地方志》，2004 年第 4 期。

[2] 道光二十一年(1841)《思南府续志》卷三《土产》；道光十四年(1834)《松桃厅志》卷十四《土产》。

[3] 康熙五十七年(1718)《余庆县》卷七《土产》。

台湾共29部方志载有物产，福建是237部，广东是397部〔1〕。虽然与《中国地方志联合目录》所载三省方志总数相差无几，但仍然少于三省方志总数，可见一些方志中无物产一目。

（六）记载的物产过于简略

在研究南瓜在全国的传播时一般认为，方志·物产中未出现“南瓜”或南瓜别称即该地未栽培南瓜。但是在很多情况下方志·物产叙述非常简略，无法判断南瓜在该地是否被引种。如只记载“瓜”“瓜类”一两个字，或者用“瓜类甚多”〔2〕“瓜之属与他处同”〔3〕“瓜之属十有一”〔4〕“瓜约十数种，所在多有”〔5〕“瓜种种不可胜数”〔6〕等含糊不清的表达，甚至干脆不载瓜类。光绪《揭阳县续志》载“旧志载而未详者引申之，其未载者补录之”〔7〕，虽然前志物产中有瓜及南瓜，但是新志补录的内容并无，结合前志可以认为南瓜在揭阳县作为物产依然存在。

另一种情况就是方志·物产只载主要物产或者称为特产的物产，有的地区物产众多，没有必要一一列举。民国《陕西通志稿》中就载了西瓜、甜瓜、黄瓜等〔8〕，未载南瓜，在民国陕西遍种南瓜的情况下，只能说明南瓜在陕西不作为主要物产，但绝对不能认为没有南瓜栽培。四川阆中市则更加明显，咸丰《阆中县志》瓜类只提到南瓜“夏秋间之南瓜担者负者不绝于涂，尤其取之不尽者”〔9〕，民国《阆中县志》则只提到冬瓜〔10〕，因此是瓜类地位随着时间推移发生了转变。

三、方志·物产的价值

方志一般都具备四大特色：第一，空间上的地方性或区域性；第二，时间

---

〔1〕 朱锁玲：《命名实体识别在方志内容挖掘中的应用研究——以广东、福建、台湾三省〈方志物产〉为例》，南京农业大学学位论文，2011年，第97页。

〔2〕 光绪三十三年(1907)《滕县乡土志》全一卷《物产》。

〔3〕 顺治五年(1648)《鄢陵县志》卷三《物产》。

〔4〕 同治六年(1867)《巴县志》卷一《物产》。

〔5〕 乾隆二十六年(1761)《峄县志》卷一《物产》。

〔6〕 光绪十一年(1885)《故城县志》卷四《物产》。

〔7〕 光绪十六年(1890)《揭阳县续志》卷四《物产》。

〔8〕 民国二十三年(1934)《陕西通志稿》卷一百九十《物产一》。

〔9〕 咸丰元年(1851)《阆中县志》卷一《物产志》。

〔10〕 民国十五年(1926)《阆中县志》卷十六《物产志》。

上的连续性；第三，所记事物和地域的广泛性；第四，材料的可靠性或真实性[1]。农史研究中方志的利用主要也就是方志·物产的利用，因为方志的内容中与农业生产直接有关的部分甚少，仅物产、土贡、风俗等，虽然相关部分甚少，部分方志·物产记载也极其简略，割裂地看，的确没有什么价值，但是如果放在全省乃至全国的范围内，汇合所有方志，即使某一方志中只罗列了一个物产名称或品种，但对于研究物产（南瓜）的分布等情况，也非常具有参考价值，可以从中找出规律，重现南瓜在中国的引种、传播、分布、主产区、产区变迁等历史信息。正如笔者在前文判定嘉靖十七年（1538）《福宁州志》所载“金瓜”是南瓜，就是利用方志的四大特色得出的研究成果，这也是笔者不厌其烦地强调方志·物产的价值的目的。

而且农史研究的主要资料农书带有强烈的地方性，如《氾胜之书》《齐民要术》反映的是黄河中下游地区的农业生产经验，《陈旉农书》着重叙述南方农事，《农桑辑要》依然着眼于北方，即使王祯《农书》兼及北方旱地农业和南方水田农业，也不可能覆盖全国。我国古代农业科学技术也有很强的地方性，如为防旱保收、单位面积的高产而创造的区田法就适应了北方旱地水源不足的情况。但我国历史上仅有农书千余部，现存的也仅有300余部，相对于我国的农业地域性强的特点，农书数量就显得少之又少了，而方志·物产则很好地填补了农书的不足。因此有学者在呼吁加强对地方农史的研究时，提出的第一条建议就是“要和各地方志的编写工作结合起来，从方志中挖掘潜力”[2]。

方志·物产涉及全国各地的物产情况包括各种农业产品和野生动植物等，通过对方志·物产的梳理，深入挖掘我国古代的农业文化遗产，对古为今用保护农业文化遗产，对收集、保护宝贵的种质资源等方面都有很高的价值。以南瓜为例，通过方志·物产我们就可以清楚了解历史时期各地优良的品种资源及其分布情况。总之，方志·物产是农史研究重要的一手资料，无论是研究植物还是动物，都离不开对方志·物产的充分挖掘。但是在方志·物产的利用过程中需要注意以上六点问题才能保证农史研究的结果符合历史事实，才能以史为鉴。

[1] 沈璐：《谈谈农史研究中方志的利用》，《农业考古》，1990年第2期。
[2] 耕夫：《应加强对地方农史的研究》，《中国农史》，1983年第4期。

附录4 问题、范式与困境——《中国南瓜史》研究理路

作为第一部以蔬果作物为专题的专史——《中国南瓜史》，其研究可以代表一类作物史研究的现状，并不是所有作物都适合类似书写，关键还要看个人是否拥有强烈的问题意识，以及要量体裁衣地选择最适合自己的选题。作物史的研究范式多样，但可借鉴南瓜史研究中的物质文化史转向、建构本土化以及应用历史地理信息科学。即便如此，作物史研究依然面临棘手的困境，缺乏学术对话，只见树木、不见森林，作物史研究还有很长的路要走。

《中国南瓜史》（中国农业科学技术出版社，2017）是笔者2015年博士论文《南瓜在中国的引种和本土化研究》的最终修订版，坦诚地说，除了题目，改动不大，这一方面是由于笔者的南瓜史研究出现了瓶颈，明知未臻完善（如笔者在结语中提到的五大待研究问题：南瓜文化的深入挖掘、南瓜引种和本土化的其他动因、南瓜引种和本土化的更多影响、当代南瓜的生产与发展、全球南瓜史研究与理论视野），但又感觉无从下笔；另一方面也是由于随着思考的深入、视野的宽广，无论怎么"续写"，都难以满意。

所以2015年以来，虽然仍有零星关于南瓜的论文，如深化了南瓜与环境史之间的研究——南瓜引种的生态适应与协调，以南瓜为中心，探究人与自然的互动关系，可为《中国南瓜史》补编，但基本上南瓜史的研究暂告一段落了。四年后的今天，作为第一部蔬菜作物史专著，笔者重新思考南瓜史研究的问题、范式与困境，既整理《中国南瓜史》研究的理路，也谈一谈作物史研究的心得。

一、问题

作物史居于农史研究的核心地位，因为作物是农业生产的主要对象，是农业的核心，是"天、地、人、稼"四才的中心，近些年有突破农史/技术史研究成为全球史、公众史、社会经济史、物质文化史畛域的趋势。关于作物史研究的传统社会源流与当代社会转向，此处不谈，另文撰述。1920年金陵大学图书馆成立农业图书研究部，揭橥了近代农史研究的开端，真正意义上的中国

作物史研究也展现了新的面貌[1]。以走过了一百年的南京农业大学中华农业文明研究院作物史研究为例，开拓者和领路人万国鼎，早在1962年就出版了《五谷史话》一书，裒集了其此前撰写的众多作物史小文章，全面梳理了主要粮食作物的历史。作物史研究起源之早、兴旺发达可见一斑。

世界作物大概有1 200余种，其中比较重要的有600余种。面对庞大的作物种类，作物史研究只能聚焦到少数特别重要的作物，即使是这些特别重要的作物，也不过是蜻蜓点水，相对深耕的作物（形成专著）在20世纪只有稻、茶、棉、大豆四家而已。进入新世纪，南京农业大学作为唯一具有完整培养模式的国家级农史研究单位，肩负起继往开来的使命，于是催生了《中国古代粟作史》（中国农业科学技术出版社，2015）。同一时期也有一些域外学者所撰之作物专史，但可发现这些作物史的主要研究对象均是重要粮食/经济作物，蔬菜/果树作物尚无人涉猎[2]，尤其美洲作物史是其中的时代课题，新世纪以来大热。

基于此，2012年入学之后，导师王思明教授[3]建议笔者早早敲定研究方向，有目的性地研读历史文献，王老师早年承担过关于美洲作物的相关课题，知晓美洲作物中极其重要的南瓜是一个研究空白，建议笔者以此为突破点。南瓜在当时真的是一个无人问津的话题，仅张箭有一篇关于世界南瓜传播史的论文拓荒在先[4]。无人研究，对于学者而言并不是一个好事情，既说明关注度不高，又反映研究难度较大。南瓜史研究完全是一种全新的架设，就连笔者此前工作单位的老先生早先搜集整理分门别类的稿本资料汇编《中国农业史资料》《中国农业史资料续编》613巨册4 000多万字，包括各种农作物的资料，都未曾涵盖南瓜，仅就资料工作而言，就是一个从无到有的过程。此外，研究视角、研究方法、问题意识，都是传统作物史的研究理路。无论从哪

---

〔1〕 如施亮功：《外域输入中国之植物考》，《学生杂志》1927年第4卷第6期；宋序英：《中国输入重要植物之源流及其经济状况》，《新苏农》1929年第1卷第2期；陈竺同：《南洋输入生产品史考》，《南洋研究》1936年第6卷第6期；蒋彦士译：《中国几种农作物之来历》，《农报》1937年第4卷第20期；等等。

〔2〕 详见李昕升，王思明：《评〈中国古代粟作史〉——兼及作物史研究展望》，《农业考古》2015年第6期。

〔3〕 业师王思明教授于笔者有大恩，如师如父，惜于2022年1月5日驾鹤西去，给我们留下无尽的悲痛，详见笔者网文《追忆王思明师》。

〔4〕 张箭：《南瓜发展传播史初探》，《烟台大学学报（哲学社会科学版）》，2010年第23卷第1期。

方面来说，这都是一个另起炉灶的过程，所以曾雄生才说本书是"一项农史研究的拓荒之作"。

定题之前，笔者也摇摆过，由于南瓜太过于平淡无奇，为了强化研究的意义，笔者曾想过切换研究对象为白菜。白菜作为"百菜之主"，研究意义自然大得多；白菜起源于中国，至少有五六千年的栽培历史，资料要多得多。在搜集了一段时间资料后，笔者摒弃了这个想法。一方面关于白菜史的研究虽然不多，也不能算是空白，几篇代表性文章在骨干问题的研究、基本史料的搜集上比较详尽，作为一部专史来做当然绰绰有余，然而多是让骨架变得丰满而已，重大观点上很难超越前人，降低了研究价值；另一方面，关于白菜的资料过多，整理起来比较繁杂，当时笔者只是接触农史不过两三年的门外汉，研究各个历史时期的全国的白菜史，史学功力尚显不足，很难关照到所有问题。

南瓜则不然，因其作为美洲作物，视角可以相对"断代"一些，在资料考索上可着重搜集嘉靖以降的文献，相对来说研究焦距更加集中。张箭长于世界史研究，其《南瓜发展传播史初探》一文，限于篇幅，国内部分阐释不清，论述也更加倾向于其惯常居住环境四川。当然，以上仅是笔者的设想，到底怎么样，还要具体开展研究之后方才明了，于是笔者便首先开始踏踏实实的资料整理工作。

笔者遍览嘉靖以降文献，从附录的资料汇编和参考文献中的古籍类和民国资料类就可窥见一斑，尤其是地方志，笔者所翻阅的方志在 8 000 种以上，因为太多无法在参考文献中一一列举，索性只写一句话"明清民国时期笔者所见全国各地方志"。虽然史料碎细，最后形成的史料汇编仍有古籍类五万余字、地方志类十余万字，民国资料、现代资料更是数不胜数。资料整理也是笔者最满意的工作，然个中辛酸，只有自己才知道。在本书出版后，业界同行评价最多的就是资料扎实，开始笔者心有微词，难道笔者的专著除了资料工作就没有其他可取之处了吗？过了几年，发现扎实真的是最难做到的，尤其现在节奏加快，笔者很难再拿出半年多的时间专攻资料整理了，这或是当年各级项目重视资料整理选题的原因之一吧，"资料扎实"真的是对笔者的最高赞誉。

有人可能会说为什么不利用《方志物产》[1]? 笔者在《方志物产史料的价值、利用与展望——以〈方志物产〉为中心》[2]一文中充分肯定了《方志物产》的价值,《方志物产》当然可以用,有不少论文确实只利用《方志物产》,比如辣椒史研究[3]等。事实上笔者曾翻阅了《方志物产》,但是出于严谨起见为了把错讹尽可能降低,笔者遍览了能够所及的影印方志,花费的时间也是预计的数倍,为了撰写一部好的博士论文,想走捷径是不可行的。

随着资料的丰满,笔者发现南瓜史研究真的大有可为,不要说完成一本二三十万字的博士论文,即使再大的篇幅也没有问题。然而我们的目标是把问题说清楚,动起笔来真的刹不住车,因为能够把初稿写薄才更见功力,狗尾续貂的辛苦分完全没有意义。常建华等很多老师都和笔者说过"没想到一个小小的南瓜也能写成一部书",从结果上看,之所以能够达到这样的效果,有两方面原因。一方面,确实是由于无前人专门研究,可以任笔者发挥。王思明老师在笔者撰写论文过程中指出:"你的工作就是开拓性的工作,以后任何人研究南瓜史都绕不过你。"虽然由于某些原因,研究南瓜史的人不会有很多(下文再述),但是王老师的话确实是一语中的。笔者甚至由于资料太多、灵感爆发,犹豫要不要写一部不同时期全国南瓜通史,或可截取一段时间、选取一个地域,进行相对集中的描述,但被王老师所否定,概因南瓜确实是一个比较小的选题,如果笔者人为分割,研究意义就大打折扣。此外,希冀全方位、动态地展现南瓜在中国引种和本土化的全貌的话,必须是长时段大范围研究,否则就是支离破碎、不成系统了。

另一方面,涉及南瓜史研究的最大意义,南瓜史的研究是一个古今异同的辩证过程。如果以今天的先验观点推敲传统社会的南瓜产销,以今推古,就非常可笑了。南瓜在历史上一向被奉为救荒至宝。特别是在人口集中、土地稀缺的地区,南瓜种植能够充分利用边际土地,是典型的环境亲和型作物,具有高产速收、抗逆性强、耐贮耐运、无碍农忙、不与争地、适口性佳、营养丰

[1] 《方志物产》,简单说,就是方志中关于物产资料的汇集,系 1955 年中国农业遗产研究室(中华农业文明研究院前身)成立后即开始的方志查抄工作,1960 年初编成手稿本《方志物产》449 册、《方志综合》111 册、《方志分类》120 册,共 680 巨册 3 600 余万字,详见《方志物产史料的价值、利用与展望——以〈方志物产〉为中心》一文。

[2] 包平,李昕升,卢勇:《方志物产史料的价值、利用与展望——以〈方志物产〉为中心》,《中国农史》,2018 年第 3 期。

[3] 胡乂尹:《明清民国时期辣椒在中国的引种传播研究》,南京农业大学硕士学位论文,2014 年。

富等优势，所以它是典型的菜粮兼用作物。在改革开放之前可以说是一直位居蔬果作物之长，是重要的口粮，所以南瓜作为美洲食用作物在中国的传播速度是最快的，可称“急先锋”，基本上在明代完成在各省的引种。笔者认为南瓜在传统社会的救荒价值应该是介于番薯与马铃薯之间。

当然，上述言论多少有些是后见之明，虽然笔者完成了前期资料工作，心中有了一个大概的设想，但是到底历史时期南瓜有多重要，南瓜本土化是怎样完成的，这一物的生命史是如何书写的等问题尚不明晰。要之，正是被作物史—美洲作物史—南瓜史这种层层递进研究的突出价值所吸引，经过了反反复复的论证，带着上述问题意识，笔者开启了中国南瓜史研究之路。

二、范式

关于作物史的研究发展到今天已经堪称显学，研究成果满坑满谷，跨越了国别史、断代史的研究限制，打破了不同学科之间的藩篱，而且兼具学术性与通俗性，对回应今之现实问题也有所关照，既有宏观把握，亦有微观描述。一般而言，这种突破了成就描述的研究范式重在阐释语境中的知识——包含起源进化、时间路线、分布变迁、时空差异、变化驱动力、各色影响，以达到全方位动态展现外来作物本土化全景全貌的作物生命史的目的。

本书分为密切联系、层层递进又分别独立的九章：“南瓜的起源与传播”“南瓜的名实与品种资源”“南瓜在中国的引种和推广”“南瓜生产技术本土化的发展”“南瓜利用技术本土化的发展”“南瓜本土化的动因分析”“南瓜本土化的各色影响”“南瓜文化本土化遗产”“明代以降南瓜引种的生态适应与协调”。这样的章节设置中规中矩，基本代表了现时段主流研究架构，虽然不能说有功无过，但是我们看到后续一些作物史研究的格局，也基本上沿用了这种范式。本书首先从历时性维度纵向梳理了南瓜在我国本土化动态的演化进程，然后研究思路节点转向从共时性维度来考索南瓜本土化对我国横向的、静态的影响，尤其是对我国社会系统内部各因素之间关系结构（如社会经济、科技文化）的考察[1]。

（一）物质文化史转向

作物史、植物生命史、食物史、饮食史迎合了近年颇为流行的物的历史。

---

〔1〕 陈明：《作物史研究的历时性与共时性分析——评〈中国南瓜史〉》，《农业考古》，2017年第4期。

学者对物质文化的讨论肇始于年鉴学派代表布罗代尔1967年出版的《15至18世纪的物质文明、经济与资本主义》，该书首次试图以物为中心，打通经济史、社会史与文化史，进而把握物质文化与日常生活的关系，指出物是日常生活的外在表象，而日常是物质文化存在的基本形态。这一研究范式引起全球史学家的极大关注。因此南瓜这一小作物在时空维度上被推演得如此细致，这一细部之"物"与日常生活关系被挖掘把握，是物质文化史研究的基本诉求得到回应的体现。

其实农史前辈胡道静早在1980年代就提出了"物质文化史的核心部分是科学技术史"[1]的经典论断，而农史正是归属于科学技术史一级学科，所以我们看到孙机的《中国古代物质文化》特地把"农业与膳食"放到了全书的第一部分。但是问题是目前物质文化史研究多从属于文化史研究，物质文化史研究长期对农业关注不够，或者经常出现一些硬伤。近年由于全球史的盛行，物质文化史研究开始转向食物史，但是多关注消费、文化倾向，没有很好地关照到生产史。"饮食文化研究的形式通常包括农业技术史和农业科技史，以及与生长、收获与消费食品有关的理念，目前食品史学家的著作主要是围绕跨文化和跨国家的单一食品类型展开调查，如玉米、香料、巧克力和咖啡，他们的研究基本都是以西敏司的模型为基础，关注物质和物质对文化以及帝国权力产生的影响。"[2]类似研究均是将食物与跨文化交流、资本主义全球市场相结合，并没有体现科技史，也不是真正地以物为中心，所以依然没有超出新文化史的研究范畴。

反观农史研究，在研究思路上还是单纯的农业科技史/农业生产史，理论提升不够，没有了解和吸纳前面史学理论的最新理路，闭门造车无疑也是不可取的。因此本书确定了研究的方向：南瓜虽小，兹事体大，通过给予南瓜去边缘化的历史地位，以南瓜为中心，进行时间、空间视角的整合，以助于理解其多元化的历史功能和意义，打通农业史、物质文化史、全球史等的学术脉络，涉及政治、经济、社会、文化，可窥作物史发展状貌之一斑。

（二）建构本土化

本土化（domesticated），即多元交汇，是中华农业文明从不间断并蓬勃发展的原因之一。本土化是在地化（localization）累积的结果，至于在地化，是

〔1〕胡道静：《加强和推广对物质文化史研究》，《文史哲》，1984年第1期。

〔2〕肖文超：《西方物质文化史研究的兴起及其影响》，《史学理论研究》，2017年第3期。

想象力工作(work of imagination)的结果,社会群体需要从一个更全面的抽象思维或者物件中提取建立一种特殊性,换言之,在地化就是将抽象概念和物件的宏观形式转译成具体观点的过程,这些具体的观点在特定的语境中对特定的社会群体具有重要的社会意义。

美国东方学者劳费尔在《中国伊朗编》中曾高度称赞中国人向来乐于接受外人所能提供的好事物,"采纳许多有用的外国植物以为己用,并把它们并入自己完整的农业系统中去"[1]。樊志民认为域外引种作物的本土化,是指引进的作物适应中国的生存环境,并且融入中国的社会、经济、文化、科技体系之中,逐渐形成有别于原生地的、具中国特色的新品种的过程。他还把这一认识归纳为风土适应、技术改造、文化接纳三个递进的层次。笔者则将之概括为"三段论":推广本土化、技术本土化、文化本土化。总之,域外作物传入中国是一种适应和调试的过程,无论是栽培、加工、利用都是有别于原生地的。

推广本土化、技术本土化和文化本土化三者相互联系、相互影响,本研究也主要从这三个层面展开。仅就文化本土化举一例,据传福建畲族祖先是从南瓜中诞生,于是畲族人民自发建构了以南瓜为主角的创世神话,这是一种典型的民众造物过程,包括一些后发的中国南瓜节(这些南瓜节多数均与地方社会的起源、中兴有关,所谓的"很久以前""600多年前"等其实均是建构的,是对历史的形塑),我们看到南瓜作为一种礼仪标签,或许可以根据"逆推顺述"洞悉这种"结构过程"。

(三) 引入GIS

历史地理信息科学(H-GIS)可以将历史数据实现数字化和信息化,更直观地反映出历史地理的变迁,再现不同空间结构下地理空间的历史进程,以便于从中找寻历史时期地理空间的变化规律。本书使用地理信息系统软件Mapinfo,使明代以来全国南瓜的地理分布情况实现一种数据可视化、信息地图化,将南瓜在全国不同地区不同时间的引种和推广更直观、形象地展现出来。这是此种方法在作物史研究中尚属首次运用,是作物史研究方法重要的"试金石"。

外来作物引进动态变迁,可通过GIS展示,可以绘制比较清晰的作物引种路线图(根据大样本记载的时间先后和关于传播的史料只言片语)和时空

---

[1] (美)劳费尔:《中国伊朗编》,北京:商务印书馆,2015年,第6页。

分布图(同一时间横断面的记载次数差异和同一区域不同时期的记载从无到有)。通过记载次数的量化分析,甚至可以绘制原基因图谱,为我们的品种改良等工作提供借鉴,如南瓜在有明代的记载,主要集中在东南沿海各省,我们有理由相信,东南沿海的南瓜品种资源是美洲作物南瓜进入中国的原生种;又如,通过 GIS 地图全面直观地展示南瓜在不同大区栽培区域的时空变迁,最后得出民国时期南瓜已经完成推广本土化的结论。

概言之,本书的范式从一个作物的视角展开,反映南瓜这一美洲作物的引种推广、时空差异、变化驱动力、广义影响等。研究给予南瓜这类今天看来是单纯蔬菜作物以去边缘化的历史地位,以南瓜为中心,进行时间、空间视角的整合,阐述其多元化的历史功能和意义;引入 GIS 技术,全方位、动态地展现南瓜在中国引种和本土化的全貌,呈现南瓜在日常生活中的价值和意义,进而钩沉作物史发展的状貌,产生与之相关的新文本、新知识。研究不单探寻美洲作物促进农业进步的事实,而且以该事实在历史时期中国社会和历史背景下为何发生、如何发生为研究旨趣。由于研究作物史必然会涉及农业生产的地域分异及其规律,如种植制度、种植空间、作物组合、区域差异等,所以也就关联起了历史农业地理和社会经济史。

三、困境

本书出版以后,始料未及的是,在社会上产生了一定的影响。曾雄生所撰之序被澎湃网、凤凰网等网站转载。搜狐网、科学网等专栏介绍本书。《中国经济史研究》专栏介绍本书〔1〕。本书成为首届食学著作"随园奖"获选书目,另有陈明、常利兵、雷溪、崔思朋、何志明为之撰写书评〔2〕。笔者也因此被加封为"南瓜博士"。盛名之下也有一些批评的声音,最典型就是说本书"就南瓜论南瓜"。兹选取代表性的批评两则:"流于表面,就南瓜论南瓜,并未阐明当时社会之互动。""侧重于论证所谓的本土化,没有很好地同灾荒史、环境史、人口史和移民史结合起来,以南瓜为切入点分析这一时期的环境与

〔1〕 周红冰:《〈中国南瓜史〉简介》,《中国经济史研究》,2019 年第 3 期。

〔2〕 陈明:《作物史研究的历时性与共时性分析——评〈中国南瓜史〉》,《农业考古》,2017 年第 4 期;常利兵:《南瓜有史》,《文史月刊》,2018 年第 12 期;雷溪:《中国农业史研究的新开拓——李昕升著〈中国南瓜史〉述评》,《农业考古》,2019 年第 3 期;崔思朋《南瓜在中国传播引种的新探索——兼论明清中国乡村社会对外来作物的接受心态》,《海交史研究》,2020 年第 4 期;何志明《南瓜历史的本土化建构》,《团结报》,2020 年 9 月 24 日。

社会经济变迁；对于南瓜在中国传播与发展的原动力的讨论似乎仍停留于表面。”

他们的批评虽然刺耳但确实切中要害，这也是笔者竭力避免但似乎并未成功的关键点，但是扪心自问，这是南瓜史或者一些非典型粮食作物史/经济作物史难以超越之困境，并非有人言笔者缺乏前沿史学/后现代史学理论方法的积累导致视野不够开阔，在今天如果让笔者重新书写中国南瓜史，恐怕依然很难超越。

（一）缺乏学术对话

作物史的研究必然是孤独的，特别是针对非大田作物来说。一来作物史很难勾连到更大的议题。虽然本书与灾荒史、环境史、人口史和移民史进行了相关结合，但是依然缺乏对环境与社会经济变迁的分析。其中的根本原因就是虽然我们不能说南瓜不重要，但是确实也没有那么重要，即使是笔者最为推崇的南瓜的救荒价值，与社会的相关性如何，也很难拿捏。总之，强行建构联系的结果就是味同嚼蜡，生硬地照搬社会史、经济史、文化史和生活史的理论方法，也很不自然，不如讲好南瓜本体的故事，做好历史经验的重现就好。

二来作物史需要回归本真。目前作物史的研究，不是对“人”强调不够，而是过分强调“人”，成了人—物关系史，一改我们的技术史优良传统，求新而非求真。强调物与人的关系及其存在的意义与价值固然是作物史研究的重要内容，但不应该是作物史书写的唯一核心内容。以作物生产史、作物技术史研究为旨趣，也应该是作物史研究的题中应有之义。一个共识是研究物的历史是一项跨学科工作，以作物史为例，涉及农学、植物学、人类学、环境学、社会学和经济学史等不同学科领域，但是罕有人真正打通这些学科，特别是农学、植物学。因此凯伦·哈维根在《历史学与物质文化》一书中首先提出的物质文化史研究步骤就是：我们应该尝试描述物品本身，包括它本身的物理构成[1]。

如果采取流行的书写方式研究大田作物（粮食作物、经济作物），或许就没有缺乏学术对话问题了，反而还会迎合大众的口味，当今作物史可以说已经成为公众喜闻乐见的话题之一，但是笔者认为这并不应该是作物史的唯一

---

〔1〕 Karen Harvey, ed. History and Material Culture: A Student's Guide to Approaching Alternative Sources, Routledge, 2009, p. 15.

发展方向。缺乏学术对话之说,既可以理解为是研究困境,也可以说是笔者的自我辩护。

(二)只见树木,不见森林

这句话包括两层含义。一是单体作物史研究会存在过分夸大的危险。毕竟在整部书都在论述一个选题,不管是有心还是无意,为了强化研究意义,都会存在过于拔高的自我中心主义,这是无法规避的。虽然我们尽量做到客观平实的叙述,但由于读者连续被灌输大篇幅的文字,还是会留下重要性在自我心中不断被放大的刻板印象。特别是小众作物囿于史料局限,也无法娓娓道来,这时难免会构建一些似是而非的联系,譬如,有人批评没有很好地以南瓜为切入点分析环境与社会经济变迁,如果进行所谓的以小见大,也不是不可以完成这样的论述,但是最怕无限制放大影响,导致一些虚假的因果,笔者在处理本书时相对保守,这又回到了缺乏学术对话的问题。

二是任何作物都不是孤立存在的。至迟北方在魏晋时期、南方在南宋时期,已经形成了一整套的精耕细作旱地、水田耕作体系,各种技术已经定型,但由于技术传播慢于技术发明,明清时代,轮作、间套作、多熟种植在全国范围内得到进一步发展。一个作物能否在当地推广,往往要看其是否能与其他作物配合,融入当地的种植制度,产生一加一大于二的优势。单个作物的种植优势再大,也不可能大过作物轮作复种组合的优势,其中涉及的问题不单是产量的问题,还涉及"不违农时""地力常新壮""接青黄"等有关民生的大问题[1],这也是美洲作物长期没有在传统平原农区大面积推广开来的原因。因此我们探讨某一作物时,还要结合当时当地具体的种植制度来进行,从种植制度出发讨论某一作物,才能看清该作物所处的具体位置,而不是一味地强调它对于地方社会的加成作用,这其实也体现了一种整体史观,也是研究物质文化史应当注意的问题,在人—物关系史之外,还应注意物—物关系史。

由于上述困境,笔者现已基本不再从事单体作物史研究。而因为研究兴趣转移,目前笔者更多地从事种植制度史研究,但即便如此,笔者依然认为单体作物史研究有着其存在的独特意义。

四、结语

笔者虽然仍然以作物史的研究为着眼点,但更多地开展与历史农业地

---

〔1〕 李昕升,王思明:《清代玉米、番薯在广西传播问题再探——兼与郑维宽、罗树杰教授商榷》,《中国历史地理论丛》,2018年第33卷第4期。

理、明清社会经济史交叉研究，研究视角、研究方法也有所转向，如此转型可以说也是“南瓜”给予笔者的启发。南瓜史的研究确实帮笔者补了课，夯实了学术基础，之后才能自由地从事其他研究。

总之，作物史的研究一定要有找准问题的意识，在强烈的问题意识关照下从事相关研究。同时，最适合自己的才是最好的，量才适性大抵才能事半功倍。史学研究发展到今天，有一些成熟理论完全可以为传统研究服务，无论是物质文化史转向还是本土化建构、新的研究手段均是如此，通过努力能够做到“旧瓶装新酒”；农史研究/作物史研究也应该积极参与新史学，发出自己的声音，不能长期游离于主流史学之外，否则自己被莫名其妙地“转向”了都不自知。

参考文献

（一）古籍类

[1]（宋）李焘.续资治通鉴长编[M].北京：中华书局，2004.

[2]（清）陈梦雷，蒋廷锡.古今图书集成[M].上海：中华书局，1934.

[3]（清）大清五朝会典[M].北京：线装书局，2006.

[4]（清）甘韩.皇朝经世文新编续集[M].石印本.1902(光绪二十八年).

[5]（清）葛士浚.皇朝经世文续编[M].台北：文海出版社，1966.

[6]（清）贺长龄，等.皇朝经世文编[M].北京：中华书局，1992.

[7]（清）嵇璜，刘墉，等.续通志[M].纪昀，等校订//四库全书存目丛书.济南：齐鲁书社，1997.

[8]（清）刘锦藻.皇朝续文献通考[M].上海：上海古籍出版社，1995.

[9]（清）清圣训[M].北京：中国档案出版社，2010.

[10]（清）清实录[M].北京：中华书局，2008.

[11]（清）邵之棠.皇朝经世文统编[M].石印本.1901(光绪二十七年)

[12]（清）盛康.皇朝经世文续编[M].台北：文海出版社，1966.

[13]（清）张鹏飞.皇朝经世文编补[M].刻本.1851(道光三十一年).

[14]（清）张廷玉，等.明史[M].北京：中华书局，1974.

[15]（清）张廷玉，等.清朝文献通考[M].上海：商务印书馆，1936.

[16]（日）浅田宗伯.先哲医话[M].徐长卿，点校.北京：学苑出版社，2008.

[17] 缪启愉，缪桂龙.齐民要术译注[M].上海：上海古籍出版社，2006.

[18] 河北医学院.灵枢经校释[M].北京：人民卫生出版社，1982.

[19]（汉）史游.急就篇[M].曾仲珊，校点.长沙：岳麓书社，1989.

[20]（唐）段成式.酉阳杂俎[M].金桑，选译.杭州：浙江古籍出版社，1987.

[21] (宋)范仲淹. 范文正公集[M]. 北京：北京图书馆出版社，2006.

[22] (元)贾铭. 饮食须知[M]. 程绍恩，等点校. 北京：人民卫生出版社，1988.

[23] (元)李杲. 食物本草[M]. 李时珍，参订. 姚可成，补辑. 北京：中国医药科技出版社，1990.

[24] (元)王祯. 东鲁王氏农书译注[M]. 缪启愉，缪桂龙，译注. 上海：上海古籍出版社，2008.

[25] (明)鲍山. 野菜博录[M]. 王承略，点校. 济南：山东画报出版社，2007.

[26] (明)方以智. 通雅[M]. 上海：上海古籍出版社，1988.

[27] (明)方以智. 物理小识[M]. 北京：商务印书馆，1937.

[28] (明)冯梦龙. 寿宁待志[M]. 陈煜奎，校点. 福州：福建人民出版社，1983.

[29] (明)归有光. 三吴水利录[M]. 上海：商务印书馆，1936.

[30] (明)江瓘. 名医类案[M]. 文渊阁四库全书本.

[31] (明)兰茂. 滇南本草[M]. 云南省卫生厅，整理. 昆明：云南人民出版社，1959.

[32] (明)李光壂. 守汴日志[M]. 刻本. 道光年间.

[33] (明)李时珍. 本草纲目[M]. 李经纬，李振吉，主编. 张志斌，等校注. 沈阳：辽海出版社，2001.

[34] 沈氏农书[M]. 张履祥，辑补. 陈恒力，校点. 北京：中华书局，1956.

[35] (明)罗浮山人. 文堂集验方[M]. 上海：上海科学技术出版社，1986.

[36] (明)毛晋辑. 六十种曲 白兔记[M]. 北京：中华书局，1958.

[37] (明)马麟，元成续. 续纂淮关统志[M]. 北京：方志出版社，2006.

[38] (明)倪朱谟. 本草汇言[M]. 郑金生，甄雪燕，杨梅香，校点. 北京：中医古籍出版社，2005.

[39] (明)邱濬. 大学衍义补[M]. 北京：京华出版社，1999.

[40] (明)山野居士. 验方家秘[M]. 刻本不详.

[41] (明)孙芝斋. 致富全书[M]. 郑州：河南科学技术出版社，1987.

[42] (明)田艺蘅. 留青日札[M]. 朱碧莲，点校. 上海：上海古籍出版社，1992.

[43] (明)王世懋. 学圃杂疏[M] //丛书集成初编. 北京：中华书局，1985.

[44] (明)王守仁. 王阳明全集[M]. 上海：上海古籍出版社，1992.

[45] (明)王象晋. 群芳谱诠释[M]. 伊钦恒，诠释. 北京：农业出版社，1985.

[46] (明)王象晋. 二如亭群芳谱[M]. 刻本，1621(天启元年).

[47] (明)王芷. 稼圃辑[M]// 续修四库全书. 上海：上海古籍出版社，2002.

[48] (明)吴承恩. 西游记[M]. 南京：凤凰出版社，2012.

[49] (明)谢肇淛. 滇略[M]//四库全书存目丛书. 济南：齐鲁书社，1997.

[50] (明)谢肇淛. 五杂组[M]. 郭熙途，校点. 沈阳：辽宁教育出版社，2001.

[51] (明)徐光启. 农政全书[M]. 长沙：岳麓书社，2010.

[52] (明)徐光启. 徐光启集[M]. 王重民,辑校. 北京：中华书局,1963.
[53] (明)叶权. 贤博编[M]. 北京：中华书局,1987.
[54] (明)周文华. 汝南圃史[M] // 续修四库全书. 上海：上海古籍出版社,2002.
[55] (明)朱之瑜. 舜水先生文集[M]. 刻本. 1712(日本正德二年).
[56] (清)百一居士. 壶天录[M]. 光绪申报馆丛书本.
[57] (清)包世臣. 包世臣全集[M]. 李星,点校. 合肥：黄山书社,1997.
[58] (清)鲍相璈. 验方新编[M]. 天津：天津科学技术出版社,1991.
[59] (清)曹雪芹,高鹗. 红楼梦[M]. 2 版. 北京：人民文学出版社,1996.
[60] (清)陈鼎. 滇游记[M]. 北京：中华书局,1985.
[61] (清)陈恢吾. 农学纂要[M]. 刻本. 光绪年间.
[62] (清)陈浏. 匋雅[M]. 赵菁,编. 北京：金城出版社,2011.
[63] (清)陈龙昌. 中西兵略指掌[M]. 石印本. 东山草堂,光绪年间.
[64] (清)陈其瑞. 本草撮要[M]. 上海：世界书局,1985.
[65] (清)陈少海. 红楼复梦[M]. 张乃,范惠,点校. 北京：北京大学出版社,1988.
[66] (清)陈士斌. 西游真诠[M]. 江凌,编. 北京：中国人民大学出版社,1992.
[67] (清)陈文述. 颐道堂集[M]. 刻本. 1807(嘉庆十二年).
[68] (清)陈梓. 删后诗存[M]. 胡氏敬义堂刻本. 1815(嘉庆二十年).
[69] (清)程鹏程. 急救广生集[M]. 北京：人民军医出版社,2009.
[70] (清)褚人获. 坚瓠集[M]. 杭州：浙江人民出版社,1986.
[71] (清)丁尧臣. 奇效简便良方[M]. 庆诗,王力,点校. 北京：中医古籍出版社,1992.
[72] (清)丁耀亢. 续金瓶梅[M]. 禹门三,校点. 济南：齐鲁书社,2006.
[73] (清)丁宜曾. 农圃便览[M]. 王毓瑚,校点. 北京：中华书局,1957.
[74] (清)多隆阿. 毛诗多识[M]. 台北：艺文印书馆,1970.
[75] (清)鄂尔泰,张廷玉,等. 授时通考[M]. 马宗申,校注. 北京：中国农业出版社,1995.
[76] (清)樊增祥. 樊山集[M]. 渭南县署刻本. 1893(光绪十九年).
[77] (清)方式济. 龙沙纪略[M]//龙江三纪. 哈尔滨：黑龙江人民出版社,1985.
[78] (清)方旭. 虫荟[M]. 刻本. 光绪年间.
[79] (清)冯煦主修. 皖政辑要[M]. 陈师礼,总纂. 合肥：黄山书社,2005.
[80] (清)富察敦崇. 燕京岁时记[M]. 北京：北京古籍出版社,1981.
[81] (清)傅崇矩. 成都通览[M]. 成都：成都时代出版社,2006.
[82] (清)高士奇. 北墅抱瓮录[M] //丛书集成初编. 北京：中华书局,1985.
[83] (清)葛虚存. 清代名人轶事[M]. 北京：书目文献出版社,1994.
[84] (清)顾世澄. 疡医大全[M]. 凌云鹏,点校. 北京：人民卫生出版社,1987.

[85] (清)顾仲. 养小录[M]. 北京：中华书局，1985.

[86] (清)归锄子. 红楼梦补[M]. 北京：中国戏剧出版社，2000.

[87] (清)郭柏苍. 闽产录异[M]. 胡枫泽，校点. 长沙：岳麓书社，1986.

[88] (清)郭小亭. 济公全传[M]. 长沙：岳麓书社，1994

[89] (清)郭云陞. 救荒简易书[M]//续修四库全书. 上海：上海古籍出版社，2002.

[90] (清)郭则沄. 红楼真梦[M]. 华云，点校. 北京：北京大学出版社，1988.

[91] (清)海圃主人. 续红楼梦新编[M]. 北京：北京大学出版社，1990.

[92] (清)何刚德. 抚郡农产考略[M] //续修四库全书. 上海：上海古籍出版社，2002.

[93] (清)何恭弟. 苗宫夜合花[M]. 台北：广文书局，1980.

[94] (清)何克谏. 增补食物本草备考[M]. 刻本不详.

[95] (清)何秋涛. 朔方备乘[M]. 台北：文海出版社，1964.

[96] (清)华长卿. 梅庄诗钞[M]. 刻本. 1870(同治九年).

[97] (清)黄辅辰. 营田辑要校释[M]. 马宗申，校释. 北京：农业出版社，1984.

[98] (清)黄宫绣. 本草求真[M]. 北京：人民卫生出版社，1987.

[99] (清)黄叔璥. 台海使槎录[M]//台湾文献史料丛刊(第二辑). 台北：大通书局，1984.

[100] (清)黄印. 锡金识小录[M]. 南京：凤凰出版社，2012.

[101] (清)黄云鹄. 粥谱[M]. 刻本. 1881(光绪七年).

[102] (清)黄钺. 壹斋集[M]. 许文深刻本. 1859(咸丰九年).

[103] (清)金士潮. 驳案续编[M]. 刻本. 1881(光绪七年).

[104] (清)景星杓. 山斋客谭[M]. 乾隆抱经堂钞本.

[105] (清)李圭. 鸦片事略[M]. //中国史学丛书续编. 台北：学生书局，1973.

[106] (清)李鸿章. 朋僚函稿[M]. 刻本. 光绪年间.

[107] (清)李绿园. 歧路灯[M]. 北京：中国社会出版社，1999.

[108] (清)李汝珍. 镜花缘[M]. 傅成，校点. 上海：上海古籍出版社，2011.

[109] (清)李心衡. 金川琐记[M]//丛书集成初编. 北京：中华书局，1985.

[110] (清)厉荃. 事物异名录[M]. 长沙：岳麓书社，1991

[111] (清)梁章钜. 浪迹丛谈[M]. 福州：福建人民出版社，1981

[112] (清)梁章钜. 浪迹续谈[M]. 福州：福建人民出版社，1983.

[113] (清)临鹤山人. 红楼圆梦[M]. 北京：北京大学出版社，1988.

[114] (清)刘汝骥. 陶甓公牍[M]. 合肥：黄山书社，1997.

[115] (清)刘仕廉. 医学集成[M]. 清刻本.

[116] (清)刘一明. 经验奇方[M]. 上海：上海科学技术出版社，1985.

[117] (清)刘璋. 斩鬼传[M]. 太原：北岳文艺出版社，1989.

[118] (清)卢坤. 秦疆治略[M]. 台北：成文出版社,1970.
[119] (清)陆以湉. 冷庐医话[M]. 吕志连,点校. 北京：中医古籍出版社,1999.
[120] (清)梦笔生. 金屋梦[M]. 北京：大众文艺出版社,2002.
[121] (清)缪润绂. 陪京杂述[M]. 袁闾琨,吴学贤,校注. 沈阳：沈阳出版社,2009.
[122] (清)潘纶恩. 道听途说[M]. 合肥：黄山书社,1996.
[123] (清)潘荣陛. 帝京岁时纪胜[M]. 北京：北京古籍出版社,1981.
[124] (清)潘衍桐. 两浙輶轩续录[M]. 刻本. 光绪浙江书局.
[125] (清)平江不肖生. 张文祥刺马案[M]. 北京：中国文联出版公司,1996.
[126] (清)蒲松龄. 草木传[M]//蒲松龄集. 上海：上海古籍出版社,1986.
[127] (清)蒲松龄. 聊斋俚曲集[M]. 北京：国际文化出版公司,1999.
[128] (清)蒲松龄. 日用俗字[M] //蒲松龄集. 上海：上海古籍出版社,1986.
[129] (清)浦士贞. 夕庵读本草快编[M]. 康熙年间刊本.
[130] (清)祁寯藻. 马首农言[M]. 高恩广,等注释. 北京：农业出版社,1991.
[131] (清)钱德苍. 缀白裘[M]. 汪协如,点校. 北京：中华书局,2005.
[132] (清)钱维乔. 竹初诗文钞[M]. 刻本. 嘉庆年间.
[133] (清)屈大均. 广东新语[M]. 北京：中华书局,1985.
[134] (清)遽园. 负曝闲谈[M]. 上海：上海古籍出版社,1985.
[135] (清)石玉昆述. 三侠五义[M]. 王述,校点. 北京：人民文学出版社,2001.
[136] (清)沈兆澐. 篷窗续录[M]. 刻本. 咸丰年间.
[137] (清)索绰络・英和. 卜魁纪略[M]//徐宗亮,等. 黑龙江述略(外六种). 哈尔滨：黑龙江人民出版社,1985.
[138] (清)太医院. 太医院秘藏膏丹丸散方剂[M]. 北京：中国中医药出版社,1992.
[139] (清)郭广瑞,贪梦道人. 康熙侠义传[M]. 北京：北京燕山出版社,1997.
[140] (清)檀萃. 滇海虞衡志校注[M]. 宋文熙,李东平,校注. 昆明：云南人民出版社,1990.
[141] (清)檀园主人. 雅观楼[M]. 北京：中国农业科技出版社,1991.
[142] (清)唐赞衮. 台阳见闻录[M]//台湾文献丛刊(第三十种). 台北：大通书局,2000.
[143] (清)陶承熹. 惠直堂经验方[M]. 北京：中医古籍出版社,1994.
[144] (清)童岳荐. 调鼎集[M]. 郑州：中州古籍出版社,1988.
[145] (清)图理琛. 异域录[M] //四库全书存目丛书. 济南：齐鲁书社,1997.
[146] (清)汪绂. 医林纂要探源[M]. 合肥：安徽科学技术出版社,1993.
[147] (清)汪灏,等. 佩文斋广群芳谱[M]. 影印本. 上海：上海书店,1985.
[148] (清)汪学金. 娄东诗派[M]. 刻本. 诗志斋,1804(嘉庆九年).
[149] (清)王鸣盛. 西庄始存稿[M]. 刻本,1765(乾隆三十年).

[150] (清)王石鹏. 台湾三字经[M]//台湾文献史料丛刊(第八辑),台北：大通书局,1987.

[151] (清)王士雄. 随息居饮食谱[M]. 宋咏梅,张传友点校. 天津：天津科学技术出版社,2003.

[152] (清)王廷绍. 霓裳续谱[M]. 北京：中华书局,1959.

[153] (清)王学权. 重庆堂随笔[M]. 北京：中医古籍出版社,1987.

[154] (清)王有光. 吴下谚联[M]. 北京：中华书局,1982.

[155] (清)文康. 儿女英雄传[M]. 西安：三秦出版社,1995.

[156] (清)文晟. 急救便方[M]. 刻本. 萍乡：文延庆堂,1865(同治四年).

[157] (清)文昭. 紫幢轩诗集[M]. 刻本,雍正年间.

[158] (清)吴大勋. 滇南闻见录[M]. 刻本不详.

[159] (清)吴趼人. 二十年目睹之怪现状[M]. 北京：中国社会出版社,1999.

[160] (清)吴趼人. 恨海·情变[M]. 北京：团结出版社,2009.

[161] (清)吴骐. 颰颔集[M]. 刻本,康熙年间.

[162] (清)吴其濬. 植物名实图考[M]. 上海：商务印书馆,1919.

[163] (清)吴其濬. 植物名实图考长编[M]. 上海：商务印书馆,1919.

[164] (清)吴汝纪. 每日食物却病考[M]. 上海：商务印书馆,1896.

[165] (清)吴仪洛. 本草从新[M]. 郭薇,赵秋玉,整理. 北京：红旗出版社,1996.

[166] (清)吴桭臣. 宁古塔纪略[M]//龙江三纪. 哈尔滨：黑龙江人民出版社,1985.

[167] (清)西清. 黑龙江外记[M]. 哈尔滨：黑龙江人民出版社,1984.

[168] (清)西周生. 醒世姻缘传[M]. 济南：齐鲁书社,1997.

[169] (清)夏曾传. 随园食单补证[M]. 北京：中国商业出版社,1994.

[170] (清)闲园鞠农. 燕市货声[M]. 铅印本. 1938(民国二十七年).

[171] (清)逍遥子. 后红楼梦[M]. 北京：中国戏剧出版社,2000.

[172] (清)谢堃. 花木小志[M]. 道光春草堂集本.

[173] (清)许起. 珊瑚舌雕谈初笔[M]. 弢园刊木活字印,1885(光绪十一年).

[174] (清)徐珂. 清稗类钞[M]. 上海：商务印书馆,1928.

[175] (清)徐时栋. 烟屿楼笔记[M]. 铅印本,1927(民国十六年).

[176] (清)徐士銮. 医方丛话[M]. 光绪津门徐氏蝶园刻本.

[177] (清)徐文弼. 寿世传真[M]. 北京：中医古籍出版社,1986.

[178] (清)徐宗干. 斯未信斋杂录[M]//台湾文献史料丛刊(第八辑). 台北：大通书局,1987.

[179] (清)薛宝辰. 素食说略[M]. 王子辉,注释. 北京：中国商业出版社,1984.

[180] (清)杨宾. 柳边纪略[M] //龙江三纪. 哈尔滨：黑龙江人民出版社,1985.

[181] (清)杨巩. 中外农学合编[M] //四库未收书辑刊. 北京：北京出版社,1997.

[182] (清)姚澜. 本草分经[M]. 上海：上海科学技术出版社，1989.
[183] (清)叶桂. 本草再新[M]. 清介堂藏版白从瀛刻本. 1841(道光二十一年).
[184] (清)叶桂，陈修园评. 本草再新[M]. 上海：群学社，1931.
[185] (清)叶廷管. 鸥陂渔话[M]. 上海：大达图书供应社，1942.
[186] (清)佚名. 大八义[M]. 北京：北京燕山出版社，1997.
[187] (清)佚名. 分类草药性[M]//中国本草全书. 北京：华夏出版社，1999.
[188] (清)佚名. 林公案[M]. 石家庄：河北人民出版社，1988.
[189] (清)佚名. 刘墉传奇[M]//刘公案. 呼和浩特：内蒙古人民出版社，2009.
[190] (清)佚名. 温凉盏鼓词[M]. 清末石印本.
[191] (清)佚名. 药性切用[M]. 刻本不详.
[192] (清)俞樾. 春在堂随笔[M]. 沈阳：辽宁教育出版社，2001.
[193] (清)俞震，等. 古今医案按[M]. 沈阳：辽宁科学技术出版社，1997.
[194] (清)袁枚. 随园食单[M]. 南京：凤凰出版社，2006.
[195] (清)袁世俊. 兰言述略[M]. 台北：广文书局，1976.
[196] (清)云江女史. 宦海钟[M]. 北京：中国文联出版公司，1996.
[197] (清)张庚. 国朝画征录[M]. 杭州：浙江人民美术出版社，2011.
[198] (清)张缙彦. 宁古塔山水记 域外集[M]. 哈尔滨：黑龙江人民出版社，1984.
[199] (清)张璐. 本经逢原[M]. 北京：中国中医药出版社，1996.
[200] (清)张宗法. 三农纪[M]. 邹介正，等校释. 北京：中国农业出版社，1989.
[201] (清)章穆. 调疾饮食辨[M]. 北京：中医古籍出版社，1999.
[202] (清)赵濂. 医门补要[M]. 上海：上海科学技术出版社，1986.
[203] (清)赵其光. 本草求原[M]// 朱晓光. 岭南本草古籍三种. 北京：中国医药科技出版社，1999.
[204] (清)赵学敏. 本草纲目拾遗[M]. 北京：人民卫生出版社，1963.
[205] (清)赵学敏. 凤仙谱[M]. 昭代丛书本.
[206] (清)震钧. 天咫偶闻[M]. 北京：北京古籍出版社，1982.
[207] (清)郑方坤. 全闽诗话[M]. 福州：福建人民出版社，2006.
[208] (清)郑光祖. 一斑录[M]. 道光舟车所至丛书本.
[209] (清)郑元庆. 湖录[M]. 刻本不详.
[210] (清)郑之侨. 农桑易知录[M] //续修四库全书. 上海：上海古籍出版社，2002.
[211] (清)周亮工. 赖古堂集[M]. 刻本. 1975(康熙十四年).
[212] (清)周裕. 从征缅甸日记[M]//丛书集成初编. 北京：中华书局，1991.
[213] (清)邹存淦. 外治寿世方[M]. 北京：中国中医药出版社，1992.
[214] (清)赵尔巽，等. 清史稿[M]. 北京：中华书局，1976.

（二）地方志类

明清民国时期笔者所见全国各地方志

（三）民国资料类

[1]（美）卜凯. 中国农家经济[M]. 张履鸾，译. 上海：商务印书馆，1936.

[2]（美）哈瑞姆. 古老的农夫 不朽的智慧：中国、朝鲜和日本的可持续农业考察记[M]. 李国庆，李超民，译. 北京：国家图书馆出版社，2013.

[3]（美）明恩溥. 中国的乡村生活[M]. 陈午晴，唐军，译. 北京：电子工业出版社，2012.

[4]（瑞士）第康道尔. 农艺植物考源[M]. 俞德浚，蔡希陶，编译. 上海：商务印书馆，1940.

[5] 常杰淼. 雍正剑侠图[M]. 北京：北京师范大学出版社，1992.

[6] 陈俊愉. 瓜和豆[M]. 重庆：正中书局，1944.

[7] 东北物资调节委员会研究组. 东北经济小丛书：农产[M]. 东北物资调节委员会，1948.

[8] 黄绍绪. 蔬菜园艺学[M]. 上海：商务印书馆，1933.

[9] 黄绍绪. 蔬菜园艺学[M]. 北京：商务印书馆，1950.

[10] 经济部资源委员会，经济部中央农业实验所贵州省农业改进所. 贵州省农业概况调查[M]. 贵阳：贵州农业改进所，1939.

[11] 经利彬，等. 滇南本草图谱[M]. 昆明：中国药物研究所，1943.

[12] 赖昌编译. 农业全书：第2册[M]. 上海：新学会社，1929.

[13] 连横. 台湾通史[M]. 上海：华东师范大学出版社，2006.

[14] 刘同圻. 实用蔬菜加工法[M]. 上海：上海园艺事业改进协会，1947.

[15] 陆费执，顾华孙. 蔬菜园艺[M]. 上海：中华书局，1939.

[16] 熊同和. 蔬菜栽培各论[M]. 上海：商务印书馆，1935.

[17] 颜纶泽. 蔬菜大全[M]. 上海：商务印书馆，1936.

[18] 张恨水. 春明外史[M]. 太原：北岳文艺出版社，2003.

[19] 张宗祥. 本草简要方[M]. 上海：上海书店，1985.

[20] 赵熙. 香宋诗钞[M]. 成都：四川人民出版社，1986.

[21] 郑逸梅. 花果小品[M]. 上海：中孚书局，1936.

[22] 海上说梦人. 歇浦潮[M]. 长沙：湖南文艺出版社，1998.

[23] 符节. 番瓜幻龙[J]. 点石斋画报，1897(496).

[24] 番瓜巨价[J]. 益闻录，1897(1670).

[25] 译篇：种南瓜法[J]. 农学报，1903(221).

[26] 瓜部[J]. 农工商报，1908(36).

[27] 种南瓜新法（未完）[J]. 广东劝业报，1909(81).

[28] 南瓜栽培法(续八十一期)[J]. 广东劝业报,1910(93).
[29] 南瓜栽培法[J]. 广东劝业报,1910(103-107).
[30] 助长番瓜之方法[J]. 进步,1916(2).
[31] 植物家改良南瓜种法[J]. 江西省农会报,1916(11).
[32] 王嘉烈. 送南瓜[J]. 妇女杂志,1917,3(12).
[33] 懊莽. 三月三清明吃南瓜[J]. 余兴,1917(28).
[34] 周善富. 志异三则[J]. 锡秀,1918(1).
[35] 唐自华. 种南瓜[J]. 家庭常识,1918(2).
[36] 不暑. 南瓜[J]. 家庭常识,1918(4).
[37] 梦觉. 番瓜汁[J]. 家庭常识,1918(4).
[38] 梅士. 种南瓜[J]. 家庭常识,1918(4).
[39] 孤星. 炒南瓜[J]. 家庭常识,1918(4).
[40] 王从周. 南瓜蟹[J]. 家庭常识,1918(4).
[41] 红树. 南瓜露[J]. 家庭常识,1918(4).
[42] 非我. 南瓜粉饼[J]. 家庭常识,1918(5).
[43] 蔡佩衡. 南瓜之栽培法[J]. 江苏省立第二女子师范学校校友会汇刊,1918(7).
[44] 王凌汉. 北瓜笋之制法[J]. 江苏省公报,1918(1550).
[45] 南瓜品种试验[J]. 农学月刊,1919(5).
[46] 南瓜栽培[J]. 农学月刊,1919(7).
[47] 赵作哲. 调查三给村南瓜之播种法[J]. 新农周刊,1920(2).
[48] 胡会昌. 南瓜栽培法[J]. 湖北省农会农报,1922,3(2).
[49] 番瓜干之制法[J]. 河南实业周刊,1923,2(4).
[50] 赵玉心. 老倭瓜告状[J]. 儿童,1924(1).
[51] 赵玉心. 老倭瓜告状(续完)[J]. 儿童,1925(2).
[52] 徐仲纯. 煮番瓜[J]. 儿童世界,1925,16(8).
[53] 李治. 南瓜栽培法[J]. 农话,1930,2(5).
[54] 李国瓌. 园蔬正熟以玉蜀南瓜贻刘东山[J]. 虞社,1930(167).
[55] 陆星如. 南瓜棚[J]. 苏州振华女学校刊,1930-5.
[56] 南瓜单元研究[J]. 集美周刊,1931(3).
[57] 丁梦魁. 老南瓜子[J]. 民间,1931(5).
[58] Lord Dunsany. 南瓜(独幕剧)[J]. 柏寒,译. 清华周刊. 1932(5).
[59] 吴兴金,城拱北. 藉卢诗草(续):玉蜀黍番瓜[J]. 湖社月刊,1932(61).
[60] 沈仲圭. 南瓜漫谈[J]. 医界春秋,1932(72).
[61] 管家骥. 番南瓜属染色体数目[J]. 中华农学会报,1932(109).
[62] 农林常识:瓜类药性谭[J]. 农声,1933(169).

[63] 人造南瓜[J]. 结晶,1934(1).

[64] 王陵南. 笋瓜倭瓜杂交之试验[J]. 河南建设,1934(1).

[65] 南瓜性黄疸[J]. 新医药杂志,1934(6).

[66] 陈迪华. 栽培冬瓜与南瓜应注意之条件[J]. 高农期刊,1934(6).

[67] 格. 南瓜之新种及其用途[J]. 科学世界,1934(9).

[68] 青岛市政府指令：第五九九四号[J]. 青岛市政府市政公报,1934(60).

[69] 李先闻. 番南瓜与南瓜之杂交及其染色体之研究[J]. 实业部中央农业实验所研究报告,1935(5).

[70] 播种南瓜的法子[J]. 绥远农村周刊,1935(53).

[71] 张高鋆. 南瓜(自然)[J]. 儿童杂志,1936(4).

[72] 刘启贤. 葡萄,西瓜,南瓜,枝豆桃之加工法[J]. 农业进步,1936,4(8).

[73] 永修淳湖开南瓜比赛会[J]. 江西农讯,1936(18).

[74] 商情报告(二十五年四月二十五日)：南北货[J]. 商情报告,1936(494).

[75] 商情报告(二十五年五月二十一日)：南北货[J]. 商情报告,1936(516).

[76] 征求贮藏南瓜法[J]. 通问报：耶稣教家庭新闻,1936(1683).

[77] 南瓜瓤治愈五年疮[J]. 通问报：耶稣教家庭新闻,1936(1713).

[78] 张宛青. 摘南瓜[J]. 现代父母,1937(2-3).

[79] 老倭瓜种法[J]. 农村副业,1937,2(5).

[80] 百余斤的大南瓜[J]. 正论,1937(288).

[81] 萧山各小学种植南瓜慰劳将士[J]. 进修,1939(3).

[82] 黄沙. 种南瓜[J]. 抗战文艺,1939(5-6).

[83] 一人十斤南瓜运动[J]. 湘湖通讯,1940(13).

[84] 吴希庸. 近代东北移民史略[J]. 东北集刊,1941(2).

[85] 南瓜可治：炸弹散片伤[J]. 业余生活,1941(5).

[86] 黎庐. 矮南瓜[J]. 新亚,1943(6).

[87] 黄宗甄. 光期长短与南瓜生长及雌雄花之关系[J]. 全国农林试验研究报告辑要,1944(1/2).

[88] 陈桥. 南瓜蔓[J]. 国讯,1944(374).

[89] 华铃. 南瓜[J]. 紫罗兰,1945(18).

[90] 台湾农业年报[J]. 1946(1).

[91] 南瓜叶能止血[J]. 济世日报医药卫生专刊,1947(1).

[92] 徐满琳. 江西园艺事业之改进[J]. 农业通讯,1947,1(5).

[93] 向清文. 南瓜的营养价值[J]. 家庭医药,1947(13).

[94] 宏修. 番瓜救了小松鼠(附图)[J]. 儿童知识,1947(15).

[95] 王成敬. 东北移民问题[J]. 东方杂志,1947,43(14).

[96] 焦东樵子. 面拖南瓜片[J]. 机联会刊,1947(213).

[97] 囤糠采菜抢种南瓜 太岳农民普遍备荒[N]. 人民日报,1947-06-16.

[97] 梅德盈. 南瓜蒂可治对口疽杷蕉根能医大头瘟[J]. 医药研究,1948,2(1).

[99] 陶文俊. 吃南瓜(记事)[J]. 儿童世界,1948,4(1).

[100] 梅岭. 南瓜的整技摘心与人工授粉[J]. 农业生产,1948,3(3).

[101] 杨子安. 倍数性南瓜之育成[J]. 农报,1948(5-6).

[102] 尹承管. 南瓜叶[J]. 民众,1948,2(7).

[103] 贺宜. 南瓜大王[J]. 新儿童世界,1948(19).

[104] 园艺品加工[J]. 新农,1949(3).

[105] 江幼农. 南瓜的栽培[J]. 田家,1949,15(24).

[106] 林华. 一个南瓜渡了荒[J]. 田家,1949,16(8).

[107] 南瓜团子又名黄金团[J]. 俞氏空中烹饪: 教授班,年代不详(3).

(四)现代专著类

[1] (德)舒比格. 当世界年纪还小的时候[M]. 廖云海,译. 成都: 四川少年儿童出版社,2006.

[2] Ott C. Pumpkin: The Curious History of an American Icon [M]. Illustrated edition. Washington: University of Washington Press, 2013.

[3] Damerow G. The Perfect Pumpkin: Growing/Cooking/Carving[M]. North Adams: Storey Publishing, 2012.

[4] Higgins S O. The pumpkin book: full of Halloween history, poems, songs, art projects, games and recipes for parents and teachers to use with young children[M]. Pumpkin Pr Pub House, 1983.

[5] MacCallum A C. Pumpkin, Pumpkin!: Lore, History, Outlandish Facts, and Good Eating[M]. Heather Foundation, 1986.

[6] Ott C. Squashed myths: The cultural history of the pumpkin in North America [D]. Philadelphia: University of Pennsylvania, 2002.

[7] Pratt S G, Matthews K. SuperFoods Rx: Fourteen Foods That Will Change Your Life[M]. New York: William Morrow,2004.

[8] (美)珀金斯. 中国农业的发展: 1368—1968年[M]. 宋海文,等译. 上海: 上海译文出版社, 1984.

[9] (美)克罗斯比. 哥伦布大交换: 1492年以后的生物影响和文化冲击[M]. 郑明萱,译. 北京: 中国环境出版社, 2010.

[10] (美)安德森. 中国食物[M]. 马孆,刘东,译. 南京: 江苏人民出版社, 2003.

[11] (日)西嶋定生. 中国经济史研究[M]. 冯佐哲,邱茂,黎潮,译. 北京: 农业出版社, 1984.

[12] (日)星川清亲. 栽培植物的起源与传播[M]. 段传德，丁法元，译. 郑州：河南科学技术出版社，1981.

[13] (苏)瓦维洛夫. 主要栽培植物的世界起源中心[M]. 董玉琛，译. 北京：农业出版社，1982.

[14] (意)哥伦布. 哥伦布航海日记[M]. 孙家堃，译. 上海：上海外语教育出版社，1987.

[15] (英)西蒙兹. 作物进化[M]. 赵伟钧，等译. 北京：农业出版社，1987.

[16] (英)麦高温. 多面中国人[M]. 贾宁，译. 南京：译林出版社，2014.

[17] (英) 裕尔，(法) 考迪埃. 东域纪程录丛：古代中国闻见录 [M]. 张绪山，译. 北京：中华书局，2008.

[18] 中国农业博物馆. 中国近代农业科技史稿[M]. 北京：中国农业科技出版社，1996.

[19] 曹树基. 中国人口史：第四卷：明时期[M]. 上海：复旦大学出版社，2000.

[20] 曹树基. 中国人口史：第五卷：清时期[M]. 上海：复旦大学出版社，2001.

[21] 曹树基. 中国移民史：第六卷：清 民国时期[M]. 福州：福建人民出版社，1997.

[22] 曹树基. 中国移民史：第五卷：明时期[M]. 福州：福建人民出版社，1997.

[23] 成崇德. 清代西部开发[M]. 太原：山西古籍出版社，2002.

[24] 程民生. 中国北方经济史：以经济重心的转移为主线[M]. 北京：人民出版社，2004.

[25] 第二十八届历史人类学研讨班论文集[M]. 未刊，2014.

[26] 第二军医大学药学系生药学教研室. 中国药用植物图鉴[M]. 上海：上海教育出版社，1960.

[27] 丁晓蕾. 二十世纪中国蔬菜科技发展研究[M]. 北京：中国三峡出版社，2009.

[28] 朱德蔚，王德槟，李锡香. 中国作物及其野生近缘植物：蔬菜作物卷[M]. 北京：中国农业出版社，2008.

[29] 杜连起. 南瓜贮藏与加工技术[M]. 北京：金盾出版社，2004.

[30] 方国瑜. 云南史料目录概说：第 2 册[M]. 北京：中华书局，1984.

[31] 方国瑜. 云南史料丛刊：第八卷[M]. 昆明：云南大学出版社，2001.

[32] 方智远，张武男. 中国蔬菜作物图鉴[M]. 南京：江苏科学技术出版社，2011.

[33] 付春. 尊王黜霸：云南由乱向治的历程(1644—1735)[M]. 昆明：云南大学出版社，2011.

[34] 葛剑雄. 中国人口发展史[M]. 福州：福建人民出版社，1991.

[35] 巩振辉. 茄子、南瓜栽培新技术[M]. 咸阳：西北农林科技大学出版社，2005.

[36] 广东省中医药研究所，华南植物研究所. 岭南草药志[M]. 上海：上海科学技术出版社，1961.

[37] 郭声波. 四川农业历史地理[M]. 成都：四川人民出版社，1993.
[38] 郭文韬，曹隆恭. 中国近代农业科技史[M]. 北京：中国农业科技出版社，1989.
[39] 韩茂莉. 中国历史农业地理[M]. 北京：北京大学出版社，2012.
[40] 侯杨方. 中国人口史：第六卷：1910—1953[M]. 上海：复旦大学出版社，2001.
[41] 黄庆华. 中葡关系史：1513—1999[M]. 合肥：黄山书社，2006.
[42] 胡道静. 农书・农史论集[M]. 北京：农业出版社，1985.
[43] 胡虹. 南瓜灯的传说：万圣节[M]. 上海：上海文化出版社，2002.
[44] 胡焕庸，张善余. 中国人口地理：下册[M]. 上海：华东师范大学出版社，1986.
[45] 蒋建平. 清代前期米谷贸易研究[M]. 北京：北京大学出版社，1992.
[46] 来新夏. 方志学概论[M]. 福州：福建人民出版社，1983.
[47] 兰州市地方志编纂委员会，兰州市卫生志编纂委员会. 兰州市志：第六十一卷：卫生志[M]. 兰州：兰州大学出版社，1999.
[48] 兰州市地方志编纂委员会，兰州市蔬菜志编纂委员会. 兰州市志：第二十七卷：蔬菜志[M]. 兰州：兰州大学出版社，1997.
[49] 李伯重. 江南农业的发展：1620—1850[M]. 王湘云，译. 上海：上海古籍出版社，2007.
[50] 李璠. 中国栽培植物发展史[M]. 北京：科学出版社，1984.
[51] 李光普. 南瓜实用加工技术[M]. 天津：天津科技翻译出版公司，2010.
[52] 李海真，李建华，等. 西葫芦 南瓜高产栽培与加工技术[M]. 北京：中国农业出版社，2003.
[53] 梁方仲. 中国历代户口、田地、田赋统计[M]. 上海：上海人民出版社，1980.
[54] 刘大器. 中国古典食谱[M]. 西安：陕西旅游出版社，1992.
[55] 刘炼. 风雨伴君行：我与何干之的二十年[M]. 南宁：广西教育出版社，1998.
[56] 刘宜生，等. 冬瓜、南瓜、苦瓜高产栽培：修订版[M]. 北京：金盾出版社，2009.
[57] 罗进军. 新南瓜雕速成[M]. 沈阳：辽宁科学技术出版社，2007.
[58] 彭世奖. 中国作物栽培简史[M]. 北京：中国农业出版社，2012.
[59] 蒲慕州. 饮食传播与文化交流[M]. 台北：中华饮食文化基金会，2009.
[60] 瞿明安. 隐藏民族灵魂的符号：中国饮食象征文化论[M]. 昆明：云南大学出版社，2001.
[61] 齐如山. 华北的农村[M]. 沈阳：辽宁教育出版社，2007.
[62] 申士垚，傅美琳. 中国风俗大辞典[M]. 北京：中国和平出版社，1991.
[63] 永瑢，等. 四库家藏：子部典籍概览(二)[M]. 济南：山东画报出版社，2004.
[64] 谭其骧. 长水集：上册[M]. 北京：人民出版社，1987.
[65] 唐启宇. 中国作物栽培史稿[M]. 北京：农业出版社，1986.
[66] 陶阳，钟秀. 中国神话：上册[M]. 北京：商务印书馆，2008.

[67] 王利华. 中古华北饮食文化的变迁[M]. 北京：中国社会科学出版社，2000.

[68] 王思明，陈少华. 万国鼎文集[M]. 北京：中国农业科学技术出版社，2005.

[69] 王思明. 美洲作物在中国的传播及其影响研究[M]. 北京：中国三峡出版社，2010.

[70] 万明. 中葡早期关系史[M]. 北京：社会科学文献出版社，2001.

[71] 吴耕民. 蔬菜园艺学[M]. 北京：中国农业书社，1936.

[72] 吴耕民. 中国蔬菜栽培学[M]. 北京：科学出版社，1957.

[73] 吴晗. 朝鲜李朝实录中的中国史料：下编[M]. 北京：中华书局，1980.

[74] 锡伯族简史编写组. 锡伯族简史[M]. 北京：民族出版社，1986.

[75] 夏明方. 民国时期自然灾害与乡村社会[M]. 北京：中华书局，2000.

[76] 夏纬瑛. 植物名释札记[M]. 北京：农业出版社，1990.

[77] 熊助功. 南瓜[M]. 上海：上海科学技术出版社，1962.

[78] 许道夫. 中国近代农业生产及贸易统计资料[M]. 上海：上海人民出版社，1983.

[79] 许涤新，吴承明. 中国资本主义发展史：第二卷[M]. 2 版. 北京：人民出版社，2003.

[80] 闫天灵. 汉族移民与近代内蒙古社会变迁研究[M]. 北京：民族出版社，2004.

[81] 严正德，王毅武. 青海百科大辞典[M]. 北京：中国财政经济出版社，1994.

[82] 严中平. 老殖民主义史话选[M]. 北京：北京出版社，1984.

[83] 衣保中. 中国东北农业史[M]. 长春：吉林文史出版社，1993.

[84] 衣兴国，刁书仁. 近三百年东北土地开发史[M]. 长春：吉林文史出版社，1994.

[85] 游修龄，曾雄生. 中国稻作文化史[M]. 上海：上海人民出版社，2010.

[86] 俞为洁. 中国食料史[M]. 上海：上海古籍出版社，2011.

[87] 张芳，王思明. 中国农业科技史[M]. 北京：中国农业科学技术出版社，2011.

[88] 张箭. 地理大发现研究：15—17 世纪[M]. 北京：商务印书馆，2002.

[89] 张平真. 中国蔬菜名称考释[M]. 北京：北京燕山出版社，2006.

[90] 张绍文，马长生，孙中伟. 南瓜、西葫芦四季高效栽培[M]. 郑州：河南科学技术出版社，2003.

[91] 张士尊. 清代东北移民与社会变迁：1644—1911[M]. 长春：吉林人民出版社，2003.

[92] 张世田，何泽成，张洪杰. 南瓜 西葫芦 笋瓜[M]. 郑州：河南科学技术出版社，1989.

[93] 张天泽. 中葡通商研究[M]. 王顺彬，王志邦，译. 北京：华文出版社，2000.

[94] 张星烺. 中西交通史料汇编[M]. 北京：中华书局，1977.

[95] 中国大百科全书总编辑委员会《农业》编辑委员会. 中国大百科全书：农业

[M]. 北京：大百科全书出版社，1990.

[96] 中国第一历史档案馆. 康熙朝汉文朱批奏折汇编：第5册[M]. 北京：档案出版社，1984.

[97] 中国科学院民族研究所，四川少数民族社会历史调查组. 金川案[M]. 中国科学院民族研究所，1963.

[98] 中国农业百科全书总编辑委员会农业历史卷编辑委员会中国农业百科全书编辑部. 中国农业百科全书・农业历史卷[M]. 北京：农业出版社，1995.

[99] 中国农业百科全书总编辑委员会蔬菜卷编辑委员会. 中国农业百科全书：蔬菜卷[M]. 北京：农业出版社，1990.

[100] 中国农业学院. 中国蔬菜优良品种[M]. 北京：农业出版社，1959.

[101] 中国农业科学院蔬菜花卉研究所. 中国蔬菜品种志：下卷[M]. 北京：中国农业科技出版社，2001.

[102] 中国农业科学院蔬菜花卉研究所. 中国蔬菜栽培学[M]. 2版. 北京：农业出版社，2010.

[103] 中国农业科学院蔬菜研究所. 中国蔬菜栽培学[M]. 北京：农业出版社，1987.

[104] 中科院华南植物研究所. 广州植物志[M]. 北京：科学出版社，1956.

[105] 邹逸麟. 中国历史地理概述[M]. 上海：上海教育出版社，2013.

（五）现代期刊类

[1] Andres T C, Lebeda A, Paris H S. Diversity in tropical pumpkin (*Cucurbita moschata*): a review of infraspecific classifications[C]//Progress in cucurbit genetics and breeding research. Proceedings of Cucurbitaceae 2004, the 8th EUCARPIA Meeting on Cucurbit Genetics and Breeding, Olomouc, Czech Republic, 12 - 17 July, 2004. Olomouc: Palacký University in Olomouc, 2004: 107 - 112.

[2] Andres T C, Lebeda A, Paris H S. Diversity in tropical pumpkin (*Cucurbita moschata*): cultivar origin and history [C]//Progress in cucurbit genetics and breeding research. Proceedings of Cucurbitaceae 2004, the 8th EUCARPIA Meeting on Cucurbit Genetics and Breeding, Olomouc, Czech Republic, 12 - 17 July, 2004. Olomouc: Palacký University in Olomouc, 2004: 113 - 118.

[3] Cutler H, Whitaker T. History and distribution of the cultivated cucurbits in the Americas[J]. American Antiquity, 1961, 26(4): 469 - 485.

[4] Doymaz I. The kinetics of forced convective air-drying of pumpkin slices[J]. Journal of Food Engineering, 2007, 79 (1): 243 - 248.

[5] Paris H. The Squash and Pumpkin Market[C]//Newe Ya'ar Research Center Ramat Yishay, Israel, 2001.

[6] Jack-o-lantern history starts with the pumpkin[J]. New York Amsterdam News, 1994,85(44): 19.

[7] O'Neill T. Pagans and pumpkins[J]. Report/Newsmagazine (Alberta Edition), 1999,26 (40): 62.

[8] Rosenberg J P. Pumpkins that make more than scary faces[J]. Christian Science Monitor. 1997,89 (221): 10.

[9] Sturtevant E L. The history of garden vegetables (continued)[J]. The American Naturalist, 1890, 24(284): 719 - 744.

[10] Whitaker T W, Cutler H C, MacNeish R S. Cucurbit materials from three caves near ocampo, Tamaulipas[J]. American Antiquity, 1957, 22(4): 352 - 358.

[11] 何炳棣. 美洲作物的引进、传播及其对中国粮食生产的影响[J]. 世界农业, 1979(4): 34 - 41.

[12] 何炳棣. 美洲作物的引进、传播及其对中国粮食生产的影响(二)[J]. 世界农业, 1979(5): 21 - 31.

[13] 何炳棣. 美洲作物的引进、传播及其对中国粮食生产的影响(三)[J]. 世界农业, 1979(6): 25 - 31.

[14] (美)李中清. 1250—1850 年西南移民史[J]. 社会科学战线,1983(1).

[15] 包平,李昕升,卢勇. 方志物产史料的价值、利用与展望: 以《方志物产》为中心[J]. 中国农史,2018 (3): 117 - 126.

[16] 巴兆祥. 论明代方志的数量与修志制度: 兼答张升《明代地方志质疑》[J]. 中国地方志, 2004(4): 45 - 51.

[17] 曹玲. 明清美洲粮食作物传入中国研究综述[J]. 古今农业, 2004(2): 95 - 103.

[18] 曹树基. 明清时期的流民和赣北山区的开发[J]. 中国农史, 1986(2): 12 - 37.

[19] 曹筱芝,张德威. 南瓜品种分类的探讨[J]. 浙江农业科学,1964 (11): 559 - 562.

[20] 曾雄生. 跛足农业的形成: 从牛的放牧方式看中国农区畜牧业的萎缩[J]. 中国农史,1999(4): 35 - 44.

[21] 曾雄生. 史学视野中的蔬菜与中国人的生活[J]. 古今农业, 2011(3): 51 - 62.

[22] 陈魁元. 开发南瓜系列产品[J]. 农村实用工程技术, 1991 (1): 12.

[23] 程厚思. 清代江浙地区米粮不足原因探析[J]. 中国农史, 1990 (3): 40 - 47.

[24] 程杰. 我国南瓜传入与早期分布考[J]. 阅江学刊, 2018, 10(2): 114 - 134.

[25] 程杰. 我国南瓜种植发源、兴起于京冀: 《我国南瓜传入与早期分布考》申说[J]. 阅江学刊, 2019, 11(2): 92 - 109.

[26] 崔进梅, 任永新. 浅谈南瓜保健啤酒的开发[J]. 山东食品发酵, 2009(1): 47 - 50.

[27] 丁晓蕾，王思明. 美洲原产蔬菜作物在中国的传播及其本土化发展[J]. 中国农史，2013，32(5)：26－36.

[28] 丁云花. 南瓜的食疗保健价值及开发前景[J]. 中国食物与营养，1998 (6)：49－50.

[29] 董亚军. 南瓜系列食品的加工法[J]. 云南农业科技，1989(5)：37.

[30] 方万鹏.《析津志》所见元大都人与自然关系述论：兼议环境史研究中的地方史志资料利用[J]. 鄱阳湖学刊，2016(6)：94－102.

[31] 耕夫.应加强对地方农史的研究[J].中国农史，1983(4)：95－97.

[32] 郭文忠，李锋，秦垦，等. 南瓜的价值及抗逆栽培生理研究进展[J]. 长江蔬菜，2002(9)：30－32.

[33] 韩柱栓，刘是何."南瓜文化"闹边关[J].军营文化天地，2006(4)：66－67.

[34] 贺飞. 清代东北土地开发政策的演变及影响[J]. 东北史地，2009(5)：56－60.

[35] 胡道静. 加强和推广对物质文化史的研究[J]. 文史哲，1984(1)：18－21.

[36] 胡正强. 南瓜制品，你为什么还不出场：南瓜制品市场开发及可行性分析[J]. 北京农业，1994(1)：2.

[37] 华忠国. 试用南瓜藤煎剂预防麻疹的初步观察[J]. 上海中医药杂志，1957(3)：30－31.

[38] 中国第一历史档案馆. 嘉庆朝安徽浙江棚民史料[J]. 历史档案，1993(1)：24－33.

[39] 季羡林.中国蚕丝输入印度问题的初步研究[J].历史研究，1955(4)：51－94.

[40] 蓝勇. 中国古代辛辣用料的嬗变、流布与农业社会发展[J]. 中国社会经济史研究，2000(4)：13－23.

[41] 李昕升. 近40年以来外来作物来华海路传播研究的回顾与前瞻[J]. 海交史研究，2019(4)：69－83.

[42] 李昕升，胡勇军，王思明. 明代以降南瓜引种与文学创作[J]. 中国野生植物资源，2017，36(6)：5－9.

[43] 李昕升，王思明. 南瓜在中国的引种推广及其影响[J]. 中国历史地理论丛，2014，29(4)：81－92.

[44] 李昕升，王思明. 评《中国古代粟作史》：兼及作物史研究展望[J]. 农业考古，2015(6)：341－343.

[45] 李昕升，王思明. 近十年来美洲作物史研究综述(2004—2015)[J]. 中国社会经济史研究，2016(1)：99－107.

[46] 李昕升，王思明. 释胡麻：千年悬案"胡麻之辨"述论[J]. 史林，2018(5)：21－33.

[47] 李昕升，王思明. 嗑瓜子的历史与习俗：兼及西瓜子利用史略[J]. 广州大学学

报(社会科学版)，2015，14(2)：90－96.

[48] 李昕升，王思明. 中国南瓜救荒史[J]. 西部学刊，2016(11)：47－54.

[49] 李昕升，王思明. 清代玉米、番薯在广西传播问题再探：兼与郑维宽、罗树杰教授商榷[J]. 中国历史地理论丛，2018，33(4)：78－86.

[50] 李昕升，王思明，丁晓蕾. 南瓜传入中国时间考[J]. 中国社会经济史研究，2013(3)：88－94.

[51] 李昕升，王荧. 近五年来美洲作物史研究评述(2016—2020)[J]. 中国社会经济史研究，2022(1)：88－100.

[52] 梁家勉，戚经文. 番薯引种考[J]. 华南农学院学报，1980 (3)：74－79.

[53] 林德佩. 南瓜植物的起源和分类[J]. 中国西瓜甜瓜，2000 (1)：36－38.

[54] 刘清华. 湖北恩施"西瓜碑"碑文考[J]. 古今农业，2005(2)：26－29.

[55] 刘洋，屈淑平，崔崇士. 南瓜营养品质与功能成分研究现状与展望[J]. 中国瓜菜，2006 (2)：27－29.

[56] 刘宜生，王长林，王迎杰. 关于统一南瓜属栽培种中文名称的建议[J]. 中国蔬菜，2007(5)：43－44.

[57] 刘宜生. 南瓜的开发与利用[J]. 中国食物与营养，2001 (5)：19－20.

[58] 刘宜生. 西葫芦史话[J]. 中国瓜菜，2008(1)：49－50.

[59] 刘宜生，林德佩，孙小武，等. 我国南瓜属作物产业与科技发展的回顾和展望[J]. 中国瓜菜，2008(6)：4－9.

[60] 卢良恕，王东阳. 现代中国农业科学技术发展回顾与展望[J]. 科技和产业，2002(4)：14－21.

[61] 马钟嶽. 大饥荒中的县委书记王永成[J]. 炎黄春秋，2007(3)：43－45.

[62] 闵宗殿.《三农纪》所引《图经》为《图经本草》说质疑[J]. 中国农史，1994，13(4)：107－111.

[63] 闵宗殿. 海外农作物的传入和对我国农业生产的影响[J]. 古今农业，1991(1)：1－11.

[64] 南瓜制品的开发[J]. 江苏食品与发酵，1988(2)：40－41.

[65] 彭世奖. 也谈《王祯农书》的成书年代：兼与郝时远同志商榷[J]. 中国农史，1986 (2)：131－133.

[66] 邱斌. 方言词语的修辞学价值：以"南瓜"为例[J]. 修辞学习，2006(1)：73－74.

[67] 全瑾，吴佐忻.《本草纲目》文献引用初考[J]. 中医文献杂志，2011，29(2)：8－9.

[68] 沈璐. 谈谈农史研究中方志的利用[J]. 农业考古，1990(2)：182－185.

[69] 舒迎澜. 主要瓜类蔬菜栽培简史[J]. 中国农史，1998 (3)：94－99.

[70] 唐云，劳静丹，黄丽仙，等. 我国南瓜相关发明专利的现状分析[J]. 广西轻工业，2009(2)：3 - 4.

[71] 王克辉，刘元复. 素火腿：南瓜[J]. 食品科技，1982(10)：14 - 15.

[72] 王鸣. 南瓜属：多样性(diversity)之最[J]. 中国西瓜甜瓜，2002(3)：42 - 45.

[73] 王思明. 美洲原产作物的引种栽培及其对中国农业生产结构的影响[J]. 中国农史，2004 (2)：16 - 27.

[74] 王思明. 如何看待明清时期的中国农业[J]. 中国农史，2014 (1)：3 - 12.

[75] 魏照信，陈荣贤，殷晓燕，等. 中国籽用南瓜产业现状及发展趋势[J]. 中国蔬菜，2013(9)：10 - 13.

[76] 谢道同. 广西近代的病虫害防治试验研究[J]. 古今农业，1990(2)：94 - 102.

[77] 徐凯希，张苹. 抗战时期湖北国统区的农业改良与农村经济[J]. 中国农史，1994(3)：64 - 74.

[78] 薛刚. 从人口、耕地、粮食生产看清代直隶民生状况：以直隶中部地区为例[J]. 中国农史，2008(1)：60 - 68.

[79] 肖文超. 西方物质文化史研究的兴起及其影响[J]. 史学理论研究，2017(3)：92 - 104.

[80] 杨国祥.《滇南本草》的作者与版本探述[J]. 云南中医学院学报，1988(1)：20 - 24.

[81] 叶静渊."葵"辨：兼及向日葵引种栽培史略[J]. 中国农史，1999(2)：66 - 73.

[82] 叶静渊. 我国茄果类蔬菜引种栽培史略[J]. 中国农史，1983(2)：37 - 42.

[83] 游修龄. 农作物异名同物和同物异名的思考[J]. 古今农业，2011(3)：46 - 50.

[84] 余康发. 方言词"南瓜"的文化色彩考察[J]. 江西科技师范学院学报，2007(5)：65 - 67.

[85] 俞为洁."北瓜"小析[J]. 农业考古，1993(1).

[86] 俞为洁. 瓜与甜瓜[J]. 农业考古，1990(1).

[87] 与美国铁路华工命运相连的南瓜简史[J]. 出国与就业，2008(5)：23.

[88] 张德威，曹筱芝. 浙江的南瓜品种[J]. 浙江农业科学，1964(5)：247 - 249.

[89] 张分田."儒家民本"与"南瓜之喻"：关于现代中国人是否应当研读儒家经典之我见[J]. 历史教学(高校版)，2009(2)：5 - 12.

[90] 张继卫，岳晓历. 瓜菜代[J]. 档案天地，2010(7).

[91] 张箭. 南瓜发展传播史初探[J]. 烟台大学学报(哲学社会科学版)，2010，23(1)：100 - 108.

[92] 张世镕. 蛮瓜・饭瓜・南瓜[J]. 食品与生活，2005(8)：29.

[93] 张廷瑜，邱纪凤.《滇南本草》的版本与作者[J]. 云南中医学院学报，1989(1)：30 - 34.

[94] 赵传集. 南瓜产地小考[J]. 农业考古，1987(2)：299 - 300.

[95] 周汉奎. 南瓜综合加工技术[J]. 食品科学，1991 (9)：59 - 62.

[96] 周舟. 毛南族“南瓜节”[J]. 民族论坛，2003(6)：17.

（六）现代报纸类

[1] 郭尚汉，竹明山. 多种南瓜好渡荒[N]. 浙江日报，1950 - 04 - 23.

[2] 河南讯. 南瓜亩产二十万斤[N]. 人民日报，1958 - 08 - 09.

[3] 王杰. 利用高埂斜坡种南瓜[N]. 人民日报，1959 - 03 - 26.

[4] 南瓜[N]. 人民日报，1959 - 12 - 24.

[5] 余姚挖掘土地潜力扩种南瓜[N]. 浙江日报，1960 - 03 - 14.

[6] 人人动手 见缝插针 大种南瓜 四川为即将下生的大批仔猪准备充足的饲料 江西六百多万人 掀起种瓜热潮已种六亿多窝[N]. 人民日报，1960 - 04 - 16.

[7] 石秀华. 南瓜满山猪满圈[N]. 人民日报，1960 - 05 - 18.

[8] 说南瓜[N]. 杭州日报，1960 - 06 - 15.

[9] 万县移栽杈藤多种南瓜[N]. 人民日报，1960 - 07 - 16.

[10] 山东沂源县中庄公社. 种南瓜起家[N]. 人民日报，1960 - 07 - 27.

[11] 四川省委号召大种早玉米红苕和南瓜 千方百计增产早熟粮菜 抓住当前有利形势作好宣传动员工作因地制宜层层落实[N]. 人民日报，1961 - 03 - 07.

[12] 南瓜[N]. 人民日报，1961 - 03 - 15.

[13] 钟河. 南瓜山[N]. 人民日报，1961 - 04 - 14.

[14] 南瓜的妙用[N]. 人民日报，1979 - 11 - 04.

[15] 赵明. 疗效食品问世 南瓜身价倍增[N]. 人民日报，1985 - 10 - 03.

[16] 刘继贵. 南瓜富了卧龙屯[N]. 人民日报，1989 - 04 - 27.

[17] 章兵. 南瓜情[N]. 浙江日报，1991 - 02 - 27.

[18] 易卫平. 买只老南瓜尝尝[N]. 杭州日报，1994 - 08 - 30.

[19] 崔良好. 故乡南瓜分外甜[N]. 中国林业报，1996 - 06 - 04.

[20] 陈毅与“南瓜宴”[N]. 杭州日报，1996 - 08 - 12.

[21] 肖韶光. 南瓜与红米[N]. 人民日报，1998 - 07 - 14.

[22] 晓平. 家畜的好饲料：南瓜[N]. 中国畜牧兽医报，2006 - 07 - 16.

[23] 乾潭名镇的“饭瓜”[N]. 钱江晚报，2007 - 11 - 02.

[24] 南瓜饭[N]. 阳泉晚报，2007 - 11 - 02.

[25] 陈学桦. 我省南瓜粉出口美国[N]. 河南日报，2007 - 12 - 19.

[26] 南瓜饭是如何“炼”成的[N]. 台州商报，2009 - 08 - 12.

[27] 难忘的南瓜饭[N]. 建湖快报，2009 - 10 - 17.

[28] 李旭斌. 南瓜饭[N]. 随州日报，2009 - 12 - 09.

[29] 杨文丰. 本色南瓜[N]. 人民日报，2011 - 10 - 17.

[30] 传统南瓜节有望成非遗[N]. 惠州日报,2012－03－07.

[31] 赵春花. 悠悠南瓜情[N]. 牛城晚报,2012－08－11.

[32] 宜兴老丁. 南瓜,饭瓜[N]. 宜兴日报,2012－12－07.

[33] 左怀利. 南瓜饭[N]. 农村金融时报,2013－09－02.

[34] 香金群. 忆苦思甜南瓜饭[N]. 东江时报,2013－11－01.

(七) 学位论文类

[1] 胡乂尹. 明清民国时期辣椒在中国的引种传播研究[D]. 南京：南京农业大学,2014.

[2] 贾雯鹤.《山海经》专名研究[D]. 成都：四川大学,2004.

[3] 宋军令. 明清时期美洲农作物在中国的传种及其影响研究：以玉米、番薯、烟草为视角[D]. 开封：河南大学，2007.

[4] 王宝卿. 明清以来山东种植结构变迁及其影响研究：以美洲作物引种推广为中心(1368—1949)[D]. 南京：南京农业大学,2006.

[5] 韦丹辉. 清至民国时期滇黔桂岩溶地区种植业发展研究[D]. 南京：南京农业大学,2013.

[6] 杨海莹. 域外引种作物本土化研究[D]. 咸阳：西北农林科技大学,2007.

[7] 郑南. 美洲原产作物的传入及其对中国社会影响问题的研究[D]. 杭州：浙江大学，2010.

[8] 朱锁玲. 命名实体识别在方志内容挖掘中的应用研究：以广东、福建、台湾三省《方志物产》为例[D]. 南京：南京农业大学,2011.

后　记

本书2017年1月初版，产生了较大影响，仅仅过了两年，2019年4月第一版第二次印刷，不到一年之后，2020年1月第一版第三次印刷。本书还获得首届食学著作"随园奖"（第八届亚洲食学论坛，2018年11月）。《中国经济史研究》2019年第3期专栏介绍本书。相关书评就有六篇：书评一，陈明《作物史研究的历时性与共时性分析——评〈中国南瓜史〉》，载《农业考古》2017年第3期；书评二，常利兵《南瓜有史》，载《文史月刊》2018年第12期；书评三，雷溪《中国农业史研究的新开拓——李昕升著〈中国南瓜史〉》述评，载《农业考古》2019年第3期；书评四，崔思朋《南瓜在中国传播引种的新探索——兼论明清中国乡村社会对外来作物的接受心态》，载《海交史研究》2020年第4期；书评五，何志明《南瓜历史的本土化建构》，载《团结报》2020年9月24日；书评六：郑豪：《吃瓜群众必备：〈中国南瓜史〉，解读南瓜的前世今生》，载公众号《三痴斋》2019年11月28日。此外，澎湃网、凤凰网、搜狐网、科学网及不少微信公众号都曾专栏介绍本书。

从2012年开始，我已经耕耘这一选题十年，就像一个走在大路上的旅人，无意间看到一条景致宜人的小径，原本只因一时好奇踏入两三步，浑然不觉地被吸引越走越深，难以自拔。

由于众多师友的宣传，我甚至被学界封为"南瓜博士"（并非本人最先自称）。这几年陆续有一些从事南瓜产业的人员与我联系，称《中国南瓜史》成了他们的案头书。即将出版的《南瓜学》，亦邀请我撰写该书的第一章。总之，本书有了修订的必要，既是对出版以来的部分错讹进行订正，更是随着研究的深入，对本书进行完善。新版修订、增补部分在百分之四十左右，改动幅度较大。但是新版体量比之前还小（包括新增附录），大概就是做学问的境界——“越写越薄”吧。

由于各种事务缠身，加上研究的转向（因为本人申请到国家社科基金冷门绝学项目“明清以来玉米史资料集成汇考”，朋友们戏称我现在成了玉米教授），特别是双胞胎宝宝出生后，我感觉分配给南瓜的时间受到了进一步压缩。本书修订了很长时间，才拿出这个改定版。我也不止一次打了退堂鼓，还好坚持了下来，也算是对师友和本人的一个交代，毕竟本书由于选题和其他原因“前无古人，罕有来者”，不会有人再次撰写一部南瓜史了。近年虽然诞生了相关研究但基本无甚新意，譬如某读书报刊登的关于南瓜史的文章，完全袭自本书初版与程杰的文章。

感谢樊志民老师不辞辛苦赐序一篇，序言刚刚写就，就被《北京日报》等转载。感谢对初版提出意见的曾雄生、杜新豪、程杰、朱绯、蒋云斗、陶仁义、陈鹏飞、张志斌、曹茂和六位书评人以及对本书进行过推介的诸多师友，不再一一尽述。感谢曹树基老师在《“内史化”：中国史研究的一个新视角》一文中专门提及本书，“近几年来，凡有内史化农业史的研究著作问世，总能在学术界引起更多的关注。有时，光看题目也能引起人们的兴趣，如李昕升的《中国南瓜史》就是这样的一部著作。这说明，内史化农业史因其具有强烈的学科色彩而受到学术界的普遍重视”，让我受宠若惊。感谢东南大学出版社各位编辑老师的费心编排。本书三审三校过程中编辑老师认真负责的态度让我十分佩服，指出了部分第一版就存在的错误，所以修订版是真正的最终改定版。

感谢东南学术文库的出版支持。研究得到了国家社科基金重大项目“明清华北核心区生态环境变迁与经济发展研究”（22&ZD224）、国家社会科学基金中国历史研究院重大历史问题研究专项重大招标项目“太平洋丝绸之路”档案文献整理与研究（LSYZD21016）、国家社科基金冷门绝学研究专项学者个人项目“明清以来玉米史资料集成汇考”（21VJXG015）、中国科学院青年创新促进会课题“作物历史与中国社会”(2020157)的资助。

最后将本书献给我的女儿李宝诗、儿子李宝晟，希望他们茁壮成长。他们的小名分别是南南、瓜瓜，简称南瓜兄妹，在幼儿园的辨识度非常之高，便是来源于此。

2022 年岁末写于南京家中